高等院校人工智能通识课程系列教材



# 人工智能通识教程

王宜怀　芦碧波◎主　编
王　进　蔡文伟　雒　芬　吕春林◎副主编

中国铁道出版社有限公司
CHINA RAILWAY PUBLISHING HOUSE CO., LTD.

## 内 容 简 介

本书围绕高等院校人工智能通识教育展开，系统阐述以计算机算法为核心的人工智能知识。书中内容涵盖人类智能与人工智能概述、物理基础、基本原理等，介绍常用AI工具、大小模型，结合通用及嵌入式人工智能实例，探讨人工智能伦理与未来发展，为读者搭建起全面的人工智能知识框架。

本书具有鲜明特点：定位"知其然了解其所以然"，注重原理理解与实践结合；在内容组织上，平衡共性与个性、理论与实践，融入作者科研成果；配套丰富电子资源，含视频、源代码、课件等，便于学习实践。

本书旨在帮助读者掌握人工智能基础知识，将人工智能作为新型学习工具，适合作为普通高等院校人工智能通识课程的教材或参考书，也可作为对人工智能感兴趣的教育工作者、技术爱好者的参考书。

**图书在版编目（CIP）数据**

人工智能通识教程 / 王宜怀，芦碧波主编. -- 北京 ：中国铁道出版社有限公司，2025. 6. --（高等院校人工智能通识课程系列教材）. -- ISBN 978-7-113-32256-4

Ⅰ. TP18

中国国家版本馆CIP数据核字第2025BF8142号

**书　　名：**人工智能通识教程
**作　　者：**王宜怀　芦碧波

---

**策　　划：**张围伟　秦绪好　　　　**编辑部电话：**（010）51873135
**责任编辑：**谢世博　王占清
**封面设计：**刘　莎
**责任校对：**安海燕
**责任印制：**赵星辰

---

**出版发行：**中国铁道出版社有限公司（100054，北京市西城区右安门西街8号）
**网　　址：**https://www.tdpress.com/51eds
**印　　刷：**河北宝昌佳彩印刷有限公司
**版　　次：**2025年6月第1版　2025年6月第1次印刷
**开　　本：**787 mm×1 092 mm　1/16　**印张：**16.25　**字数：**415千
**书　　号：**ISBN 978-7-113-32256-4
**定　　价：**49.80元

---

# 前 言

自 2022 年大模型元年开启，人工智能迅速成为大众熟知的名词，“人工智能 + 各行各业”的发展趋势也日益显著。如何实现人工智能赋能各个领域，甚至助力大学生学习，关键在于从大学一年级就开始普及人工智能基础知识，让人工智能作为新型工具融入大学学习过程，为后续学习增添助力。

目前，许多高校计划增设人工智能通识课程。然而，人工智能尚处于发展初期，不仅相关教材稀缺，其教学体系也仍在探索之中。为此，我们广泛收集并深入分析人工智能相关资料，结合自身在人工智能领域的研究与实践，以“知其然了解其所以然”为定位，从“新型工具”视角出发，按照人类智能与人工智能概述、人类智能与人工智能的物理基础、人工智能基本原理、常用 AI 工具、常用大模型、常用小模型、通用人工智能实例、嵌入式人工智能实例、人工智能伦理、人工智能未来发展展望的顺序，编写了这本面向高校理工科学生的《人工智能通识教程》，系统阐述以计算机算法为核心的“人工智能”这一新型工具。

作为通识课程，其特点在于具有广泛的知识覆盖面，旨在让广大学生掌握基础知识。正如《哈佛通识教育红皮书》中所言，若教育过程的每个阶段未涵盖通识性、人文性课程内容，教育便会缺乏理想指引。本书旨在探索人工智能通识课出现的原因，以及如何建设其教学资源等重要问题。

## 一、为何会出现人工智能通识课程

探讨人工智能通识课程出现的原因，需先明晰通识课程的性质，再审视当前人工智能是否已发展到适合作为通识课程的阶段。《礼记 · 学记》有言：“大学之道，知类通达，强立而不反，谓之大成。”1828 年，耶鲁大学发布《耶鲁报告》，明确指出本科教育应承担为本科学生奠定共同基础的重要使命。1945 年，《哈佛通识教育红皮书》对通识教育的理念与实施进行了更为详尽的阐释，其实质在于强调通识课程是本科学生知识结构的重要组成部分。那么，为何如今人工智能通识课程可以且应该纳入本科通识课程体系呢？这是由人工智能的影响力与发展阶段决定的。就如同当年计算机在达到特定发展阶段后，计算机基础课程成为大部分本科学生的通识课程一样，如今人工智能的影响力甚至超越了当时的计算机，尽管它本质上是计算机程序，但其内涵与应用已远远超出程序概念的范畴。

## 二、如何建设人工智能通识课程的教学资源

人工智能通识课程若要顺利进入课堂教学，必须做好全面准备，需对教材、电子资源、课件、教学大纲、题库建设等工作进行统筹规划，其中教材建设是最为关键的核心环节，其他教学资源可在此基础上逐步拓展完善。由于人工智能正处于快速发展的初期阶段，人工智能通识课程的教学资源相对匮乏，课程体系也仍在不断探索构建中。本书参考了近年来公开出版的相关资料，从内容组织、知识深浅度、实际可用性、实践操作性等多个方面进行了初步探索，将教材定位为“知其然了解其所以然”。之所以这样定位，是因为要做到“知其然知其所以然”，一方面存在较大难度，另一方面也超出了通识课程的教学目标。所谓“了解其所以然”，即对原理部分只需进行了解层面的阐述，期望学生能够学以致用，对原理有基本认识。在内容组织方面，我们着重斟酌了三个平衡：共性与个性的平衡；体系完整性与个性蓝本选取的平衡；理论与实践的平衡。目前呈现在读者面前的这本教材，融入了编者的部分科研成果，经过精心甄选与梳理后编入其中。我们期望本书能够成为一本“看得懂、用得上、可实践”的人工智能通识课程教学用书，为人工智能通识课程的教学资源建设贡献一份力量。

## 三、本书辅助教学资源

为配合纸质教材使用，本书配套了电子资源，可在中国铁道出版社教育资源数字化平台 https://www.tdpress.com/51eds 下载，其中包含源代码、环境安装方法、课件等丰富内容，力求构建较为完整的教学资源体系，为人工智能通识课程的教学提供有力支持。教师资源请发电子邮件至 605066705@qq.com 获取，这些资源将根据使用过程中收集到的意见与建议，及时进行更新优化。

由于编者水平有限，本书难免存在疏漏与不足之处，恳请使用本书的广大师生及其他读者不吝批评指正。

编　者

2025 年 2 月

# 目 录

# 第1章 人类智能与人工智能概述

人工智能源于人类智能，人们试图利用计算机程序模拟人类智能。一部分人工智能走入了人们的生活，如花卉识别、人机对话、文本生成等，而大部分的人工智能隐含在各种各样智能化产品之中，如机器人、自动驾驶、无人机、工业控制系统等。作为大学人工智能通识课教程的开篇，本章给出人类智能与人工智能概述，包括人类智能与人工智能的基本含义、人工智能的由来、人工智能的发展历程，并介绍人工智能的多样性。

## 学习目标

（1）了解人类智能与人工智能的定义和特点；

（2）了解人工智能的由来与发展史；

（3）学会使用 DeepSeek 进行简单对话；

（4）培养读者立足中国、面向全球的科技视野。

## 思维导图

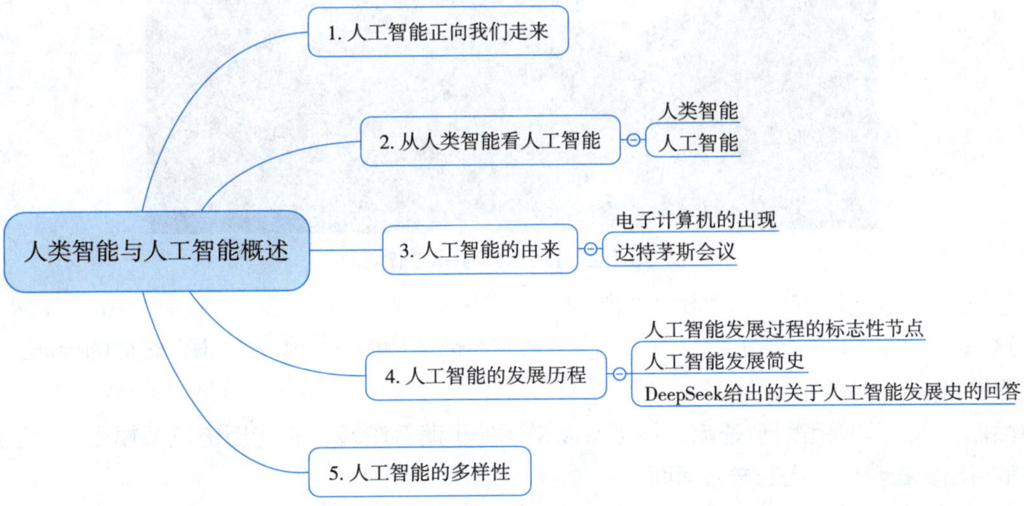

## 1.1 人工智能正向我们走来

视频
路面自动清洁车

作为全书的开篇，首先了解一下已经进入我们生活的人工智能：路面自动清洁车给我们带来清洁的环境，搬运机器狗可以把建筑材料驮上泰山，各种各样机器人将服务于我们的生活，如图 1-1 所示。

2025 年开始强力商用的 DeepSeek，不仅可以回答我们各种各样的生活中的问题，还能回答许多我们学习中的问题，其图标如图 1-2 所示。

图 1-1　各种各样机器人服务于我们的生活

图 1-2　DeepSeek 图标

智能工厂就在我们身边，如图 1-3 所示。

这一切，都源于一个名称“人工智能”，它正在悄悄地向我们走来，走入我们的生活，走入我们的学习，走入我们的工作。

然而，人工智能还刚刚开始，甚至可以说还处于萌芽阶段，它的历史还很短很短，但是它很快就将出现在我们生活的方方面面。

要了解人工智能，让我们从人类智能说起吧！

图1-3　智能工厂示意图

## 1.2 从人类智能看人工智能

人类智能是基于人的大脑、眼睛、触觉、听觉、手脚及肢体动作而产生的输入输出系统。为了使得计算机程序可以模拟人类智能，人们提出了数量众多的人工智能算法，适用于不同场景，性能也各有差异，犹如不同的人及人的不同阶段知识水平的差异。

人类智能和人工智能在定义及特点等方面具有显著差别，尽管人工智能在某些方面已经取得了显著的进展，但它仍然无法完全替代人类智能。

### 1.2.1　人类智能

#### 1. 人类智能的定义

人类智能（human intelligence, HI）是一个人类学术语，是指人类认识世界和改造世界的才智和本领，包括感知、记忆、学习、推理、判断、决策、创造性、抽象思维、自我认识、情感和意愿等多种能力。

人类智能的范围广泛且多样化，涵盖了认知、情感、社会等多个方面，具有高度的灵活性和创新性，能够应对各种复杂和不确定的情况。

人类智能是人类文明和文化发展的基石，人类智能的不断发展和进步推动了社会的进步和变革。

#### 2. 人类智能的特点

一般来说，人类智能主要具有以下特点：

（1）**具有意识与自我感知的能力。**能够感知自己的存在和周围环境的变化。

（2）**拥有学习和适应的能力。**能够不断获取新的知识和经验，并根据环境的变化不断调整自己的行为和思维方式。

（3）**具备推理与思考的能力。**能够运用逻辑和分析来解决问题，并能够创造性地思考和创新。

（4）**具有语言和交流的能力。**能够使用符号和语言来表达思想和意图，以及与他人进行交流和合作。

**（5）拥有创造和艺术的能力。**能够创造出新的事物和想法，并通过艺术和文化来表达和传达自己的情感和思想。

### 1.2.2 人工智能

#### 1. 人工智能的定义

人工智能（artificial intelligence，AI）是一门研究用于模拟、延伸和扩展人类智能的理论、方法、技术及应用系统的技术科学。它包括多个子领域，如机器学习、语音识别、计算机视觉和自然语言处理等。它试图让计算机具备像人类一样的思考、学习、推理、判断和解决问题的能力。人工智能是通过人造的算法、数据和硬件来实现的，其目标是使计算机具有类似于人类智能的能力，以解决复杂的问题和完成复杂的任务。

人工智能的范围主要限于解决特定的问题和完成特定的任务。尽管人工智能在某些方面已经取得了显著的进展，但它仍然受到算法、数据和硬件等方面的限制。此外，目前的人工智能缺乏人类智能中的意识、情感和创造性等方面的能力。

人工智能作为新兴技术领域的代表，正在迅速发展和普及。人工智能的广泛应用正在改变人们的生活方式和工作方式，同时也对社会经济、伦理道德等方面产生了深远的影响。然而，人工智能的发展也面临着诸多挑战和问题，如数据安全、隐私保护、伦理道德等。

#### 2. 人工智能的特点

一般来说，人工智能主要具有以下特点：

**（1）学习能力。**通过大量的数据和算法，可以不断学习和改进自己的性能。

**（2）适应性。**能够根据环境的变化和新的任务要求，自动调整自己的策略和行为。

**（3）速度快。**在处理大量复杂的数据和任务时，往往能够比人类更快速、更准确地完成。

**（4）交互性。**可以实现与人类的自然语言交互，理解人类的语言和意图，并给予相应的回应，使得人与机器之间的沟通更加便捷和高效。

## 1.3 人工智能的由来

要了解人工智能的由来，不能不从电子计算机的出现说起。没有电子计算机，就没有今天的人工智能。

### 1.3.1 电子计算机的出现

电子计算机的出现是人工智能出现的前提。1946 年，诞生了世界上第一台电子数字积分计算机（electronic numerical integrator and calculator, ENIAC），如图 1-4 所示。它由美国宾夕法尼亚大学莫尔电工学院以真空电子管为基础制造，功率约 150 kW，质量约 30 t，占地约 170 $m^2$，每秒钟可以进行 5 000 次加（减）法运算，标志着计算机时代开始，最初主要是军方用于弹道计算。

图 1-4 世界上第一台电子数字积分计算机

随后计算机技术快速发展，早期按照规模，根据运算速度、体积大小、存储器大小、输入输出能力等指标，分为巨型计算机、大型计算机、小型计算机、微型计算机等四个种类，已经难以涵盖目前计算机家族。今天，小型计算机概念已经十分淡化，地位被微型计算机取代，大型计算机与企业工作站、服务器、网络计算机等融合在一起。但是，总体上，巨型计算机用超级计算机一词取代，向更高运算速度迈进，微型计算机向更广泛的应用拓展。性能介于巨型计算机与微型计算机中间的计算机，其性价比不断提高，目标定位是服务于企业、网络及通信等领域。

计算机发明之后，人们一直在计算机硬件、软件等方面加以深入研究，计算机的微型化一直是人们努力的方向。从 1946 年计算机发明到 1971 年第一个微处理器的出现，整整过去了 25 年。后来，微型计算机飞速发展，遍及社会各个角落。

在微型计算机的发展道路上，有两条线路，一条是通用计算机模式，即个人计算机（personal computer, PC）模式，另外一条线路是嵌入到各种电子产品中的微处理器，以实现电子产品智能化为目标，即嵌入式计算机系统，简称嵌入式系统。

### 1.3.2　达特茅斯会议

世界上第一台电子计算机发明 10 年之后，1956 年的关于人工智能的达特茅斯会议标志着人工智能的开端。

1956 年 8 月，在美国汉诺斯小镇宁静的达特茅斯学院中，约翰・麦卡锡（John McCarthy）、马文・明斯基（Marvin Lee Minsky，人工智能与认知学专家）、克劳德・香农（Claude Shannon，信息论的创始人）、艾伦・纽厄尔（Allen Newell，计算机科学家）、赫伯特・西蒙（Herbert Simon，诺贝尔经济学奖得主）等科学家正聚在一起，讨论着一个完全不食人间烟火的主题：用机器来模仿人类学习以及其他方面的智能，如图 1-5 所示。

图 1-5　1956 年的关于人工智能的达特茅斯会议

会议足足开了两个月的时间，虽然大家没有达成普遍的共识，但是却为会议讨论的内容确定了一个名字：人工智能。因此，1956 年也就成为人工智能元年。实际上，这一术语的由来可以追溯到 1950 年，当时，计算机科学家约翰·麦卡锡首次提出了“人工智能”这一词汇，在 1956 年的这次会议上正式确立了人工智能作为一个学科领域。

# 1.4 人工智能的发展历程

要了解人工智能的发展历程，首先从了解人工智能发展过程的标志性节点谈起。本节首先给出人工智能发展历程中的几个标志性节点，随后给出人工智能的发展简史。

## 1.4.1 人工智能发展过程的标志性节点

从计算机的出现到人工智能被人们熟知并应用到具体生产生活中，有几个关键的标志性节点，如电子计算机的出现、图灵测试、达特茅斯会议、以太网的出现、AlphaGo、ChatGPT、DeepSeek 等。人工智能发展过程的标志性节点见表 1-1。

表 1-1 人工智能发展过程的标志性节点

| 序号 | 年份 | 名称 | 内容概要 |
|---|---|---|---|
| 1 | 1946 | 电子计算机 | 电子计算机的出现使得人工智能成为可能，因为可以自动运行的程序是其显著特点，没有可以自动运行的程序，就不可能有人工智能的出现，更不可能有今天各种各样的人工智能产品 |
| 2 | 1950 | 图灵测试 | 由英国密码学家阿兰·图灵提出，图灵测试是一种评估机器是否能展现出类似于人类的智能的方法。如果一台机器能在文本交流中让人类无法区分它是机器还是人类，这台机器可以被认为具有人类水平的智能。这一测试方法开启了人工智能领域的哲学和技术探讨 |
| 3 | 1956 | 达特茅斯会议 | 在达特茅斯学院举办的夏季研讨会上，约翰·麦卡锡、马文·明斯基等人首次提出了“人工智能”这一术语，并讨论了用机器模拟人类智能的问题。这次会议标志着人工智能作为一个独立研究领域的正式确立 |
| 4 | 1991 | 万维网 | 英国科学家蒂姆·伯纳斯·李发明的万维网首次上线，基于 HTTP、HTML 等技术，使得全球信息的共享和访问变得更加便捷和高效。万维网不仅是互联网的重要组成部分，为人工智能的发展提供了丰富的数据资源和技术支持 |
| 5 | 1997 | 国际象棋比赛 | IBM 的超级计算机深蓝在国际象棋比赛中击败了世界冠军加里·卡斯帕罗夫。这一事件标志着 AI 在复杂策略游戏领域取得了重大突破，也引发了全球对 AI 技术的广泛关注 |
| 6 | 2016 | 围棋比赛 | 谷歌旗下的 DeepMind 团队开发的 AlphaGo 在围棋比赛中击败了世界冠军李世石。围棋作为一种极其复杂的策略游戏，曾被认为是 AI 难以攻克的领域。AlphaGo 的胜利展示了 AI 在深度学习和自我优化方面的强大能力 |
| 7 | 2018 | BERT 模型 | 谷歌推出了 BERT（bidirectional encoder representations from transformers）模型，这是一种基于 Transformer 架构的预训练语言模型。BERT 在多项自然语言处理任务中取得了显著进步，推动了 AI 在语言理解和生成方面的应用 |
| 8 | 2022 | ChatGPT | ChatGPT 是基于 GPT 系统大模型构建的，采用了 OpenAI 的“从人类反馈中强化学习”（RLHF）训练方式，在 GPT-3 的基础上研发而成。它能够进行对话交流，具备强大的自然语言处理能力和多模态转化能力，可以应用于多个场景和领域，如开发聊天机器人、编写和调试计算机程序、撰写邮件、进行媒体和文学创作等。此外，ChatGPT 还支持多种语言，包括英文、中文、德文、法文、日文等，进一步扩大了其应用范围和使用便捷性 |
| 9 | 2025 | DeepSeek | 2025 年初，DeepSeek 强力商用。DeepSeek 的一部分工作绕开显卡硬件垄断，降低了算力成本，把人工智能从科学发明的神坛推到了工程优化领域 |

综上所述，人工智能技术发展史上的标志性事件不仅见证了 AI 技术的不断进步和突破，也预示着未来 AI 将在更多领域发挥重要作用，为人类社会带来更加深远的影响。

## 1.4.2 人工智能发展简史

人工智能发展到今天，可以从技术演进、应用范围和社会影响的视觉，粗略地把人工智能的发展高度概括为萌芽阶段、探索阶段、应用阶段三个阶段。

### 1. 萌芽阶段

这个阶段时间大致为：1946 年—20 世纪 70 年代。由于电子计算机可以自动运行程序，为后来的算法提供了软硬件基础。这个时期建立了基本理论基础，并进行了初步尝试。

1946 年电子计算机的出现是催生人工智能的物质基础。

1948 年香农的信息论和维纳的控制论为人工智能提供了跨学科框架。

1950 年图灵提出了后来被人们称为“图灵测试”的评估人工智能程度的经典方法，奠定了机器智能的理论基础。

1956 年达特茅斯会议首次提出“人工智能”概念，标志着人工智能正式成为独立学科。

1956 年符号主义兴起，早期人工智能系统基于逻辑推理（如纽厄尔与西蒙的“逻辑理论家”）

这个年代的计算机算力资源不足，仅能进行简单数学证明类的玩具级问题，同时“通用智能”过度乐观（如马文·明斯基预言“一代人内解决 AI 问题”等）。

### 2. 探索阶段

这个阶段时间大致为：20 世纪 70 年代—21 世纪第二个十年初。这个阶段表现出技术多元化与反复试错。

20 世纪 70 年代—20 世纪 80 年代，专家系统通过规则库模拟人类专家知识（如 MYCIN 医疗诊断系统），具有规则维护成本高、难以适应复杂场景等特征。

20 世纪 80 年代，神经网络研究重启，如 1986 年的反向传播算法推动多层网络训练。

20 世纪 90 年代，支持向量机（support vector machine, SVM）等统计学习方法兴起。

这个阶段，技术未达预期，政府和资本投入锐减，处于探索阶段，也有人把这个时期称为人工智能的 20 世纪 70 年代—80 年代、20 世纪 90 年代两个寒冬。

但是，这个阶段，摩尔定律推动算力提升，互联网普及为数据积累奠定了技术基础。

### 3. 应用阶段

这个阶段时间大致为：20 世纪第二个十年至今。这个阶段表现为技术落地及大规模商业化。

2012 年以来，AlexNet 在 ImageNet 竞赛中突破，开启了深度学习革命；卷积神经网络（convolutional neural network, CNN）、循环神经网络（recurrent neural network, RNN）、Transformer 架构[①]等技术推动 AI 在图像、语音、自然语言处理（natural language processing, NLP）等领域的性能飞跃。GPU/TPU 等专用硬件加速模型训练，标志着大数据时代到来，云计算降低人工智能的应用门槛。

推荐系统（如 Netflix、抖音）、智能助手（如 Siri、Alexa）等应用于消费领域；工业质检、自动驾驶、医疗影像分析等产业领域出现了不少人工智能应用案例；在科学研究领域，AlphaFold 预测蛋白质结构、AI 辅助药物研发等。

应用普及的同时，也出现了数据隐私、算法偏见等伦理问题，大模型训练成本的能耗问题，可解释性不足的技术黑箱化等问题。

当前仍处于应用阶段初期，AI 的通用性、自主性尚未实现，技术瓶颈（如小样本学习、因果推理）仍需突破，但距离真正的智能革命仍有很长的路要走。未来，AI 与生物技术、量子计算、脑科学等深度融合，实现通用人工智能（artificial general intelligence, AGI）或增强人类智能。

## 1.4.3　DeepSeek 给出的关于人工智能发展史的回答

DeepSeek 可以回答我们学习中的问题，现在就来问一下：用 80 个字描述人工智能发展简史，

① 一种基于注意力机制的神经网络架构。

DeepSeek 回答如图 1-6 所示。

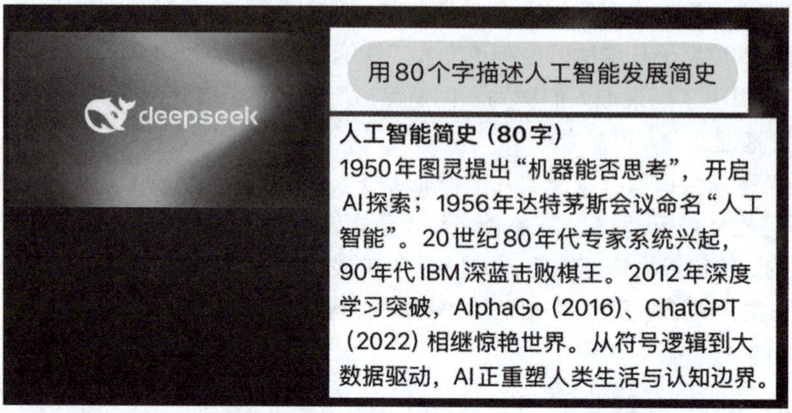


图 1-6　DeepSeek 关于人工智能 80 个字发展简史的回答

DeepSeek 可以辅助学习，但不能完全依赖它，还需要我们思考，是否电子计算机的出现，也应该成为人工智能发展史上的浓墨重彩的一笔呢？毕竟没有电子计算机的出现，也不可能有今天的人工智能。

加上 DeepSeek 自身也可以说是人工智能发展史上一个节点，它推进了人工智能普及化，为此我们可以给出一个人工智能极简史：

1946 年电子计算机→ 1950 年图灵机器思考设想→ 1956 年达特茅斯会议人工智能概念→ 2022 年 ChatGPT → 2025 年 DeepSeek。

## 1.5　人工智能的多样性

人工智能的表现是多样的，应用于不同场景，呈现出各种形态。

人工智能中有“大模型”与“小模型”之分，大模型应用已经逐渐普及，如 ChatGPT、DeepSeek 等，小模型主要面向工业智能化，如电路板焊接的缺陷检测。类比通用计算机与各种具体智能产品中起核心控制作用的嵌入式计算机，有通用人工智能与嵌入式人工智能之分。

通用人工智能（artificial general intelligence, AGI）的运行载体对应于通用计算机。AGI 是指拥有与人类相当甚至超过人类智能的人工智能类型。通用人工智能不仅能像人类一样进行感知、理解、学习和推理等基础思维能力，还能在不同领域灵活应用、快速学习和创造性思考。通用人工智能的研究目标是寻求统一的理论框架来解释各种智能现象，如 ChatGPT、DeepSeek 等属于通用人工智能类型，只是处于初级阶段。本书第 7 章将给出通用人工智能实例。

嵌入式人工智能（embedded artificial intelligence, EAI）的运行载体为隐含在各种各样具体产品之中的嵌入式计算机，如机器人、工厂智能化线等。其是以嵌入式微型计算机为核心，以嵌入式软件为基础，包含人工智能的基本算法，具备采样、推理及基本学习功能的软硬件融合系统，它是人工智能算法的重要落地形式之一，与大模型相比，嵌入式人工智能属于小模型范畴。本书第 8 章将给出嵌入式人工智能实例。

## 小　结

作为全书导引，本章从人工智能向我们走来切入，简要给出了人类智能与人工智能的简明比较，给出人工智能的由来、发展历程及多样性。电子计算机的出现为人工智能的出现提供了物理基础，达特茅斯会议正式提出了人工智能一词，2022 年 ChatGPT 的市场化应用成为人工智能发展重要节点，2025 年 DeepSeek 的强力商用促进了人工智能的普及。通用人工智能蓬勃发展的同时，面向工业智能化领域的嵌入式人工智能也在快速发展，将推动新的产业革命。

## 习　题

1. 举出你身边的 10 个人类智能应用的例子。
2. 简要比较人类智能与人工智能。
3. 概述世界上第一台电子数字积分计算机的基本情况。
4. 用 50 个字简述人工智能发展简史。
5. 简述通用人工智能。
6. 简述嵌入式人工智能。

# 第2章 人类智能与人工智能的物理基础

为了更好地应用人工智能这个工具服务于我们的学习与生活，也为了在大学的初始阶段对人工智能有个基本理解，达到了解其所以然的目的，作为通识课程，需要单辟一章阐述人类智能与人工智能的物理基础，为基本理解人工智能提供支撑。

## 学习目标

（1）了解人类智能与人工智能的物理基础；

（2）了解电子计算机出现的历史背景、与常规仪器的区别、软件的重要性；

（3）了解由 0 和 1 构成的世界；

（4）通过运行 Python 实例，了解人工智能软件基础，并在实践中培养严谨工程思维。

## 思维导图

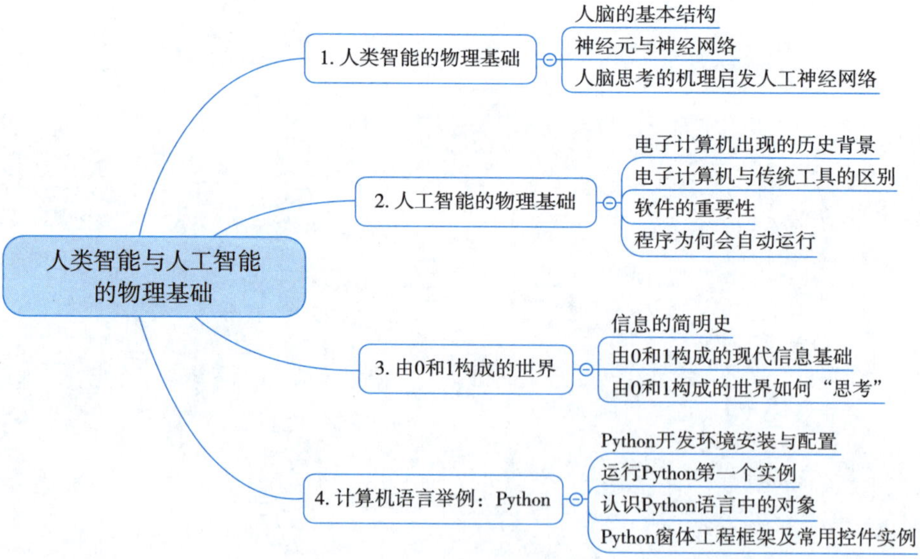

# 2.1 人类智能的物理基础

人类智能的核心在于大脑，而大脑思考的基础是神经元。这些微小的单元通过电信号彼此交流，形成复杂的网络，支持我们的记忆、学习和思考。

大脑的不同区域负责从外部获取信息：视觉皮层处理图像，听觉皮层解读声音，体感皮层感知触觉。这些信息被初步处理后，传递到特定区域进行整合与分析。额叶皮质是推理和决策的关键区域，它调动记忆、结合情境，帮助我们解决问题。例如，当面对一道数学题或选择午餐时，额叶会快速协调神经元活动，得出答案。

与此同时，情感中枢如杏仁核为思考注入情绪因素，而海马体则负责存储记忆，让新知识与经验得以积累。神经元之间的互动不断调整，适应环境变化，使我们能够预测未来并做出反应。

正是这种精密的协作，让大脑能够从外界获取信息、进行推理与决策，最终形成思考。这种灵活性和适应性，成就了人类智能的独特魅力，也推动了我们对世界的理解与创造。

## 2.1.1 人脑的基本结构

人类的大脑由多个部分组成，每个部分各司其职，却又紧密协作，共同支撑我们的感知、思考和行动，其基本结构如图 2-1 所示。

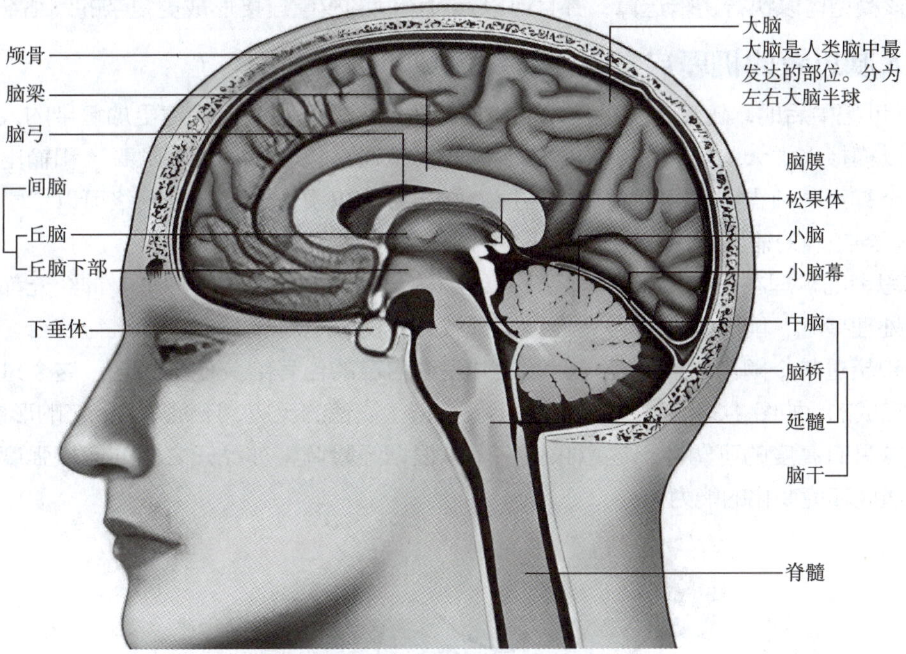


图 2-1　人脑的基本结构

人的每个大脑半球有四个脑叶。额叶位于前部，负责规划、决策、情绪控制以及语言和社会行为；顶叶在顶部，处理触觉、温度等感官信息，通过体感皮层精准映射身体感觉；枕叶在后部，专门解读视觉信号，将光线转化为画面，帮助我们识别物体；颞叶靠近耳朵，负责听觉和记忆存储，海马体则巩固长期记忆。

此外，小脑位于大脑下方，协调运动、维持平衡，并确保动作流畅准确。脑干连接大脑与小脑、脊髓，是生命维持的核心，控制心跳、呼吸、睡眠等基本功能，同时充当信息传递的枢纽。

这些部位分工明确，却彼此配合。例如，当我们接住一个飞来的球时，枕叶处理视觉，顶叶感知身体姿态，额叶做出决策，小脑协调动作，脑干则保障基础机能正常运行。正是这种精密协作，让人类能够高效应对复杂世界，展现出非凡的智能与适应力。

而支撑起人脑这些功能的，就是构成这些器官最基本的组织——神经元。

### 2.1.2 神经元与神经网络

神经元网络的概念源自生物学，指的是大脑中由大量神经细胞（即神经元）通过复杂的连接方式组成的网络，如图 2-2 所示。每个神经元都是信息处理单元，能够接收、处理并通过轴突传递电信号给其他神经元或效应器细胞。神经元之间的连接点叫作突触，它们在学习和记忆等过程中起到关键作用。

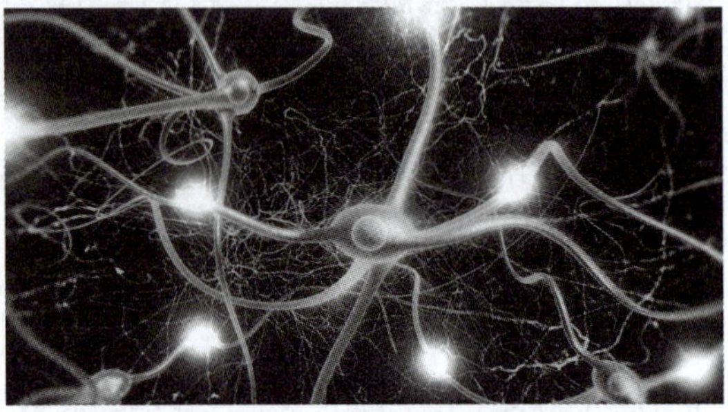

图 2-2　神经元网络

人工神经网络（artificial neural network, ANN）的提出受到了生物神经元网络的启发。1943 年，沃伦 · 麦卡洛克（Warren McCulloch）和沃尔特 · 皮茨（Walter Pitts）提出了第一个计算模型来模仿神经系统的基本功能，这是人工神经网络的雏形。他们定义了一个简单的神经元模型，该模型可以执行逻辑运算，并且可以通过不同的权重连接形成更复杂的网络结构。

### 2.1.3 人脑思考的机理启发人工神经网络

在 20 世纪中后期，随着计算机技术的发展，研究者们开始尝试构建更加复杂的人工神经网络模型，以模拟人类大脑处理信息的方式。这些模型通常包含输入层、隐藏层和输出层，每一层都由多个神经元节点组成。通过调整各层之间连接的权重，人工神经网络可以“学习”如何将输入映射到正确的输出，这在模式识别、数据分类等领域有着广泛应用。

人脑思考的机理在于其复杂的神经元网络结构及其功能。人脑中的每个神经元都是一个基本的信息处理单元，能够接收来自其他神经元或外界的电信号，并在内部进行整合。当接收到的信号总和超过某个阈值时，神经元会触发并发送自己的信号给其他神经元，这个过程是通过突触传递完成的，如图 2-3 所示。这种机制不仅支持了快速的反应，还促进了记忆的形成与存储。此外，大脑具有高度的可塑性，这意味着它可以根据经验调整神经元之间的连接强度，从而实现学习和适应环境变化的能力。

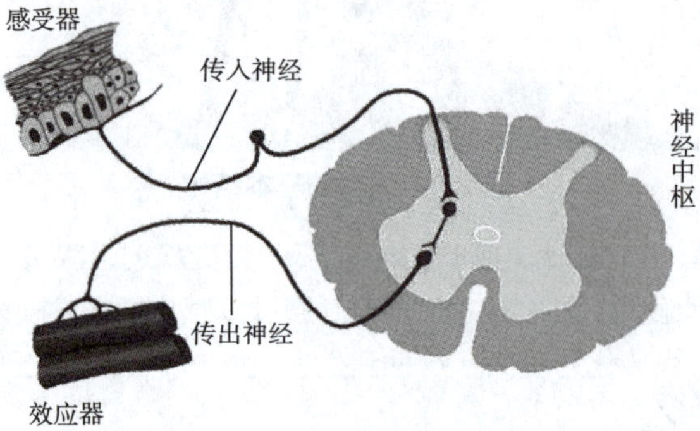


图 2-3　人脑反射机制

基于对人脑思考的机理的理解，人工神经网络借鉴了其中的几个关键概念。

（1）人工神经网络模仿了生物神经元的激活特性，使用非线性的激活函数来决定是否传递信号以及信号的强度。

（2）类似于神经元之间通过调整突触连接强度来进行学习，人工神经网络通过优化层间连接权重来改进性能。这种方法被称为反向传播算法，它依赖于梯度下降等数学方法来最小化预测误差。

（3）人工神经网络也采用了分布式表示的概念，即信息不是孤立地存储在单个节点中，而是分布在整个网络里，这反映了大脑的并行处理能力。

因此，可以说人工神经网络是基于对生物神经元网络的理解与抽象而提出的，但它们并不是直接复制了生物神经元的所有特征，而是借鉴了其基本原理，如并行处理能力、自适应学习机制等，同时结合数学和统计学方法，为解决工程和科学问题提供了强有力的工具。随着时间的推移，人工神经网络不断发展进化，形成了包括深度学习在内的多种变体，这些技术不仅推动了人工智能领域的革命，也让我们更深入地理解了人脑思考的机理。通过这种方式，我们不仅能够开发出更智能的机器，而且还能探索人类心智的奥秘。

## 2.2 人工智能的物理基础

人工智能，它就像人类大脑的外延，帮助我们完成复杂的推理与决策，人工智能的物理基础是电子计算机。人工智能其本质是电子计算机中一种算法软件，没有电子计算机就没有人工智能，没有软件就没有人工智能。

人类大脑虽然强大，但在面对海量数据和复杂计算时显得力不从心。于是，电子计算机应运而生。它由多个高度集成在一起的晶体管等元器件组成，通过简单的“开”（1）和“关”（0）两种状态，构建起二进制逻辑系统。基于这种逻辑，计算机能够模拟神经网络，学习、识别模式并解决问题，从而扩展了人类的能力。

在实际应用中，人工智能依托电子计算机展现出了巨大的价值。例如，在医疗领域，AI 可以分析病历数据辅助诊断；在交通管理中，智能系统优化信号灯设置缓解拥堵；在金融行业，算法交易帮助预测市场趋势。这些技术不仅提高了效率，还为许多领域带来了创新。

可以说，电子计算机不仅是硬件设备，因为有了软件，使得其延伸了人类的智慧。它让我们能够处理更复杂的问题，探索更广阔的未知领域，同时也简化了许多烦琐的任务，让生活更加高效便捷。科技的发展目标始终是减轻人类负担，无论是体力还是脑力劳动，都在这一过程中得到了解放。

### 2.2.1 电子计算机出现的历史背景

电子计算机出现的历史背景可以从以下几个方面来了解。

#### 1. 数学理论的发展

早在 19 世纪，英国数学家查尔斯・巴贝奇（Charles Babbage）就提出了制造通用计算机器的概念，他设计了差分机和分析机两种机械装置。虽然由于当时的技术条件限制，他的设计未能完全实现，但这些概念为后来的计算机发展奠定了理论基础。此外，艾达・洛芙莱斯（Ada

Lovelace 是巴贝奇的朋友和支持者，她对分析机的笔记中包含了最早的“算法”，这被认为是世界上第一位程序员的工作，也为编程语言的发展埋下了种子。

### 2. 工程技术进步

进入 20 世纪，随着电子学的发展，特别是真空管技术的成熟，使得快速电子开关成为可能，从而大大提高了计算速度。1937 年，克劳德·香农（Claude Shannon）在他的硕士论文中证明了布尔代数可以通过继电器电路来实现，这一发现直接推动了数字电路的设计和发展。

### 3. 社会需求

第二次世界大战期间，军事计算需求激增，尤其是弹道计算、密码破译等方面，迫切需要更高效的计算工具。在这种背景下，ENIAC 于 1946 年在美国宾夕法尼亚大学完成，这是世界上第一台电子数字积分计算机。尽管它体积庞大、耗电量高，但它标志着计算机时代的开端，并开启了后续一系列技术创新的序幕。

### 4. 后续发展

随后的几十年里，计算机经历了从大型主机到个人计算机，再到如今的移动设备和个人穿戴式装置的演变过程。集成电路、微处理器等技术的发明极大地缩小了计算机的尺寸，降低了成本，同时也显著提升了性能，让计算机逐渐普及到了各行各业乃至普通家庭之中。

那么，计算机科学作为新兴工科，它与传统的工具有什么区别呢？

## 2.2.2 电子计算机与传统工具的区别

如果说传统工具是为特定任务而生的“专才”，那么计算机则更像是无所不能的“通才”。计算机与传统工具如图 2-4 所示。

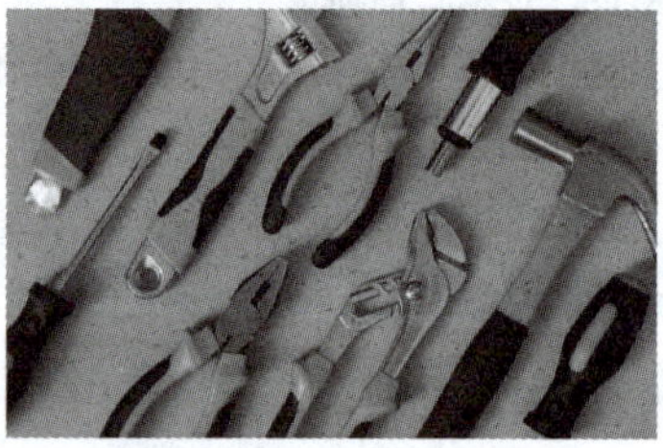

图 2-4 计算机与传统工具

传统工具，比如温度计、万用表，功能单一，专注于某一领域，操作也多依赖人工，难以扩展用途。而计算机却完全不同，它通过软件可以完成从文字处理到数据分析、从图像编辑到游戏娱乐的多种任务，灵活且强大。它不仅能自动执行复杂的工作，还能存储和处理海量信息，这使得效率大幅提升。

更值得一提的是，计算机支持网络互联，让远程协作和智能化系统成为可能。相比之下，传统工具通常是孤立的，即便有联网功能，也远不如计算机便捷。虽然传统工具在某些领域仍具优势，但计算机凭借其多功能性、自动化能力和创新潜力，已经深刻改变了我们的生产和生活方式。

可以说，计算机不仅是工具，更是推动社会进步的核心力量。在这个数字化时代，它早已融入每个人的生活，成为不可或缺的一部分。

嵌入式到各个具体产品之中的微型计算机，被称为嵌入式微型计算机，大致可分为微控制器（micro-controller, MCU）及多媒体应用处理器（multimedia application processor, MAP）两大类。在 MCU 出现之前，人们必须用模拟电路、数字电路实现测控系统中的大部分计算与控制功能，这样使得控制系统体积庞大，易出故障。MCU 出现以后，现代测控系统设计方法逐步产生变化，系统中的大部分计算与控制功能由 MCU 的软件实现。其他电子线路成为 MCU 的外围接口电路，承担输入、输出与执行动作等功能，而计算、比较与判断等原来必须用电路实现的功能，可以用软件取代，大大提高了系统的性能与稳定性，这种控制技术称为嵌入式控制技术。在嵌入式控制技术中，核心是存储于 MCU 内部的软件，其他部分依次展开，由此可以体会软件的重要性。

### 2.2.3　软件的重要性

软件作为现代高级工具，已经深深植根于我们生活的每一个角落，从日常的娱乐活动到复杂的商业运作，它的多样性不仅极大地丰富了我们的生活方式，也显著提高了生产效率，解决了生活中遇到的大部分问题，并减少了重复性任务的时间消耗。

#### 1. 提高生活质量

在个人生活方面，软件通过各种应用程序为人们提供了便捷的服务。比如，社交媒体软件让人们能够随时随地与亲朋好友保持联系，分享生活的点滴；在线购物平台让购物变得更加轻松快捷，消费者可以足不出户购买全球各地的商品；健康管理和健身应用则帮助人们更好地跟踪自己的健康状态，制定个性化的健身计划。这些软件的存在，使得日常生活更加丰富多彩，同时也提高了生活的便利性和舒适度；图 2-5 展现了人们通过使用计算机，极大地增加了生活的便利性。

图 2-5　人与计算机

#### 2. 提升工作效率

在工作场景中，软件的应用同样广泛且重要。办公自动化软件如 Microsoft Office 和 Google Workspace 等，大大简化了文档处理、数据统计以及团队协作的过程。项目管理工具如 Trello、Asana 等，使得团队成员之间的工作分配更加透明高效，有助于提高项目的完成质量和速度。此外，对于设计师来说，Adobe 系列软件提供了一个创作的平台，无论是平面设计、视频剪辑还是网页开发，都能找到相应的专业工具支持。这些软件不仅提升了工作的精确度，还节省了大量的时间成本。

#### 3. 促进行业创新与发展

在更广泛的行业层面，软件的多样性促进了各个领域的创新与发展。例如，在医疗保健领域，电子病历系统和远程医疗软件改善了医疗服务的质量和可及性；金融科技软件推动了支付方式的革新，移动支付成为主流，改变了人们的消费习惯；教育技术软件使得教育资源得以更公平地分配，线上学习平台让终身学习成为可能。软件已经成为推动社会进步的重要力量。

#### 4. 减少重复性劳动

值得一提的是，随着人工智能和机器学习技术的发展，越来越多的智能软件开始承担起那些原本需要人工大量重复操作的任务，如数据分析、客户服务中的自动回复系统等。这不仅减轻了人力负担，也让员工能够将更多精力投入创造性和战略性的工作中去。

总之，软件的多样性对我们的生产生活产生了深远的影响。它不仅为我们解决了很多实际问题，提高了工作效率，还激发了无限的可能性，引领着我们向着更加智能化、数字化的方向前进。在这个过程中，软件不仅是工具，更是伙伴，助力我们在各自的领域内实现更高的成就。

### 2.2.4 程序为何会自动运行

软件包括程序与文档，程序为何会自动运行呢？1936 年，阿兰·图灵（见图 2-6）提出了一种抽象的计算模型——图灵机（Turing machine），可以用来简单了解计算机程序为何会自动运行。

图 2-6 阿兰·图灵

图灵机是由一条两端可无限延长的带子，一个读写头和一组控制读写头工作的命令（控制器）组成。读写头可以沿带子方向左右移动并在带子上读写。

| | | | | | | | | | | |
|---|---|---|---|---|---|---|---|---|---|---|
| M | 1 | 1 | 0 | 0 | b | 0 | 0 | 1 | 1 | |
| | | | | ↑控制器 | | | | | | |

**下面举例说明，如何可以自动运行？**

设图灵机 M 的字母表 A = {0,1,b}，b 表示空格。状态集 Q = {$q_1$ , $q_2$, $q_3$}，其中，$q_1$ 为开始状态，$q_3$ 为终止状态，用 L、R、H 分别代表读写头左移一格、右移一格、保持不动三个基本操作。M 的指令集如下：

$q_1$ 0 1 R $q_1$ —— 当前状态为 $q_1$，符号为 0，则变为 1，右移 1 格后，新的状态为 $q_1$；

$q_1$ 1 0 R $q_1$ —— 当前状态为 $q_1$，符号为 1，则变为 0，右移 1 格后，新的状态为 $q_1$；

$q_1$ b b R $q_2$ —— 同样理解。

$q_2$ b b L $q_3$ —— 同样理解。

$q_2$ 0 0 H $q_1$ —— 同样理解。

$q_2$ 1 1 H $q_1$ —— 同样理解。

若此时 M 的输入是 1100b0011，读写头对准第一个 1，状态为 $q_1$，计算过程如下：

（1）初始状态：状态为 $q_1$，符号 1

| | | | | | | | | | | |
|---|---|---|---|---|---|---|---|---|---|---|
| M | 1 | 1 | 0 | 0 | b | 0 | 0 | 1 | 1 | |
| | ↑控制器 | | | | | | | | | |

（2）状态为 $q_1$，符号 1，指令集中找到对应的指令为：

$q_1$ 1 0 R $q_1$ —— 当前状态为 $q_1$，符号为 1，则变为 0，右移 1 格后，新的状态为 $q_1$，所以成为：

| | | | | | | | | | | |
|---|---|---|---|---|---|---|---|---|---|---|
| M | 0 | 1 | 0 | 0 | b | 0 | 0 | 1 | 1 | |
| | | ↑控制器 | | | | | | | | |

新的状态为 $q_1$。

（3）下一步：由于状态为 $q_1$，符号 1，指令集中找到对应的指令为：

$q_1$ 1 0 R $q_1$—— 当前状态为 $q_1$，符号为 1，则变为 0，右移 1 格后，新的状态为 $q_1$，成为：

| | | | | | | | | | | |
|---|---|---|---|---|---|---|---|---|---|---|
| M | 0 | 0 | 0 | 0 | b | 0 | 0 | 1 | 1 | |
| | | | ↑控制器 | | | | | | | |

新的状态为 $q_1$，后面类似分析。

（4）由命令 $q_1$ 0 1 R $q_1$ 知，写入 1，读写头右移一格，新状态为 $q_1$。

| | | | | | | | | | |
|---|---|---|---|---|---|---|---|---|---|
| M | 0 | 0 | 1 | 0 | b | 0 | 0 | 1 | 1 |
| | | | | 控制器 | | | | | |

（5）由命令 $q_1$ 0 1 R $q_1$ 知，写入 1，读写头右移一格，新状态为 $q_1$。

| | | | | | | | | | |
|---|---|---|---|---|---|---|---|---|---|
| M | 0 | 0 | 1 | 1 | b | 0 | 0 | 1 | 1 |
| | | | | | 控制器 | | | | |

（6）由命令 $q_1$ b b R $q_2$ 知，写入 b，读写头右移一格，新状态为 $q_2$。

| | | | | | | | | | |
|---|---|---|---|---|---|---|---|---|---|
| M | 0 | 0 | 1 | 1 | b | 0 | 0 | 1 | 1 |
| | | | | | | 控制器 | | | |

（7）由命令 $q_2$ 0 0 H $q_1$ 知，写入 0，读写头保持不动，新状态为 $q_1$。

| | | | | | | | | | |
|---|---|---|---|---|---|---|---|---|---|
| M | 0 | 0 | 1 | 1 | b | 0 | 0 | 1 | 1 |
| | | | | | | 控制器 | | | |

（8）由命令 $q_1$ 0 1 R $q_1$ 知，写入 1，读写头右移一格，新状态为 $q_1$。

| | | | | | | | | | |
|---|---|---|---|---|---|---|---|---|---|
| M | 0 | 0 | 1 | 1 | b | 1 | 0 | 1 | 1 |
| | | | | | | | 控制器 | | |

（9）由命令 $q_1$ 0 1 R $q_1$ 知，写入 1，读写头右移一格，新状态为 $q_1$。

| | | | | | | | | | |
|---|---|---|---|---|---|---|---|---|---|
| M | 0 | 0 | 1 | 1 | b | 1 | 1 | 1 | 1 |
| | | | | | | | | 控制器 | |

（10）由命令 $q_1$ 1 0 R $q_1$ 知，写入 0，读写头右移一格，新状态为 $q_1$。

| | | | | | | | | | |
|---|---|---|---|---|---|---|---|---|---|
| M | 0 | 0 | 1 | 1 | b | 1 | 1 | 0 | 1 |
| | | | | | | | | | 控制器 |

（11）在带子末尾添加 b，由命令 $q_1$ 1 0 R $q_1$ 知，写入 0，读写头右移一格，新状态为 $q_1$。

| | | | | | | | | | | |
|---|---|---|---|---|---|---|---|---|---|---|
| M | 0 | 0 | 1 | 1 | b | 1 | 1 | 0 | 0 | b |
| | | | | | | | | | | 控制器 |

（12）在带子末尾添加 b，由命令 $q_1$ b b R $q_2$ 知，写入 b，读写头右移一格，新状态为 $q_2$。

| | | | | | | | | | | | |
|---|---|---|---|---|---|---|---|---|---|---|---|
| M | 0 | 0 | 1 | 1 | b | 1 | 1 | 0 | 0 | b | b |
| | | | | | | | | | | | 控制器 |

（13）由命令 $q_2$ b b L $q_3$ 知，写入 b，读写头左移一格，新状态为 $q_3$，终止。

| | | | | | | | | | | | |
|---|---|---|---|---|---|---|---|---|---|---|---|
| M | 0 | 0 | 1 | 1 | b | 1 | 1 | 0 | 0 | b | b |
| | | | | | | | | | | 控制器 | |

所以，计算结果 M=0011b1100，该图灵机的功能是将每一位取反。

这就是计算机自动运行程序的最基本原理，阿兰·图灵成为计算机的始祖。后来，图灵奖成为计算机领域的一个崇高荣誉。

## 2.3 由0和1构成的世界

计算机的世界看似复杂，但归根结底只由两个数字构成：0和1。这简单的二进制系统，却是今天庞大互联网世界的基石。

### 2.3.1 信息的简明史

信息发展的历史是一段跨越了数千年，从古代简单的通信方式到现代复杂的信息技术系统的演变过程。这一历程不仅反映了人类社会在技术和文化上的进步，也展示了人们对信息的需求和利用能力的不断提升。

#### 1. 古代的信息传播

早在文字出现之前，人类就已经开始通过图画、符号等方式记录和传递信息。例如，洞穴壁画就是早期人类试图保存知识和交流思想的一种尝试。随着文明的发展，楔形文字和象形文字（如古埃及的象形文字）的出现标志着人类进入了书面语言的时代，这大大增强了信息的持久性和传播范围。

#### 2. 印刷术革命

公元11世纪左右，中国北宋时期的毕昇发明了活字印刷术，这是信息传播史上的一大里程碑。随后，在15世纪，德国的约翰内斯·谷登堡改进了活字印刷技术，使得书籍和其他印刷品能够以更快的速度、更低的成本进行大规模生产。印刷术的普及推动了知识的传播和教育的发展，为文艺复兴等重大历史事件提供了有力支持。

#### 3. 电报与电话时代

进入19世纪，随着电磁学理论的发展，电报机的发明开启了电信通信的新纪元。莫尔斯码的使用让远距离即时通信成为可能，极大地缩短了信息传输的时间。不久之后，电话的发明更是改变了人们的沟通方式，使语音通话成为现实，进一步加强了人与人之间的联系。

#### 4. 广播与电视的兴起

20世纪初，无线电技术的进步催生了广播媒体，它允许信息通过无线电信号向广大听众传播，无论是新闻报道还是娱乐节目都能迅速覆盖全国乃至全球。到了中期，电视的普及带来了视觉和听觉相结合的信息呈现形式，进一步丰富了大众传媒的内容和影响力。

#### 5. 计算机与互联网时代

计算机的诞生是信息发展史上的又一个重要转折点。自20世纪中叶以来，计算机技术经历了从大型主机到个人计算机再到移动设备的演变。与此同时，互联网的出现彻底改变了信息的生成、存储、处理和共享方式，使地球成为了“地球村”，图2-7给出了地球村的示意图。如今，云计算、大数据、物联网以及人工智能等新兴技术正在引领新一轮的信息革命，

图2-7　网络连接的世界

推动着数字经济和社会智能化的发展。

### 6. 现代信息社会

在当今这个信息化高度发达的社会里，人们可以随时随地访问海量的信息资源，并借助各种智能设备实现高效的工作和生活。社交媒体平台、在线教育、电子商务等新型业态不断涌现，深刻影响着人们的思维方式和社会交往模式。

综上所述，信息发展的历史是一部关于技术创新如何推动人类文明前进的故事。每一次重大的技术突破都伴随着信息传播效率的提升和应用领域的拓展，而这些变化也在不断地塑造着现代社会的面貌。

## 2.3.2　由 0 和 1 构成的现代信息基础

故事始于计算机发展的早期阶段，当时人们发现了电子电路能够识别高低电平两种状态的特性。这一发现促进了二进制系统的形成和发展，其中 0 和 1 不仅仅作为数字符号存在，还构成了信息的基本单位——比特（bit）。

随着技术的发展，人们发现了如何使用比特来编码各种类型的信息。例如，在计算机内部，字母“A”被表示为特定的二进制序列（ASCII 码 01000001），这使得文字、图像、音频以及视频等都能以二进制数据的形式进行存储和处理，图 2-8 给出了 0 和 1 编成文本与图像的示意。一张图片由一系列按照一定规则排列的像素点组成，每个像素点的颜色由一个或多个比特表示；一段音频则通过采样和量化过程转换成一系列的二进制数值。这一发现让信息的数字化处理成为可能，并极大地丰富了人类交流和表达的方式。

图 2-8　0 和 1 编成文本与图像

逻辑运算是数字世界中实现运算的基础。与门、或门、非门等基本逻辑门通过对比特的操作实现了诸如加法、减法等基本数学运算，并支持了更复杂的算法执行。这些运算不仅限于数学计算，还包括文本、图像和音频等多种数据类型的处理。

在网络通信领域，不论是通过有线还是无线方式，所有传输的信息都被分割成包含比特的数据包进行发送。接收端接收到这些数据包后，依据预设协议重新组装它们，恢复出原始信息。这种方法使全球范围内的即时通信成为可能，并极大地推动了互联网的发展。

软件在人机交互过程中扮演着关键角色。操作系统负责管理硬件资源，确保数据高效处理；应用程序将用户的指令转化为具体的二进制操作，指导计算机完成指定任务。编译器和解释器则承担起将高级编程语言翻译成机器可执行代码的任务，架起了人与计算机之间的桥梁。这样，用户可以通过直观的界面与计算机进行交互，利用其强大的计算能力完成从简单到复杂的各种任务。

## 2.3.3　由 0 和 1 构成的世界如何“思考”

在一个由 0 和 1 构成的数字世界里，计算机通过机械化的方式模拟了人类解决问题的过程。虽然它并不具备真正的“思考”能力，但它的运作方式与人类思维有微妙的相似之处。

当人类面对问题时，会通过感官接收信息，并在大脑中分析、推理，最终得出答案。例如，看到“2+2”时，你会调用记忆中的加法规则，得出“4”。而计算机则通过输入设备接收数据，比如将“2+2”转化为二进制的 0010 和 0010，然后利用逻辑门和预设的指令一步步执行加法运算，最终输出结果 0100（即“4”）。

人类的思考灵活且富有创造力，可以根据情境调整策略，甚至产生全新的想法。而计算机则严格遵循程序设定的规则，按照固定的步骤完成任务。它没有情感，也没有直觉，但它能在极短时间内处理海量数据，展现出惊人的效率。

尽管两者的运作机制截然不同，但正是这种基于 0 和 1 的逻辑组合，让计算机成为现代社会的得力助手。从简单的计算到复杂的人工智能，计算机用机械化的“思考”方式，帮助人类解决了一个又一个难题。在这个意义上，0 和 1 不仅是计算机的语言，更是现代科技智慧的象征。

# 2.4 计算机语言举例：Python

文 件

Python快速入门指南

人工智能的主体是计算机程序，要设计程序需要在算法设计的基础上进行编程，而编程就需要语言。Python 是一种简单易学、面向对象编程、跨平台的高级语言，主要用于编程教学、科学计算、人工智能、网络应用等领域。

作为人工智能通识课程，是否可以涉及一门计算机编程语言？经过分析，我们认为，只要做好模板，不论读者是否学习过这门语言，均可以在短时间内把程序运行起来，甚至可以照葫芦画瓢地进行简单编程，因此我们给出 Python 快速入门指南，供选学。若做不到可以编程，做到可以把源码运行起来，也有利于理解人工智能的本质就是计算机程序。

Python 的创始人为荷兰人吉多·范罗苏姆（Guido van Rossum），于 1989 年提出，至今已发展到 3.12.3 版本，本书中使用的是版本为 3.9.19。Python 语言主要有三个基本特点：

①简洁易学。Python 的设计哲学是“优雅”“明确”“简单”，它吸取了 ABC 语言简洁易读的特点。

②面向对象与动态编程。Python 是完全面向对象的语言，其函数、模块、数字、字符串等都是对象，并且完全支持继承、重载、派生、多继承，增强了代码的可复用性。Python 支持重载运算符和动态类型。

③可扩展性。它拥有强大的科学计算、人工智能扩展库。

鉴于 Python 语言简单易学，处于持续升级阶段，结合可视化图形界面编辑器 QT 设计师（QT Designer）可开发窗体应用程序，因此选择 Python 语言实现人工智能的应用开发是合适的。

## 2.4.1 Python 开发环境安装与配置

### 1. 安装Visual Studio集成开发环境

本程序需要用到 Visual Studio（简称 VS）集成开发环境（integrated development environment, IDE）中的插件，因此需要安装 VS 开发环境。VS 是美国微软公司的开发工具包系列产品。VS 是一个基本完整的开发工具集，它包括了整个软件生命周期中所需要的大部分工具，如集成开发环境（IDE）、UML 工具、代码管控工具等，所写的目标代码适用于微软支持的所有平台，包括 Microsoft Windows、.NET Framework、Windows Phone 等。Visual Studio 目前新版本为 Visual Studio 2022 版本，工程框架版本为 .NET Framework 4.8。

本系统使用 Visual Studio 2022 社区免费版本，可在微软官网下载。下载后的安装文件名为“VisualStudioSetup.exe”（3.80MB），安装时需联网进行。

进入实质性安装界面后，在安装选项勾选界面，需要勾选“Python 开发”和“.NET 桌面开发”选项。若没有安装到位，后面也可以运行 Visual Studio Installer，通过其“修改（M)”按钮继续补充安装。

### 2. 安装Visual Studio Code集成开发环境

本 PC 训练程序使用 Python 语言编程，其集成开发环境采用由微软公司开发的免费开源代码编辑器 Visual Studio Code（简称 VSCode），本系统使用版本为 VSCode 1.88.0。

**（1）下载与安装 VSCode 1.88.0 版本的软件。**进入 VSCode 官方网站，在网站的首页，你会看到一个大的蓝色按钮，上面写着“Download for Windows”（适用于 Windows 的下载），单击这个按钮。下载完成后，双击下载的安装程序（VSCodeUserSetup-x64-1.88.0.exe）以运行安装向导，按照安装向导的指示进行操作，在“选择附加任务”选项卡下勾选全部的复选框。

**（2）启动 VSCode。**安装完成后，单击“开始”菜单的 Visual Studio Code 或桌面上找到 Visual Studio Code 的图标并双击该图标来启动 VSCode。

### 3. 安装相关插件

**（1）进入安装插件状态。**在左侧边栏中找到并单击扩展图标，则进入安装插件状态，随后一个一个插件进行安装工作。

**（2）安装 Python 支持包。**在顶部的搜索框中输入“Python”并稍等一会，VSCode 将会列出相关的 Python 扩展，如图 2-9 所示。单击第一个支持包的 Install 按钮，安装完成后，Install 按钮变成，表示该插件安装完毕，这个插件提供了 Python 语言的支持。

图 2-9　Python 扩展

**（3）安装 Code Runner 插件。**在顶部的搜索框中输入“Code Runner”，类似上面步骤进行安装，这个插件可以让你在 VSCode 中直接运行代码，提供了更方便的开发环境。

**（4）安装 Chinese（Simplified）插件。**在顶部的搜索框中输入“Chinese（Simplified）”，类似上面步骤进行安装，这个插件为 VSCode 软件提供了中文界面。

**（5）使安装的插件生效。**关闭本环境，重启本环境，已安装的插件生效。

**（6）使汉化生效。**Chinese（Simplified）插件需要重启后选择相关配置才能生效。配置步骤如下：复制“Configure Display Language”文字备用，进入 VSCode 的界面，按【Ctrl+Shift+P】组合键打开 VSCode 的命令面板，在命令面板顶部的输入框中粘贴上述文字，按【Enter】键，打开语言选择下拉列表框，选择“中文（简体）”选项，弹出提示重启对话框，单击“Restart”按钮，软件重启后将看到 VSCode 软件界面已被汉化。

**（7）安装 PYQT Intergation 插件。**如图 2-10 所示，在顶部的搜索框中输入“PYQT Intergration”，类似上面步骤进行安装，这个插件可以让你在 VSCode 中打开 QT 设计师（QT Designer），用以完成图形化界面设计，提供了更方

图 2-10　PYQT 集成插件

便的开发环境。

### 4. 安装科学算法库Anaconda

在利用 Python 语言进行程序设计时，需要调用现成的科学算法库，Continuum Analytics 于 2012 年开始发布命名为 Anaconda 的科学算法库，包含了 Conda、Python 等 180 多个科学包及其依赖项。Conda 是一个开源的包、环境管理器，可以用于在同一个机器上安装不同版本的软件包及其依赖，并能够在不同的环境之间切换。

进入 Anaconda 清华大学开源软件镜像站，找到安装文件 Anaconda3-2024.02-1-Windows-x86_64.exe（注意文件名与此处要一致），下载后安装。

安装过程中有三个复选框均勾选。同时记下其安装位置，如 D:\ Anaconda3 文件夹。

### 5. 通过Conda配置Python环境

Conda 是一个开源的软件包管理系统和环境管理系统，用于安装和管理软件包及其依赖项。它可以安装不同版本的软件包，并且可以轻松地在不同的环境之间切换，使得不同项目可以独立地拥有自己的软件包集合。在 Anaconda 中已包含了 Conda 工具，直接使用即可。

通过 Conda 配置本工程的 Python 环境步骤如下，其中（1）～（4）步为创建并激活虚拟环境，（5）步为安装工程所需依赖包。

**（1）进入命令行输入状态。**在科学算法库 Anaconda 安装完成后，将文字“Anaconda Prompt”复制到 Windows 的底部搜索输入框，找到“Anaconda Prompt”，单击打开 Anaconda 的命令提示窗口，进入命令行输入状态“〈base〉C:\Windows\system32〉”。

**（2）创建名为 EORS_venv 的虚拟环境。**输入虚拟环境创建命令：conda create --name Python_venv python=3.9 -y。等待依赖包全部安装完毕后，进行下一步操作。

**（3）添加到系统环境变量。**在系统环境变量的“path”路径中添加“D:\conda\envs\Python_venv”，如图 2-11 所示。

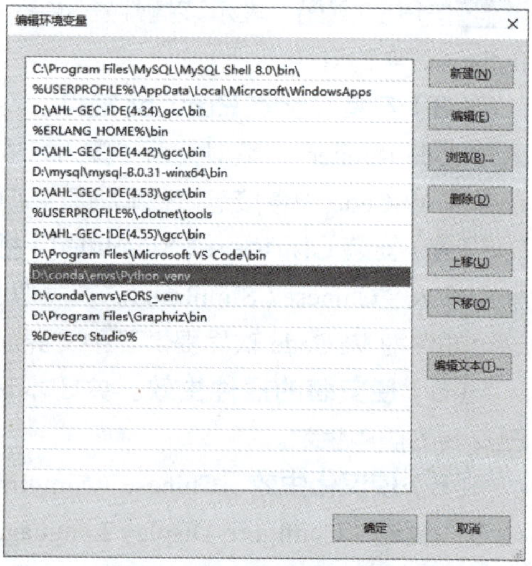


图 2-11　PYQT 集成插件

**（4）激活 EORS_venv 虚拟环境。**输入虚拟环境激活命令：conda activate Python _venv。成功激活后命令提示窗口类似于〈Python_venv〉C:\Windows\system32〉的显示（注意有 Python _venv），这表示已经激活了一个名为 EORS_venv 的虚拟环境，为后续安装做准备。

**（5）安装工程所需依赖包。**在这个 EORS_venv 的虚拟环境的状态下，即〈Python_venv〉C:\Windows\system32〉提示后，可以输入 pip install 命令。继续在 Anaconda Prompt 的 DOS 命令行状态，依次输入表 2-1 所示的 pip 命令。

表 2-1　需要运行的 pip install 命令

| 序　号 | 命　令 |
| --- | --- |
| 1 | pip install pyside6 -i https://pypi.tuna.tsinghua.edu.cn/simple |
| 2 | pip install opencv-python  -i https://pypi.tuna.tsinghua.edu.cn/simple |

### 6. 配置QT Designer 运行环境

安装 pyside6 依赖包后，在安装环境路径下出现 QT 设计师集成开发环境，其中有三个重要的关联文件，分别如下：

（1）D:\Anaconda3\envs\Python_venv\Scripts\pyside6-rcc.exe，用于将 .ui 文件转换为 Python 代码；

（2）D:\Anaconda3\envs\Python_venv\Scripts\pyside6-uic.exe，用于将 .qrc 文件编译成 Python 代码；

（3）D:\Anaconda3\envs\Python_venv\Lib\site-packages\PySide6\designer.exe，用于创建图形用户界面。

为了使 VSCode 集成开发环境下的 PYQT Integration 插件与 QTDesigner 相关联，需要完成如下配置：

**步骤一：**打开 PYQT Integration 扩展配置窗口：进入安装插件状态，在左侧边栏中找到扩展图标“”并单击，单击 PYQT Integration 插件选项的管理按钮“”，选择菜单中的“扩展设置”，打开扩展配置窗口，如图 2-12 所示。

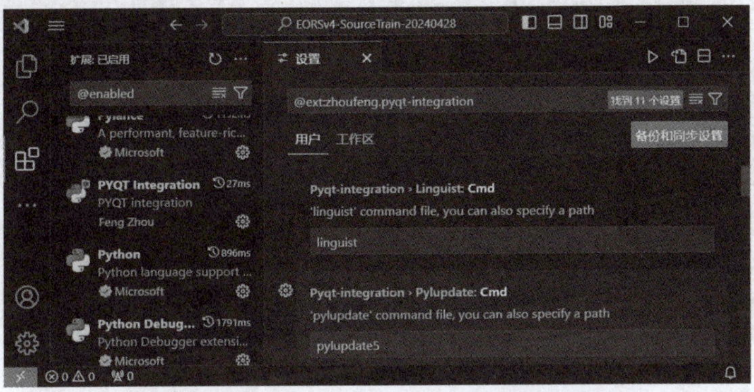


图 2-12　PYQT Integration 扩展设置窗体

**步骤二：**.ui 文件转换为 Python 代码文件命令 pyside6-rcc.exe 路径设置，如图 2-13 所示。

图 2-13　.ui 文件转换为 Python 代码文件路径设置

**步骤三：**.qrc 文件编译成 Python 代码文件命令路径设置，如图 2-14 所示。

图 2-14　.qrc 文件编译成 Python 代码文件路径设置

**步骤四：**QT Designer 集成开发环境文件路径设置，如图 2-15 所示。

图 2-15　QT Designer 集成开发环境文件路径设置

## 2.4.2 运行 Python 第一个实例

与实时操作系统的快速入门一样，可以从嵌入式系统工程的实际需要出发，采取需要什么就学习什么的方式，快速学习基于 Python 语言的编程。要实现快速入门，就需要合适的方法，这个方法就是建立较为规范的模板，“照葫芦画瓢”地学习。

### 1. 创建与运行Python第一个实例

在安装好开发环境的前提下，可以练习创建与运行 Python 第一个实例。

#### 1）如何新建一个 Python 窗体应用工程

Python 窗体应用工程就是有人机交互界面的 Python 工程，在 VSCode 中打开 QT Designer 创建 .ui 窗体文件，然后转化 .py 的 Python 文件。新建一个 Python 窗体应用工程的步骤如下：

（1）创建窗体应用工程文件夹，如 D:\work\PythonPrj\。

（2）打开 VSCode 开发环境，在“打开文件夹”选项中选择 D:\work\PythonPrj，勾选“信任父文件夹‘work’中所有文件的作者”复选框，单击“是，我信任此作者”按钮，如图 2-16 所示。

图 2-16　打开文件夹选项

（3）在资源管理器空白处右击选择 PYQT: New Form，打开 QT Designer，如图 2-17 所示，选择“Main Window”选项，单击“创建”按钮，进入主窗体界面。

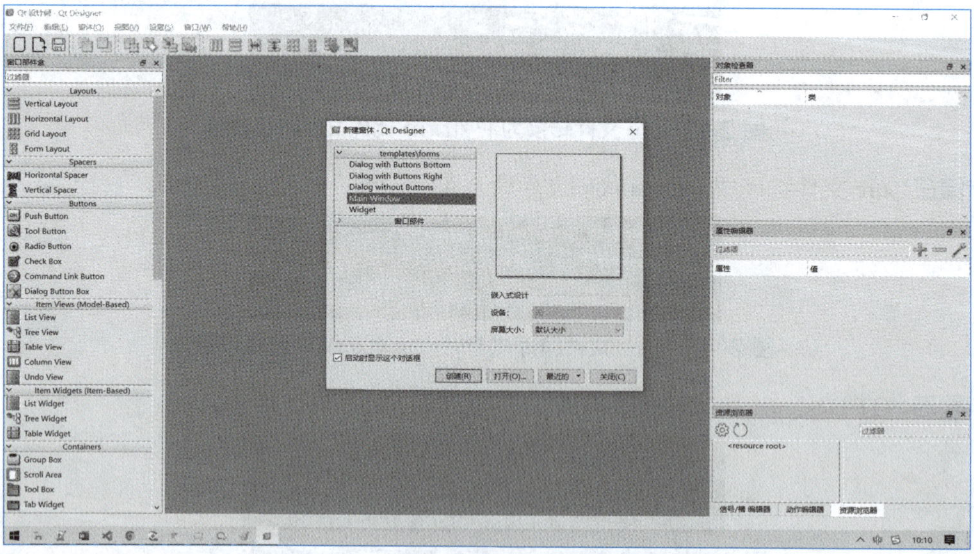


图 2-17　QT Designer 集成开发环境

（4）单击“文件”→“保存”命令或左上角保存图标“💾”，保存文件名为 untitled.ui，即可将新创建的窗体保存到工程文件夹中，如图 2-18 所示。

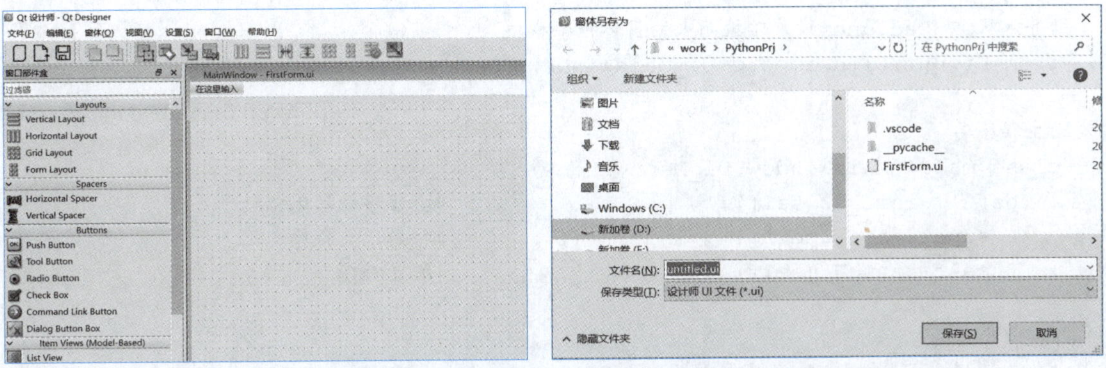

图 2-18　创建并保存 Python 窗体 ui 文件

（5）关闭 QT Designer，返回 VSCode，在工程文件夹下可看到 untitled.ui 文件，右击该文件选择“PYQT: Compile Form”，即可将 untitled.ui 文件转换为 Python 可识别的 Ui_untitled.ui.py 文件，如图 2-19 所示。

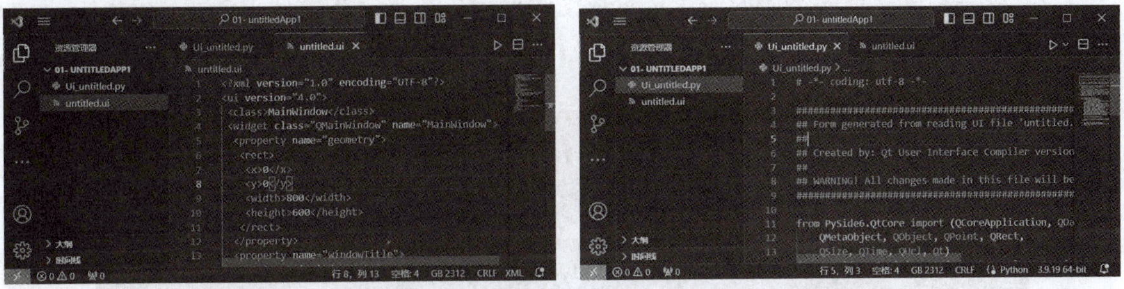

图 2-19　ui 文件转换为 py 文件

（6）右击资源管理器空白处新建文件，创建 main.py 主程序，如图 2-20 所示。

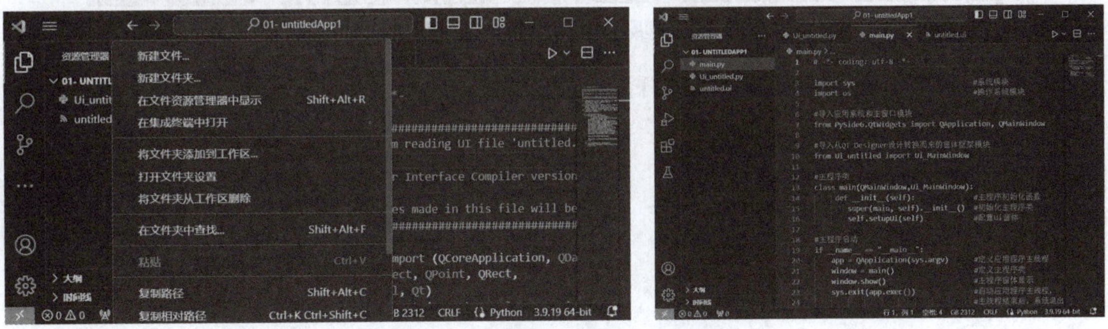

图 2-20　创建 main 主程序文件

输入主程序代码：

```
# -*- coding: utf-8 -*-

import sys                                  #系统模块
import os                                   #操作系统模块
```

```
#导入应用系统和主窗口模块
from PySide6.QtWidgets import QApplication, QMainWindow

#导入从QT Designer设计转换而来的窗体框架模块
from Ui_untitled import Ui_MainWindow

#主程序类
class main(QMainWindow,Ui_MainWindow):
    def _ _init_ _(self):                          #主程序初始化函数
      super(main, self)._ _init_ _()               #初始化主程序类
      self.setupUi(self)                          #配置Ui窗体

#主程序启动
if _ _name_ _ == "_ _main_ _":
    app = QApplication(sys.argv)                  #定义应用程序主线程
    window = main()                               #定义主程序类
    window.show()                                 #主程序窗体显示
    sys.exit(app.exec())     #启动应用程序主线程，主线程结束后，系统退出
```

（7）右击资源管理器空白处创建 .vscode 文件夹，右击 .vscode 文件夹创建 setting.json，如图 2-21 所示。

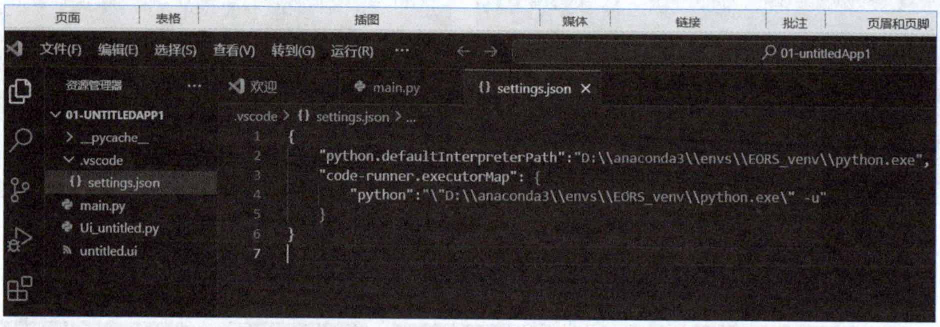


图 2-21　创建 settings.json 配置文件

输入如下内容，配置默认 Python 解释器路径：

```
{
    "python.defaultInterpreterPath":"D:\\anaconda3\\envs\\Python_venv\\python.exe",
    "code-runner.executorMap": {
        "python":"\"D:\\anaconda3\\envs\\Python_venv\\python.exe\" -u"
    }
}
```

### 2）第一次运行 Python 窗体应用工程

接着上述步骤，继续操作：

（1）选择 Python 解释器：在 VScode IDE 顶部搜索框中选择 显示并运行命令 → Python: 选择解释器 → ⚙ 使用 \"python.defaultInterpreterPath\" 设置中的 Python，即可选择上节中配置的 Python_venv 环境配置作为本工程的 Python 解释器。

（2）打开 main.py 主程序文件，单击 VScode IDE 右上角运行图标“▷”或者右击 main.py

选择“Run Code”命令，即可启动运行 Python 窗体应用工程，如图 2-22 所示。

（3）为了方便叙述基本概念，我们将 WindowsFormsApp1 工程文件夹复制到本书的电子资源的“CH02\Python 快速入门指南”文件夹中，并修改文件夹名为 01- FirstFormApp1，右击“01- FirstFormApp1”文件夹选择“通过 Code 打开”即可在 VSCode 打开该工程文件。

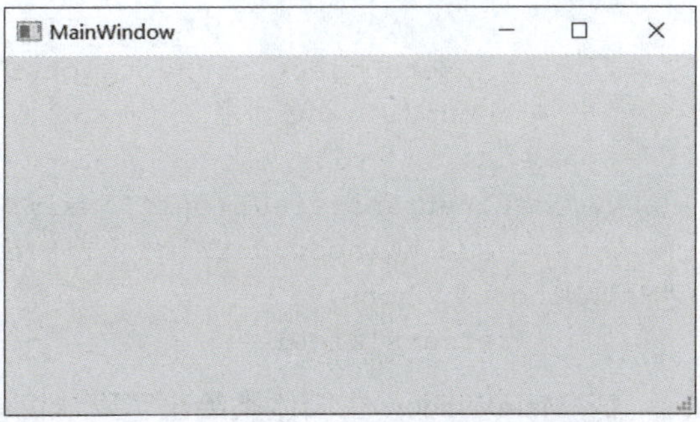


图 2-22　Python 窗体应用工程界面

### 3）了解第一个 Python 窗体应用工程的运行流程

在不涉及类、窗体、控件、库等众多概念下，可以简明了解运行过程。QT Designer 界面文件的默认名称是 untitled.ui。ui 文件是可扩展的标记语言（extensible markup language，XML）文件，它是应用程序与用户交互的地方，可以在上面放置其他部件，如用于显示文字的标签，用于鼠标操作的按钮等，可以用于 Python 窗体工程的界面设计。在 VSCode 中通过 Python Integration 插件的 pyside6-rcc 命令将 untitled.ui 编译成为 Python 可识别的 Ui_untitled.py 文件，其中默认的主窗体类名称是 Ui_MainWindow。通过自主构建的 main.py 文件调用 Ui_MainWindow 主窗体类启动窗体，main.py 运行过程如下：

（1）单击“▷”按钮后，在 main.py 文件内可以看到“应用程序的主入口点”，从“if _ _ name_ _ = = "_ _main_ _"”开始运行。

（2）定义并初始化应用程序主线程：app = QApplication(sys.argv)。

QApplication 类在 Qt GUI 程序中负责初始化应用程序、管理事件循环以及处理应用程序的终结。

（3）定义并初始化主窗体：window = main()。

main 是自定义的主窗体类，继承自 QMainWindow 类，并实例化 QT Designer 设计的 Ui_MainWindow 主窗体类作为当前工程的主窗体。

```
class Ui_MainWindow(object):
    def setupUi(self, MainWindow):
        if not MainWindow.objectName():
            MainWindow.setObjectName(u"MainWindow")
        MainWindow.resize(800, 600)
        self.centralwidget = QWidget(MainWindow)
        self.centralwidget.setObjectName(u"centralwidget")
        MainWindow.setCentralWidget(self.centralwidget)
        self.menubar = QMenuBar(MainWindow)
        self.menubar.setObjectName(u"menubar")
        self.menubar.setGeometry(QRect(0, 0, 800, 22))
        MainWindow.setMenuBar(self.menubar)
        self.statusbar = QStatusBar(MainWindow)
        self.statusbar.setObjectName(u"statusbar")
        MainWindow.setStatusBar(self.statusbar)

        self.retranslateUi(MainWindow)
```

```
        QMetaObject.connectSlotsByName(MainWindow)
    # setupUi

    def retranslateUi(self, MainWindow):
        MainWindow.setWindowTitle(QCoreApplication.translate("MainWindow",
u"MainWindow", None))
    # retranslateUi
```

Ui_MainWindow 主窗体类给出了默认窗体的相关属性，这里的值来自窗体默认属性，如窗体的（长、宽）为（800, 600），窗体的顶部显示文本为“MainWindow”，这就是你看到的窗体，这些参数是 QT Designer 设计阶段赋值的。

4）在窗体上增加一个标签

通过在 Ui_MainWindow 窗体上增加一个标签，了解一下设计阶段如何给属性设定合适的值。

（1）使用复制改名的方法新建一个 Python 工程。

①复制电子资源的“CH02\Python 快速入门指南”文件夹下的 01- untitledApp1 文件夹，并改名为“02- Label”。

②进入该文件夹，将“untitled.ui”工程文件名改为“Label.ui”，删除文件“Ui_untitled.py”，右击“02- Label”文件夹选择“通过 Code 打开”在 VSCode 中打开工程。

③右击“Label.ui”文件选择“PYQT: Compile Form”，生成文件“Ui_ Label.py”。

④打开主程序“main.py”，将“from Ui_untitled import Ui_MainWindow”，修改为“from Ui_Label import Ui_MainWindow”。

这样就是一个完全一样的新的解决方案。使用这种方法利用自己的模板新建一个 Python 工程，不建议每次利用开发环境新建工程，而是利用合适的模板自行复制改名为新的工程。

（2）在 Ui_MainWindow 窗体上增加一个标签。

①右击“Label.ui”选择“PYQT: Edit In Designer”，打开 QT Designer IDE。

②选中“视图”→“窗口部件盒”命令，使“窗口部件盒”在 IDE 左侧显示，打开“Display Widgets”选项卡，按住标签控件“Label”拖动至 MainWindow 主窗体，则窗体上出现了一个默认名称为“TextLabel”的标签。

（3）修改标签 label1 的属性。

鼠标移至 Form1 窗体上的 TextLabel 标签处，单击选中该标签，形如“TextLabel”，表示选中该控件，对象查看器中 label 标签选项呈灰色选中状态“label QLabel”。属性编辑器窗口进入标签属性编辑状态，属性窗口按照标签控件的继承顺序“QObject → QWidget → QFrame → QLabel”分别显示了相关属性。

①修改“QObject”条目下的 objectName 字段内容，如把默认的名字 label 修改为自己的命名 lblme。

②把“QWidget”条目下的 font 字段中“点大小”内容修改字体大小为 12。

③把“QLabel”条目下的 text 字段内容修改为“这是我的第一个 Python 程序”。

④单击“保存”按钮保存属性设置。

（4）重新编译 ui 文件。返回 VSCode IDE，右击“Label.ui”选择“PYQT: Compile Form”，重新生成文件“Ui_ Label.py”。

（5）运行工程。单击运行图标“▶”运行该工程后，窗体上有一个标签显示了“这是我的第一个Python 程序”，如图 2-23 所示。

图 2-23　Label 标签工程界面

2. 常用工具的使用

1）如何出现“窗口部件盒”

单击“视图(V)”→“✓ 窗口部件盒”命令。

2）如何拖一个控件到窗体

例如，要拖动按钮控件 Push Button 到窗体中，从工具箱的公共控件中选中 Push Button 控件，用鼠标拖至窗体中。

3）如何对控件进行设置

用鼠标选中控件，在右侧“属性编辑器”窗格中看到一些属性列表，可以根据需求进行设置。

4）如何删除一个控件

用鼠标选中控件，按【Delete】键或者右击选择 删除(D) 命令即可。

## 2.4.3　认识 Python 语言中的对象

Python 是面向对象的开发语言，本节给出计算机高级编程语言中“对象”的概念与用法。

1. 对象的三要素：属性、事件与方法

Python 语言是面向对象编程的高级语言，从编程角度，对象具有属性、事件与方法三个要素。对象是面向对象程序设计（object oriented programming, OOP）技术中的一个编程部件，这个部件封装了部分应用程序，它可以是一个过程，一些数据，也可以是一些更抽象的实体。

Python 中的对象是从类型中创建的，对象的类型在 OOP 技术中有一个特殊的名称：类。可以使用类的定义实例化对象，这表示创建该类的一个实例。“类的实例”和对象含义相同，但是“类”和“对象”是完全不同的概念。

举一个例子来理解类与对象的概念。通常我们讲到人类，但事实上却分不清楚到底是人还是人类。在这里，人类是一种类型，是看不见、摸不着的一个抽象概念。而具体到每一个人，则是这个类的一个个实例化的对象，具有明确定义的状态和行为。也就是说，人类是一个抽象的类，一个有名有姓的人是人类的一个具体对象。从编程角度，对象有三个要素：属性、事件及方法。

1）属性

属性可以看作对象的性质。比如一个按钮名称、按钮表面显示的文字、按钮的颜色等都是按钮的属性，就如同一个人的姓名、衣着、肤色等。Python 中的控件常用属性见表 2-2。

表 2-2　控件的一些常用属性

| 属　性 | | | 说　明 |
|---|---|---|---|
| objectName | | 对象名称 | 控件的名称 |
| geometry | x | 左边距 | 控件的左边界距其容器的左边界距离 |
| | y | 顶部距离 | 控件顶部距其容器顶部的距离 |
| | width | 宽度 | 控件的宽度 |
| | height | 高度 | 控件底部到顶部的距离 |

续表

| 属　性 | | | 说　明 |
|---|---|---|---|
| font | PointSize | 字体大小 | 文本大小 |
| | Family | 字体 | 文本字体 |
| | Style | 风格 | 粗体、斜体、正常 |
| | Weight | 粗细 | 文本粗细 |
| | Effects | 效果 | 删除线、下划线 |
| color | | 前景色 | 控件文本的前景色 |
| background-color | | 背景色 | 控件的背景颜色 |
| background-image | | 背景图片 | 控件的背景图片 |
| selection-color | | 选中颜色 | 选中控件文本的前景色 |
| selection-background-color | | 选中背景色 | 选中控件的背景色 |
| visible | | 可见 | 指定控件是否在运行期间可见 |
| enabled | | 使能 | 把 enabled 设置为 true，通常表示该控件可以接受用户的输入，反之不可以接受 |
| checked | | 选择 | 选择控件是否选中 |
| text | | 文本 | 控件相关的文本 |
| windowTitle | | 窗体标题 | 窗体控件标题名称 |

### 2）事件

事件可以看作对象的响应。比如按钮可以接受单击、按下、松开事件，就如同一个人可以接受触摸、拍打事件。一个事件可以对应一段被称为“事件过程”的程序，当这个事件发生后，系统自动运行那段程序。犹如嵌入式系统中的中断，一个中断可以对应一个中断服务例程，一旦中断发生，相应的中断服务例程得以自动运行。QT 中的控件常用事件见表 2-3。

表 2-3　控件的一些常用事件

| 事　件 | | 说　明 |
|---|---|---|
| Click | 单击 | 单击控件时引发 |
| textChanged | 文本变化 | 文本变化时触发 |
| currentTextChanged | 文本变化 | 组合框选择文本变化 |
| readyRead | 串口接收到数据 | 串口接收到数据 |
| Paint | 绘制控件 | 绘制控件时触发 |
| Validated | 验证完成 | 当控件的 Causes Validation 属性设置为 true，且该控件获得焦点时，触发该事件。它在 Validating 事件之后触发，表示验证已经完成 |
| Validating | 控件验证时发生 | 当控件的 Causes Validation 属性设置为 true，且该控件获得焦点时，触发该事件。注意，被验证的控件是正在失去焦点的控件，而不是正在获得焦点的控件 |

### 3）方法

方法可以看作对象的动作。比如按钮的隐藏使用它的 Hide() 方法，按钮的显示使用它的 Show() 方法，又比如 ToString 方法的功能是强制转换成字符串类型。

## 2. 属性、事件与方法的编程方法

### 1）控件的概念

前面提到的标签、按钮等都是 C# 开发环境已经封装好的控件，可以直接使用。所谓控件是指对数据和方法的封装。要使用一个控件，可以查看该控件有哪些属性，可以在设计阶段和运行阶段给必要使用的属性赋值；可以查看它接受哪些事件，根据需要对相关事件给出事件过程；可以查看它有哪些方法，编程时可以使用这些被封装在控件内部的方法为我们服务。这样，降低了编程难度。

设计控件是一件较为困难的工作，但使用控件则相对简单。图 2-24 给出了 QT Designer 开发环境“窗体部件盒”中给出的输入控件，如组合框“Combo Box”、文本编辑框“Text Edit”等，按钮控件的按钮“Push Button”、单选按钮“Radio Button”、复选框“Check Box”等，只要掌握一个控件的使用方法，就可以举一反三地使用其他控件。要了解一下各个控件的基本作用，以便编程时能够选择使用。

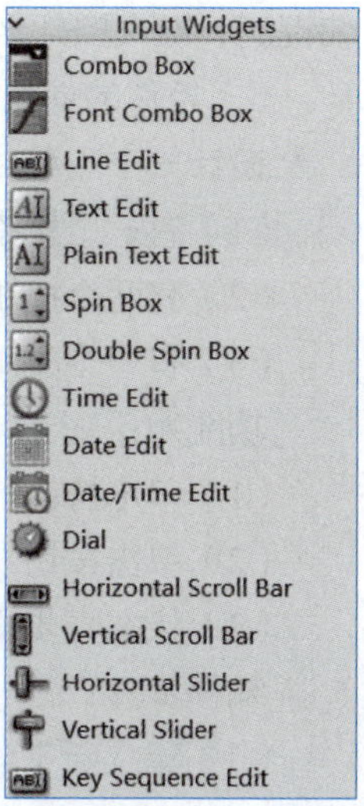


图 2-24　输入控件

除了公共控件，还有各种各样标准控件可以使用，服务于应用程序的开发。

### 2）如何给属性赋值

**（1）在设计阶段设置属性。**在设计阶段通过属性窗口设置的属性，自动体现在构造函数中。

**（2）运行阶段设置属性。**也就编程设置属性，如希望在程序中设置按钮“button1”的背景颜色，编程时键入 button1.，在出现“.”时，会弹出该控件的所有有“属性、事件、方法”选择框，在其中选择“setStyleSheet”，则可以完成“button1.setStyleSheet(“QPushButton { color: white; }”)”语句，等号右边通过样式栅格设置文本的颜色。

### 3）如何安排事件过程

初学者一般在设计阶段安排事件过程。将 QT Designer 的顶端工具栏“”从“编辑窗体部件”切换到“编辑信号 / 槽”，从窗体上选择一个控件，左键按住拖到控件外，出现“配置连接 -Qt Designer”对话框，如图 2-25（a）所示为标签的事件对话框。从左侧列表框中选择控件所包含的事件，如单击事件 clicked()，然后在右侧列表框中选择编辑，添加一个自定义事件过程的名称，如 btnPushClicked。至此完成了控件事件的定义，事件过程的实现在 VSCode 中编辑。这里的事件过程名称，对应于嵌入式终端程序中的中断服务例程名称，事件对应于中断。

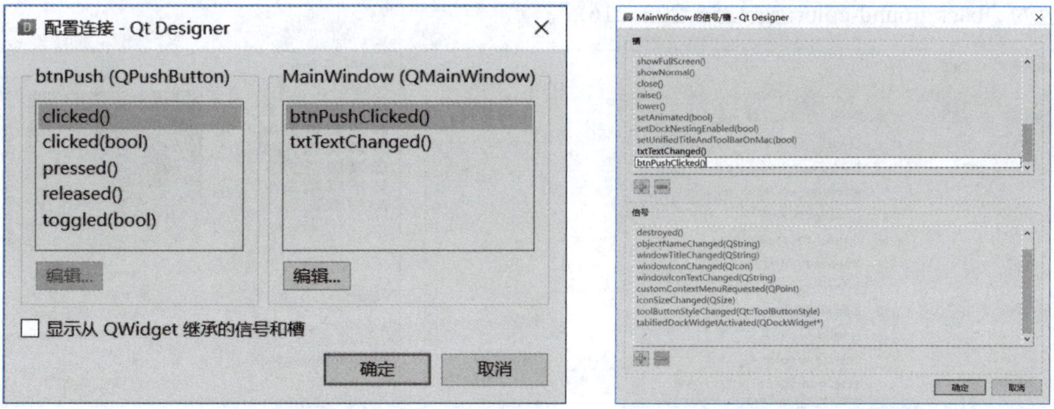


（a）配置连接编辑窗体　　（b）信号与槽编辑窗体

图 2-25　事件配置连接编辑体

### 4）如何使用控件

在编程过程中，如希望完成某一功能，首先要看看该控件有无类似功能的方法可以使用，编程时，键入控件名称后，再键入“.”，此时会弹出该控件的所有“属性、事件、方法”选择框。

### 5）控件的使用方法举例

设计一个工程，有一个窗体，窗体上部件有：

（1）有一个标签，显示“控件的使用方法举例”。

（2）有两个按钮，显示分别为“按钮一”“按钮二”。

（3）有一个文本框，显示操作状态。

功能为：

（1）单击按钮一，按钮一消失，按钮二显示。

（2）单击按钮二，按钮二消失，按钮一显示。

（3）状态同步文本框中。

编程步骤：

**（1）建立新工程。** 复制电子资源的“CH02\Python 快速入门指南 \02- Label”，并按照前面所述的利用模板创建新工程的方式，创建“03- 控件的使用方法”工程，这次把里面的工程文件名及解决方案文件名均统一为 PythonPrj，随后使用文件夹代表具体工程，内部的名称统一，不再具备工程名属性，方便管理。

**（2）修改工程。** 删除文件“Ui_Label.py”，修改文件“Label.ui”为“PythonPrj.ui”，右击文件夹“03- 控件的使用方法”选择“通过 Code 打开”，打开文件“main.py”，修改代码“from Ui_Label import Ui_MainWindow”为“from Ui_Python import Ui_MainWindow”。

**（3）编辑窗体界面。** 右击文件“Python.ui”选择“PYQT: Edit In Designer”打开 QT Designer。单击保存“🖫”。

**（4）修改标签“labelme”属性。** 把 labelme 拖到合适位置，单击选中该标签，在右侧“属性编辑器”的“QLabel”选项中，选将 Text 字段内容修改为“控件的使用方法举例”，修改字体（Font）选项卡中字体为黑体，大小为 16 号。

**（5）修改标签“labelme”styleSheet 属性。** 单击 styleSheet 属性选项卡“styleSheet ...”，单击右侧“...”，打开“编辑样式表”对话框，如图 2-26 所示。点开 background-color 设置背景颜色为“background-color: rgb(255, 222, 216);”。

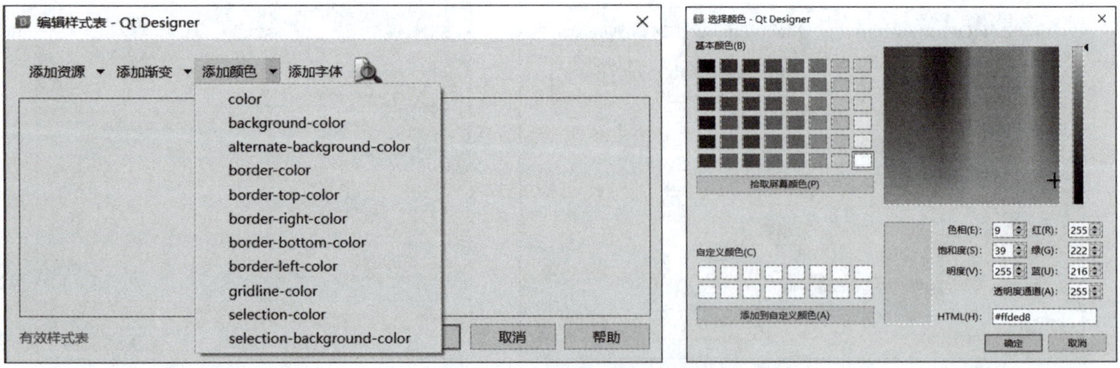


图 2-26　编辑样式表选项卡

**（6）拖入按钮和文本框控件。** 从工具箱的公共控件中拖入两个按钮、一个文本框，实际应用编程时，要求更改默认名称，为了叙述方便，这个使用默认名称：pushButton1、pushButton_2、lineEdit，但把其文本（Text）属性分别更改为：按钮一、按钮二、操作显示处，设置字体、背景色等属性，并通过拖动改变其位置、大小，可以边设计、边运行看看效果，如图 2-27 所示。

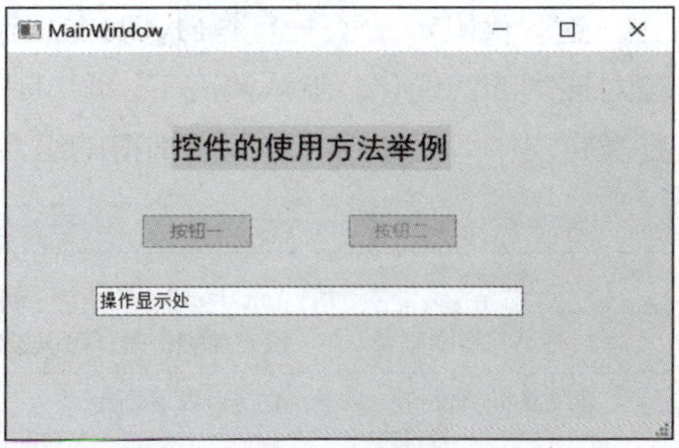


图 2-27　控件的使用方法举例

### （7）编制按钮一（pushButton）的事件过程。

①单击工具栏“ ”切换至“编辑信号 / 槽”。

②选择控件“按钮一”，按住鼠标左键拖动至控件外打开“配置连接 -Qt Designer”对话框，对话框左侧“pushButton（QPushButton）”下选择“clicked()”事件。

③单击右侧“MainWindow（QMainWindow）”下方的“编辑”按钮，打开“MainWindow 的信号 / 槽”对话框。

④单击绿色“+”按钮，增加一个槽函数“slot()”，修改槽函数名称为“pushButtonClicked()”，关闭返回“配置连接 -Qt Designer”对话框。

⑤右侧“MainWindow（QMainWindow）”选中“pushButtonClicked()”，单击“确定”按钮，完成按钮一（pushButton）鼠标单击事件定义。

⑥保存设置，返回 VS Code IDE，右击文件“Python.ui”选择“PYQT: Compile Form”，生成“Ui_Python.py”文件。

⑦打开文件“main.py”，为了能显示中文，将文件首行默认编码代码从“# -*- coding: utf-8 -*-”修改为中文编码的“# -*- coding: gbk -*-”。

⑧打开文件“main.py”，在 main 类中添加 pushButtonClicked() 函数。

```
def pushButtonClicked(self):
```

也就是说，一旦发生了按钮一的单击事件，就会运行这里的程序，我们要实现的功能是“单击按钮一，按钮一消失，按钮二显示”，因此，在此输入 self.pushButton，再输入“.”，会弹出该控件的所有“属性、事件、方法”选择列表框，这时需要的是隐藏按钮的方法，找到 hide，双击即可进入程序，继续编程即可，可以完成按钮一单击事件的事件过程编程：

```
def pushButtonClicked(self):
    self.pushButton.hide()
    self.pushButton_2.show()
    self.lineEdit.setText("单击了按钮一，按钮一消失，按钮二显示")
```

每写几句，就运行一下，逐步完成。

通过类似方法完成按钮二的单击事件的事件过程编程，这样就完成了一个小工程。再坚持一下，Python 就可以应用于实际程序开发，然后在实践中不断学习提高。一门高级语言就这样一步一个脚印地入门了。

## 3. 几个基本概念

### 1）类

Python 使用 class 关键字来定义类：

```
class  MyClass():
    #类成员
    #类方法
    #类事件
```

这段代码定义了一个类 MyClass。定义了一个类后，就可以在项目中访问该类定义的其他位置对该类的实例化。默认情况下，类声明为内部的，即只有当前项目中的代码才能访问它。表 2-4 是类定义中可以使用的访问修饰符的组合。

表 2-4　访问修饰符的组合

| 修饰符 | 含义 |
| --- | --- |
| 公开访问修饰符 | 没有前缀符号，可以被任意访问，相当于 Java 中的 public |
| 私有访问修饰符 | 前缀为双下划线“__”，只有类内部可以访问，相当于 Java 中的 private |
| 保护访问修饰符 | 前缀为单下划线“_”，只有类内部和子类可以访问，相当于 Java 中的 protected。但是在 Python 中并不是真正意义上的受保护，因为这些属性和方法在类外部仍然是可以访问的 |

#### 2）进程

进程是表示资源分配的基本单位，又是调度运行的基本单位。从编程的角度，也可以将进程看成一块包含了某些资源的内存区域。

例如，当用户打开一个 txt 文档时，系统就创建一个进程，并为它分配资源。有时候打开得很慢，这是因为此时 CPU 运行的进程数过多，该进程需要等待调度，才能真正运行。如果再打开另外一个 txt 文档时，此时在资源管理器中会发现有两个进程，所占的内存数不一样，是因为文档的大小不相同。理论上只要是打开应用程序，就会创建进程。

## 2.4.4　Python 窗体工程框架及常用控件实例

学习任何一门语言，建议首先建立一个自己使用的工程框架，明确哪些内容应该放入哪个文件夹，哪些是源码，哪些是编译生成的，属于该工程的文档记录文件（readme.txt）也应该包含在框架中，与工程合为一体，以便记录编程目的、体会与备忘等内容，其与工程不分离。

### 1. Python窗体工程框架

（1）工程框架设计原则。良好的工程框架是编程工作的重要一环，建立一个组织合理、易于理解的嵌入式软件工程框架需要较深入的思考与斟酌。所谓工程框架是指工程内文件夹的命名、文件的存放位置、文件内容的放置规则。软件工程与一件建筑作品、一件画作等是一致的，软件工程框架是整个工程的脊梁，其主要工作不是完成一个单独的模块功能，而是指出工程应该包含哪些文件夹，这些文件夹里面应该放置什么文件，各个文件的内容又是如何定位等。因此，工程框架设计的基本原则应该是：分门别类，各有归处，建立工程文件夹，并考虑随后内容安排及内容定位，建立其下级子文件夹，见表 2-5。人们常常看到一些工程框架混乱、下级文件夹命名不规范、文件内容定位不清晰、文件包含冗余的样例工程，把学习者与开发者弄得一头雾水，这样的工程框架是不符合软件工程要求的。

表 2-5　Python 窗体工程框架

| 文件夹 | 内容 | 简明功能及特点 |
| --- | --- | --- |
| .vscode | launch.json | 系统信息 |
| | settings.json | 工程运行环境配置信息 |
| 01-Doc | readme.docx | 项目说明文档 |
| 02-Component | | 相关构件模块 |
| 03-Image | | 软件使用图片资源 |

续表

| 文件夹 | 内容 | 简明功能及特点 |
| --- | --- | --- |
| 04-Src | main.py | （主函数文件）软件界面模块 |
| | ui | 人机交互窗体界面相关文件 |
| | | 其他相关文件 |

（2）Python 窗体工程框架的建立。按照工程框架的设计原则，在解决方案资源管理器中，可以通过右击弹出菜单建立文件夹，拖动文件等方式把一个工程变成有良好结构的工程框架，做到“分门别类，各有归处”。如表 2-5 所示，给出了一种 Python 窗体工程框架，复制使用时，只要把文件夹名改为需要的工程名即可，参见电子资源【CH02\Python 快速入门指南 \04-Python 工程框架】。特别强调，软件包含程序与文档，工程中专门建立了 01-Doc 文件夹，放置了 readme.doc，供记录程序备忘使用。

下面给出几个编程实例，读者也可以照葫芦画瓢地编程。虽然作为通识课程不要求掌握具体编程，但是通过本节简单的过程，可以体会程序服务于人工智能通识课的学习，也可以了解到只要方法得当，在实践中学习编程，可较大幅度地降低学习编程的难度。

## 2. 定时器Timer

### 1）实际运行

样例工程见电子资源的【CH02\Python 快速入门指南 \ 05-Timer】，功能是每秒在文本框中显示当前时间，运行结果如图 2-28 所示。

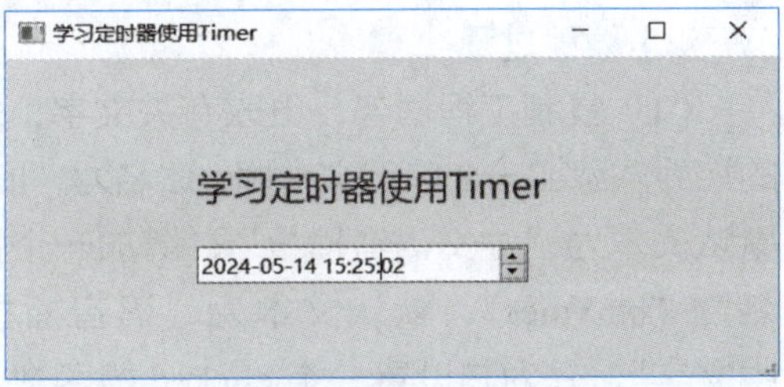


图 2-28　定时器定时计数的某一时间点画面

### 2）编程过程

由 04-Python 工程框架编程 05-Timer 定时器，步骤如下：

（1）复制模板。将模板 04-Python 工程框架复制后改名为 05-Timer 定时器。

（2）打开 VS Code，右击“..\04-Src\ui\Python.ui”进入 QT Designer 编程环境修改窗体、标签的文字内容、字体字号等属性。

（3）将窗口部件盒→ InputWidgets →“Date/Time Edit”拖入窗体，用于显示日期时间，其默认名称为“dateTimeEdit”。在该控件的属性编辑器中将“displayFormat”显示模式属性修改为“yyyy-MM-dd HH:mm:ss”。

（4）保存退出 QT Designer，返回 VS Code。

（5）重新编译“..\04-Src\ui\Python.ui”生成“..\04-Src\ui\Ui_Python.py”。

（6）打开“main.py”，在“辅助模块导入区”导入定时器和日期时间模块。

```
#导入定时器和日期时间模块
from PySide6.QtCore import QTimer,QDateTime
```

（7）在初始化函数“_ _init_ _”中为日期时间控件 dateTimeEdit 获取当前时间：

```
    #获取当前时间
    self.dateTimeEdit.setDateTime(QDateTime.currentDateTime())
```

这样每到 1 秒，Timer_1_Tick 函数就会被运行。

（8）在初始化函数“_ _init_ _”中定义定时器变量 timer，并为其关联定时器更新槽函数 update_time，启动定时器每 1000ms 中断一次；

```
        #定义定时器变量
        self.timer = QTimer(self)
        self.timer.timeout.connect(self.update_time)   # 连接更新日期时间的槽函数
        self.timer.start(1000)  # 启动定时器，每1000毫秒触发一次
```

（9）编制定时器更新槽函数 update_time()，实现对日期时间控件 dateTimeEdit 每次中断秒数加 1。

```
    def update_time(self):
        current_datatime = self.dateTimeEdit.dateTime()         # 获取当前时间
      self.dateTimeEdit.setDateTime(current_datatime.addSecs(1))
                                                                # 设置时间增加一秒
```

### 3. 语音

#### 1）实际运行

样例工程见电子资源的【CH02\Python 快速入门指南 \06-语音】，功能是单击按钮语音播放文本框中的文字，运行结果如图 2-29 所示。

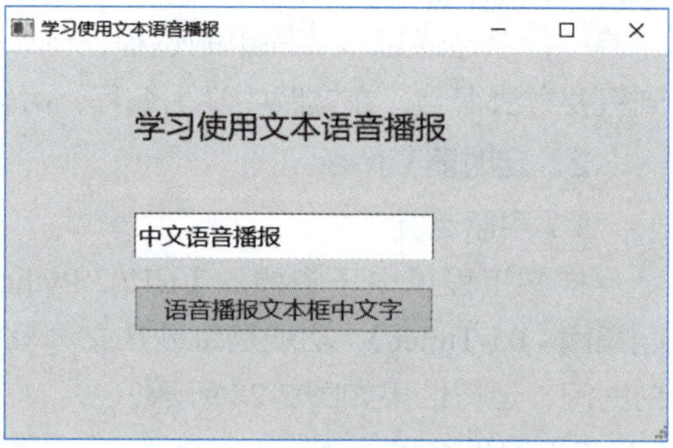


图 2-29　语音播报工程界面

#### 2）编程过程

（1）复制工程框架，更改有关文字，删除不用的控件。添加一个单行文本框，命名为“ltxtVoice”，默认文本为“中文语音播报”；增加一个按钮，命名为“btnVoice”，默认文本为“语音播报文本框中文字”，并为其设置一个 clicked 槽函数，命名为“btnVoiceClicked”，本步骤在前面例子基础上完成，不再详述。

（2）添加语音编程部件。打开“main.py”文件，在“辅助模块导入区”导入文本语音模块。

```
    #导入文本语音播报模块
    from PySide6.QtTextToSpeech import QTextToSpeech
```

（3）在用户代码区定义并初始化语音播报变量。

```
        #语音播报变量定义
        self.speech = QTextToSpeech(self)
```

（4）编写单击“语音播报文本框中文字”按钮的事件过程，进行语音播放。

```
    def btnVoiceClicked(self):
        self.speech.say(self.ltxtVoice.text())
```

此时单击“语音播放文本框中文字”按钮，将通过计算的扬声器播放文本框中的文字，也可重新更改文本框中的文字进行测试。前提条件是你的计算语音设置可以正常播放其他音乐。

### 4. 图片

#### 1）实际运行

样例工程见电子资源的【CH02\Python 快速入门指南 \ 07-图片】，功能是单击“切换图片”按钮显示不同图片，运行结果如图 2-30 所示。

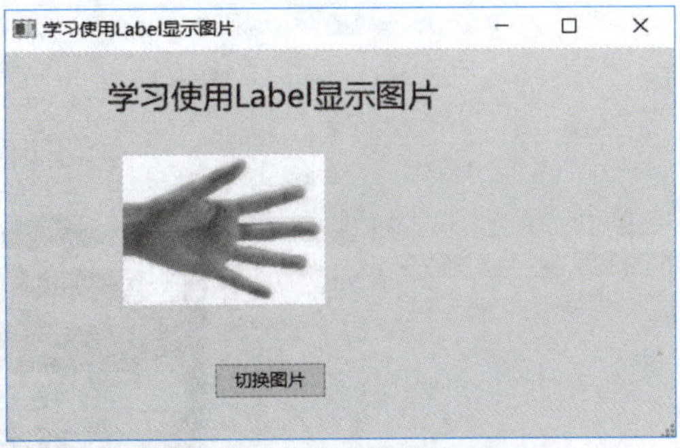


图 2-30　图片框工程界面

2）编程过程

QT Designer 的控件中没有专门的图片框，常用标签控件显示图片，步骤如下：

（1）复制工程框架，更改有关文字，删除不用的控件，本步骤在前面例子基础上完成，不再详述。

（2）在工程框架 05-Image 中存放两张图片，分别命名为 Image1.jpg 和 Image2.jpg。

（3）打开 QT Designer，将一个 Label 标签拖入窗体，命名为“lblImage”，添加一个 pushButton 按钮，命名为“btnChangeImage”，并添加一个 clicked 事件槽函数“btnChangeImageClicked”，用于切换显示图片；保存切换至 VS Code 重新编译 ui 界面文件。

```
self.projectRoot = os.path.join(os.path.dirname(_ _file_ _), “../”)
#定义工程框架路径变量
    self.imageNum=1    #定义当前显示图像索引 1：显示图像Image1.jpg 2：显示图像
Image2.jpg
```

（4）在 VS Code 中打开“main.py”文件，在“辅助模块导入区”导入图像模块和 Qt 框架模块。

```
#图像处理模块
from PySide6.QtGui import QImage, QPixmap
#Qt框架模块
from PySide6.QtCore import Qt
```

（5）在用户代码区定义工程框架路径变量和显示图片索引变量。

（6）编写单击“切换图片”按钮的事件过程，进行图片切换操作。

```
    //单击“切换图片”按钮
def btnChangeImageClicked(self):
    if self.imageNum==1:                               #判断当前显示的图片
        self.imageNum=2                                #切换显示图像索引
        #将jpg图片转换为像素图pixmap
        self.pixmap=QPixmap.fromImage(QImage(f” {self.projectRoot}/05-Image/
Image2.jpg”)).scaled(self.lblImage.size(), aspectMode=Qt.KeepAspectRatio)
        self.lblImage.setPixmap(self.pixmap)           #标签显示图片
    else:
        self.imageNum=1                                #切换显示图像索引
        #将jpg图片转换为像素图pixmap
        self.pixmap=QPixmap.fromImage(QImage(f” {self.projectRoot}/05-Image/
Image1.jpg”)).scaled(self.lblImage.size(), aspectMode=Qt.KeepAspectRatio)
        self.lblImage.setPixmap(self.pixmap)           #标签显示图片
```

### 5. 视频播放

1）实际运行

样例工程见电子资源的【CH02\Python 快速入门指南 \08- 视频播放器】，功能是打开视频文件，并且可以播放，运行结果如图 2-31 所示，选择一个视频后会自动播放。

图 2-31　选择视频文件和播放

2）编程过程

（1）复制工程框架，更改有关文字，删除不用的控件，本步骤在前面例子基础上完成，不再详述。

（2）在工程框架 05-Image 中存放 1 个 mp4 视频文件，命名为 vedio.mp4。

（3）打开 QT Designer，将“窗口部件盒”的“Containers”的选项卡中 Widget 拖入窗体，命名为“wdvideo”，右击选择“提升的窗口部件...”，提升类的名称为“QVideoWidget”，头文件为“qvideowidget.h”，将 QWidget 提升为 QVideoWidget；添加三个 pushButton 按钮，分别为“暂停”“播放”“打开文件”，分别命名为“btnPause”“btnPlay”“btnLoadVideoFile”；添加一个 Label 标签，用于显示播放时间，命名为“lblTime”，初始文本默认显示为“00:00:00”；添加 一个“Input Widget”选项卡的“Horizon Slider”，命名为“barSlider”，用于显示视频播放进度，界面如图 2-32 所示；保存切换至 VS Code 重新编译 ui 界面文件。

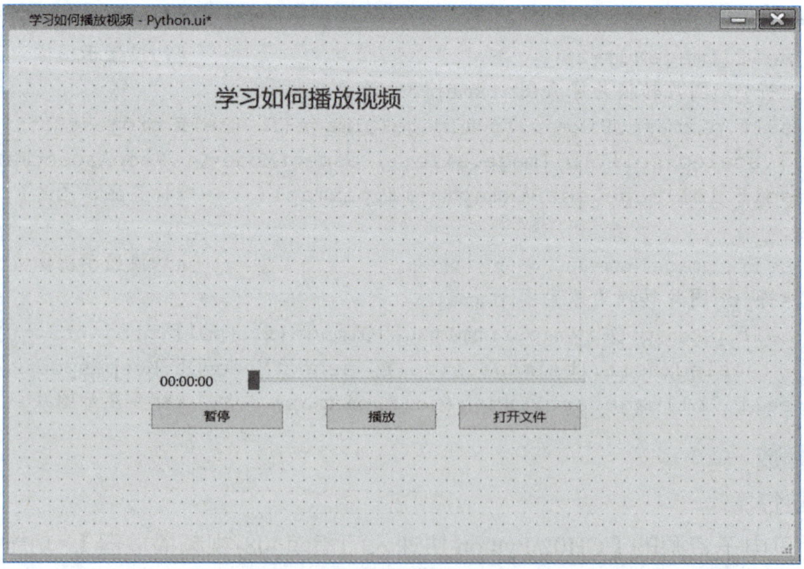


图 2-32　视频播放显示界面

（4）在 VS Code 中打开“main.py”文件，在“辅助模块导入区”导入文件打开模块、视频播放模块、定时器模块和计算机视觉库模块。

```
from PySide6.QtWidgets import QFileDialog          #文件打开模块
from PySide6.QtMultimedia import QMediaPlayer      #媒体播放模块
from PySide6.QtCore import QTimer                  #定时器模块
import cv2                                         #计算机视觉库
```

（5）在用户代码区对播放器和定时器模块初始化。

```
    # 播放器模块初始化
    self.player = QMediaPlayer()
    self.player.setVideoOutput(self.wdtVideo)
    #设置事件对应的槽函数
    # 按钮打开文件
    self.btnLoadVideoFile.clicked.connect(self.openVideoFile)
    # 播放
    self.btnPlay.clicked.connect(self.playVideo)
    # 暂停
    self.btnPause.clicked.connect(self.pauseVideo)
    #定时器初始化
    self.timer = QTimer()                              #定时器变量定义
    self.timer.timeout.connect(self.onTimerOut)        #定时器溢出处理槽函数
    self.timer.setInterval(100)                 #定时溢出时间
```

（6）分别实现视频播放的文件打开、播放、暂停槽函数。

```
    #打开文件
def openVideoFile(self):
    #获取视频文件路径+名称
    video_name = QFileDialog.getOpenFileName()[0]
    #播放器视频资源设置
    self.player.setSource(video_name)
    #获取视频长度
    self.media_duration = self.get_duration_from_cv2(video_name)
    #设置滑动条滚动最大滑动事件
    self.barSlider.setMaximum(round(self.media_duration*10))
    self.time_count = 0                                #定时器计数初值
    self.player.play()
    self.timer.start()
#播放视频
def playVideo(self):
    self.player.play()
    self.timer.start()
#播放暂停
def pauseVideo(self):
    self.player.pause()
    self.timer.stop()
```

（7）实现定时器处理函数，完成播放时间计算，标签显示和滚动条显示。

```
#定时器溢出处理函数
def onTimerOut(self):
    self.time_count += 1
    #print(self.time_count*0.1)
    self.barSlider.setValue(round(self.time_count))
    #分钟秒数计算
    m, s = divmod(round(self.time_count*0.1), 60)
    #小时分钟计算
    h, m = divmod(m, 60)
    #设置已播放时间
    self.lblTime.setText( "%02d:%02d:%02d" % (h, m, s))
    #判断是否播放完成
    if self.time_count == round(self.media_duration*10):
        self.timer.stop()
       self.time_count = 0
```

（8）实现视频文件播放时间获取函数。

```
#获取视频文件播放时间
    def get_duration_from_cv2(self,filename):
        cap = cv2.VideoCapture(filename)
        if cap.isOpened():
            rate = cap.get(5)
            frame_num =cap.get(7)
            duration = frame_num/rate
            return duration
        return -1
```

这样选择一个视频后会自动播放，运行结果如图 2-33 所示。

图 2-33　选择视频文件和播放

## 6. 选项卡

### 1）实际运行

样例工程见电子资源的【CH02\Python 快速入门指南 \09- 选项卡】，功能是用于在多个子视图中切换显示，运行结果如图 2-34 所示，子视图 2 文本框原先为“这是子视图 2”，单击选择左上角“子视图 2”后进入子视图 2 并触发事件修改该文本框内容为“进入子视图 2”。

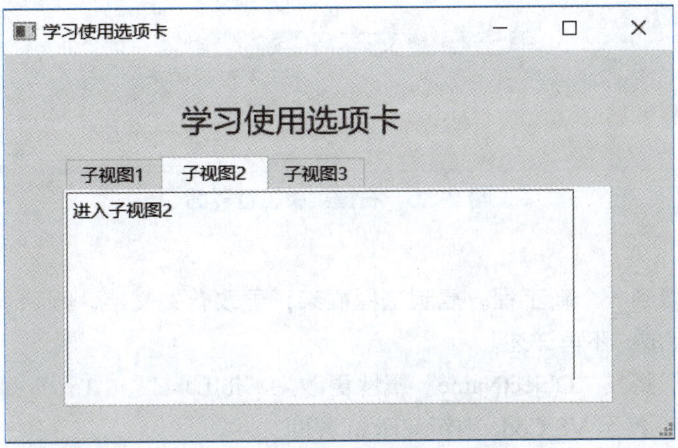


图 2-34　选项卡中子视图 2 界面

### 2）编程过程

（1）复制工程框架，删除不用的控件，本步骤在前面例子基础上完成，不再详述。

（2）将窗口部件盒→ Containers →“Tab Widget”拖入窗体，修改其名称 ObjectName 属性为“tabWidget”。单击选中该控件，在右击弹出快捷菜单上选择“插入页 ▸ 在当前页之后”插入一个新的 tab 页，分别修改三个 tab 页的 currentTabName 属性为“tab1/2/3”，修改 currentTabText 属性分别为“子视图 1/2/3”；在三个 Tab 页中各自添加一个“Text Edit”控件，分别命名为“txt1/2/3”，文本属性为“进入子视图 1/2/3”；保存切换至 VS Code 重新编译 ui 界面文件。

（3）在 VS Code 中打开“main.py”文件，在用户代码区，为 tabWidget 控件选中改变事件 currentChanged 设置槽函数 tabWidgetcurrentChanged()。

```
    #tabWidget控件选中改变事件currentChanged设置槽函数tabWidgetcurrentChanged()
   self.tabWidget.currentChanged.connect(self.tabWidgetcurrentChanged)
```

（4）编写槽函数 tabWidgetcurrentChanged()，选中改变时切换到对应 Tab 页，并做相应修改。

```
#tabWidget控件选中改变槽函数tabWidgetcurrentChanged()
def tabWidgetcurrentChanged(self):
    if self.tabWidget.currentIndex()==0:
        self.txt1.setText(u"进入子视图1")
    if self.tabWidget.currentIndex()==1:
        self.txt2.setText(u"进入子视图2")
    if self.tabWidget.currentIndex()==2:
       self.txt3.setText(u"进入子视图3")
```

## 7. 右键菜单

### 1）实际运行

样例工程见电子资源的【CH02\Python 快速入门指南 \10- 右键菜单】，功能是右键单击本标签改变标签中的文字，运行结果如图 2-35 所示。

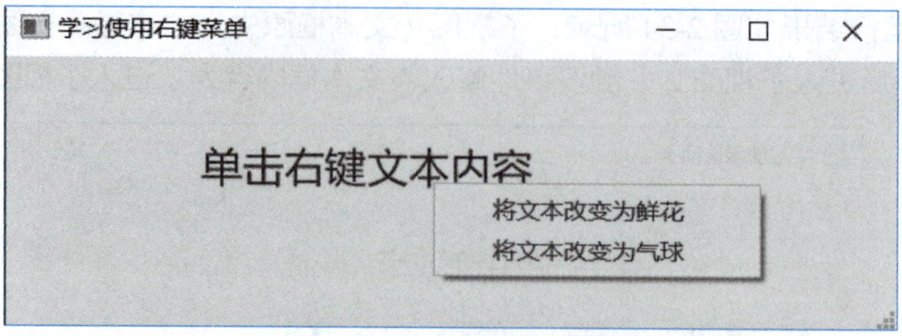


图 2-35　右键菜单工程界面

### 2）编程过程

（1）复制修改得到一个新工程。复制工程框架，更改有关文字，删除不用的控件，本步骤在前面例子基础上完成，不再详述。

（2）修改标签：将其“ObjectName”属性更改为“lblLabel”，“Text”属性更改为“单击右键改变文本”；保存切换至 VS Code 重新编译 ui 界面文件。

（3）在 VS Code 中打开“main.py”文件，在“辅助模块导入区”导入菜单模块和 Qt 框架模块。

```
from PySide6.QtWidgets import QMenu              #菜单模块
from PySide6.QtCore import Qt                    #Qt框架模块
```

（4）在用户代码区，为标签控件添加自定义上下文弹出式菜单事件，并为其创建事件槽函数。

```
    #为标签lbllabel设定控件在用户右击时启用自定义上下文菜单
    self.lblLabel.setContextMenuPolicy(Qt.CustomContextMenu)
    #创建一个标签lbllabel自定义上下文菜单，并将其弹出到屏幕相应位置
    self.lblLabel.customContextMenuRequested.connect(lambda pos:self.create_
                        label_menu().popup(self. lblLabel.mapToGlobal(pos)))
```

（5）编写创建标签弹出菜单 create_label_menu()，及其每个菜单项处理事件槽函数。

```
def create_label_menu(self):
    # 创建一个 QMenu 对象
    menu = QMenu(self.lblLabel)

    # 添加菜单项
    action_1 = menu.addAction(u"将文本改变为鲜花")
    action_2 = menu.addAction(u"将文本改变为气球")

    # 连接信号槽
    action_1.triggered.connect(self.menu1)
    action_2.triggered.connect(self.menu2)

    # 返回创建的菜单
    return menu
def menu1(self):
    self.lblLabel.setText(u"鲜花")
def menu2(self):
    self.lblLabel.setText(u"气球")
```

### 8. 如何继续学习

可以用一句话概括一下如何继续学习：在实际应用中继续学习，逐步提高。可以说，Python 学到这里，可以开始进行实际的编程，在实际的编程实践中，若需要新的要素，可以在网上搜索基本方法，也可以查阅专门的 Python 类编程书籍，采取遇到问题，学习并解决问题的方式，在实践中学习积累编程经验。若是等完全学透 Python 语言再进行实际应用编程，那样也许难以达到目标。

## 小　结

人类大脑是由数十亿神经元构成的复杂器官，支撑着人类的记忆、学习和思考。电子计算机出现后，人们开始尝试用电子计算机的程序来模拟这些功能，开启了人工智能时代。这个基于二进制系统（0 和 1）的信息处理机制，通过逻辑门对 0 和 1 的操作，进行各种数学运算、训练与推理，成就了今天的人工智能。人工智能需要语言进行编程，Python 作为一种高级编程语言脱颖而出。它的设计哲学旨在简化编程过程，使代码更接近自然语言，易于理解和编写。从人脑的思考机理到计算机的二进制逻辑，再到像 Python 这样的高级编程语言，科技进步不仅展示了技术的巨大潜力，也激励我们不断探索未知领域，追求更高的智慧境界。在这段旅程中，我们见证了科技如何深刻地改变生活，使世界变得更加便捷高效。

## 习　题

1. 用 300 字左右总结人类智能的物理基础。
2. 用 300 字左右总结人工智能的物理基础。
3. 用 300 字左右描述一下，人们是如何从人类智能发展出人工智能的。
4. 举例说明 0 和 1 构成的世界如何“思考”。
5. 面向对象编程中的对象三要素是什么？举例说明之。
6. 把 2.4 节中例子总结到一个程序中。

# 第3章 人工智能基本原理

虽然学习原理有一定难度，但是从共性知识角度，粗略了解人工智能基本原理是必要的。俗话说，不仅要知其然，还要知其所以然。作为通识课程，不可能要求达到知其所以然，但了解其所以然是可能的，本章按照这个定位，不失一般性地简要阐述人工智能的基本原理，达到对人工智能了解其所以然的目的。人工智能经历了几十年的发展，已经形成了一套庞大而复杂的理论体系。考虑到通识课的特点以及学生的基础，此处仅介绍人工神经网络、卷积神经网络的基本原理、方法和应用。

## 学习目标

（1）了解人工神经网络的思想，掌握人工神经网络的结构和基本原理；

（2）掌握图像卷积的计算方法，熟悉卷积神经网络的处理流程，了解卷积神经网络应用的常见任务；

（3）掌握人工智能算法结果评估的常用方法。

## 思维导图

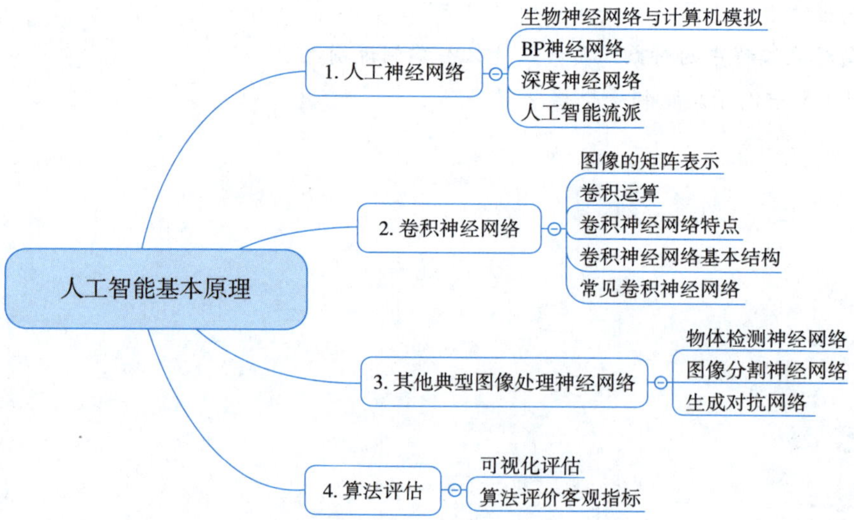

# 3.1 人工神经网络

## 3.1.1　生物神经网络与计算机模拟

### 1. 生物神经网络

人工智能旨在让机器具有人类的智能，很多人工智能技术的设计灵感源于生物学。因此，在深入介绍机器模拟人类思考能力之前，简要介绍一下生物学方面的基础。

大脑是人体中负责思考、记忆和决策的器官，其基本构成单元是神经元。神经元是由水、离子、氨基酸和蛋白质构成的细胞，由树突（接收信号）、细胞体（处理信号）和轴突（输出信号）组成。神经元的主要功能是接受外界环境的刺激，并将其转化为生物电信号和化学信号，然后将其传递给其他神经元。成年人大脑中包含了 850 亿~1 000 亿个神经元，并相互连接构成一个网络。神经元之间的连接和通信形成了大脑的神经网络，它们负责感知外界的信息、处理内在的刺激并产生相应的思维、行为和情感反应。

早在 1890 年，威廉・詹姆斯（William James）提出一个假设，认为大脑皮层每一点的活力都是其他点势能释放的总和，即其他点的兴奋次数、强度和所接受的能量的总和。换言之，一个神经元会接收到多个神经元传递来的信息，处理后触发轴突并影响其他神经元。在信息处理方式方面，生物神经网络采用层次化的方式进行处理，即通过大量神经元分层互联形成复杂网络（如大脑皮层），从简单特征开始，然后逐层提取复杂特征。在环境适应性方面，经验和环境刺激可以改变突触的连接强度。

### 2. 人工神经网络

受到生物神经网络的启发，研究人员设计了一种使用计算机可以模拟的模型，称为人工神经网络（artificial neural network, ANN），该网络由大量的神经元相互关联而成。

人工神经网络根据特征可分为单层、多层前馈、时间、自组织等类型，目前主流的神经网络大多数属于多层前馈神经网络，即网络的互联和互通仅在相邻层级的神经元之间，且只能前一层神经元对后一层神经元产生影响，其影响的强度通过权重大小进行表示。在前馈神经网络中，信息只向前传播，不会形成闭环。

图 3-1 给出了一个典型的人工神经网络结构，包括一个输入层、一个输出层以及位于二者之间的两个隐藏层。该网络为全连接网络，即前一层的每个神经元都和后一层的每一个神经元进行连接。需要强调指出的是，并非所有的神经网络都是全连接网络。

神经网络最基本的构成元素是神经元，神经元模型是一个包含输入、计算和输出功能的模型，神经网络由大量的神经元相互连接而组成。图 3-2 给出了神经元计算示意图，从图中可以看出，神经元运算的主要流程如下：

（1）将神经元输入数据的每个特征值乘以对应权重，然后将相乘结果进行累加求和。

（2）将求和后的结果输入某个非线性的激活函数。

（3）通过激活函数的运算产生神经元的输出结果。

在实际处理中，还需要在求和后加偏置 $b$，以允许神经元表达更多的函数姿态，否则神经元只能表达经过原点的线性函数。

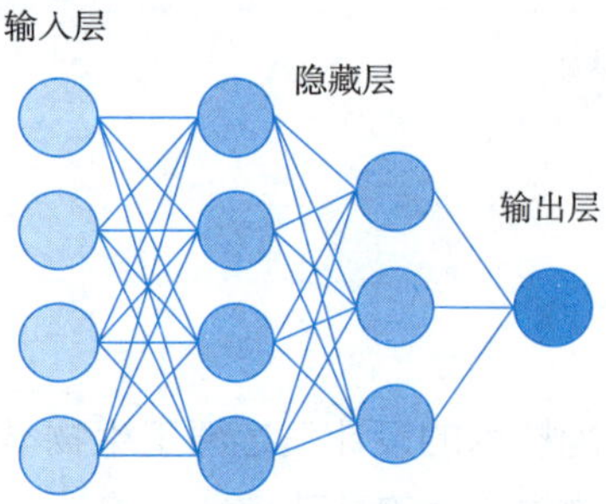


图 3-1　神经网络模型示意图

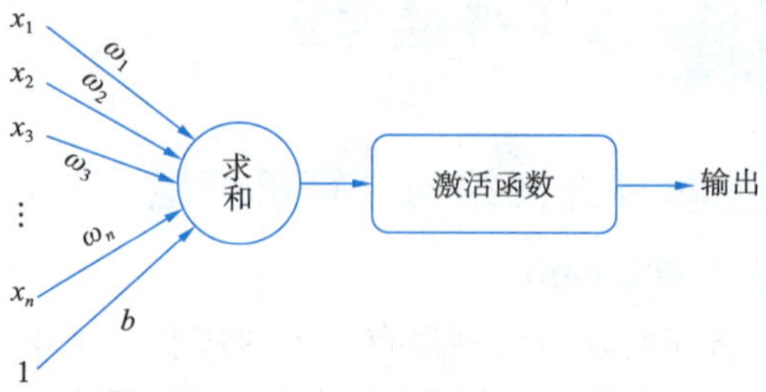


图 3-2　神经元示意图

综上，一个神经元的运算可以用如下函数表达式进行准确描述和计算：

$$h = f\left(\sum_{i=1}^{n} \omega_i x_i + b\right)$$

视 频

BP算法的运行实例

其中，$x_i$ 为输入特征值，$\omega_i$ 为输入特征值所对应的权重，$b$ 为偏置量，将每个输入与其对应权重进行相乘后，将这些所得数据与偏置进行累加求和后将结果输入激活函数 $f(x)$ 进行运算得到输出 $h$，即对输入信号进行提取后得到的特征。

## 3.1.2　BP 神经网络

BP 神经网络是人工智能领域初期一个著名算法，其原理比较简单明了，本书把它作为第一个人工智能的例子，以便直观地了解人工智能的原理。

如图 3-3 所示为 BP 算法的运行实例。电子资源中还给出了在安装 C# 开发环境后可以直接运行的源程序【CH03\BP 算法 C# 语言源程序】。

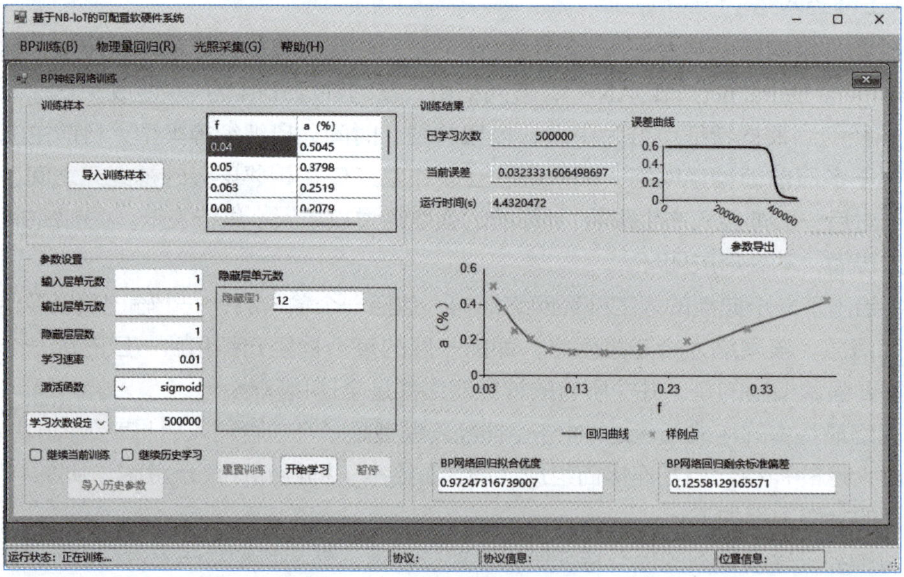


图 3-3　BP 算法运行实例

### 1. BP神经网络的提出

BP 神经网络（backpropagation neural network）是由 Rumelhart、Hinton 和 Williams 等人在 1986 年提出的，其核心是通过误差反向传播算法训练多层前馈神经网络，解决了多层神经网络的参数学习问题。该网络是一种按误差逆传播算法训练的多层前馈网络，是目前应用最广泛的神经网络模型之一，它能学习和存储大量的输入输出模式映射关系，而无须事前揭示描述这种映射关系的数学方程。

### 2. BP神经网络的基本原理

在正式介绍 BP 神经网络的原理之前，先给一个生活中的"猜体重"例子，然后根据例子介绍 BP 神经网络的处理步骤和原理。

在猜体重例子中，忽略体型、年龄、性别等因素的影响，假设一个人的体重与其站立情况下的身高、宽度、厚度有关。为书写方便，记体重为 $y$、身高为 $x_1$、宽度为 $x_2$、厚度为 $x_3$。又假设体重与身高、宽度、厚度之间为线性关系，对体重的影响分别为 $w_1$、$w_2$ 和 $w_3$，则可以建立如下的数学模型：

$$y = w_1 \times x_1 + w_2 \times x_2 + w_3 \times x_3$$

首先需要获取 50 个人的体重 $y$、身高 $x_1$、宽度 $x_2$、厚度 $x_3$ 以及他们的真实体重数据，然后需要估计权重参数 $w_1$、$w_2$ 和 $w_3$。那需要如何估计呢？

首先根据经验值给出初始的权重参数取值，然后根据每个人的身高、宽度和厚度数据，再根据公式，分别乘以 100 个人的身高、宽度和厚度数据，就可以估计出每个人体重。显然，估计得到的体重数据和真实体重数据差距比较大，原因在于权重不够准确。为了调整权重，需要计算 100 个人真实体重和估计体重之间的差值，然后根据这个差值调整权重参数的取值。经过多轮反复调整，当估计体重与真实体重数据差值较小时，就可以将权重参数确定下来。此时的参数达到了最优，就可以根据最优参数，预测第 101 个人的体重。

上述过程就是模型训练和参数学习的过程，也大体上揭示了 BP 神经网络进行模型训练的基本流程。正式地说，BP 神经网络的基本原理包括网络参数初始化、正向传播、计算误差、反向传播、迭代优化 5 个阶段，下面分别加以介绍。

**（1）网络参数初始化。**在这个阶段，为了能够进行计算，需要首先设置初始化的权重数据。初始化权重可以进行随机初始化，也可以根据经验设定。如在猜体重的游戏中，虽然没有考虑偏置的影响，但也需要首先给出三个权重值，这样才可以根据输入的身高、宽度和厚度信息进行体重估计。一般来说，神经网络通常包含多个隐藏层，因此需要对每个隐藏层的参数进行初始化操作。

**（2）正向传播。**将输入数据从输入层传入，经过隐藏层的计算后传到输出层，得到实际输出。在这个阶段，数据从输入层流向输出层，每一层神经元的输出都成为下一层神经元的输入，然后继续进行计算，直至得到最终的估计结果。在猜体重游戏中，根据上述过程即可得到第一次体重的猜测结果。

**（3）误差计算。**通常来说，第一次估计的结果都不够准确。幸运的是，可以根据真实的结果进行校正，但首先需要计算估计结果和真实结果之间的误差。误差计算的方式较多，如均方误差或交叉熵等，具体选择哪种误差计算方式依赖于需要处理的任务。在猜体重游戏中，将每个人的真实体重减去估计体重，然后求其平方以避免正负误差的相互抵消，求和之后就可以得到 100 个人的总误差。为了消除人数多少对误差的影响，还需要除以人数，这样就得到了均方误差。

**（4）反向传播。**误差计算后，可以根据误差、利用梯度下降算法进行反向传播。这里涉及梯度的概念。在数学中，梯度是多元实值函数对应的一个向量值函数，梯度方向指向函数上升最快的方向，那么其反方向就是下降最快的方向。为了尽快将代价函数调整至最小，沿着梯度反方向进行调整是一个合理的选择。正如在猜体重游戏中，如果发现估计的体重大于真实体重，一定会将参数调小，而不会将参数调大。但每次调整多少，需要由误差关于参数的偏导数确定。考虑到偏导数计算的误差以及其他相关因素影响，还会乘以一个小的常数，这个常数称为学习率。学习率是一个重要的参数，它控制着每次权重更新的幅度：如果学习率太小，每次移动幅度会太小；如果学习率太大，可能会导致矫枉过正。然后就可以利用梯度下降法更新参数，即将上次参数减去学习率与偏导数的成绩，即可得到新的参数。

由于上述过程是从输出层开始、然后更新到第一层，因此上述过程称为反向传播。

（5）迭代优化。重复（2）~（4）的过程，直到误差小于设定阈值或达到最大迭代次数，即可停止迭代。在猜体重的例子中，可以视为误差很小即可停止迭代，或者误差还不够小，但是也不能无休止地猜下去，到了一定轮次即可终止猜测。

综上所述，BP 神经网络主要通过正向传播和反向传播不断调整网络参数，使得网络能够逐渐逼近期望的输出结果。这种基于梯度下降的学习方式使得 BP 神经网络在分类等任务中表现出色。

#### 3. BP神经网络的缺点

神经网络可以用作分类、聚类、预测等。神经网络需要有一定量的历史数据，通过历史数据的训练，神经网络可以学习到数据中隐含的知识和特征。

虽然 BP 神经网络得到了广泛的应用，但自身也存在一些缺陷和不足，主要包括以下几个方面的问题：

（1）容易陷入局部最优。BP 神经网络采用梯度下降法进行优化，容易陷入局部最小值，而非全局最优解。这使得网络在训练过程中可能提前收敛到一个较高的误差值，影响模型性能。梯度下降法的局部最优可以理解为一个人在下山过程中，沿着梯度方向走，虽然有可能以最快速度到达山脚下，但是也有可能进入一个处于山腰的盆地中，导致无法达到山脚下。

（2）对初始权重敏感。初始权重的选择对 BP 神经网络的训练结果有很大影响。不好的初始权重可能导致训练不稳定或收敛到不好的解。

（3）收敛速度慢。由于学习速率是固定的，因此网络的收敛速度慢，需要较长的训练时间。对于一些复杂问题，BP 算法需要的训练时间可能非常长，这主要是由于学习速率太小造成的，可采用变化的学习速率或自适应的学习速率加以改进。

（4）可解释性差。网络隐含层的层数和单元数的选择尚无理论上的指导，一般是根据经验或者通过反复实验确定。因此，网络往往存在很大的冗余性，在一定程度上也增加了网络学习的负担。

（5）对噪声数据敏感。BP 神经网络对噪声数据比较敏感，少量的噪声数据可能导致网络的性能下降。在猜体重例子中，噪声可以理解为部分人员的数据正确，如体重数据因为认为输入错误而超过 500 公斤，这个数据显然是不合理的。因此，在训练过程前需要对数据进行预处理和清洗。

### 3.1.3 深度神经网络

深度神经网络（deep neural network）是机器学习（machine learning, ML）领域中一种技术。深度神经网络的概念可以追溯到 20 世纪 40 年代人工神经网络的诞生。然而，由于当时的计算能力和数据量限制，深度神经网络的发展一直较为缓慢。直到 2006 年，Hinton 等人提出了深度学习的概念，并开始探索如何构建更大规模的深度神经网络。与经典的 BP 神经网络相比，深度神经网络中包含的隐藏层更深，每层网络包含的节点数更多，网络训练需要的计算能力也更高。

因此，深度神经网络的发展离不开大规模的数据和迅速提升的计算能力。

深度神经网络是 BP 神经网络的延伸和发展，但在网络结构、训练机制、应用领域等方面有显著区别。在网络结构方面，BP 神经网络层数较浅，包含 3~5 个隐藏层，而深度神经网络包含 10 个以上甚至上百个隐藏层，从而具有更强大的特征表示能力。在训练机制方面，虽然都使用了反向传播算更新权重，但深度神经网络设计和使用了一系列的优化算法来训练更深的神经网络。在应用领域方面，BP 神经网络常用于模式识别、函数逼近、时间序列预测等传统任务，而深度神经网络可以用于图像处理、语音处理、自然语言处理等更复杂的任务且表现优异。

在深度神经网络的发展中，一个重要的数据库是大规模视觉数据库 ImageNet，该项目由斯坦福大学李飞飞教授领导创建。ImageNet 包含超过 1 400 万张、超过 22 000 个类别的图像，覆盖了生活中的大部分场景和物体，被广泛用于图像分类、目标检测、图像分割等多种图像识别任务。自 2010 年以来，ImageNet 每年举办一次比赛，即 ImageNet 大规模视觉识别挑战赛（ILSVRC），极大地推动了图像识别技术和深度学习技术的发展。

在计算能力方面，随着计算机技术的发展，GPU 和云计算等技术的出现为深度神经网络的训练提供了强大的计算能力，深度神经网络的研究和应用迎来了新的发展机遇。

深度神经网络具有以下特点：

**（1）多层结构。**深度神经网络由多个隐藏层组成，这些层通过大量的神经元连接在一起。随着层数的增加，网络可以学习到更加抽象和高级的特征表示，从而提高模型的表达能力和泛化能力。与 3 ~ 5 层的经典 BP 神经网络相比，深度神经网络可以有几十层甚至上百层的隐藏层。

**（2）自动特征学习。**深度神经网络能够自动从数据中学习特征，无须人为设计特征工程，这是通过层级逐步提取数据的不同抽象级别特征实现的。如识别猫狗，自动特征学习意味着只需要将猫狗数据输入给网络即可，不需要人工参与猫狗特征的设计，即不需要人为定义什么样的动物是猫、什么样的动物是狗。这种处理方式也称为端到端的学习，即将从原始数据到最终输出进行学习，无须中间步骤，其优势在于大大简化了处理流程，减少了人工干预。

**（3）强大的学习表征能力。**由于包含了非常多的网络层数、每个节点都包含非线性操作，因此深度神经网络通过学习可以模拟非常复杂的模型、挖掘复杂规律背后的运算机制。例如，在气象预报中，华为在 2023 年发布的盘古气象大模型，可以提供秒级天气预报，例如，重力势、湿度、风速、温度，气压等变量的 1 小时 ~7 天预测，预报精度和速度超过了传统的天气预报方法。

**（4）可以衍生多种网络结构。**根据应用需求和数据类型，深度神经网络有多种变体，如卷积神经网络（CNN）适用于图像处理，循环神经网络（RNN）和长短期记忆网络（LSTM）适用于序列数据处理，生成对抗网络（GAN）用于生成数据等。

综上所述，深度神经网络以其多层结构、自动特征学习、强大的学习表征能力以及多种衍生网络结构等特点，实现了对复杂数据的强大建模能力。尽管其训练过程需要大量数据和计算资源，但其在多个领域的成功应用证明了其巨大的潜力和实用价值。

### 3.1.4 人工智能流派

神经网络只是人工智能技术的一个核心技术。人工智能在长期的发展中，形成了三个主要流派。

#### 1. 符号主义

符号主义认为智能是基于符号处理和逻辑推理的，它将世界分解成一系列符号，通过逻辑规则和算法来理解和解决问题，就像解数学题或逻辑题时运用公式和规则一样。其起源可追溯到 20 世纪 50 年代，受逻辑学和数学影响，在 60—70 年代取得显著进展，专家系统是当时的重要应用之一。但随着连接主义的兴起和深度学习的发展，它在一定程度上受到了挑战，不过其思想和方法仍具有重要影响。

符号主义主要应用于自然语言处理、知识表示与推理等领域。例如，IBM 的 Watson，具有强大的理解能力，可通过自然语言理解技术与用户交互，并在医疗、金融、教育等多个领域提供智能决策支持。

#### 2. 连接主义

连接主义又称仿生学派，受到人脑神经元网络的启发，认为智能源于大量简单单元（类似神经元）的相互连接和互动。通过调整网络中的权重，让网络能够学习和识别模式。最早源于 20 世纪初美国心理学家爱德华·李·桑代克的动物实验研究。20 世纪 50—60 年代，神经网络的研究初步发展，但因计算能力和数据资源的限制进展缓慢。20 世纪 80 年代后，随着计算能力提升和大数据出现，神经网络重新获得关注，尤其是 1986 年多层网络中的反向传播算法提出，使神经网络训练更有效，此后在语音识别、图像识别等领域取得显著成果。

神经网络技术是连接主义的典型代表。连接主义在图像识别、语音识别、自然语言处理等领域表现出色。

#### 3. 行为主义

行为主义又被称为进化主义或控制论学派，关注智能体如何通过与环境的交互来学习和适应。认为智能的本质在于能够根据环境反馈调整行为，而不仅仅是内部的思考。行为主义最初是心理学的一个流派，强调对行为的客观研究和环境对行为的影响。20 世纪 80 年代，随着机器人技术的兴起，在人工智能中得到广泛应用。如今，随着深度学习和强化学习技术的发展，传统行为主义在一定程度上受到挑战，但其强调与环境交互和试错学习的思想仍有一定价值。

行为主义的应用常见于机器人控制、自动驾驶等领域，大疆的无人机控制、汽车自动驾驶等都是行为主义的典型应用。

## 3.2 卷积神经网络

为了对图像进行处理和分析，研究人员在标准神经网络的基础上进行改进，提出了卷积神经网络（convolutional neural network，CNN）。该网络于 1998 年被纽约大学 Yann Lecun 首次提出，是深度学习常用算法之一。卷积神经网络具有极强的特征学习能力，其基本研究目标是通过构建多层网络，采用监督学习方式对目标进行更深层次特征提取。卷积神经网络的基本思想能够有效减少网络的参数量，减少模型过拟合问题。由于具有较好的表征学习能力，无须对输入的图片进行一系列复杂操作，现已成为计算机领域研究的热点。相对于传统的神经网络，卷积神经网络有两大优点：局部连接和权值共享，这些特性在处理二维图像的位移、缩放和其他变形时具有更好的鲁棒性。

### 3.2.1 图像的矩阵表示

计算机中存储的数据只能是数字，图像也概莫能外。计算机处理的图像均为数字图像，即图像所包含的信息以数字形式存储在计算机中。生活中常见的图像是矩形，因此在计算机内进行存储时，记录图像信息对的数字也排列为矩形。

在数学中，长度和宽度是长方形两个重要的几何属性，其具体数量利用单位长度的数量进行计算，如长度常见的单位为厘米、分米等。数字图像中也采用类似的方式进行描述。数字图像中的单位长度单位称为像素，指的是图像中最小的结构单元。像素的英文名称为 pixel，简写为 px，其英文全称 pixel 是由图片 Picture 和元素 Element 两个单词的字母组合而成的合成词。从构词方式中也可以看出，像素就是图像的最小不可分单元。

像素通常为正方形。使用像素描述数字图像，意味着将图像分为成百上千（事实上会更多）个正方形格子，每个格子中间都对应着图像中的一个微小区域。水平方向的格子数量即为图像的长度，竖直方向的格子数量即为图像的宽度。真实的物理世界是五彩斑斓、多彩缤纷的，因此很多时候需要处理的是彩色图像。由于任何一种颜色信息可以使用红、绿、蓝三基色进行表示，因此通常将一个彩色图像表示为红、绿、蓝三个通道，每个通道可以视为一个灰度图像。

为灰度图像中的每个小格子（即像素）按照某种规则进行赋值，图像就变为了数字图像。在赋值规则方面，对于一个典型的灰度图像，遵循如下约定：

（1）所有的像素值均为整数。

（2）像素值的范围为 [0,255]，即最大值为 255，最小值为 0。

（3）像素值为 255 代表纯白色，像素值为 0 代表纯黑色，二者之间的像素值线性对应着纯白和纯黑之间的灰度变化。

在数学中，矩阵是一个按照长方阵列排列的复数或实数集合 。根据上述约定，不难发现，灰度图像在计算机中可以非常自然地认为是一个 $m \times n$ 的特殊矩阵：$m$ 是水平方向的像素个数，$n$ 是竖直方向的像素个数，矩阵在某点的取值恰好对应着此像素的像素值，取值为 [0,255] 的整数。与数字图像不同的是，一般矩阵中的数据可以不必是整数，数的取值范围也没有限制。

彩色图像的颜色信息保存在红、绿、蓝三个矩阵中，而灰度图像的颜色信息保存在一个矩阵中。此外，常见的图像文件为 bmp、jpg、jpeg、png 等格式。其中，bmp 为未经压缩的图像格式，图像文件较大；jpg、jpeg 和 png 均为经过压缩技术处理后的图像格式，也是大多数手机、相机、扫描仪等设备支持的数据存储格式，可以满足日常分析需要。

### 3.2.2　卷积运算

卷积是数学中的一种运算方式，是通过两个函数生成第三个函数的一种数学算式，可以视为“移动平均”的推广。卷积在工程、数学以及数字图像处理方面有很多应用。在数字图像处理中，卷积常用来进行线性变化，以提取图像中的特征或对图像进行滤波操作。在深度神经网络中，卷积的主要目的是提取图像中的特征。

从表示形式上来看，卷积可以表示为连续形式或离散形式。考虑到图像在计算机的表示是离散的，此时二维函数可以表示为矩阵，因此这里先给出离散形式卷积运算的标准步骤。

离散形式的卷积运算是一种矩阵和矩阵之间的线性运算，这里涉及两个矩阵：一个是输入矩阵 $\boldsymbol{A}$，另外一个是卷积核矩阵 $\boldsymbol{B}$。一般来讲，输入矩阵 $\boldsymbol{A}$ 的尺寸远大于卷积核矩阵 $\boldsymbol{B}$ 的尺寸，具体计算过程可以通过如下步骤实现：

（1）将卷积核矩阵 $\boldsymbol{B}$ 放在矩阵 $\boldsymbol{A}$ 的左上角。

（2）计算卷积核矩阵 $\boldsymbol{B}$ 中各元素与矩阵 $\boldsymbol{A}$ 在当前位置对应各元素的乘积，然后求和。

（3）将结果存储在结果矩阵 ***C*** 的相应位置。

（4）将卷积核 *B* 矩阵向右移动一个位置，重复步骤 2 和 3。

（5）当卷积核 *B* 矩阵到达矩阵 ***A*** 的右边缘时，向下移动一个位置，重复步骤（2）、（3）和（4）。

（6）重复上述步骤，直到卷积核矩阵 ***B*** 遍历了矩阵 ***A*** 的所有位置。

在图像处理中，卷积通常用于将一个滤波器与图像进行运算。图像可以看作一个二维矩阵，而滤波器，也称为卷积核，是另一个二维矩阵。一般来说，图像尺寸远大于卷积核尺寸。卷积运算就是通过滤波器在图像上滑动，并对每个位置上的像素值进行加权求和，以产生新的像素值。图 3-4 中展示了一个 5×5 的图像矩阵和 3×3 大小的滤波器矩阵，卷积运算后会得到一个 3×3 的结果矩阵，下面对照图 3-4，说明卷积的计算过程。

首先，将卷积核的中心对准图像的左上角像素。然后，将滤波器中的每个元素与图像中对应位置的像素相乘；接着将这些乘积累加起来，得到一个输出结果的像素值，具体计算公式如下：

$$3\times0+3\times0+2\times2+0\times2+0\times1+1\times0+3\times0+1\times1+0\times2=5$$

然后，将卷积核向右移动一列，3×3 的卷积核数值不变、但其对应的图像矩阵中的数据变化了，同样进行对位相乘然后求和的操作，此时计算公式如下：

$$3\times0+2\times0+1\times2+0\times2+1\times1+3\times0+1\times0+0\times1+2\times2=7$$

反复重复上述步骤，直到遍历整个图像，就可以得到图 3-4 右侧给出的输出特征矩阵。

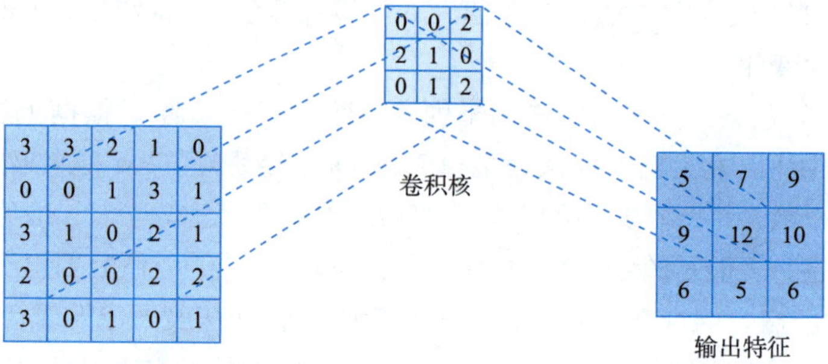


图 3-4　图像卷积计算

### 3.2.3　卷积神经网络特点

与标准的神经网络相比，为了减少计算量，网络引入了卷积操作，因此具有两个非常重要的特点：局部连接和权值共享。

#### 1. 局部连接

在全局连接的神经网络中，上一层的每个神经元都会和下一层的每个神经元进行连接，连接即意味着有参数权重需要计算，因此计算负担比较大。在局部连接的神经网络中，上一层的每个神经元只与下一层的部分神经元连接，可以减少计算量。图 3-5（a）为全局连接方式，图 3-5（b）为局部连接方式。可以看出全局连接会有 12 个权重，而局部连接只有 6 个权重。

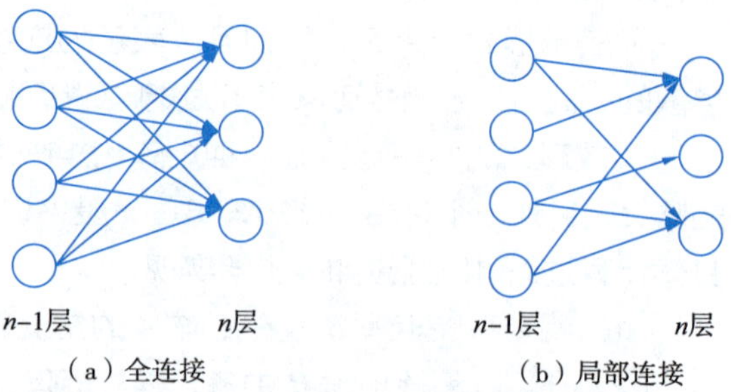


图 3-5　全连接和局部连接对比示意图

在图 3-4 所示的图像卷积计算中，虽然输入图像是 5×5，但在进行卷积运算中，只对图像局部的 3×3 区域进行乘法和加法运算，这就是局部连接的体现，表明在提取特征时，只考虑 3×3 区域内像素的影响、而忽略了其他区域对特征提取的影响。

### 2. 权值共享

在标准的神经网络中，每个权值都可以是不同的。但对于图像，其特征具有特殊性，如图像中的垂直直线，无论位于图像的左上还是右下，提取直线特征的方式都是固定的，可以使用同样的方式提取左下区域直线的特征，也可以用同样的方式提取右下区域直线的特征。因此，可以将检测直线的方式固定下来，然后以同样的方式遍历整个图像进行计算即可，这样的处理策略称为权值共享。具体来说，权值共享是指在提取特征时，在图像的不同区域使用相同的参数，即同一卷积层的每个神经元都对应于同一套权重。

权值共享是神经网络的另一大优势，其中卷积核是以一定步长来回滑动的，所采用的共享参数就是权值共享。权值共享的主要优势在于可以有效减少网络的参数量，进而降低网络运行成本。

在图 3-4 所示的图像卷积计算中，卷积虽然遍历了整个图像，但无论是计算左上还是右下区域的特征，卷积核使用的权重是相同的，没有因为位置不同而改变卷积核中的权重，这就是权值共享的体现。

需要强调指出的是，每一个卷积核只能对应一种卷积特征，因此为了增加特征图的丰富性，卷积层往往采用多个卷积核，以用来提取多种特征。

## 3.2.4　卷积神经网络基本结构

### 1. 卷积层

卷积层是卷积神经网络的基础层，通过多个卷积核进行卷积操作提取输入信号的代表特征来达到学习的效果。卷积核的本质是一个权值矩阵，其作用是提取输入信号的深层信息。多个卷积核产生了多个特征图，卷积核的权重值是通过模型训练不断学习得到的，但是在训练之前需要进行初始化。

### 2. 激活函数

由于卷积操作是线性的，通常情况下在卷积操作之后添加激活函数为神经元增加非线性表达和建模能力。常用的激活函数包括 Sigmoid() 函数，Tanh() 函数，ReLU() 函数和 Leaky ReLU() 函数。

Sigmoid() 函数是一种最为常见的非线性激活函数，其表达形式如下：

$$f(x)=\frac{1}{1+\mathrm{e}^{-x}}$$

Sigmoid() 函数图像如图 3-6 所示。

由图 3-6 可见，Sigmoid() 函数单调连续，值域为（0，1），方便网络模型的优化，可用作输出层，但 Sigmoid() 函数具有饱和性，即输入值趋近无穷时，梯度会变得极小，即梯度消失，从而导致网络训练难以收敛。

Tanh() 函数，又称双切正切函数，也是常用的一种非线性激活函数，其表达形式如下：

$$f(x)=\frac{\mathrm{e}^{x}-\mathrm{e}^{-x}}{\mathrm{e}^{x}+\mathrm{e}^{-x}}$$

Tanh() 函数图像如图 3-7 所示。

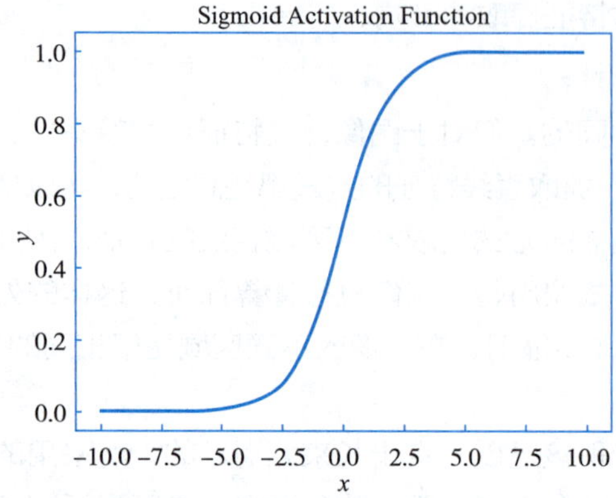


图 3-6　Sigmoid() 函数示意图

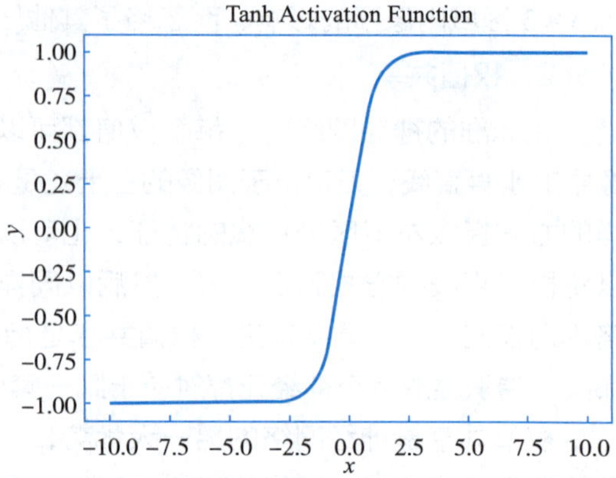


图 3-7　Tanh() 函数示意图

Tanh() 函数的性质类似于 Sigmoid() 函数，但也存在区别，最显著的差异就在于它的取值范围在 −1 到 1 之间，其优点在于输出以 0 为中心，网络训练起来比 Sigmoid() 函数收敛更快，缺点依旧是在网络层数不断增加过程中会出现梯度消失。

ReLU() 函数解决了梯度消失的问题，是近几年用得最多的激活函数，表达形式如下：

$$f(x)=\max\{0,x\}$$

ReLU() 函数图像如图 3-8 所示。

从图 3-8 可以看出，当输入值小于 0 时，其激活值为 0，当输入值大于等于 0 时，其激活值等于输入值的大小。相比于 Sigmoid() 函数和 Tanh() 函数所涉及指数的复杂函数表达式，ReLU() 函数是简单的线性实现，所以训练速度较快。此外，ReLU() 函数的导数为 1，在一定程度上能有效缓解网络训练时出现梯度消失的问题。缺点是在训练的过程中，可能会出现权重无法更新的情况，也就是说，神经元节点在模型训练过程中会不可逆地死亡。

由于 ReLU() 函数在进行反向传播时会出现导数为零的情况，进而导致神经元节点死亡的问题，因此，研究人员提出了相应的变体函数 Leaky ReLU()，其表达形式如下：

$$f(x)=\max\{\alpha x,x\}$$

Leaky ReLU() 函数图像如图 3-9 所示。

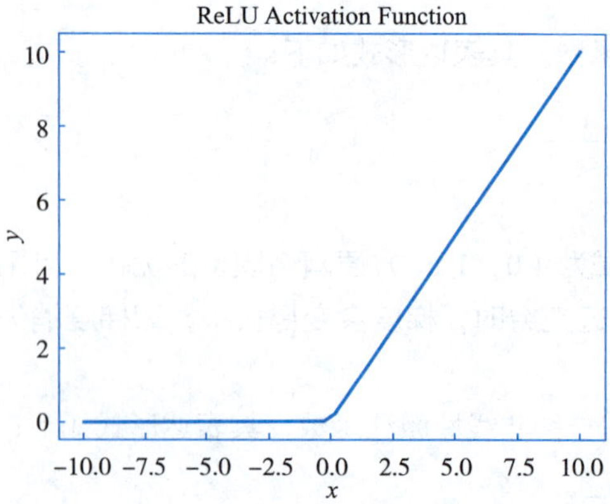


图 3-8　ReLU() 函数示意图

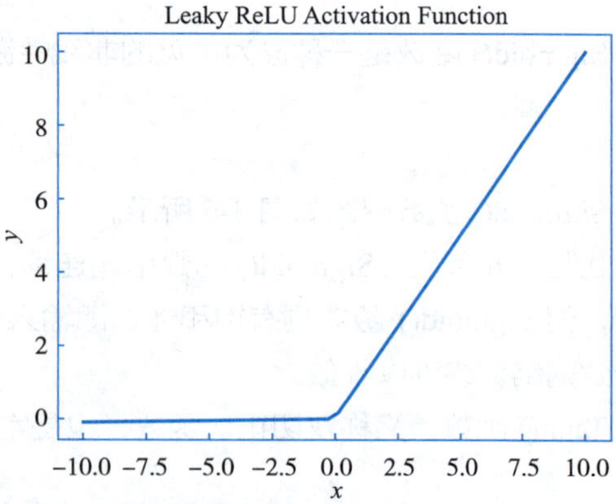


图 3-9　Leaky ReLU() 函数示意图（参数 $a = 0.03$）

Leaky ReLU() 函数类似于 ReLU() 函数，不同之处在于 Leaky ReLU() 的前半段设为 $\alpha x$ 而非零，通常 $\alpha$ 默认取值为 0.01，故 Leaky ReLU() 函数具有 ReLU() 函数的所有优点，此外，输入值小于零时，其激活值不为零，解决了 ReLU() 函数中神经元节点坏死的问题。

### 3. 池化层

在卷积神经网络中，池化层一般在卷积层之后，池化操作也称为下采样，其目的在于降低卷积层特征图的分辨率，用更少的数据保留其有用的信息，去除部分冗余信息，防止网络出现过拟合。此外，在特征图局部区域内的像素点互换位置不会导致池化层输出的改变，故池化层的特征图具有一定的尺度和空间不变性，能够增强模型对不同尺度的同一物体的识别能力。如图 3-9 所示，常用的池化操作包括最大池化和平均池化，其中，最大池化的是选取滑动窗口内最大特征值作为输出值；而平均池化则是需要计算出滑动窗口内所有特征值的平均值作为输出值。如图 3-10 所示，假设池化核的大小为 2×2，输入特征图的大小为 4×4，滑动步长为 2，通过计算滑动窗口内特征值的最大值或平均值，得到大小为 2×2 的特征图。

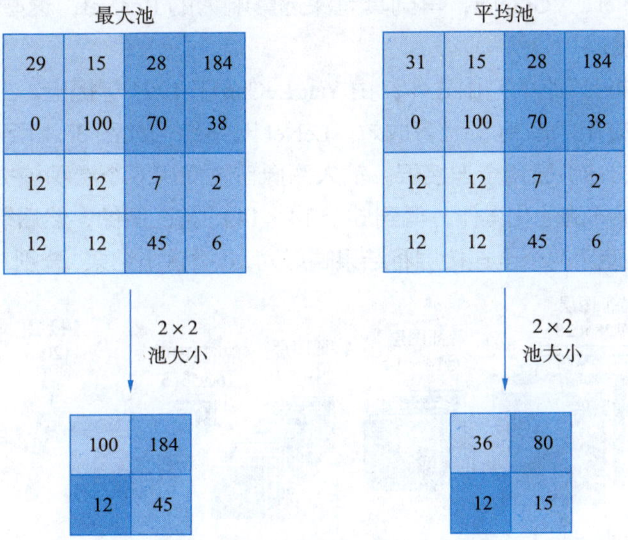


**图 3-10　最大池化和平均池化示意图**

### 4. 反向传播

反向传播算法是训练人工神经网络的一种核心且高效率的算法，在算法的前向传播阶段，样本数据通过网络进行计算，从输入层逐层传递至输出层，进而产生实际的输出结果。网络通过反向传播计算误差项，并使用不同的优化算法，不断迭代更新网络中的每个参数，这个过程主要是为了减小实际输出与期望输出之间的误差，从而提升网络的性能。

假如 $l$ 为神经网络中的层号，$\alpha^l$ 为 $l$ 层节点的输出，$p^l$ 为神经网络中 $l$ 节点的输入，$w^l$ 为该层的连接权重，$b^l$ 为偏置，$\sigma$ 为 Sigmoid 激活函数，$p^l$ 的前向传播过程用公式可表示为

$$a^l = \sigma(p^l) = \sigma(w^l a^{l-1} + b^l)$$

设 $L$ 为神经网络的层数，则下式为网络使用的代价函数。

$$C = \frac{1}{2}\sum (y - a^L)^2$$

输出层产生的误差可表示为

$$\delta^L = (y - a^L) w^L \sigma(p^L)$$

使用链式求导法则，将误差反向传递给上一层，反向传播中的误差为

$$w^l = w^l - \eta \sum \delta^l (a^{l-1})$$

$$b^l = b^l - \eta \sum \delta^l$$

在前向传播过程中，得到了网络的输出结果，反向传播算法则是通过计算损失函数对网络传播过程中参数的偏导数，来更新对应参数以最小化损失。反向传播的过程从输出层开始，逐层向输入层传播误差信号，通过链式法则，每个神经元根据后一层神经元的误差信号和连接权重，计算自己的误差信号。然后根据误差信号和输入信号的梯度，进而更新连接权重和偏置项，以减小损失函数的损失值。整个过程迭代进行，直到网络收敛并达到预定的训练目标。

### 3.2.5 常见卷积神经网络

在深度学习领域，卷积神经网络以其强大的图像处理能力成为了研究的热点。从早期的 LeNet 到后续的 AlexNet、VGGNet，再到具有深远影响力的 ResNet，这些网络不断涌现并推动着计算机视觉技术的发展。

LeNet 作为卷积神经网络的开山之作，由 Yan LeCun 于 1994 年提出，主要用于手写字符的识别与分类，并在实际应用中取得了显著成效。LeNet 网络结构如图 3-11 所示，网络结构共 6 层，包括卷积层、降采样的卷积层和全连接层。输入图像首先使用 6 个卷积核提取特征，得到 6 个特征图层，然后进行降采样的池化操作，得到 6 个 14 × 14 的特征图像，然后继续进行卷积操作和降采样的池化操作，最后使用两个全连接层将结果映射为 10 类输出结果，分别对应 0~9 共 10 个数字。

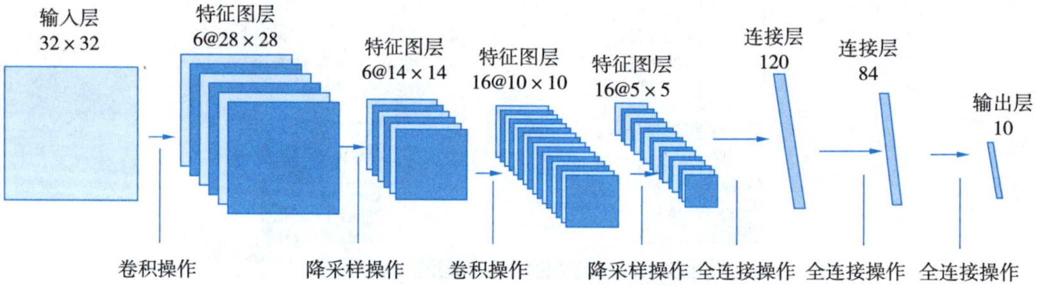


图 3-11　LeNet 网络结构图

随着技术的不断发展，AlexNet 在 2012 年由 Hinton 的学生 Alex Krizhevsky 提出，并一举夺得了 Imagenet 比赛冠军。这一成果不仅验证了卷积神经网络的有效性和强大能力，也确立了其在计算机视觉领域的先驱地位。AlexNet 的网络结构更为复杂，8 层网络中包括 5 个卷积层和 3 个全连接层，具体结构如图 3-12 所示。在网络设计中，AlexNet 采用了多个技巧提高模型的泛化能力：

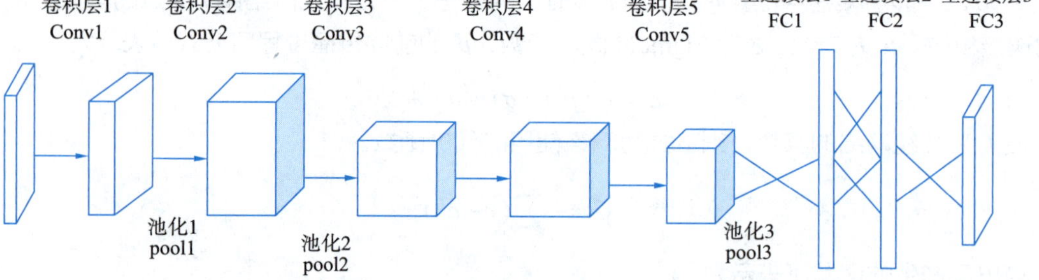


图 3-12　AlexNet 网络结构图

（1）采用 ReLU 作为激励函数，能够有效克服 Sigmoid 在深度网络中梯度消失问题。

（2）全部采用了最大池化操作，避免了平均池化提取到的模糊特征，提高了网络的性能。

（3）使用了局部相应归一化模块，利用输入数据周围像素的平方和进行归一化处理，从而增强模型对显著特征的辨别能力，提高了模型的识别能力。

由牛津大学计算机视觉组和 Google DeepMind 公司共同研发的 VGGNet，以其简洁而有效的网络结构取得了良好的识别效果。该网络输入图片大小固定为 224×224 像素，统一使用 3×3 的卷积核，并通过堆叠卷积块的方式构建深层网络，池化层采用的都是最大池化操作，同时引入了 dropout 等技术防止过拟合，最后采用 SoftMax 激活函数，其网络结构如图 3-13 所示。VGGNet 具有更好的可移植性，由于采用较小的卷积核数，在多个图像识别任务中表现出色，其泛化性能尤为突出，为后续网络结构的改进提供了宝贵借鉴。

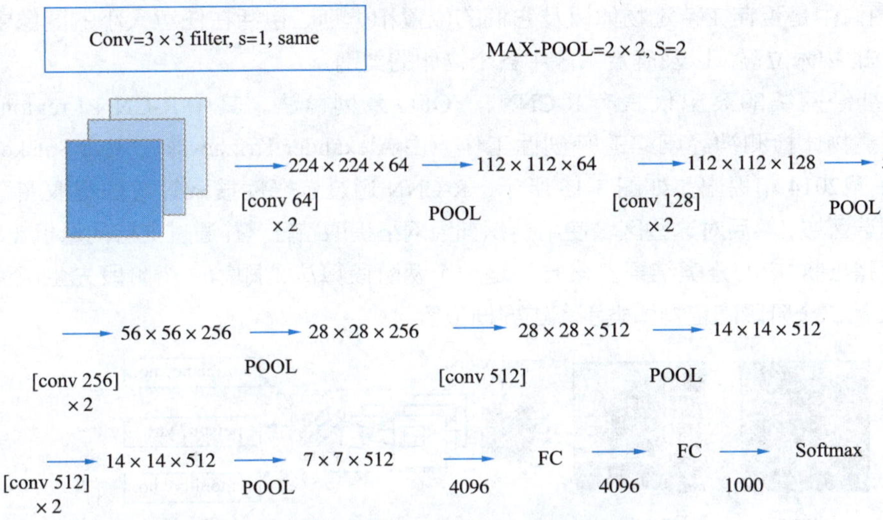


图 3-13　VGG 网络结构图

一般情况下，网络层数的加深可以表达更加复杂的规律，即深的网络一般比浅的网络效果好。但网络层数是不是可以无限增加呢？实际情况表明，当网络层数增加到一定程度后，模型训练的难度会大大提高，因此，如何训练超级深的神经网络成为了一个亟待解决的问题。

一个直观的思路是在现有网络之后增加若干层网络，如果让增加的网络是恒等网络，若这些网络层的输出和输入相等，一个合理的期望是增加后的网络和增加前的网络具有同等的识别效果，但实验发现，增加后的网络识别效果低于原始网络。为了解决这个问题，何凯明等 4 名华人学者于 2015 年提出了残差网络：ResNet，通过引入残差网络的概念，解决了这个问题，成功训练了 152 层的超级深卷积神经网络，并且取得了非常好的效果。残差网络结构如图 3-14 所示。

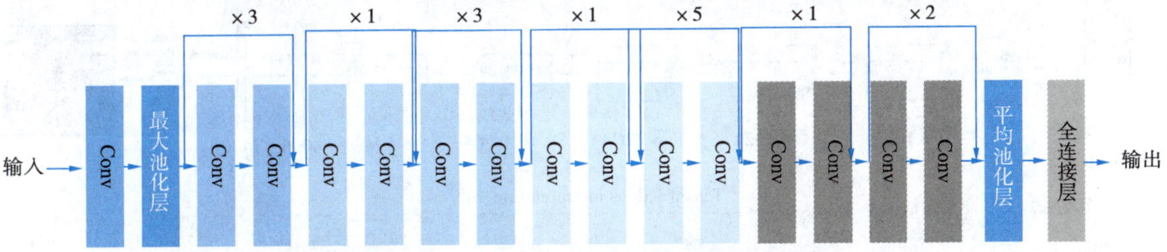


图 3-14　残差网络结构图

ResNet 的出现不仅使得训练超深神经网络成为可能，还避免了网络层数增加时准确率饱和的问题，为计算机视觉技术的发展开辟了新的道路。

综上，从 LeNet 到 ResNet，这些常见的卷积神经网络各具特色、不断发展，共同推动了深度学习技术的不断进步。

## 3.3 其他典型图像处理神经网络

### 3.3.1 物体检测神经网络

物体检测神经网络是指利用神经网络算法实现物体检测的技术，它能够自动从图像中提取特征，并判断图像中是否存在特定物体以及它们的位置和类别。包括在任意大小的图像中确定任意数量、大小的物体位置，以及确定图像中各个物体的类别。

物体检测神经网络的突出代表有 R-CNN、YOLO 系列算法。其中 R-CNN（regions with CNN features）是物体检测神经网络的开创性工作，由 Alexander Krizhevsky、Ilya Sutskever 和 Geoffrey Hinton 于 2014 年提出。如图 3-15 所示，R-CNN 通过选择性搜索等方法提取图像中的大约 2 000 个候选区域，然后对这些区域使用卷积神经网络提取特征，并通过支持向量机（SVM）进行分类，最后得到对应的分类结果。该方法是一个两阶段算法，即第一个阶段先生成和提取候选框，然后在第二个阶段确定物体类别和边界框位置。

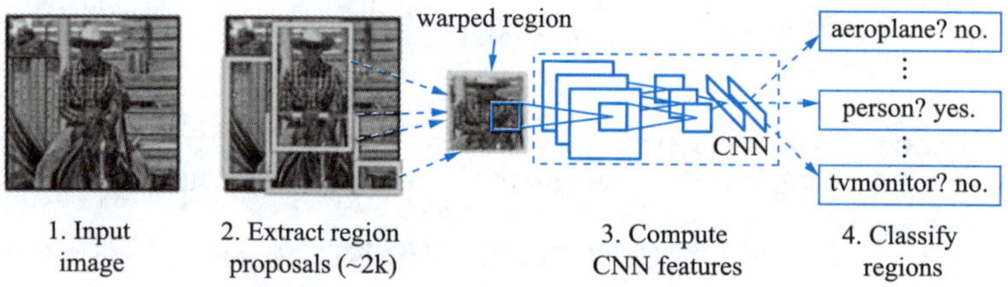


图 3-15　R-CNN 网络结构图

YOLO（you only look once）由 Joseph Redmon、Santosh Divvala、Ross Girshick 和 Ali Farhadi 于 2016 年提出。针对两阶段目标检测算法普遍存在的运算速度慢的缺点，YOLO 创造性地提出了单阶段目标检测算法，也就是将物体分类和物体定位在一个步骤中完成。YOLO 直接在输出层回归检测框位置和所属类别，从而实现单极端检测 one-stage。通过这种方式，YOLO 可实现 45 帧每秒的运算速度，完全能满足实时性要求。一般认为视频达到 24 帧每秒的速度，人眼就认为是该视频是连续的。YOLO 的网络结构如图 3-16 所示。

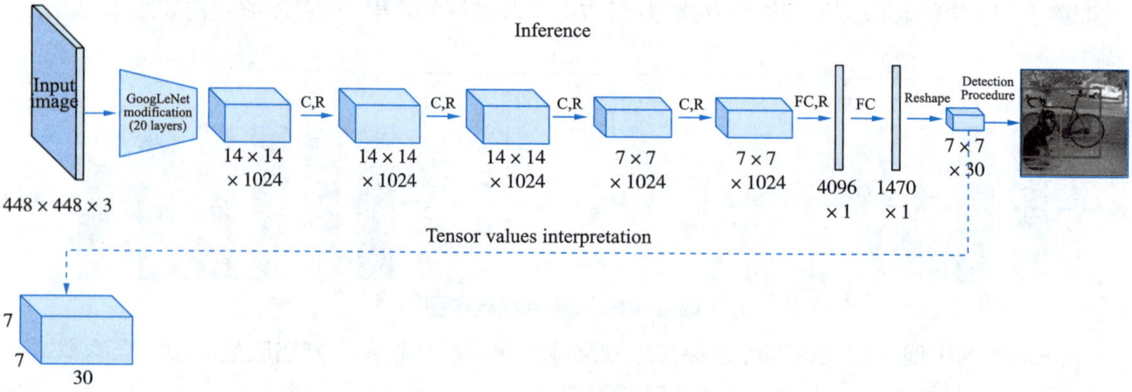


图 3-16　YOLO 网络结构图

总的来说，物体检测神经网络在计算机视觉领域具有重要地位，随着技术的不断发展，未来有望在更多领域得到广泛应用。

### 3.3.2　图像分割神经网络

计算机视觉的核心是分割，它将整个图像分成一个个像素块或像素组，然后对其进行标记和分类。特别地，语义分割试图在语义上理解图像中每个像素的角色（比如，识别它是汽车、摩托车还是其他的类别）。与图像分类和物体检测任务不同，在图像分割中需要用模型对图像中的每个像素进行预测并进行分类。

与其他计算机视觉任务一样，卷积神经网络在分割任务上取得了巨大成功。最流行的原始方法之一是通过滑动窗口进行块分类，利用每个像素周围的图像块，对每个像素分别进行分类。但是其计算效率非常低，原因在于无法在重叠块之间重用共享特征。

加州大学伯克利分校提出的全卷积网络（FCN）解决了这个问题并取得了巨大的成功，该模型设计了端到端的卷积神经网络体系结构，在没有任何全连接层的情况下进行预测，其网络结构图如图 3-17 所示。这种方法允许针对任何尺寸的图像生成分割映射，并且速度较快，几乎后续所有的图像分割算法都采用了这种范式。

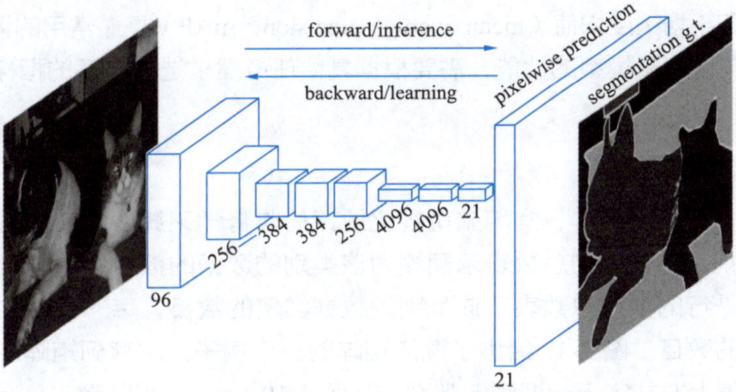


图 3-17　FCN 网络结构图

### 3.3.3　生成对抗网络

生成对抗网络（generative adversarial network, GAN）是 Goodfellow 等人在 2014 年提出的基于深度学习模型的生成算法，可用于各种生成任务，且结构如图 3-18 所示。GAN 由两个部分组成，一个生成器（Generator，简称 G）和一个判别器（Discriminator，简称 D）。生成器 G 从先验噪声分布 pnoise（如正态分布）接收作为输入样本 $z$ 并负责将其映 射到数据空间 $x\hat{} = G(z)$，其中满足模型分布 $x\hat{}$ ~ pnoise 分类为真实，即 $D(x) = 1$，以及生成样本 $x\hat{}$~ pnoise 为假，即 $D(x\hat{}) = 0$。

生成判别两个网络相互竞争，生成器试图产生样本与真实样本无法区分，即 pmodel ≈ pdata，从而欺骗判别器。同时，判别器的目标是通过学习有意义的特征来避免被欺骗，这些特征可以更好地区分真实样本和生成样本。通过这种对抗性训练，GAN 能生成高质量、与真实数据相似的新数据。

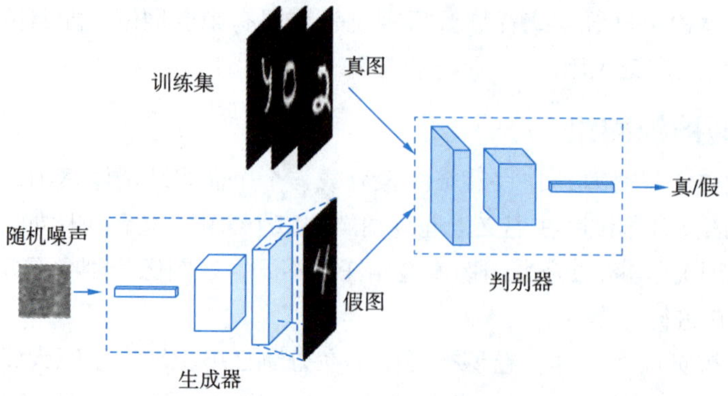


图 3-18　生成对抗网络原理图

## 3.4 算法评估

在人工智能模型中，对模型的处理效果进行评估是非常重要的，下面介绍评估效果的可视化评估和算法评价的客观指标。其中混淆矩阵是常用的可视化评估方法，精确率（precision）、召回率（recall）和平均精度均值（mean average precision，mAP）是最常用的评估指标，这些指标可以从不同的角度衡量模型的性能，需要根据具体任务需求选择合适的指标进行评估。下面对它们进行介绍。

### 3.4.1 可视化评估

混淆矩阵是一个误差矩阵，常用来可视化地评估监督学习算法的性能。混淆矩阵的每一列代表了预测类别，每一列的总数表示预测为该类别的数据的数目；每一行代表了数据的真实归属类别，每一行的数据总数表示该类别的数据实例的数目。每一列中的数值表示真实数据被预测为该类的数目。图 3-19 给出了混淆矩阵的一个例子。注意到矩阵左侧文字表示真实标注的类别，矩阵上方文字表示识别的类别。从图 3-19（a）中可以看出，有 13 只猫和 24 只狗被正确识别，但有 10 只猫被误识别为狗、有 1 只狗被误识别为猫；图 3-19（b）中用不同颜色给出了可视化效果。从中可以归纳出，若识别完全正确，则非零数值应该仅出现在矩阵的对角线上。

| 类别 | 猫 | 狗 |
|---|---|---|
| 猫 | 13 | 10 |
| 狗 | 1 | 24 |

（a）混淆矩阵数据

（b）混淆矩阵可视化表示

图 3-19　混淆矩阵

### 3.4.2 算法评价客观指标

1）准确率

衡量模型预测为正例的样本中真正为正例的比例。在目标检测任务中，精确率反映了模型目标的识别能力，即模型能否准确地识别出目标，计算公式如下：

$$\text{Precision} = \frac{\text{TP}}{\text{TP} + \text{FP}}$$

式中，TP 代表预测正确的正样本数量，FP 代表预测错误的正类样本数量。

**2）召回率**

衡量模型在所有正例样本中预测正确的比例。在目标检测任务中，召回率反映了模型对目标的覆盖程度，即模型能否尽可能多地检测到目标，计算公式如下：

$$\text{Recall} = \frac{\text{TP}}{\text{TP} + \text{FN}}$$

其中，TN 代表预测错误的负类样本数量。

**3）平均精度值**

在目标检测任务中，mAP 是指多个类别上的平均精度（AP）的平均值，反映了模型在所有类别上的整体性能，是一个综合评价指标。mAP 可以用来衡量模型在检测不同类型目标时的整体性能，计算公式如下：

$$\text{mAP} = \frac{1}{C}\sum_{i=1}^{C}\text{AP}_i$$

$\text{AP}_i$ 代表第 $i$ 个类别的平均精度，$C$ 是类别个数。

## 小　结

本章较为深入地探讨了人工神经网络和卷积神经网络的基本原理、结构以及它们在图像处理任务中的应用。从 BP 神经网络的历史背景和原理出发，介绍了解到其局限性及深度神经网络的崛起。接着，详细讨论了卷积神经网络的卷积运算、基本结构以及常见的网络模型。此外，还介绍了其他典型的图像处理任务，如物体检测、图像分割和生成对抗网络，并给出了常用评价指标。这些内容共同构成了人工智能领域的重要基础，为后续更复杂的应用提供了理论支撑。

## 习　题

1. 对如下矩阵数据，计算其 2×2 最大池化结果。

$$\begin{pmatrix} 1 & 3 & -1 & 2 \\ 2 & -2 & 0 & -1 \\ 1 & 4 & 0 & -1 \\ -1 & 0 & 3 & 2 \end{pmatrix}$$

题 1

2. 有 1 000 张图片，里面有 200 张是猫，200 张是狗，600 张是老鼠，对上述图片进行识别、预测，得到结果如下：

（1）200 张猫的图片中，有 140 张正确识别为猫，而有 60 张误判为狗；

（2）200 张狗的图片全部正确判断为狗；

（3）600 张老鼠图片中，有 550 张正确识别为老鼠，还有 20 张被误判为猫、30 张误判为狗。

根据以上数据，给出其混淆矩阵。

3. 对如下的 5×5 矩阵 ***A*** 和 ***3×3*** 卷积核矩阵 ***B***，计算其输出结果。

$$\begin{pmatrix} 0 & 0 & 0 & 0 & 0 \\ 0 & 0 & 0 & 0 & 0 \\ 100 & 100 & 105 & 102 & 102 \\ 102 & 100 & 100 & 100 & 100 \\ 105 & 100 & 103 & 105 & 104 \end{pmatrix}$$

题 3 矩阵 A

$$\begin{pmatrix} -1 & -1 & -1 \\ 0 & 0 & 0 \\ 1 & 1 & 1 \end{pmatrix}$$

题 3 矩阵 B

4. 对如下的 5×5 矩阵 ***A*** 和 3×3 卷积核矩阵 ***B***，计算其输出结果。

$$\begin{pmatrix} 200 & 199 & 100 & 101 & 105 \\ 200 & 199 & 103 & 100 & 102 \\ 200 & 200 & 100 & 103 & 103 \\ 201 & 200 & 100 & 101 & 104 \\ 205 & 200 & 101 & 102 & 101 \end{pmatrix}$$

题 4 矩阵 A

$$\begin{pmatrix} 1 & 0 & -1 \\ 0 & 0 & 0 \\ 1 & 0 & -1 \end{pmatrix}$$

题 4 矩阵 B

# 第4章 常用AI工具

虽然目前AI处于初级阶段，但是，已经出现各种各样的AI工具，可以服务于我们的学习、生活与工作。这些工具主要有文本类工具、人机交互工具、识别类工具、辅助学习类工具等。一方面，这些工具在不断更新与发展；另一方面，还会出现新的AI工具。对在校学生来说，了解这些工具的基本原理，学会使用这些工具，可以助力我们的学习与成长。

## 学习目标

（1）了解常用AI工具；

（2）掌握常用AI工具的使用方法；

（3）通过常用AI工具的使用，树立科技服务工作、服务社会的使命感。

视频

常用AI工具

## 思维导图

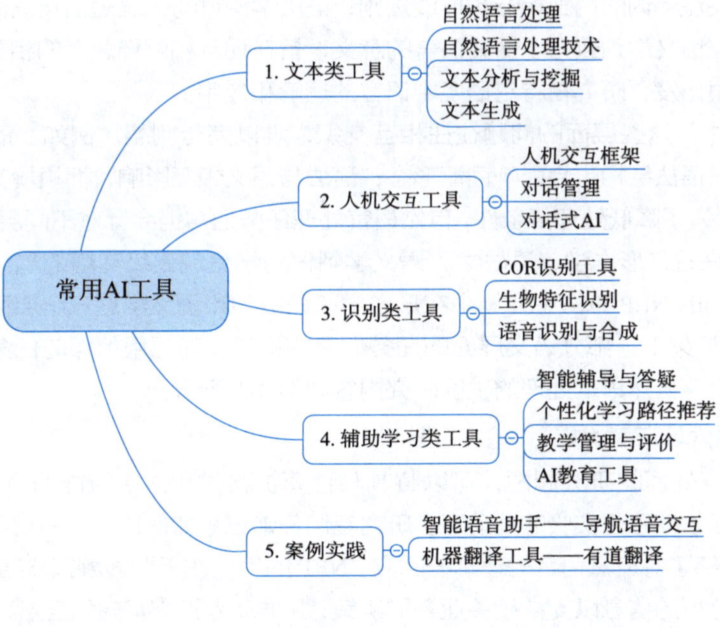

# 4.1 文本类工具

文本数据自有文字记载以来就成为传递信息的主要方式，在数字时代更是如此，文本类工具是人工智能领域中实现文本数据智能处理的关键工具。人工智能文本类工具是指基于自然语言处理（natural language processing, NLP）技术，能够理解和处理文本信息的智能工具。它们通过算法和模型，对文本进行深度分析、理解和生成自然语言文本，从而协助完成各种与文本相关的任务。

## 4.1.1 自然语言处理

### 1. 自然语言概述

视频 人类语言的特点

自然语言是指汉语、英语、法语等人类日常使用的语言，是自然而然地随着人类社会发展演变而来的语言，而不是人造的语言（如程序设计的语言的人工语言），它是人类思维的载体和交流的基本工具，也是人类区别于动物的根本标志，更是人类智能发展的外在体现形式之一。在整个人类历史上以语言文字形式记载和流传的知识占到知识总量的 80% 以上。就计算机应用而言，据统计，用于数学计算的仅占 10%，用于过程控制的不到 5%，其余 85% 左右都是用于语言文字的信息处理。

视频 什么是自然语言处理

自然语言处理是计算机科学、信息工程以及人工智能的子领域，主要研究用计算机来理解和生成自然语言的各种理论和方法，旨在使计算机能够对自然语言的形、音、义等信息进行处理，即对字、词、句、篇章的输入、输出、识别、分析、理解、生成等的操作和加工。实现人机间的信息交流，是人工智能界、计算机科学和语言学界所共同关注的重要问题。自然语言处理的具体表现形式包括机器翻译、文本摘要、文本分类、文本校对、信息抽取、语音合成、语音识别等。

自然语言处理与语言学紧密相连，语言学可细分为形态学、语法学、语义学和语用学等多个层面。形态学关注单词的内部构造和形成规则；语法学探讨句子、短语及词汇等语法单位的结构及其意义规律；语义学则致力于探究语言的意义，旨在揭示和解释意义的相关知识；语用学从语言使用者的视角出发，研究在特定语境中语言的理解和应用。

在实际应用中，这些层面的问题往往相互交织，难以完全割裂。例如，语法分析依赖于形态学的支持，同时语法结构也会影响词汇形态；语法与语义相互影响，而语境又对语义产生重要影响。尽管如此，为了降低处理复杂性，自然语言处理任务通常仍会针对不同层面进行独立处理。

从研究难度来看，形态学、语法学、语义学到语用学呈现逐级递增的趋势。目前，基于机器学习和深度学习的 NLP 算法主要集中在形态学、语法学和语义学这三个层面。然而，即使在现有的 NLP 处理框架下，部分语义层面的任务仍面临挑战，而语用层面的任务则更为复杂，相关研究也相对较少。自然语言处理的主要研究内容如图 4-1 所示。

### 2. 自然语言处理发展历程

追溯自然语言处理的研究起源，可以将其与计算机科学和人工智能的早期发展紧密相连。在图灵测试这一标志性思想实验的推动下，研究者们开始思考如何让机器表现出与人类相似的智能行为，其中就包括了对自然语言的理解与回应。NLP 的价值在于能够解锁非结构化数据的潜力，将文本转化为可分析的信息以支持相关业务的决策，并推动人机交互向更自然、智能的方向发展。

到目前为止，自然语言处理的发展历史大致可以分为以下四个阶段：

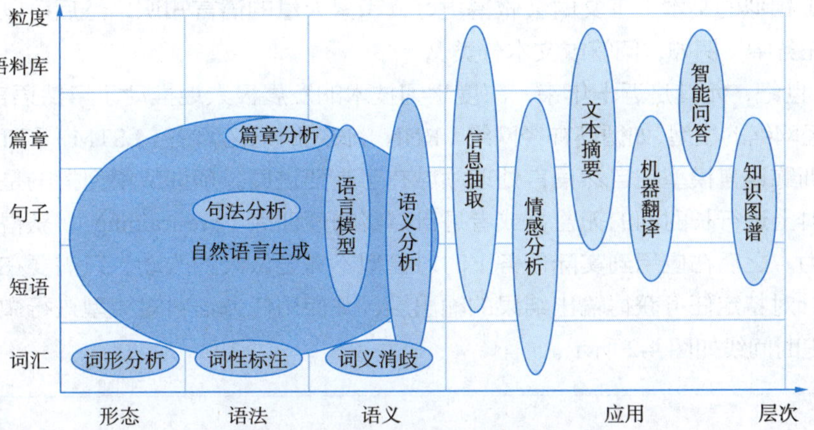


图 4-1 自然语言处理的主要研究内容

第一阶段（1950—1969 年），NLP 研究开始于机器翻译研究。在第二次世界大战期间，计算机在密码破译方面取得显著的成功，人们认为翻译可以在此基础上快速发展。各方研究人员都试图开发能够翻译其他国家科学成果的系统。然而，由于当时的科技水平，人们对人工智能或机器学习的结构所知无几。研发的系统仅能够提供单词级别的翻译、查询和一些简单的基于规则的方式来处理泛化单词和词序。

第二阶段（1970—1992 年），renlei 见证了一系列 NLP 系统的发展，大量的基于规则手工构建系统在语法和引用等方面表现出了复杂性和深度，并逐步开始使用一些人类语言理解的复杂性，有些系统甚至可应用于数据库查询等任务。语言学和基于知识的人工智能迅速发展，20 世纪 80 年代初，新一代手工构建的系统 Prolog、Lisp、Hearsay II 等出现了，受益于一系列更现代的语言理论的发展，这些系统明确区分了陈述性语言知识及其处理过程。

第三阶段（1993—2012 年），在这个时期，数字文本变得丰富，比较有前景的方向是算法研究，即利用算法处理大量的语言文本来达到对自然语言的理解。这种方式重新定位了 NLP 的研究方向，并且该方式目前仍然主导着该领域的发展。在这一时期初期，主要的工作方式是获取合理数量的在线文本，并且文本收集通常只有数千万字，从这些数据中提取某种模型，主要是通过计算特定的事实。但是，单词计数在提高语言理解方面的作用有限，早期从文本集合中学习语言结构的尝试相当失败。这导致该领域的大多数人专注于构建注释语言资源，例如，标记单词的意义、文本中人名或公司名称的实例，或者树库中句子的语法结构，然后使用有监督的机器学习技术来构建模型，这些模型可以在运行时在新的文本上产生类似的标签。

第四阶段（2013 年至今），由于引入了深度学习或人工神经网络方法，NLP 的工作发生了天翻地覆的变化。在这种方法中，单词和句子由向量空间中的位置表示，意义或语法的相似性由该空间中的接近度表示。从 2013 年到 2018 年，深度学习为构建高性能模型提供了一种更强大的方法，更容易对更远距离的上下文进行建模，并且模型可以更好地推广到具有相似含义的单词或短语，因为它们可以利用向量空间中的接近性，而不是依赖于符号的身份（如词形或词性）。然而，在构建监督机器学习模型来执行特定的分析任务时，这种方法没有改变。但是在 2018 年，一切都改变了，NLP 成为大型自监督神经网络学习的第一个重大成功。自监督的方法是让系统从文本中创建自己的预测目标，比如在给定前一个单词的情况下连续识别文本中的下一个单词，或者在文本中填充一个被掩盖的单词或短语。通过数十亿次重复这样的预测任务学习，这种模型在下次给定相似的文本上下文时会做得更好，积累大量的语言知识，然后可以将这些知识应用到特定的任务中，例如，问答或文本分类。

进入 21 世纪，尤其是近十年来，深度学习技术的发展极大地推动了自然语言处理的进步。基于深度神经网络的模型，如循环神经网络（RNN）、长短时记忆网络（LSTM）和 Transformer 等，近年来，预训练语言模型在自然语言处理领域有了重要进展。预训练模型指的是首先在大规模无监督的语料上进行长时间的无监督或者是自监督的预训练（pre-training），获得通用的语言建模和表示能力。之后在应用到实际任务上时对模型不需要做大的改动，只需要在原有语言表示模型上增加针对特定任务获得输出结果的输出层，并使用任务语料对模型进行微调即可。自然语言处理简史时间线如图 4-2 所示。

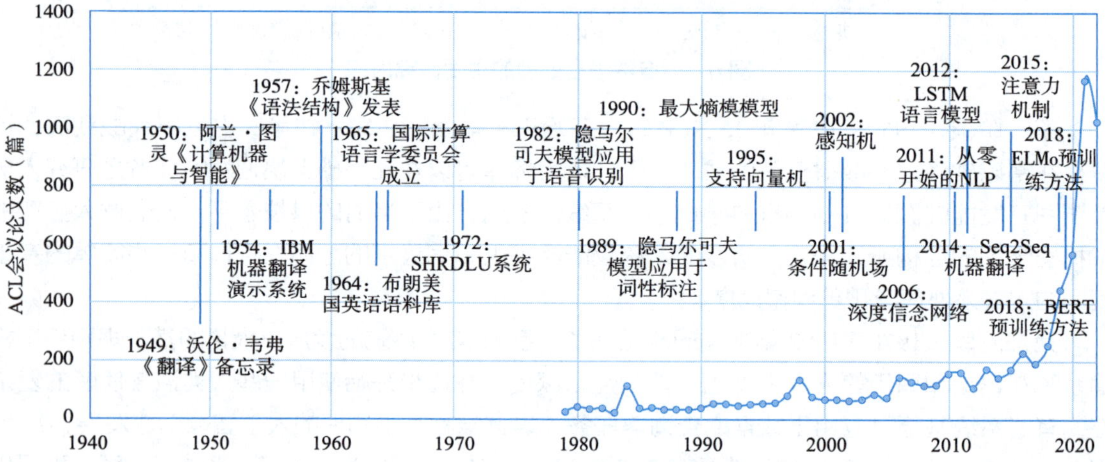


图 4-2　自然语言处理简史时间线

自然语言处理与机器学习、深度学习、人工智能之间存在着密切的关系。机器学习为自然语言处理提供了重要的方法和工具，而深度学习则进一步增强了自然语言处理的能力，使得计算机能够更好地理解和处理自然语言。它们之间的相互作用推动了人工智能技术的不断发展和进步，其关系如图 4-3 所示。

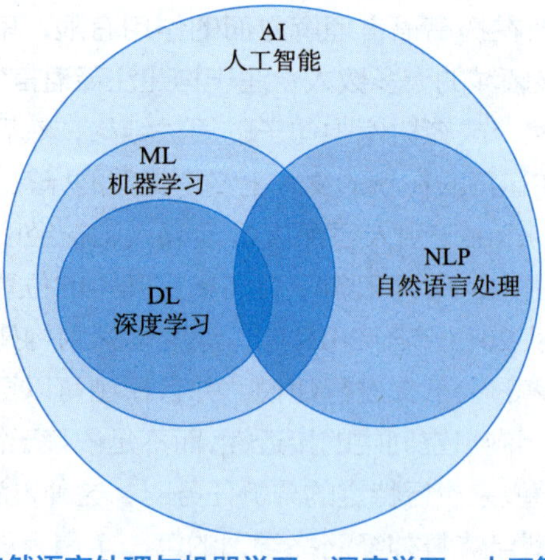


图 4-3　自然语言处理与机器学习、深度学习、人工智能的关系

### 3. 自然语言处理的核心任务

自然语言处理可以分为两大类：自然语言理解（natural language understanding, NLU）和自然语言生成（natural language generation, NLG）。NLU 能使计算机阅读并理解自然语言意义，而 NLG 创造并输出更多的语言，并能以自然语言方式来表达所给定的意图、思想等；NLU 为语音和文本赋予意义，而 NLG 则在机器的帮助下输出语言。NLU 从语言中提取事实，而 NLG 则将 NLU 提取的见解用于创造自然语言。

NLU 和 NLG 作为 NLP 的两大核心任务，分别代表了计算机对人类语言的输入和输出的处理能力。自然语言理解关注于机器对人类语言的理解和解释，包括语法分析、情感分析、实体识别等。而自然语言生成则是关注于机器如何以自然、流畅的语言输出信息，包括自动文摘、机器翻译和对话系统等。在实际应用中，NLU 和 NLG 往往需要相互结合，以实现更加复杂和高级的自然语言处理任务。

自然语言理解（NLU）是所有支持机器理解文本内容的方法模型或任务的总称，即能够进行常见的文本分类、序列标注、信息抽取等任务。主旨在于使计算机能够深入把握并解析人类的语言输入。这不仅涉及识别文本的字面意义，还深入到理解其语境、背后的意图以及蕴含的情感等多个层面。为实现这一目标，NLU 运用了一系列复杂的技术和方法。

首先，分词技术将连续的文本切割成一个个有意义的单词或短语，这是后续处理工作的基础。紧接着，词性标注为每个单词分配了其在句子中的词性，如名词、动词或形容词等，这有助于计算机更好地理解单词在句子中的角色。

命名实体识别则更进一步，它从文本中挑选出具有特定含义的实体，如人名、地名或组织名，这些实体往往是信息的关键所在。句法分析则通过分析句子的结构，明确了句子内部各成分之间的关联，为理解句子的整体意义提供了框架。

在此基础上，语义分析深入探究句子的真正含义，确定了句子成分之间的语义关系。而关系抽取技术则进一步从文本中挖掘出实体之间隐藏的联系，为更深层次的理解提供了可能。

自然语言生成（NLG）致力于将计算机内部的数据与信息转换成人类可以轻松理解的自然语言文本，确保信息的清晰与准确传达。这一过程不仅限于生成单个连贯的句子，还能够构建出段落乃至完整的篇章。NLG 技术可以应用于各种场景，如智能客服、文本摘要、机器翻译、报告生成等。

在文本生成方面，NLG 根据提供的信息或指令，自动“编织”出自然语言文本，实现了从无到有的文字创造。而当需要将多个句子或段落组织成一个有逻辑、连贯的整体时，篇章生成技术便发挥了作用，它确保了文本内部各部分之间的衔接与一致性。

此外，面对冗长的文本信息，摘要生成技术能够从中提取出关键要点，压缩成简短而精练的摘要，帮助人们快速把握核心内容。

### 4. 自然语言处理的主要难点

自然语言处理的难点首先在于数据大多都是非结构化的，而且语言规律非常复杂，语言可以自由组合，存在着多样性和歧义性，很多时候语言的含义是和对应领域的知识、和上下文相关。另外，语言还具有鲁棒性，有时就算出现错别字或者发音不标准，也不影响其表达意图。在使用 NLP 在应用就面临着 5 个难题：

（1）**语言的多样性**，语言是没有规律的，或者说规律是错综复杂的。

（2）**语言的歧义性**，语言是可以自由组合的，可以组合复杂的语言表达。

（3）**语言的鲁棒性**，语言是一个开放集合，我们可以任意地组合一些新的表达方式。

（4）**语言的知识依赖**，语言需要联系到实践知识，有一定的知识依赖。

（5）**语言的上下文**，语言的使用尤其是理解要基于环境和上下文。

面对以上 5 个难题，NLP 可以使用传统方法来处理，也可以使用机器学习方法来处理。

### 4.1.2 自然语言处理技术

自然语言处理的研究领域极为广泛，各种分类方式层出不穷，各有其合理性，我们按照中国中文信息学会 2016 年发布的《中文信息处理发展报告》，将自然语言处理的研究领域和技术分为基础技术和应用技术两大类，基础技术包括语法与句法分析 、语义分析 、语篇分析 、知识图谱 、语言认知模型 、语言知识表示与深度学习；应用技术包括自动问答 、文字识别、信息检索 、自动文摘、信息抽取 、机器翻译、信息推荐与过滤 、情感分析、文本分类与聚类。

接下来，我们介绍自然语言的基础技术包括分词、词法、句法分析和语义分析以及知识图谱。

#### 1. 分词

分词（tokenization）是指将文本数据分割成基本的、有意义的单元，如单词、短语或其他符号。这些单元可以是单词、短语或其他符号。分词是文本预处理的重要步骤，它有助于后续的文本分析和理解。

中文分词（Chinese word segmentation, CWS）是将连续字序列转换为对应的词序列的过程，旨在将连续的中文字符序列切分成有意义的词序列。这些词可以是单字、多字词组或者短语。由于中文文本没有像英文那样明显的单词边界（例如空格），也可以看作在输入的序列中添加空格或其他边界标记的过程。

例如，在猫界橘猫 9 成以上的是橘色的。

分词结果：在 / 猫界 / 橘猫 /9/ 成 / 以上 / 的 / 是 / 橘色 / 的。

由于汉语中语素绝大部分是单个汉字，很多情况下单独使用时也是词语，不单独使用时又是构词成分，这使得汉语构词具有很大的灵活性和很强的组词能力。对于新概念的表示不需要创造新的汉字，仅需使用现有汉字就可以灵活地创造新词。但是，正是因为汉语的这些特点，中文分词任务面临了巨大的挑战，主要困难来自以下三个方面：分词规范、歧义切分和未登录词识别。

#### 2. 词法、句法及语义分析

词法分析的核心任务包括词性标注（part-of-speech tagging, POS tagging）和词义标注。词性标注识别句子中每个词的语法范畴，并进行标注。词义标注则关注确定多义词在特定语境中的确切意义。当前，词性标注的方法主要有基于规则、基于统计、基于规则与统计结合以及基于深度学习的方法。

例如，我爱北京天安门。

词性标注结果：我 / 代词（PRP）爱 / 动词（VB）北京 / 名词（NN）天安门 / 名词（NN）。

在这个句子中，“我”被标注为代词，“爱”被标注为动词，“北京”和 “天安门”都被标注为名词。

例如，中国队打乒乓球打得最好。

词义标注结果：第一个 “打”（动词，表示进行乒乓球运动）；“乒乓球”（名词，指乒乓球运动）；第二个 “打”（动词，表示技能水平高）。

在这个句子中，“打” 这个词出现了两次，但根据上下文，第一次出现表示进行乒乓球运动的动作，第二次出现表示技能水平高，因此它们的词义不同。

句子分析主要是研究句子的结构，找出句子中各部分（比如主语、谓语等）及它们之间的关系。简单来说，就是通过分析句子，弄清楚哪些词是“做什么的”。

句子分析可以分成两种类型：

深度分析：需要把整个句子的结构都拆解清楚，就像画一棵完整的语法树一样。

基础分析：只关注比较简单的部分，比如动词短语和名词短语等，这些简单的句子片段被称为“语块”。

除以上两类，还有一种叫作“依存分析”的方法，它是通过研究词语之间的关系来理解句子的结构和意思。比如，可以理解为词语之间像一张网，每个词都有自己的“邻居”，通过分析这些联系，就能更好地理解整个句子的意思。

例如，学生们在图书馆学习。

句法树示例：（S（NP 学生们）（VP 在图书馆 / 学习））。

在这个句子中，构建了一个完整的句法树，其中“学生们”作为主语（NP），“在图书馆学习”作为谓语动词短语（VP）。

例如，他买了一本书。

浅层句法分析结果：他 /NP 买了 /VP 一本书 /NP。

在这个句子中，识别出了“他”作为名词短语（NP），“买了”作为动词短语（VP），“一本书”作为另一个名词短语（NP）。

依存关系示例：（买 - 主语 - 他，买 - 宾语 - 一本书）

在这个句子中，“买”是谓语，“他”是主语，“一本书”是宾语，依存句法分析揭示了这些词汇之间的依存关系。

语义分析的目标是根据句子的句法结构和实词的词义，推导出反映句子意义的形式化表示，将自然语言转化为计算机能够理解的形式语言。语义分析技术目前仍在发展中，统计方法获取语义信息的研究受到关注，包括词义消歧和浅层语义分析。

例如，鸿蒙比苹果香呀。

语义表示示例：（比较（鸿蒙，苹果，香味））。

在这个句子中，语义分析推导出了一个形式化表示，表明“鸿蒙”和“苹果”在“香味”这一属性上进行了比较，且“鸿蒙”的香味更浓。并理解“鸿蒙”可能指的是华为的操作系统 HarmonyOS（鸿蒙操作系统），而“苹果”可能指的是苹果公司的产品，在语义分析中，“鸿蒙”和“苹果”在这里被用作比较的对象，而“香”在这里被用作比较的属性，即“香味”。这个语义表示捕捉了句子的核心意义，即在香味这一维度上，鸿蒙被认为比苹果更胜一筹。

自然语言处理的基础研究还包括语用分析和篇章分析。语用分析关注于语言使用者的具体运用，分析语言使用者的真实意图，与语境、知识涵养、言语行为等因素紧密相关。篇章分析则将研究扩展到句子之外，对段落和整篇文章进行理解和分析。

此外，自然语言处理的研究还涉及词义消歧、指代消解、命名实体识别等高级任务，这些任务对于深入理解和处理自然语言至关重要。随着机器学习和深度学习技术的发展，自然语言处理领域正朝着更加精准和自动化的方向发展，其中使用机器学习及深度学习等人工智能算法进行研究成为当前自然语言处理的明显趋势。

### 3. 知识图谱

知识图谱就像一个庞大的知识库，将各种知识组织起来，方便我们查找和获取信息。知识图谱的概念起源于语义网络，2012 年，Google 推出了 Google 知识图谱，并将其应用于搜索引擎中，以此增强搜索能力，改善用户的搜索质量和体验。

知识图谱是为了表示知识，描述客观世界的概念、实体、事件等之间关系的一种表示形式。语义网络由许多个“节点”和“边”组成，这些“节点”和“边”相互连接，“节点”表示的是概念或对象，“边”表示各个节点之间的关系，语义网络如图 4-4 所示。

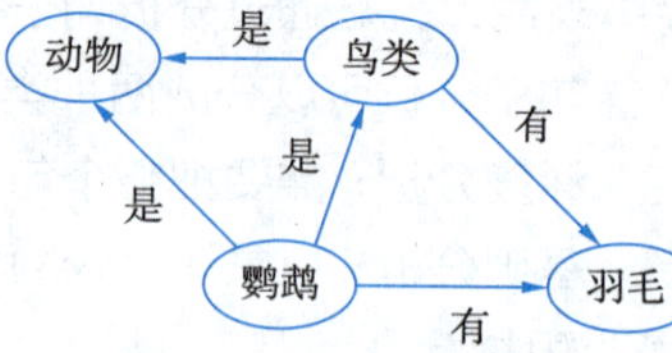

图 4-4　语义网络示意图

知识图谱在表现形式上与语义网络比较类似，不同的是，语义网络侧重于表示概念与概念之间的关系，而知识图谱更侧重于表述实体之间的关系。现在的知识图谱被用来泛指大规模的知识库，知识图谱中包含的节点有以下几种：

**（1）实体：** 指独立存在且具有某种区别性的事物。如一个人、一种动物、一个国家、一种植物等。具体的事物就是实体所代表的内容，实体是知识图谱中的最基本元素，不同的实体间有不同的关系。

**（2）语义类：** 具有同种特性的实体构成的集合，如人类、动物、国家、植物等。概念主要指集合、类别、对象类型、事物的种类，如人物、地理等。

**（3）内容：** 通常是实体和语义类的名字、描述、解释等，表现形式一般有文本、图像、音视频等。

**（4）属性（值）：** 主要指对象指定属性的值，不同的属性类型对应于不同类型属性的边。

**（5）关系：** 在知识图谱上，表现形式是一个将节点（实体、语义类、属性值）映射到布尔值的函数。知识图谱示意图如图 4-5 所示。

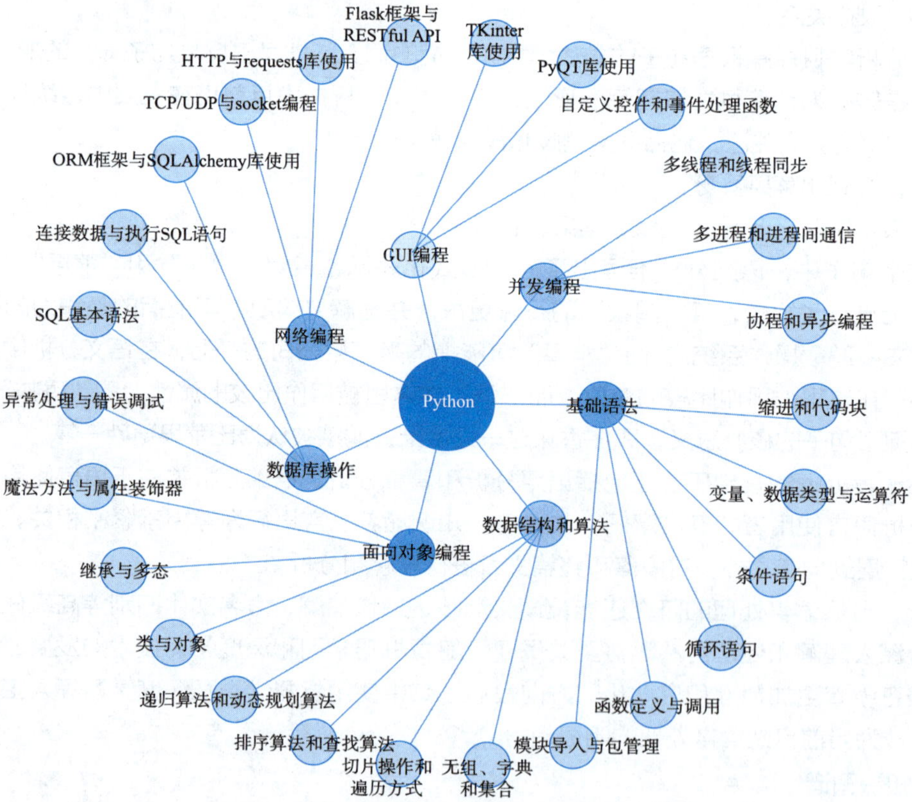

图 4-5　知识图谱示意图

知识图谱表示、构建和应用涉及很多学科，是一项综合的复杂技术。知识图谱技术既涉及自然语言处理中的各项技术，从浅层的文本向量表示、到句法和语义结构表示被适用于资源内容的表示中，分词和词性标注、命名实体识别、句法语义结构分析、指代分析等技术被应用于自然语言处理中。同时，知识图谱的研究也促进了自然语言处理技术的研究，基于知识图谱的词义排岐和语义依存关系分析等知识驱动的自然语言处理技术得以建立。

### 4. 自然语言处理应用技术

自然语言处理应用技术包括机器翻译、文本翻译、语音翻译、图像翻译、信息检索、自动文摘、情感分析等。

**（1）机器翻译，**是指运用机器，通过特定的计算机程序将一种书写形式或声音形式的自然语言，翻译成另一种书写形式或声音形式的自然语言。机器翻译是一门交叉学科（边缘学科），组成它的三门子学科分别是计算机语言学、人工智能和数理逻辑，各自建立在语言学、计算机科学和数学的基础之上。机器翻译的方法总体上可以分为基于理性的研究方法和基于经验的研究方法两种。

“理性主义”的翻译方法，是指由人类专家通过编撰规则的方式，将不同自然语言之间的转换规律生成算法，计算机通过这种规则进行翻译。这种方法理论上能够把握语言间深层次的转换规律，然而理性主义方法对专家的要求极高，不仅要求其了解源语言和目标语言，还要具备一定的语言学知识和翻译知识，更要熟练掌握计算机的相关操作技能。这些因素都使得研制系统的成本高、周期长，面向小语种的翻译更是人才匮乏，非常困难。因此，翻译知识和语言学知识的获取成为基于理性的机器翻译方法所面临的主要问题。

“经验主义”的翻译方法，指的是以数据驱动为基础，主张计算机自动从大规模数据中学习自然语言之间的转换规律。由于互联网文本数据不断增长，计算机运算能力也不断加强，以数据驱动为基础的统计翻译方法逐渐成为机器翻译的主流技术。但是同时统计机器翻译也面临诸如数据稀疏、难以设计特征等问题，而深度学习能够较好地缓解统计机器翻译所面临的挑战，基于深度学习的机器翻译现在正获得迅速发展，成为当前机器翻译领域的热点。机器翻译技术较早地被广泛应用在计算机辅助翻译软件上，更好地辅助专业翻译人员提升翻译效率，近几年机器翻译研究发展更为迅速，尤其是随着大数据和云计算技术、移动终端的快速发展，机器翻译已经走进人们的日常生活，在很多特定领域为满足各种社会需求发挥了重要作用，可以将机器翻译分为文本翻译、语音翻译、图像翻译以及视频和 VR 翻译等

**（2）文本翻译，**主流的工作方式依然是以传统的统计机器翻译和神经网络翻译为主。国内的百度、有道等公司都为用户提供了免费的在线多语言翻译系统。将源语言文字输入其软件中，便可迅速翻译出目标语言文字。另外，即时通信工具如微信、QQ 等也都提供了即时翻译服务。速度快、成本低是文本翻译的主要特点，而且应用广泛，不同行业都可以采用相应的专业翻译。

**（3）语音翻译，**是目前机器翻译中比较富有创新意识的领域，越来越多的通过语音与计算机进行交互。应用比较好的如语音同传技术。同声传译广泛应用于国际会议等多语言交流的场景，科大讯飞、百度等公司在语音翻译方面也有很多探索。如科大讯飞推出的“讯飞语音翻译”系列产品，以及与新疆大学联合研发的世界上首款维汉机器翻译软件，可以准确识别维吾尔语和汉语，实现双语即时互译等功能。

**（4）图像翻译，**也有不小的进展。谷歌、微软、百度均拥有能够让用户搜索或者自动整理没有识别标签照片的技术。图像翻译技术的进步远不局限于社交类应用。医疗创业公司可以利

用计算机阅览医学病理照片，阅览的速度和准确度都将超过放射科医师。而且图像翻译技术对于机器人、无人机以及无人驾驶汽车的改进至关重要，百度、美团、顺丰公司均已在上路测试无人驾驶汽车、物流车。

**（5）信息检索**，是从相关文档集合中查找用户所需信息的过程。先将信息按一定的方式组织和存储起来，然后根据用户的需求从已经存储的文档集合当中找出相关的信息，这是广义的信息检索。信息检索包括“存”与“取”两个方面，对信息进行收集、标引、描述、组织，进行有序的存放是“存”。按照某种查询机制从有序存放的信息集合（数据库）中找出用户所需信息或获取其线索的过程是“取”。信息检索的基本原理是将用户输入的检索关键词与数据库中的标引词进行对比，当二者匹配成功时，检索成功。检索标识是为沟通文献标引和检索关键词而编制的人工语言，通过检索标识可以实现“存”“取”的联系一致。检索结果按照与提问词的关联度输出，供用户选择，用户则采用“关键词查询＋选择性浏览”的交互方式获取信息。

自动问答是指利用计算机自动回答用户所提出的问题以满足用户知识需求的任务。问答系统是信息服务的一种高级形式，系统反馈给用户的不再是基于关键词匹配排序的文档列表，而是精准的自然语言答案，这和搜索引擎提供给用户模糊的反馈是不同的。在自然语言理解领域，自动问答和机器翻译、复述和文本摘要一起被认为是验证机器是否具备自然理解能力的四个任务。

自动问答系统在回答用户问题时，首先要正确理解用户所提出的问题，抽取其中关键的信息，在已有的语料库或者知识库中进行检索、匹配，将获取的答案反馈给用户。这一过程涉及了包括词法句法语义分析的基础技术，以及信息检索、知识工程、文本生成等多项技术。

**（6）自动文摘**，是依据用户需求，运用计算机技术从源文本中提取最重要的信息内容，进行精简、提炼和总结，最后生成一个精简版本的过程。生成的文摘具有压缩性、内容完整性和可读性。

从 1955 年 IBM 公司 Luhn 首次进行自动文摘的实验至今的几十年中，自动文摘经历了基于统计的机械式文摘和基于意义的理解式文摘两种。

**（7）情感分析**，又称意见挖掘，是指通过计算技术对文本的主客观性、观点、情绪、极性的挖掘和分析，对文本的情感倾向做出分类判断。情感分析是自然语言理解领域的重要分支，涉及统计学、语言学、心理学、人工智能等领域的理论与方法。情感分析在一些评论机制的中应用较为广泛，比如文旅行业对酒店、景区评价，电商商业中产品的属性和使用习惯、用户情绪的评价等，通过情感分析可以分析用户评论是积极还是消极的，根据一定的排序规则和显示比例，在评论区显示。

除此之外，在互联网舆情分析中情感分析起着举足轻重的作用，话语权的下降和网民的大量涌入，使得互联网的声音纷繁复杂，利用情感分析技术获取民众对于某一事件的观点和意见，准确把握舆论发展趋势，并加以合理引导显得极为重要。

### 4.1.3 文本分析与挖掘

在现代社会，文本数据是以庞大量的形式存在的，包括社交媒体、博客、新闻报道、生产信息、电子邮件等。文本挖掘可以帮助我们理解这些数据，从而提取关键信息，进行预测和决策。

文本挖掘是一种利用自然语言处理和数据挖掘技术来从文本数据中提取有价值信息的方法。文本挖掘是从数据挖掘发展而来，但并不意味着简单地将数据挖掘技术运用到大量文本的集合上即可实现文本挖掘。

主题模型和情感分析作为文本分析与挖掘领域的重要研究方向，主题模型致力于从文本中挖掘潜在的语义主题，旨在从文本数据中挖掘隐藏的主题结构，帮助理解文本数据的内在含义和关联性；而情感分析则关注文本背后的情感倾向以及情感极性，帮助分析情感色彩和情绪变化。主题模型与情感分析结合应用，可以使文本数据的分析更加全面和深入。通过发掘文本数据中隐藏的主题信息，结合情感分析，可以更好地了解用户的兴趣和情感倾向，为个性化推荐、舆情监控、情感分析等领域提供更为精准的分析结果。

### 1. 主题建模的概念与方法

主题建模（topic modeling）成为近年来文本挖掘领域的热点，是一种用于发现文档集合（语料库）中的主题（或称为主题、议题、概念）的统计模型。它能够发现文档－词语之间所蕴含的潜在语义关系（即主题），将文档看成一组主题的混合分布，而主题又是词语的概率分布，从而将高维度的“文档－词语”向量空间映射到低维度的“文档－主题”和“主题－词语”空间，有效提高了文本信息处理的性能。基于主题模型的文本情感分析技术，期望通过挖掘各种非结构化文本评论所蕴含的主题及其关联的情感特征，来提高文本情感分析的性能。

主题建模旨在发现文档集合中的潜在主题结构。这种方法假设文档是由多个主题的混合组成的，每个主题由一系列相关的词汇组成。主题建模的主要目的是识别这些潜在的主题，并了解每个主题与文档集合中其他主题之间的关系。具体来说，主题模型可以将每个用户看作一篇“文档”，用户的特征（如观看历史、喜好等）作为“文档”中的“单词”。通过主题模型的学习，经常共同出现的特征会对应到同一个主题上，同时每个用户也会得到一个主题分布。类似地，每个电影也可以得到一个主题分布。然后，系统可以计算用户主题和电影主题之间的相似度或偏好程度，从而进行推荐。

主题建模的方法主要包括以下几种：

潜在狄利克雷分配（latent Dirichlet allocation, LDA）算法，LDA 是一种基于概率的模型，它假设每个文档都是由多个主题的混合组成的，而每个主题则是由一系列词汇组成的。LDA 模型通过最大化文档－主题分布和主题－词汇分布之间的似然函数来估计主题。LDA 假设每篇文档包含多个主题，并且每个主题由一组词语的分布表示，通过迭代计算，可以得到文档－主题分布和主题－词语分布，从而发现隐藏在文本数据背后的主题结构。

非负矩阵分解（non-negative matrix factorization, NMF）方法，NMF 是一种基于矩阵分解的方法，它可以将文档－词汇矩阵分解为两个非负矩阵，即文档－主题矩阵和主题－词汇矩阵。通过这种方式，NMF 能够识别出文档集合中的潜在主题。

概率潜在语义分析（probabilistic latent semantic analysis, PLSA）方法，PLSA 是 LDA 的一个变体，它假设每个文档和每个词汇都与一个或多个主题相关联，并且这些主题是相互独立的。PLSA 通过最大化文档－主题分布和主题－词汇分布之间的似然函数来估计主题。

主题模型可以应用于许多场景、不同领域的实际用途：

**（1）文档分类。**通过识别文档的主要主题来对其进行分类。例如，在新闻网站上，可以利用主题建模自动将新闻文章分为“政治”“经济”“体育”“娱乐”等不同类别，方便用户快速找到自己感兴趣的新闻。

**（2）推荐系统。**通过发现用户的兴趣主题来提升内容推荐的相关性。例如，在音乐流媒体平台上，分析用户听歌的历史记录和行为数据，挖掘出用户喜欢的音乐主题（如“摇滚”“古典”“流行”等），然后根据这些主题为用户推荐符合其口味的新歌曲或专辑。

（3）信息检索。增强搜索算法，让其能根据主题而非单个关键词来检索文档。在传统的搜索引擎中，用户输入关键词后，系统会返回包含这些关键词的文档列表。而基于主题建模的搜索算法，可以理解用户查询的潜在主题，从而返回与该主题更相关的文档，提高搜索结果的质量和准确性。

（4）趋势分析。在时间序列数据中识别和跟踪主题的流行度变化。例如，通过分析社交媒体上的热门话题趋势，了解公众对不同事件、产品或文化现象的关注度变化，为企业市场调研、政策制定者决策支持等提供参考依据。

### 2. 情感分析的概念与方法

情感分析（sentiment analysis）是 NLP 领域的一个分支，其目标是识别和理解文本中表达的情感，从而帮助用户更好地理解用户的情感状态和偏好。情感分析通常涉及对文本数据进行分类，以判断其情感是正面、负面还是中性。

情感分析的方法主要包括以下几种：

基于规则的方法，根据预定义的规则和情感词典，识别文本中的情感词汇，并判断其情感倾向。这种方法简单直接，但依赖于人工编写的规则和情感词典，因此可能不够准确。

基于机器学习的方法，使用机器学习算法，如支持向量机（SVM）、朴素贝叶斯（naive Bayes）、随机森林（random forest）等，通过训练数据集学习情感词汇和文本的情感分布，然后使用学到的模型对新的文本进行情感分析。这种方法需要大量的标注数据，但可以处理复杂的情感表达。

基于深度学习的方法，使用深度学习模型，如卷积神经网络（CNN）、循环神经网络（RNN）、长短时记忆网络（LSTM）等，自动学习文本的特征表示，并识别出情感线索。这种方法通常需要大量的标注数据进行训练，但可以取得很高的准确率。

### 3. 主题建模与情感分析应用

主题建模与情感分析在文本分析中占据着举足轻重的地位，它们常常携手并肩，共同发挥作用。通过主题建模这一有力工具，我们能够深入挖掘文本数据中的主题信息，揭示文本的核心内容和结构。而情感分析的加入，则如同为文本分析增添了一双洞察人心的慧眼，使我们能够更全面、更深入地理解文本数据，揭示其中蕴含的情感色彩和用户的真实态度。

在实际应用中，主题建模与情感分析的结合更是展现出了非凡的威力。以用户评论分析为例，我们可以通过主题建模技术，轻松发现不同主题下用户所关注的核心问题。而在此基础上，情感分析的加入则让我们能够进一步确定用户对这些问题的态度是积极还是消极，是满意还是不满意。这样的综合分析，不仅能够帮助我们更好地理解用户需求和偏好，还能为企业的产品改进和服务优化提供有力的数据支持。

以智能跨境电商平台为例，主题建模和情感分析的应用对于提升用户体验、优化产品和服务以及增强市场竞争力具有重要意义。通过主题建模可以自动识别这些评论中的主要主题，帮助平台和卖家更好地了解用户关注的焦点，通过情感分析，可以判断用户对产品的整体满意度，情绪倾向，帮助平台和卖家及时发现和解决问题，提升用户满意度和忠诚度。以下是对这两种技术的简单描述及其应用的详细分析：

（1）主题建模的应用。产品分类和推荐，通过对产品描述文本进行主题建模，可以自动提取出产品的主题类别，并根据这些主题类别对产品进行分类。这有助于改善产品搜索和浏览体验，使用户更容易找到他们感兴趣的产品。同时，通过分析用户的购买历史和评论，可以提取出用户的兴趣主题，从而向用户推荐与这些兴趣主题相关的产品，增加销售额并提高客户满意度。用户画像和行为分析，通过对用户评论、社交媒体帖子和搜索查询进行主题建模，可以提取出用户的兴趣、偏好和行为模式。这些信息可用于个性化营销活动、改进产品设计和提供更好的客户服务。例如，通过主题建模可以识别出对特定产品功能感兴趣的用户、对产品质量有疑虑的用户以及对产品价格敏感的用户，从而针对性地制定营销活动和产品改进策略。市场趋势分析，跨境电商平台可以通过分析大量用户评论和社交媒体数据，利用主题建模技术发现市场中的热门话题和趋势。这有助于企业及时调整市场策略，抓住市场机遇。

（2）情感分析的应用。了解用户满意度：通过对用户评论进行情感分析，可以了解用户对产品的满意度。如果大量评论表达负面情感，企业可以及时调整产品或服务，改善用户体验。优化产品和服务：情感分析可以帮助企业识别出用户最关注的产品特性和服务方面。通过分析用户评论中的情感倾向和关键词，企业可以发现产品中的不足和潜在改进点，从而优化产品和服务。提升市场竞争力：通过情感分析，企业可以了解竞争对手的用户评价和反馈。这有助于企业发现自身与竞争对手的差距，制定更具竞争力的市场策略。

主题建模与情感分析流程如图 4-6 所示。

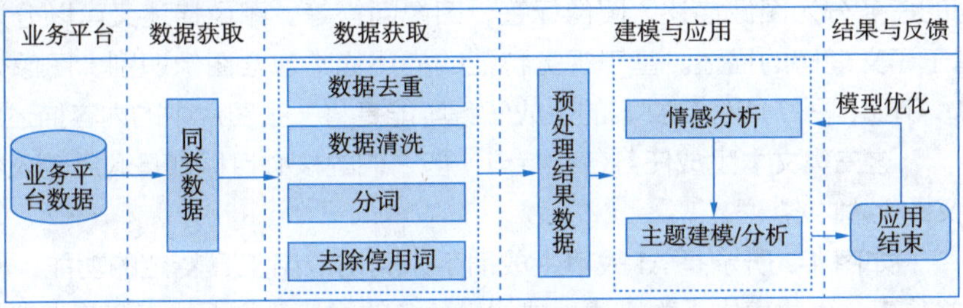


图 4-6　主题建模与情感分析流程

## 4.1.4　文本生成

早期，文本生成主要依赖于规则和模板，这类似于一个拼装玩具的过程，文本的内容和结构都是预先设定的，缺乏灵活性和创新性。随着人工智能技术的兴起，尤其是深度学习的发展，文本生成技术迈出了革命性的一步。这些技术可以用于解析输入数据、理解语言结构、评估生成文本的质量，以及优化生成过程。在当今信息爆炸的时代，文本生成技术不仅提升了内容创作的效率，也为各行各业提供了强大的支持，使得信息传播更加迅速、准确，同时也为个性化服务提供了可能。

### 1. 文本生成定义

文本生成是指接受非语言形式的信息作为输入，生成可读的文字表述。随着 NLP 和 AI 技术发展、成熟，文本生成技术已经日益成熟，它能够将非语言形式的信息转换为流畅的文字表达。这一过程依赖于计算机程序、数据、算法和模型的协同工作，自动创造出符合语言规范、逻辑清晰且具有特定意义和风格的文本。本质上，这项技术模仿了人类的写作过程，通过深入学习大量的文本数据，最终实现了创作新原创文本的能力。

### 2. 文本生成分类

在当前新一代信息技术的兴起和应用多样性需求，文本生成技术可以分为以下几类：文本到文本的生成、数据到文本的生成以及图像到文本的生成。每一类任务都有其独特的特点和生成方法。

**（1）文本到文本的生成。**这类任务通常指的是从现有的文本数据中生成新的文本内容。又可根据不同的任务分为文本摘要、文本生成、文本复述等。文本摘要，可以分为抽取式摘要和生成式摘要。抽取式摘要通常包含信息抽取和规划等主要步骤，通过信息抽取和规划等步骤，从原始文本中提取关键信息生成摘要。例如，一个文本到文本的生成任务可能是从一个新闻文章中提取关键信息，然后生成一篇摘要。生成式摘要，通过理解原始文本的内容，生成新的摘要文本。文本生成，根据给定的文本输入，生成新的文本内容。例如，基于现有的故事生成新的续集。文本复述，将原始文本重新表述为不同的形式，但保持其核心意义不变。

**（2）数据到文本的生成。**这类任务通常是从结构化数据（如表格、数据库记录）中生成文本内容。又可根据不同的任务分为数据摘要、数据解释、数据报告等。数据摘要，数据摘要可以分为数据表格摘要和数据图表摘要。数据表格摘要，通过数据筛选、数据处理和数据规划等步骤，从数据表格中提取关键信息生成摘要。数据图表摘要，通过分析数据图表，生成描述性的文本。数据解释，将数据转化为易于理解的文本描述，帮助用户更好地理解数据内容。数据报告，根据数据生成详细的分析报告，提供决策支持。

**（3）图像到文本的生成。**图像到文本的生成这类任务通常指的是从图像中生成文本描述。又可根据不同的任务分为图像描述、图像标签、图像问答等。图像描述又可以分为基于视觉特征的描述和基于语义理解的描述。基于视觉特征的描述通常包含图像识别、图像分割和图像分类等主要步骤。例如，一个图像到文本的生成任务可能是将一张图片中的内容描述成一段文字。

视频

OneStory

这三类文本生成任务各有特点，但它们的核心目标都是利用输入数据生成有意义的文本内容。

如图 4-7 所示是 AI 故事生成助手，利用应用工具特定的功能，根据一段文字类故事，由故事内人物描述生成故事角色的图片，依据故事情节生成故事分镜表与故事板。

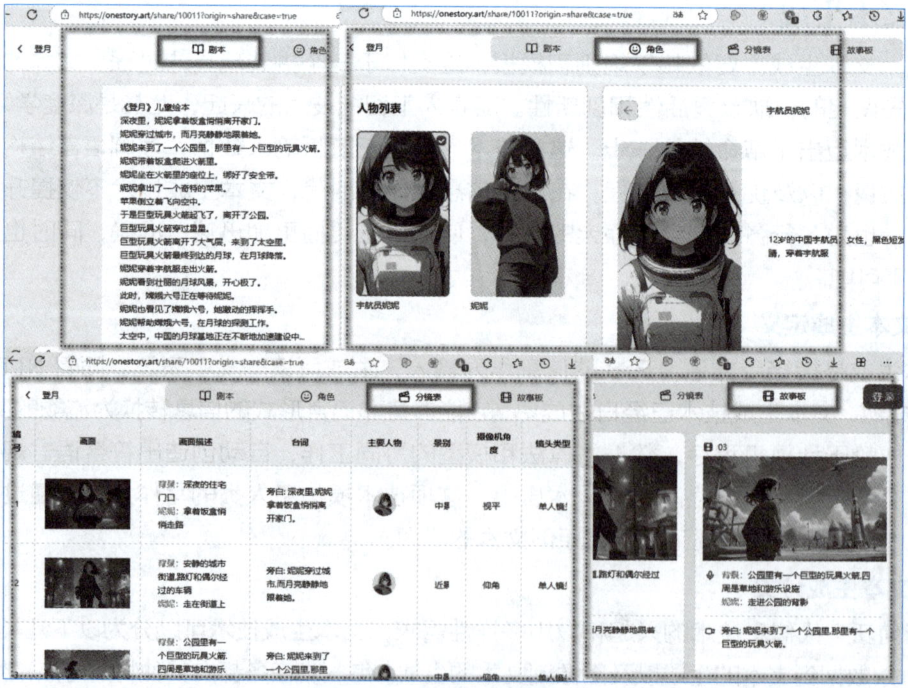


图 4-7　AI 故事生成助手

### 3. 文本生成方法

文本生成的不同方法，包括传统统计模型（如 N-gram 和平滑技术）、基于模板的生成、神经网络模型（LSTM 和 Transformer）以及大型预训练模型 GPT 的原理和应用，常用方法（基于语言模型和深度学习）、解码策略（贪婪搜索、束搜索、温度采样、top-k 和 nucleus 采样）以及评价指标。

**（1）基于语言模型**（需要解释模型图和案例）。基于语言模型（language model）的文本生成技术，其核心在于利用统计原理预测文本中下一个词或短语出现的概率。这一领域内的主要方法包括 N-gram 模型、平滑技术及神经网络语言模型等。N-gram 模型，通过计算文本中连续出现的 N 个词（N-gram）的频率，来预测下一个词的出现概率。这种方法简单直观，但受限于 N 的大小，难以捕捉长距离依赖关系；平滑技术，为解决 N-gram 模型在处理未见词（out-of-vocabulary, OOV）时的不足，平滑技术被引入，通过调整概率分布，使得模型能够更合理地处理这些罕见词；神经网络语言模型，利用神经网络结构学习词与词之间的概率分布，特别是循环神经网络（RNN）及其变体如长短时记忆网络（LSTM）和 Transformer 等，能够更有效地处理长距离依赖和未见词问题，生成更自然流畅的文本。

**（2）使用深度学习**。使用深度学习（deep learning）的文本生成方法通过神经网络模型（如 LSTM、Transformer）来学习词之间的复杂关系，从而生成更流畅、自然的文本。深度学习模型能够捕捉到语言的上下文信息，使得生成的文本更加准确和连贯。其应用如图 4-8 所示。

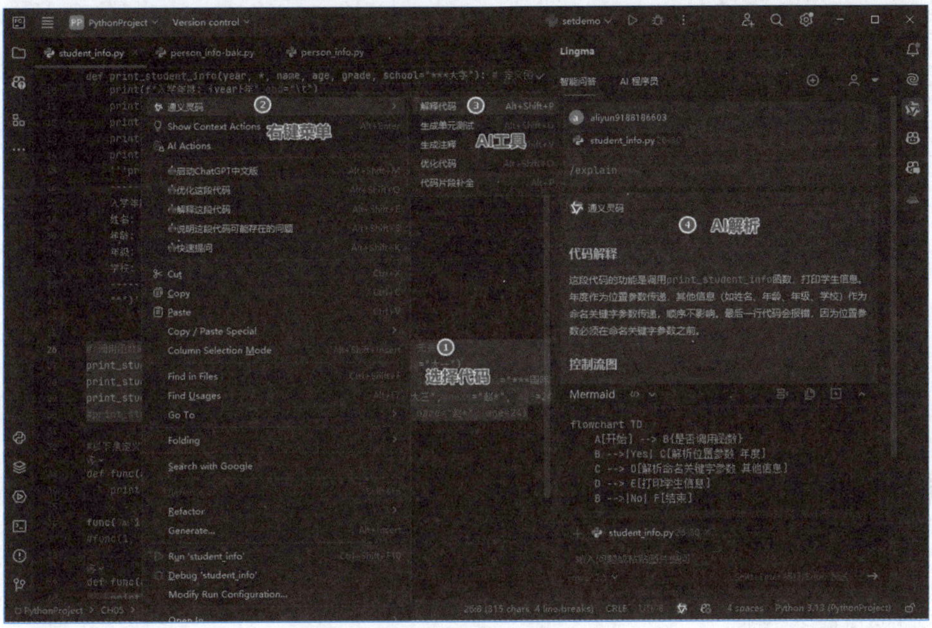


图 4-8　AI 代码助手

## 4.2 人机交互工具

视　频

人机交互工具

人工智能领域的发展历程与人机交互的发展密不可分，20 世纪 60 年代，Weizenbaum 创建了 ELIZA 对话系统，试图模仿心理治疗师与人进行对话交流；20

世纪 90 年代，Seneff 等人开发了自动机票预订系统通过与用户进行多轮对话 来获取用户需求（如出发地、出发日 期、航班号等），以帮助用户预订机票。这两个系统分别代表了两类不同的对话系统，后者属于目标驱动型对话，前者属于非目标驱动型对话。截至目前为止，我们可以体验对话式 AI、会话式 AI 和生成式 AI 三类 AI 交互工具，虽然它们都属于人工智能领域人机交互工具，但它们在目标、应用、技术和用户体验上有明显的差异。对话式 AI 和会话式 AI 更侧重于模拟人类对话，提供即时的交互体验，而生成式 AI 则展现了 AI 的创造性，能够生成全新的内容。

### 4.2.1 人机交互框架

人机交互是自然语言处理技术最为典型的应用之一。人类自然语言的主要功能之一便是交际，通过运用机器理解人类语言方式可完成人与机器的沟通，降低人与计算机、移动终端、智能汽车等沟通的门槛，使得人们可以通过自然语言对话直接获取机器提供的相关自动信息服务。

人机交互系统存在统一特征即面向任务问答交互。任务型人机系统的设计目的是解决某一类任务，为了服务其相关场景，系统需要向用户收集任务的相关信息条件。当用户提供的条件存在缺漏或错误时，系统通过人机交互不断填充相关信息，并在充分收集信息后执行相关任务。任务型人机交互系统基本框架如图 4-9 所示。

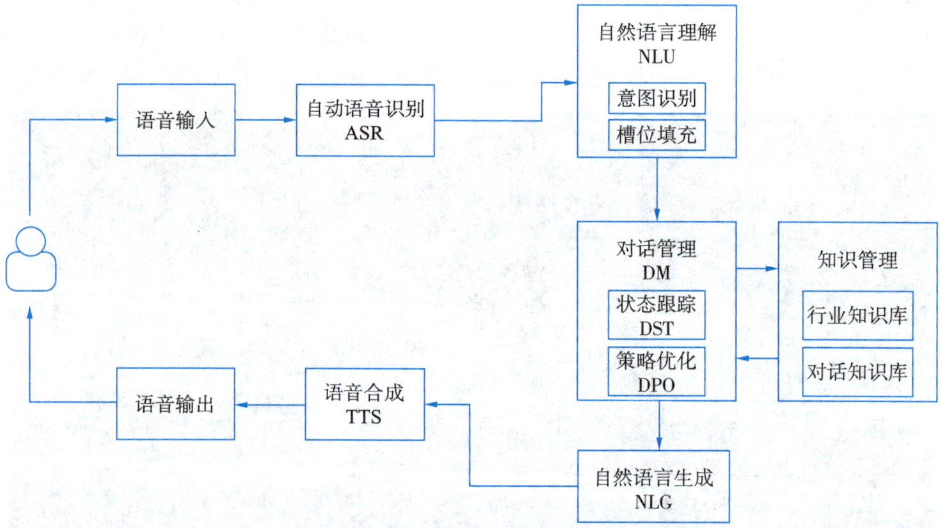


图 4-9 任务型人机交互系统基本框架

任务型人机交互系统整体由三大部分构成：自然语言理解（NLU）、对话管理（DM）以及自然语言生成（NLG）。任务型人机交互系统一般由用户主动触发对话，用户输入可以是语音，也可以是文本，如果是语音，则 NLU 部分则包含语音识别模块；若系统输出为语音时，NLG 部分也需包含语音合成模块。

NLU 部分进一步又分解为 3 个子任务：其一是领域识别，判定用户输入问题的领域归属；其二是意图识别，识别用户话语的目的，比如，是告知某个信息，还是确认某个信息；其三是语义分析，又称为槽填充，旨在标识用户话语中与目标有关的语义类别，比如询问天气情况时需要的当前所在地、时间等语义类别。DM 则进一步分解为对话状态追踪和动作选择两个子任务；对话状态追踪获取对话的当前状态；策略优化确定系统响应的动作。DM 模块负责控制整个对话过程，例如：决定系统在上一轮对话中获取了用户所在地信息之后，下一步该和用户说什么。NLG 模块则把决定要说什么具体转化为自然语言，通常也进一步分解为几个子任务。

与任务型人机交互相对应的便是非目标驱动（non-goal driven）人机对话系统，系统框架大致图 4-9 一致。此类系统并非由目标驱动，通常只是对用户输入的内容进行响应，并不完成特定信息服务任务。有别于任务型机器人，此类系统对于收集信息、自主确定对话行为等方面的要求相对较弱，大多没有显式的意图识别、语义标注等 NLU 过程，也没有显式的 DM 状态。

根据系统目标的不同，其评价指标也存在明显差异。

任务型系统的评价指标主要考察机器人信息抽取能力、任务完成情况以及异常情况处理能力；非目标驱动系统的评价指标主要考察机器人回答内容的丰富度、回答质量以及同用户的对话轮数。其中对话轮数是一个很“双标”的指标，任务型问答系统的目标是最快速、最精准地完成用户要求的任务诉求，因此希望对话轮数越少越好。相反，非目标驱动系统则希望能与用户聊更多的内容,通过用户是否愿意同机器人进行更多的对话来判断该系统的质量。随着时间的推移，任务驱动人机对话与非目标驱动人机对话之间的差异逐渐减少。此时不仅要求人机对话系统可以完成相关信息查询任务，同时也要求其具备最基本的没有任务的聊天对话能力。这是人机交互的场景复杂化导致的，即有时需要机器人同用户闲聊，有时需要机器人快速完成相关业务服务。

在实际应用中，目标驱动与非目标驱动的划分也并不是绝对的，常常会需要目标驱动和非目标驱动混合出现。比如，智能手机的个人助手，有时可能要与用户闲聊，这时是非目标驱动的，有时可能要帮助用户执行手机中一个指定的应用程序，这时是目标驱动的。

因此，人机交互系统的一个重要发展方向是多任务的联合建模。联合可以有不同的层次，例如，NLU 模块内各个子任务的联合建模，综合利用意图识别和语义分析两个子任务之间的交互约束信息，可以获得更好的理解性能；综合 NLU 与 DM 的跨模块联合建模，使得 DM 的决策错误不仅可以用于修正状态追踪的错误，也可以直接用于修正语言理解的错误。

早在 2015 年就出现了多种基于序列到序列深层神经网络模型的非目标驱动型对话系统。随着机器学习技术成熟度逐步提升，深度神经网络也为联合建模提供了重要的技术工具。图 4-10 就是一个简单的例子，其中输入句子在编码后逐步解码得到机器输出的响应。初期的模型大多只是处理一问一答的应答系统，而随着输入中加入对话历史，应答系统逐步向对话系统发展。与此同时，随着当前深度强化学习的发展，面向目标驱动型对话系统也逐渐成为可能。基于序列到序列深层神经网络模型的非目标驱动型对话系统如图 4-10 所示。

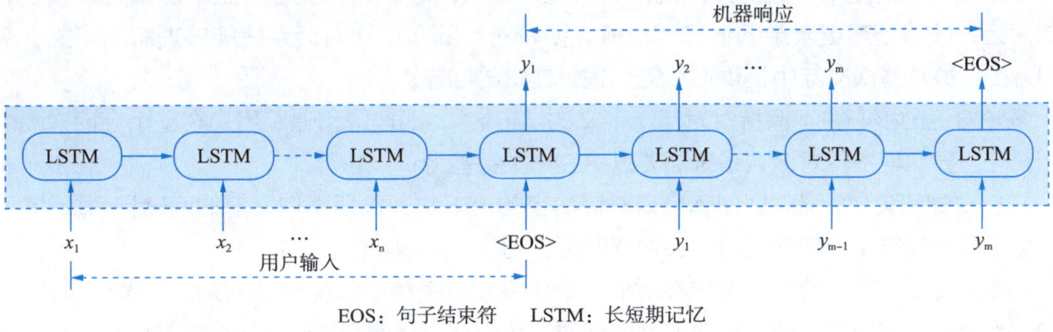


图 4-10　基于序列到序列深层神经网络模型的非目标驱动型对话系统

### 4.2.2　对话管理

对话管理（DM）是对话工具的中枢，控制着人机对话的过程，在这个过程中，DM 根据对话历史信息，不仅要捕捉用户的即时意图，获得对话任务的语义信息，还要维护对话的连贯性和目的性。对话管理的目标是确保每一次互动都是有意义且有助于解决问题的。对话管理模块通常包括状态追踪和策略优化两个部分。

语义表示有多种形式，目前为止比较常用的是框架语义（frame semantics），即采用领域（domain）、意图（intent）和词槽（slot）来表示语义结果。

领域，是指同一类型的数据或资源，以及围绕这些数据或资源提供的服务。比如“天气”“汽车”“酒店”“音乐”等。

意图，是指对于领域数据的操作，一般以动宾短语来命名，如音乐领域有“查询歌曲”“播放音乐”“暂停音乐”等意图。

词槽，用来存放领域的属性，如音乐领域有“歌曲名”“歌手”等词槽。

举个例子，从“北京明天天气怎么样”这句话中，可以得到以下语义结果：

```
领域（domain）：天气
意图（intent）：查询天气
词槽（slot）：
            城市（city）= 北京
            时间（date）= 明天
```

对话状态追踪其主要功能是跟踪和更新用户和系统之间的对话状态。在对话过程中，用户和系统之间的信息交互会导致对话状态的变化，因此，对话状态追踪器需要能够根据用户的输入和系统的输出，及时地更新对话状态，以便对话管理器作出正确的决策。

对话策略通常采用强化学习的方法来实现，对话策略的目标是最大化系统的长期奖励。在训练过程中，对话策略会根据当前的对话状态和用户意图，选择相应的系统回复或操作，并根据奖励函数来评估这个决策的好坏。然后，对话策略会更新策略，以便在未来类似的情况下做出更好的决策。

值得注意的是，基于规则的对话管理通常不包括策略优化这一部分，因为它是一种静态的对话管理方法，策略是由预定义的规则来控制的，无法自动优化。策略优化通常应用于基于机器学习的对话管理方法中，以自动学习和优化对话管理的策略，提高对话管理的性能和效果。

多轮对话允许用户和系统进行更深入的交流。在多轮对话中，系统不仅仅是对用户的单个请求做出响应，而是能够通过连续的问答来逐步解决问题。这种交互方式更加接近人类之间的自然对话，能够处理更复杂的信息和任务。多轮对话的实现让对话系统能够理解上下文、跟踪用户意图，并在多次交互中提供连续的、逻辑连贯的回应。

多轮对话的核心在于保持对对话上下文的“记忆”，即理解和追踪用户在整个会话过程中的意图变化。要实现多轮对话，系统需要以下三个关键能力：

· 上下文跟踪，系统需要理解当前对话内容的上下文，包括用户之前的问题和系统的回答，以确保系统在回答用户新问题时不会偏离对话主题。

· 意图管理，用户的意图可能在对话过程中变化，系统必须能够实时判断和调整对话策略。例如，当用户从询问产品信息转向咨询价格时，系统要能够识别这一意图变化并做出相应回应。

· 状态管理，系统需要记录当前会话状态，包括已经获取到的信息（如槽位值），并跟踪哪些信息尚未满足用户需求。状态管理可以保证系统在多轮对话中保持信息的连贯性。

上下文管理则是多轮对话能够顺利进行的基础。它涉及跟踪对话的历史信息，包括用户的先前陈述、系统之前的响应，以及任何在对话中提及的相关细节。上下文管理的有效性直接影响到系统能否理解用户的真实需求，并在适当的时候引用相关信息，从而使得对话更加丰富和个性化。通过精细的上下文管理，系统能够提供更加人性化的服务，决定了对话的连贯性和准确性。

例如，我们使用智能音箱查询天气场景的对话说明：

```
Q：明天天气怎么样？（intent=query_weather，date= 明天，city=null）
A：您要查询哪个城市的天气？（action= 询问查询哪个城市）

Q：北京的（intent=query_weather，date= 明天，city= 北京）
A：北京明天晴（action= 调用天气服务）

Q：那江苏呢？（intent=query_weather，date= 明天，city=江苏）
A：江苏明天小雨（action= 调用天气服务）

Q：后天天气（intent=query_weather，date= 后天，city= 江苏）
A：江苏后天小雪（action= 调用天气服务）
```

在上面的对话场景中，查询天气这个意图需要两个必选词槽，地域和日期。只有当这两个词槽都有数据时才能查询到天气数据。意图识别是判断用户需求的核心步骤。通过分析用户的输入文本，系统能够分辨出用户想要完成的任务类型（如查询天气、订餐、问路等）。在理解用户意图后，系统需要进一步识别用户输入中的关键信息（即槽位），例如，时间、地点、对象等。比如，上面对话场景中当用户提出“那江苏呢?”时，系统需要通过槽位填充，提取出地点、时间和天气信息等信息。

从上面对话场景中可以看到，对话管理模块会维护多轮对话上下文数据（包含意图和词槽等），跟踪对话状态，填补或替换词槽数据，并决定如何与用户交互或执行什么样的动作。比如缺少必选词槽时，对话系统会追问用户，以补全词槽。

### 4.2.3 对话式 AI

对话式 AI 赋予机器与人类进行自然、流畅对话的能力，已成为当代人工智能领域的研究焦点。它融合了自然语言处理、自然语言理解、自然语言生成以及对话管理等关键技术，为机器与人类之间的交互提供了全新的可能。传统的对话式 AI 主要聚焦于基于规则的交互，而 LLM 与 GenAI 的融合则带来了对传统对话式 AI 的颠覆与革新，GenAI 与对话式 AI 的比较见表 4-1。

表 4-1 GenAI 与对话式 AI 的比较

| 比较项 | GenAI | 对话式 AI |
|---|---|---|
| 目标 | 生成新颖、连贯、上下文相关的内容（如文本、图像） | 涉及深度伪造、误导性内容、版权侵犯等风险 |
| 技术 | 利用生成模型：GANs、VAE、自回归模型等 | 结合 NLP、NLU、NLG 和对话管理技术 |
| 应用领域 | 利用生成模型：GANs、VAE、自回归模型等 | 虚拟助理、聊天机器人、客户服务自动化等 |
| 数据要求 | 需要大量且多样化的训练数据 | 依赖用于语言理解和生成的大规模数据集 |
| 评估指标 | 需要大量且多样化的训练数据 | 响应准确性、相关性、流畅性、用户满意度 |
| 道德考量 | 涉及深度伪造、误导性内容、版权侵犯等风险 | 涉及隐私、偏见、公平性、用户信任及负责任的部署 |

对话类 AI 产品根据加载场景及终端的不同，从智能手机中的助手到客服支持，可将对话交互产品分为消费级硬件交互产品与对话式 AI 产品。对话式交互产品分类如图 4-11 所示。

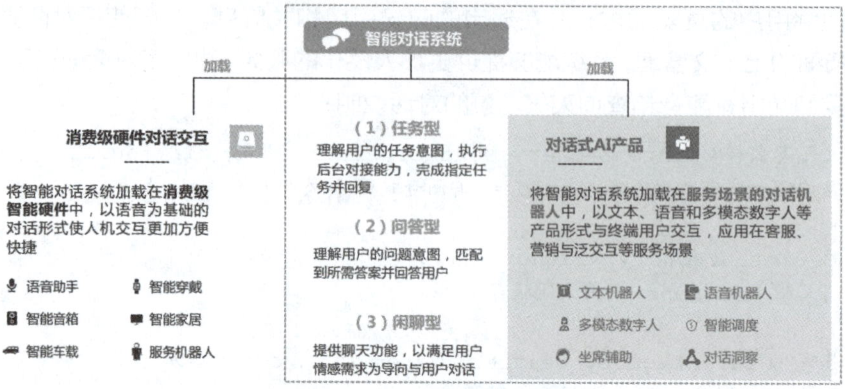


图 4-11　对话交互产品分类①

对话类工具根据产品形式、定位的不同分为两大类，一类为对话机器人产品，主要形式实现由文本、语音到视频 / 多模态的形式拓展；另一类为辅助赋能产品，为机器人或人类服务方提供智能调度、座席助手、对话洞察等功能。

文本机器人，对话机器人以文本形式与客户沟通，常见于网站客服或社交平台。它们能处理简单问题，引导用户完成基本操作。有些聊天机器人基于规则，按照预设的脚本运行；而另一些则利用机器学习，能更灵活地应对各种情况，实现更人性化的对话。

语音机器人，对话机器人以语音形式与客户沟通，产品可分为智能语音外呼与智能语音应答机器人，广泛应用于语音输入、车载系统和客服中心等服务场景。

视频机器人 / 多模态数字人，在文字和语音基础上，加入视频 / 虚拟人形态，让客户与企业实现“面对面”的直接沟通。

对话式 AI 的技术实现是一个涵盖硬件与软件多层面的复杂系统。在与它交互时，有可能是通过图文或语音提问，这就需要系统提供相应的文本转语音（TTS）和语音转文本（STT）服务，确保信息能双向流通无阻。

在对话进行中，若 AI 的回答不符合预期，或者用户想提出新问题，用户可以随时发起“对话打断”，对话系统的智能打断机制就会介入。它会综合上下文理解、用户行为分析、目标匹配以及决策机制等一系列处理技术，结合上一次的提问与最新输入，迅速给出恰当的回应。

即便对话看似结束，系统的工作并未停止。它会记录整个对话场景与内容，并利用强化学习不断优化对话策略和知识集，以期在未来提供更为优质的服务。

## 4.3 识别类工具

视频

识别类工具

随着人工智能行业热度的上升，图像识别领域也逐渐被人们关注。图像识别中最贴近生活可能就是OCR技术。尤其是在近年来，移动互联、大数据等技术突飞发展，倒逼传统行业向智能化、移动化方向转型。随着运营效率、各行业的数字化、智能化、自动化的铺开，以 OCR 识别、数据挖掘为代表的人工智能技术逐渐深入到日常生活的方方面面。这些工具通过模拟人类的识别能力，使机器能够识别图像、语音、文字等信息，并据此作出决策或响应。下面将详细介绍识别类工具的工作原理、

① 来源：艾瑞研究院自主研究绘制。

关键技术和应用场景。

国外的 OCR 技术应用相对成熟，例如，微软在早期推出的 Microsoft Office XP 办公套件中，不仅加强了原有对手写输入的支持，还新增光学字符识别（OCR）的工具组件。2008 年左右，Google 宣布将开始在网络蜘蛛程序中使用 OCR 技术，这样就可以识别许多非格式化文本与图像，并将其索引到结构化与非机构化的数据库。国内一些头部的人工智能公司，如商汤、云从、依图、旷世等也在 OCR 领域有所涉足。此外，国内常见的语音厂商，包括科大讯飞、出门问问、云知声、Speech、竹间智能等，同样开展了 OCR 技术的研究与实现。

由中国信息通信研究院、中国人工智能产业发展联盟等相关部门、公司联合起草人工智能白皮书指出，OCR 技术未来发展的三大方向包含：

**（1）演变为一体化的端到端 OCR 模型，**构建一体化的端到端网络，对文字检测和识别进行训练，将成为 OCR 技术发展的重要趋势之一。端到端的网络设计不仅能减少重复计算，而且能提高特征的质量，促进任务性能改善。

**（2）扩展为兼具高性能与效率的 OCR，**大量的 OCR 应用需要在资源受限的移动端设备运行，当前移动端 OCR 算法大多以牺牲一定算法精度来换取运行速度，针对移动设备设计兼顾性能和效率的轻量 OCR 模型将是未来发展的另一个重要方向。

**（3）从感知到认知的全智能 OCR，**从感知到认知的智能 OCR 来说，OCR 技术通常从计算机视觉领域出发与自然语言处理技术、知识图谱等更广领域的交叉融合，通过语义及知识的深度挖掘提升 OCR 性能是重要趋势。

### 4.3.1　OCR 识别工具

光学字符识别（optical character recognition, OCR）技术是指通过光学扫描设备获取纸质文档的图像，然后利用计算机技术将图像中的文字转换为电子文本的过程。OCR 技术的发展极大地促进了信息数字化的进程，尤其在文档管理、自动化数据处理等领域发挥着重要作用。衡量一个 OCR 系统性能好坏的主要指标有：拒识率、误识率、识别速度、用户界面的友好性，产品的稳定性，易用性及可行性等。

OCR 技术的基本原理：

**（1）预处理，**这一步骤包括图像的去噪、二值化、倾斜校正和版面分析。二值化是将图像转换为黑白，便于后续处理；倾斜校正确保文本行水平，提高识别准确率；版面分析则帮助区分文本区域和其他图像内容。

**（2）文字检测，**识别图像中哪些区域包含文字。这可能涉及边缘检测、连通组件分析等技术，现代方法可能使用深度学习模型来直接预测文本框的位置。

**（3）字符分割，**将检测到的文本行分割成单个字符或单词。在某些场景下，特别是对于结构化的文档，这一步可能是必要的，但在现代端到端的 STR 方法中，字符分割可能被跳过。

**（4）字符识别，**将分割出的字符或整个单词匹配到预定义的字符集，这一步是最关键的。早期方法依赖于特征匹配，现代技术普遍使用深度学习模型，如卷积神经网络（CNN）、循环神经网络（RNN）和长短时记忆网络（LSTM），甚至更先进的 Transformer 架构，来直接从图像中预测字符序列。

后处理，识别后的文本可能还需要经过一系列校正步骤，如语言模型校验、上下文分析等，以修正识别错误并优化输出结果的可读性。

传统 OCR 技术主要是扫描介质上的字符，经过检测暗、亮的模式肯定其形状，而后用字符识别方法将形状翻译成计算机文字的过程；图文识别过程包括图像预处理（彩色图像灰度化、二值化处理、图像变化角度检测、矫正处理等）、版面划分（直线检测、倾斜检测）、字符定位切分、字符识别、版面恢复、后处理、校对等。传统的光学字符识别过程为：图像预处理（彩色图像灰度化、二值化处理、图像变化角度检测、矫正处理等）、版面划分（直线检测、倾斜检测）、字符定位切分、字符识别、版面恢复、后处理、校对等。

深度学习图像文字识别过程包括输入图像、深度学习文字区域检测、预处理、特征提取、深度学习识别器、深度学习后处理等。深度学习技术在 OCR 中的应用主要体现在两个方面：一方面是网络结构设计，另一方面是训练方法优化。常用的深度学习架构包括卷积神经网络（CNN）、递归神经网络（RvNN）和转换器网络（Transformer），这些网络结构能够有效捕捉输入图像中的复杂特征和空间关系。同时，采用迭代最小化算法进行模型训练，结合数据增强和正则化技术，可显著提升 OCR 系统的性能。主要体现为自适应识别和异常检测。通过集成多种 AI 算法，如图像分类、目标定位和文字识别等，可以实现 OCR 系统的自适应识别能力，使其能够在不同光照条件下、不同字体大小和样式下的场景下高效识别。同时，还可以用于异常检测，识别出难以识别的字符或图像区域，从而提高整体识别准确率。

传统与深度学习 OCR 处理流程如图 4-12 所示。

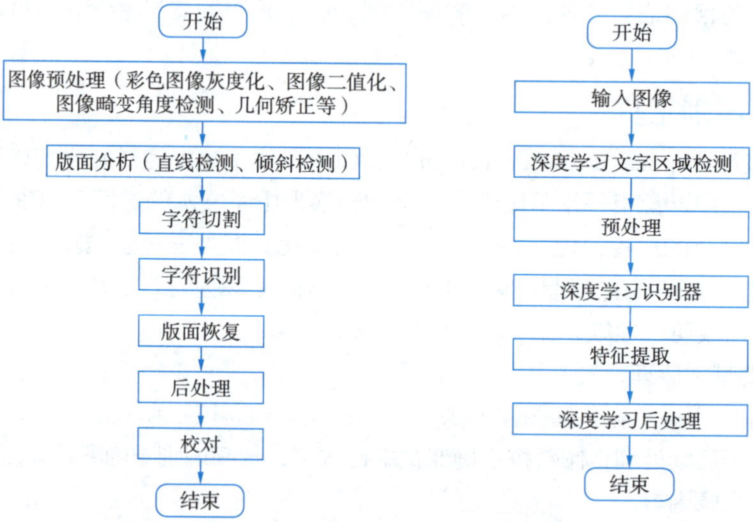


图 4-12 传统与深度学习 OCR 处理流程

传统与深度学习 OCR 方案比较见表 4-2。

表 4-2 传统与深度学习 OCR 方案比较

| 比较项目 | 传统型识别 | 深度学习识别 |
|---|---|---|
| 底层算法 | 文本检测、识别分为多个阶段和子过程，使用不同算法组合 | 模型以融合检测和识别过程为目标，实现端到端 |
| 稳定性 | 多阶段整体稳定性较差 | 端到端稳定性较强 |
| 识别精度 | 精度不高，小样本传统场景有一定优势 | 精度较高，融合越深精度逐渐降低 |
| 识别速度 | 识别较慢 | 识别较快 |
| 场景适应性 | 弱，适用标准印刷格式 | 强，兼容复杂场景，依赖模型训练 |
| 抗干扰性 | 弱，对于输入图像要求较高 | 强，依赖模型训练 |

在实际应用中，基于深度学习的 OCR 技术已经被广泛应用于多个场景。根据 OCR 的应用场景而言，可大致分为识别特定场景下的专用 OCR 以及识别多种场景下的通用 OCR。前者而言，证件识别以及车牌识别就是专用 OCR 的典型案例，针对特定场景进行设计、优化以达到最好的特定场景下的效果展示。例如，在金融领域，OCR 技术被用于快速识别身份证、银行卡等证件上的信息，极大地提高了业务处理的效率。在财务管理中，发票识别系统能够自动提取增值税发票、火车票等文档中的文字信息，减轻了人工录入的负担。此外，OCR 技术还被应用于自然场景文本识别，如街道标识、广告牌等。还发展出了诸如场景文字识别（STR）、手写识别、多语言 OCR 等高级功能。随着技术的持续演进，未来的 OCR 技术预计会更加智能化，具备更好的上下文理解、实时处理能力和跨平台兼容性，甚至在无监督学习、小样本学习方面取得突破。

现代 OCR 技术已经广泛应用于各行各业，包括金融、税务、物流、公共服务、教育、零售等多个领域。

金融行业，应用于银行、保险等金融机构的票据识别、身份证识别等场景，提高业务处理效率。

税务行业，可以自动识别发票、税务报表等文档中的文字信息，减轻税务人员的工作负担。

物流行业，物流公司可以实现对包裹标签、运单等信息的自动识别，提高物流效率和准确性。

公共服务，在政府部门的文档处理、公安系统的证件识别等领域也发挥着重要作用。

教育行业，可用于试卷扫描、学生作业批改等场景，提高教学质量和评估效率。

零售行业，可用于商品条形码识别、价格标签录入等场景，提高销售效率和客户满意度。

### 4.3.2 生物特征识别

生物特征识别（biometric recognition）技术，是指通过计算机与光学、声学、生物传感器和生物统计学原理等高科技手段密切结合，利用人体固有的生理特性和行为特征来进行个人身份的鉴定，完成身份认证识别的过程。

生物特征识别主要关系到计算机视觉、图像处理与模式识别、计算机听觉、语音处理、多传感器技术、虚拟现实、计算机图形学、可视化技术、计算机辅助设计、智能机器人感知系统等其他相关的研究。已被用于生物识别的生物特征有手形、指纹、脸形、虹膜、视网膜、脉搏、耳廓等，行为特征有签字、声音、按键力度等。基于这些特征，生物特征识别技术已取得了长足的进展。

目前，生物特征识别是人工智能的重要研究领域，属于人工智能的感知智能范畴，其主要研究目标是让机器能够区分不同的人。生物特征识别领域常用的模态包括指纹识别、人脸识别、虹膜识别、静脉识别、声纹识别、行为识别、基因组识别、动态签名识别、多模态融合识别等。此外，随着生物特征识别应用要求的不断提升，多模态融合识别将成为生物特征识别领域未来发展重点。

生物特征识别系统大致原理：对生物特征进行取样，提取其唯一的特征并且转化成数字代码，并进一步将这些代码组合而成的特征模板。在同生物特征识别系统交互进行身份认证时，生物特征识别系统获取其特征并与数据库中的特征模板进行比对，以确定是否匹配，从而做出相应的决策行为。

生物特征识别技术主要依赖于两个核心要素：特征提取和特征比对。

特征提取：通过特定的传感器或摄像头等设备，捕获人体生物特征信息，并将其转化为计算机可处理的数字信号。例如，指纹识别技术通过指纹采集器获取指纹图像，并提取出指纹的纹路、断点等特征信息。

特征比对：将提取出的特征信息与预先存储在数据库中的模板进行比对，以判断输入的生物特征信息是否与数据库中存储的某个身份相匹配。这一过程中，通常会采用复杂的算法来确保比对的准确性和高效性。

理论上，所有具有普遍性、唯一性、稳健性、可采集性的生理特征和个人行为特点统称为生物特征。与传统的识别方式不同，生物特征识别是利用人类自身的个体特性进行身份认证。通用生物特征识别系统如图 4-13 所示包含数据采集子系统、信号处理子系统、数据存储子系统、比对子系统和决策子系统，完成生物特征识别的注册、验证和辨识。

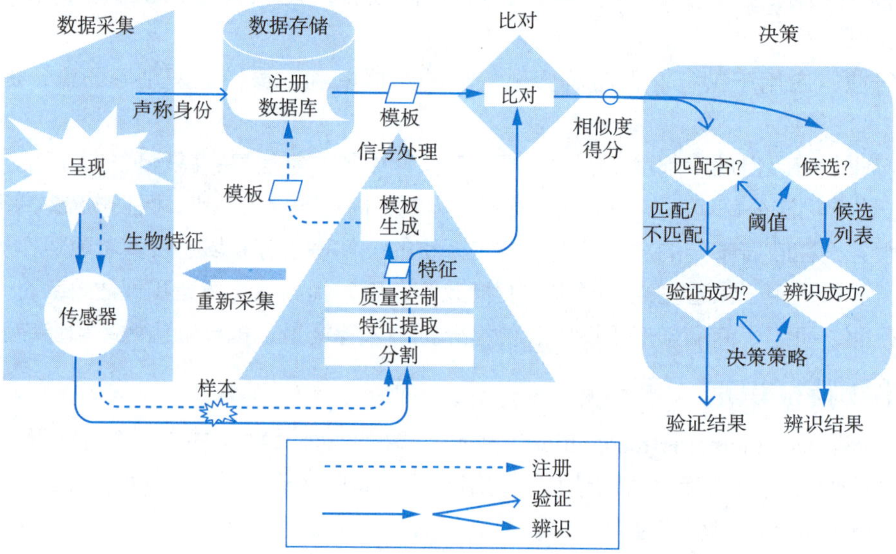


**图 4-13　通用生物特征识别系统**

随着人工智能、大数据和深度学习等技术的发展，生物特征识别技术也在不断发展和进步，生物识别与人工智能的结合，尤其是深度学习的强大特征提取能力，使得生物特征识别系统能够从复杂的生物特征数据中挖掘出更为丰富和鲁棒的特征信息。这些特征信息能够更好地反映个体的独特性，从而显著提高识别准确率。

人工智能生物识别框架是一种将生物特征和机器学习算法结合的技术框架，通过收集、处理和识别生物特征数据，实现对个体身份的验证和识别。这种框架通常包括特征提取、特征匹配和算法优化等模块，通过这些模块的协作，实现高效、准确的生物识别。

在 AI 时代，生物识别技术已具备较高的成熟度并得到了广泛应用，具体应用如下：

**（1）人脸识别：**人脸识别又称面部识别，是基于人的脸部特征信息进行身份识别的一种生物识别技术。由于人脸识别所涉及的器官多、面积又大，因此该识别技术不仅复杂且易受到较多因素的干扰，人脸识别系统主要由四个部分组成，分别为人脸图像采集及检测、人脸图像预处理、人脸图像特征提取以及匹配与识别。当前随着各家算力及算法的提升、非结构化数据逐渐向架构化水平转化，人脸识别算法准确率平均达到了 99.69%，也就是说，人脸识别技术已经达到了较高水平。

**（2）指纹识别：** 指纹识别是将识别对象的指纹进行分类比对从而进行判别。指纹识别技术作为生物体特征识别技术之一在新世纪逐渐成熟，进入了人类的生产生活领域。尽管人脸识别是目前市面较为流行的生物识别技术，但指纹识别依旧是当前应用最为广泛的识别方式。

**（3）虹膜识别：** 虹膜识别技术是基于眼睛中的虹膜进行身份识别，应用于安防设备（如门禁等），以及有高度保密需求的场所。人的眼睛结构由巩膜、虹膜、瞳孔晶状体、视网膜等部分组成。虹膜是位于黑色瞳孔和白色巩膜之间的圆环状部分，其包含有很多相互交错的斑点、细丝、冠状、条纹、隐窝等的细节特征。而且虹膜在胎儿发育阶段形成后，在整个生命历程中将是保持不变的。这些特征决定了虹膜特征的唯一性，同时也决定了身份识别的唯一性。因此，可以将眼睛的虹膜特征作为每个人的身份识别对象。虹膜识别的稳定性、准确性、安全性高，相较于指纹识别和人脸识别具有明显优势，但由于虹膜识别的技术难度更高、相较于其他生物识别技术生产成本较高，且对识别距离的要求较高，这些因素在一定程度上阻碍了其进入普通消费市场。

**（4）行为识别：** 行为识别是一种通过算法，把人的主要活动骨架结构化，根据人的运动轨迹，定义各种异常行为，通过深度学习算法，形成动作体系，能高效地被系统识别到。该识别技术通过摄像机拍摄，模拟勾勒出人的骨架，针对人的各种动作进行分析出运动轨迹，从而判断出该运动轨迹是属于什么动作。再通过后台服务器进行计算，一旦吻合系统设定的管理动作，系统就会立即预警，以达到了提前预警的目的。

**（5）步态识别：** 步态识别是一种新兴的生物特征识别技术，旨在通过人们走路的姿态进行身份识别，与其他的生物识别技术相比，步态识别具有非接触远距离和不容易伪装的优点。在智能视频监控领域，比图像识别更具优势。相比于人脸、指纹、掌纹、静脉等动态生物特征而言，步态属于动态特征，因此在识别流程上更为复杂，步态识别的整个过程分为采集、分析、提取、比对四大环节。

人工智能生物视觉识别具有广泛的应用领域。其中，以下是几个重要的应用领域：

**（1）智能监控：** 人工智能生物视觉识别技术可以用于智能监控系统中，实现对监控画面中的人、车等物体进行实时识别，从而提高监控系统的智能化程度。

**（2）医疗影像分析：** 在医疗领域，人工智能生物视觉识别可以用于对医疗影像进行分析和诊断，辅助医生进行疾病的判断和治疗。

**（3）农业智能化：** 人工智能生物视觉识别技术可以应用于农业领域，用于作物的病虫害检测、果实的分级等，提高农业生产的效率和品质。

**（4）智能交通：** 在城市交通领域，人工智能生物视觉识别可以用于交通信号的识别、车辆的违章监控等，提升交通管理的智能化水平。

### 4.3.3　语音识别与合成

#### 1. 语音识别

视　频

文字转语音

语音识别与语音合成技术的发展历程可以追溯到 20 世纪 50 年代，当时的研究主要集中在语音信号的处理和分析。20 世纪 70 年代，语音识别和语音合成的基本算法被提出，但由于计算能力有限，应用范围相对较小。进入 21 世纪，尤其是 2010 年以来，随着深度学习技术的兴起和计算能力的大幅提升，语音识别和语音合成技术迎来了大规模应用的黄金时期，成为人工智能领域的重要技术之一。

语音识别技术，也称为自动语音识别（automatic speech recognition, ASR），旨在将人类的语音信号转换为文本信息。它不仅涉及声音到文字的转换，还包含语义理解层面的内涵，即不仅要“听得到”声音，还要“听得懂”声音所承载的信息。传统的语音识别系统主要由特征提取、声学模型、语言模型以及字典与解码四大部分构成。语音识别技术的核心问题包括“是什么”（自动语音识别）、“是谁”（声纹识别）和“生成语音”（语音合成），其最终目标是赋予机器与人类相似的对话能力。

在语音识别方面，技术的发展经历了从高斯混合模型和隐马尔科夫模型的混合模型阶段（GMM-HMM 模型），到结合深度神经网络的模型阶段（如深度神经网络、循环神经网络、长短时记忆网络），再到近期的端到端的模式阶段。识别准确度不断提高，普遍认为语音识别已经达到 97% 及以上的准确度，具备了较高的可用性。

语音识别的核心问题为“是什么”、“是谁”和“生成语音”三个问题，即自动语音识别（ASR）、声纹识别（SR）、语音合成（TTS）。自动语音识别是将声音转为文字或指令，声纹是识别说话者的特征，语音合成是将文字转为声音。语音识别的问题指向人类的听得到、听得懂和说得出，最终目标是能够实现同人类一样的对话能力。识别过程通常包括以下几个步骤：

**（1）声学模型匹配：**将提取的语音特征输入到声学模型中，计算每个语音单元的得分。例如，使用 HMM-DNN 模型可以计算语音信号在不同音素状态下的概率。

**（2）语言模型约束：**结合语言模型对识别结果进行约束，确保输出的文本符合语言的语法规则和语义逻辑。语言模型可以是基于统计的 N-gram 模型，也可以是基于深度学习的神经网络语言模型。

**（3）搜索与解码：**通过搜索算法在声学模型和语言模型的约束下，找到最优的词序列作为识别结果。常用的搜索算法包括维特比算法、动态规划算法等。最后，根据已有的字典将词序列转换为文本并输出。

### 2. 语音合成

语音合成技术，即文本到语音（text-to-speech, TTS）技术，负责将文本信息转换为人类可听的语音信号。它通过模拟人类发声过程，使机器能够“说得出”自然流畅的语言。语音合成系统通常包括文本预处理、语音模型训练和合成三个主要步骤。文本预处理阶段对输入文本进行分词、拼音转换等处理，以便后续模块能够正确理解文本内容；语音模型训练阶段利用大量语音数据训练模型，如 HMM、DNN 等，以捕捉语音的声学特征和语言规律；合成阶段则根据训练好的语音模型对文本进行合成，输出相应的语音信号。

语音合成技术也经历了从参数合成到拼接合成，再到两者逐步结合的过程。早期的参数合成方法能够生成流畅的语音，但自然度较差；拼接合成方法则通过拼接预先录制的语音单元来提高自然度，但灵活性有限。随着深度学习技术的应用，基于神经网络的语音合成模型，如 Tacotron、WaveNet 等，能够更好地平衡流畅度和自然度，生成高质量的语音。

语音模型训练是语音合成的核心环节，它利用大量的语音数据训练模型，使其能够准确地将文本转换为语音信号。以下是语音模型训练与合成的主要内容：

声学模型训练：声学模型是语音合成中用于建模语音信号的模型。它通过分析大量的语音数据，学习语音信号的声学特征和发音规律。常用的声学模型包括隐马尔科夫模型（HMM）、深度神经网络（DNN）、循环神经网络（RNN）等。在训练过程中，需要提取语音数据的特征，如梅尔频率倒谱系数（MFCC）、线性预测倒谱系数（LPCC）等，并将这些特征与对应的文本信息进行关联，训练模型参数。声学模型的准确性直接影响到合成语音的自然度和发音准确性。

语音合成模型：近年来，基于深度学习的语音合成模型取得了显著的进展。例如，Tacotron 是一种基于序列到序列（Seq2Seq）模型的语音合成模型，它将文本序列直接转换为语音特征序列，再通过声码器（如 WaveNet）将特征序列转换为音频波形。Tacotron 通过端到端的训练方式，能够更好地捕捉文本与语音之间的复杂关系，生成高质量的语音。WaveNet 是一种基于卷积神经网络的声码器，它能够生成高自然度的语音波形，改善合成语音的音质。

训练数据准备：高质量的训练数据是语音模型训练的基础。训练数据需要包含大量的语音样本，涵盖不同的发音人、语调、语速、情感等因素。同时，训练数据还需要进行标注，包括文本标注、语音标注、对齐标注等，以便模型能够准确地学习文本与语音之间的对应关系。数据的多样性和标注的准确性对语音合成模型的性能至关重要。

模型优化与评估：在训练过程中，需要不断优化模型的结构和参数，以提高合成语音的质量。可以通过调整模型的层数、神经元数量、激活函数等来优化模型结构。同时，还需要对模型进行评估，常用的评估指标包括语音自然度、发音准确性、语调连贯性等。可以通过主观听测和客观指标相结合的方式对合成语音进行评估，以便及时调整模型的训练策略。

语音合成过程：在模型训练完成后，语音合成过程主要包括文本预处理、特征转换和音频生成三个步骤。首先，对输入文本进行预处理，得到规范化的文本信息；其次，将文本信息输入到训练好的语音合成模型中，模型会根据学习到的规律将文本转换为语音特征序列；最后，通过声码器将语音特征序列转换为音频波形，生成最终的合成语音。合成语音的质量取决于模型的训练效果和合成过程中的各种参数设置。

## 4.4 辅助学习类工具

在当今数字化时代，人工智能（AI）技术正以不可阻挡之势重塑各行各业，教育领域亦是如此。AI 工具的出现，为教育带来了前所未有的机遇，同时也伴随着诸多挑战。从智能辅导到个性化学习，从教学管理到教育评价，AI 工具正逐步渗透到教育的各个环节，引发一场深刻的教育变革。本文将探讨 AI 工具在教育中的应用现状、优势、挑战以及未来的发展方向，以期为教育工作者、研究人员和政策制定者提供参考和启示。

### 4.4.1　智能辅导与答疑

AI 工具在智能辅导与答疑方面的应用已经相对成熟。例如，一些在线教育平台利用自然语言处理和机器学习技术，开发了智能答疑系统，能够实时回答学生在学习过程中遇到的问题。这些系统通过分析学生的问题，快速从知识库中检索出相关答案，或者根据已有的知识和数据生成新的答案。这种智能辅导方式不仅能够节省教师的时间和精力，还能为学生提供更加及时和个性化的学习支持。在一些偏远地区或资源匮乏的学校，智能辅导工具更是弥补了师资力量不足的问题，让更多的学生能够享受到优质的教育资源。

### 4.4.2 个性化学习路径推荐

每个学生的学习能力和兴趣爱好都不尽相同，传统的“一刀切”式教学模式难以满足学生的个性化需求。而 AI 工具的出现，为实现个性化学习提供了可能。通过对学生的学习行为、成绩、兴趣等数据进行分析，AI 工具能够精准地把握学生的学习特点和需求，进而为其推荐个性化的学习路径和资源。例如，在线学习平台可以根据学生的学习进度和掌握情况，自动调整课程难度和内容，为学生提供更加符合其学习节奏的学习计划。这种个性化的学习方式有助于提高学生的学习效率和兴趣，促进其全面发展。

### 4.4.3 教学管理与评价

在教学管理方面，AI 工具能够帮助教师和教育管理者更加高效地进行教学活动的组织和管理。例如，利用 AI 技术，可以实现对教学资源的智能调度和分配，根据课程需求和教师专长，合理安排教学任务和课程表。此外，AI 工具还可以对教学过程进行实时监控和分析，及时发现教学中存在的问题，并为教师提供改进建议。在教育评价方面，AI 工具的应用也日益广泛。传统的教育评价方式往往依赖于考试成绩等单一指标，而 AI 工具可以通过对学生的学习行为、过程和结果等多维度数据的分析，提供更加全面和客观的评价结果。这不仅有助于教师更好地了解学生的学习情况，也为学生的自我评价和自我提升提供了依据。

### 4.4.4 AI 教育工具

#### 1. 人工智能学习平台

Day of AI：由麻省理工学院（MIT）推出，专为小学至高中学生设计的免费 AI 学习平台，提供包括基础知识、实践活动和专业发展培训在内的丰富资源，能培养学生的 AI 素养。课程内容按年龄分为小学、初中和高中三个层次，从 AI 基础概念到实际应用，再到深入的编程和伦理讨论。

Khanmigo：由 Khan Academy 开发的 AI 学习工具，基于 GPT-4 技术构建，提供个性化辅导、互动性学习体验等功能。虽然 Khan Academy 的内容库和学习平台保持免费，但 Khanmigo 需要付费订阅才可使用。

#### 2. 智能辅导与答疑

豆包 AI 助手：字节跳动出品的 AI 对话助手，提供智能对话问答服务，能够帮助学生解答学习中的问题。

小浣熊 AI 助手：商汤科技推出的 AI 助手，包含代码助手、办公助手等功能，为学生提供编程和办公学习支持。

#### 3. 个性化学习路径推荐

智谱清言：基于 GLM 模型开发的人工智能对话系统，可使用 AI 搜索、AI 生成 4K 视频、一键生成演示文稿 PPT、AI 绘画，BI 分析等，一站式解决学习需求。

#### 4. 教学管理与评价

Gradescope：一个创新的在线平台，利用 AI 的力量使评分更快、更高效、更一致，简化了教育工作者评估学生作业的方式。

EduSphere：由 MindPal 开发的免费 AI 教育工具集，整合了多种 AI 功能，为教育工作者提供智能化支持，包含思维导图生成器、测验生成器、作业评分器等工具。

### 5. 写作辅助工具

QuillBot：以其先进的释义和总结功能而闻名，是提高学生写作和研究技能的工具，提供抄袭检查器功能，确保学生作品的原创性。

Grammarly：一款基于云的写作助手，使用 AI 来增强书面交流，提供实时反馈，帮助学生提高语法、拼写和标点符号的准确性。

Kimi Chat：由月之暗面科技有限公司开发的 AI 聊天工具，支持长文本处理和多语言对话，能够为学生提供全天候的学习支持和答疑。

这些免费的 AI 工具网站为教育工作者和学习者提供了丰富的资源和支持，帮助他们更好地利用人工智能技术来优化教学和学习过程。

## 4.5 案例实践

本节给出智能语音助手——导航语音交互、机器翻译工具——有道翻译两个实例，读者可以自行找出许多实例服务于我们的学习与生活。

### 4.5.1 智能语音助手——导航语音交互

在当今快节奏的生活里，智能语音助手已成为人们生活中的得力助手，其涵盖的语音控制、信息查询、日程管理等功能极大地提升了生活与工作的便捷性。语音助手理解复杂指令的过程涉及多个技术环节的协同工作，主要包括语音识别、自然语言处理、对话管理和任务执行等。

在出行场景中，对于驾驶者而言，它的作用更是不容小觑。当我们坐进汽车，双手紧握方向盘，双眼需要时刻关注前方路况，此时，百度导航软件的语音交互功能就如同一位贴心的副驾驶。首先，我们只需呼唤车机系统或者手机中的语音助手，比如说出“小度小度，打开导航”，这背后依靠的是智能语音助手的语音唤醒技术，它能够精准识别特定的唤醒指令，迅速从休眠状态切换到工作状态。这一过程涉及复杂的自然语音处理技术，语音助手需要对用户的语音信号进行采集、预处理，然后通过语音识别算法将语音转化为文字信息，再与预设的唤醒词进行匹配，从而准确判断出用户意图是唤醒导航功能。

导航软件开启后，紧接着我们可以通过语音告诉它出行的终点位置，例如“我要去市中心的 ×× 大厦”。此时，语音助手会利用自然语言理解技术对这句话进行分析，提取出关键信息“终点位置”以及“市中心的 ×× 大厦”，然后将这些信息传递给导航系统，规划出最佳的行驶路线。在行驶过程中，如果遇到交通堵塞，我们询问“前面堵车严重吗?”，语音助手会实时接入交通数据，结合用户当前的位置信息，运用自然语言生成技术，以清晰、易懂的语言回答我们，比如“前方一公里处有轻微拥堵，预计通行时间会延长 5 分钟左右”。而且，我们还能通过智能语音助手下达指令播放音乐，它会根据用户的喜好和历史播放记录，利用自然语言处理技术中的语义理解与推荐算法，为我们挑选合适的音乐，让驾驶途中不再枯燥。

### 4.5.2 机器翻译工具——有道翻译

在全球化的时代背景下，跨语言沟通变得愈发频繁，机器翻译工具应运而生，为人们打破了语言障碍。有道翻译作为其中的佼佼者，提供了文本翻译、文档翻译、网页翻译插件等多种实用功能，满足不同场景下的翻译需求。机器翻译工具理解复杂指令的过程涉及多个技术环节的协同工作，主要包括文本解析、语言检测、自然语言处理、输出与后处理等环节。

以翻译“Following my completion of undergraduate studies, I am driven by a strong passion to pursue further academic accomplishments in the field of finance.”这句话为例。当我们使用微软翻译工具时，得到的结果是“完成本科学业后，我被强烈的热情所驱使，希望在金融领域取得进一步的学术成就。”而使用有道翻译工具提供的 DeekSeep 模式翻译后，结果为“在完成本科学业后，我怀揣着强烈的热忱，渴望在金融领域继续深造并追求更高的学术成就。”从翻译结果来看，两者大致相同，但在表达学习的情感方面，有道翻译更具优势。

这背后得益于自然语音处理技术中的机器翻译算法。有道翻译的机器翻译系统通过大量的双语语料库进行训练，学习不同语言之间的词汇、语法、语义等对应关系。在翻译过程中，它会先对源语言句子进行分词、词性标注、句法分析等预处理操作，然后利用神经网络模型将源语言句子映射到目标语言句子空间,生成翻译结果。DeekSeep 模式更是采用了先进的深度学习技术，能够更好地理解句子的语境和情感色彩，从而在翻译时保留原文的情感韵味，让译文不仅准确传达信息，还能生动地表达出学习者对在金融领域深造的热切期望，展现出自然语言处理技术在机器翻译领域的强大实力。

## 小　结

本章介绍了人工智能领域的常用工具及其广泛应用。文本类工具基于 NLP 技术，包括自然语言理解和生成,前者分析文本含义,如分词、词性标注等;后者生成自然语言文本,如摘要、翻译和对话。文本分析与挖掘技术则从文本中提取有价值信息，如主题建模和情感分析。人机交互工具实现人与机器的自然沟通，对话式和会话式 AI 模拟人类对话，处理简单问题、引导操作并闲聊；生成式 AI 创造新内容，如文本、图像和视频。图像识别和语音识别技术让机器能“看”和“听”。图像识别可以识别图像中的物体和场景，如人脸识别；语音识别将语音转为文本，语音合成则将文本转为语音。辅助学习工具在教育领域重要，智能辅导与答疑系统实时回答学生问题，个性化学习路径推荐系统推荐学习资源，教学管理与评价工具帮助教师高效组织和管理教学活动。总之，人工智能技术展现出巨大潜力和广泛应用。

## 习　题

### 1. 填空题

（1）自然语言处理（NLP）是计算机科学、信息工程以及人工智能的子领域，旨在使计算机能够对自然语言的________、________、________等信息进行处理。

（2）自然语言处理发展经历了四个阶段，其中第四阶段是从________年到________年，其特点是________。

（3）自然语言理解（NLU）和自然语言生成（NLG）是 NLP 的两大核心任务，NLU 关注于________，NLG 关注于________。

（4）分词是将文本数据分割成基本的、有意义的单元，中文分词的主要困难包括________、________和________。

（5）词性标注涉及确定句子中每个词的语法范畴，例如“我爱北京天安门”中，“我”被标注为________，“爱”被标注为________。

（6）句法分析关注于判断句子的句法结构和组成句子的各成分，以及它们之间的________关系。

（7）语义分析的目标是根据句子的________结构和实词的词义，推导出反映句子意义的形式化表示。

（8）知识图谱是为了表示知识，描述客观世界的概念、实体、事件等之间________的一种表示形式。

（9）主题建模是文本挖掘领域的一种无监督学习技术，旨在发现文档集合中的________结构。

（10）语音识别技术，也称为自动语音识别（ASR），旨在将________信号转换为________信息。

## 2. 选择题

（1）自然语言处理的核心任务包括（　　）。

A. 文本分类、文本校对、语音识别

B. 机器翻译、文本摘要、语音合成

C. 语法分析、情感分析、实体识别

D. 信息抽取、关系抽取、文本生成

（2）以（　　）项技术不属于自然语言处理的基础技术。

A. 分词　　B. 词性标注　　C. 机器翻译　　D. 语义分析

（3）以下（　　）技术不属于自然语言处理的应用技术。

A. 语音识别　　B. 信息检索　　C. 情感分析　　D. 人工智能学习平台

（4）主题建模的主要目的是（　　）。

A. 识别文本中的情感倾向

B. 从文本数据中挖掘隐藏的主题结构

C. 将文本转化为可分析的信息

D. 理解和解释语言的意义

（5）以下（　　）技术不属于文本生成技术。

A. 文本到文本的生成　　B. 数据到文本的生成

C. 图像到文本的生成　　D. 语音到语音的生成

（6）人机交互系统的主要特征是（　　）。

A. 面向任务问答交互　　B. 非目标驱动

C. 多轮对话　　D. 以上都是

（7）对话管理模块的主要功能是（　　）。

A. 识别用户意图　　B. 生成自然语言文本

C. 控制对话过程　　D. 以上都是

（8）多轮对话的核心在于（　　）。

A. 上下文跟踪　　B. 意图管理　　C. 状态管理　　D. 以上都是

（9）以下（　　）技术不属于图像识别技术。

A. OCR 识别　　B. 指纹识别　　C. 人脸识别　　D. 虹膜识别

（10）以下（　　）技术不属于语音识别技术。

A. 语音合成　　B. 语音识别　　C. 声纹识别　　D. 语音识别与合成

### 3. 简答题

（1）简述自然语言处理的发展历程和主要阶段。

（2）解释分词技术的重要性以及中文分词的挑战。

（3）简述词性标注和词义标注的区别和作用。

（4）比较传统 OCR 技术和深度学习 OCR 技术的优缺点。

（5）举例说明人工智能工具在教育领域的应用场景。

### 4. 实践题

使用智能手机导航到中国军事博物馆，并在导航线路中加入你特别想去的 2 个景点。

# 第5章 常用大模型

大模型的普及应用人们带来许多便利，如智能客服、生成文本、生成摘要、生成图片、生成视频等。为了更好地利用大模型，需要了解其基本含义、基本架构、训练与部署方法，也需要多方面了解其应用。

## 学习目标

（1）了解大模型的发展历程；
（2）理解大模型的概念和特征；
（3）掌握大模型的分类和关键技术；
（4）掌握大模型提示工程；
（5）了解大模型训练与部署。

视频

常用大模型

## 思维导图

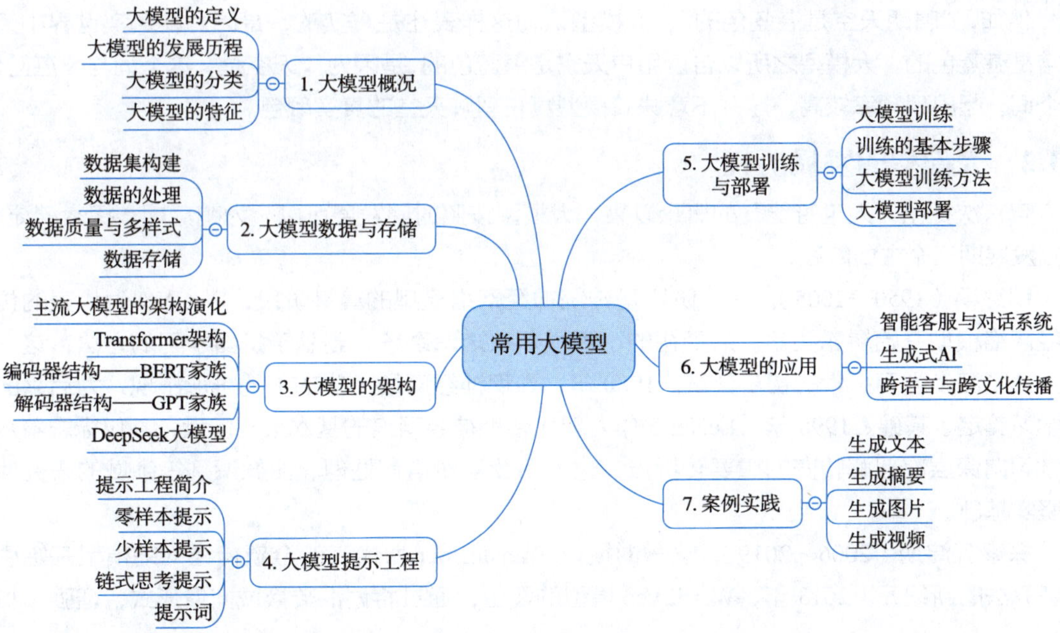

# 5.1 大模型概况

当前大模型已进入规模化与多模态深度融合的新阶段。尤其是语言大模型，以 GPT-4、Claude 3、Llama 3 为代表，参数量普遍突破万亿级，支持长文本理解、逻辑推理与复杂代码生成，同时通过 MoE（混合专家）架构提升推理效率。视频大模型快速崛起，如 Sora、Pika 等已能生成高保真、长时序动态视频，但训练算力需求极高，尚未完全开放应用。多模态大模型成为主流方向，GPT-4o、Gemini 1.5 Pro、Claude 3.5 Sonnet 等模型深度融合文本、图像、音频、视频，支持跨模态实时交互与创作，参数规模迈向百万亿级。技术趋势上，模型逐步从“暴力堆参数”转向优化架构与数据质量，同时注重降低能耗、提升安全性与可解释性。挑战仍集中于算力成本、伦理风险与落地场景的精准适配。

## 5.1.1 大模型的定义

模型是事物的抽象，可用于描述、解释和预测事物。例如，数学公式、物理装置、计算机程序、人体模型都可以称为模型。在人工智能领域，模型特指学习算法从数据中提取的模式或规则，进一步用于数据的预测。

大模型也称基础模型（foundation model）在人工智能领域，尤其是在深度学习中是指具有大规模参数和复杂计算结构的机器学习模型。这些模型通常由深度神经网络构建而成，拥有数十亿甚至数千亿个参数，设计初衷在于提高模型的表达能力和预测性能，使其能够处理更加复杂的任务和数据。大模型通过训练海量数据来学习复杂的模式和特征，具有更强大的泛化能力，可以对未见过的数据做出准确的预测。

具体而言，大模型需要海量的数据来训练，以便学习复杂的模式和特征，通过在大量数据上建立共现词概率模型来生成文本。它们展现出高度的泛用性，可以对未见过的数据做出准确的预测。因此“下一个词是什么”与“它在真实世界中的语义含义或真实性”无关，而是与训练数据集中所有单词及其出现位置的统计概率最有可能的情况有关。

例如，“晴朗天空是湛蓝色的”，大模型认为这样表述是真实的，是因为在真实世界中天空经常是湛蓝色的。大模型之所以告诉用户天空是湛蓝色的，是因为“天空是”这个词与“湛蓝色”这个词一起出现频率较高，这并不意味着模型真正理解天空的真实颜色。

## 5.1.2 大模型的发展历程

自首次提出“人工智能”的概念以来，大模型按照时间发展可以分为萌芽期、探索沉淀期、迅猛发展期三个主要阶段：

萌芽期（1950—2005），这一阶段是传统神经网络模型的奠基阶段，以 CNN 为代表的传统神经网络模型开始崭露头角。从最初的小规模专家知识系统，到基于机器学习的方法，这一时期见证了深度学习探索的初步尝试。1980 年，卷积神经网络（CNN）的雏形出现，为后来的深度学习奠定了基础。1998 年，LeNet-5 作为现代卷积神经网络的基本架构问世，不仅标志着从浅层学习向深层次理解转变的重要转折点，也为后续自然语言处理、图像识别等领域的研究奠定了坚实基础。

探索沉淀期（2006—2019），这一时期以 Transformer 为代表的全新神经网络模型开始引领创新算法的新纪元。2013 年，Word2Vec 模型的诞生，通过将词汇转换成向量形式，增强了机器对文本内容的理解力。2014 年，生成对抗网络（GAN）的出现，为深度学习领域内的创造性建模开辟了新方向。2017 年，谷歌推出的 Transformer 结构彻底改变了预训练大规模语言模型的设计思路。2018 年，OpenAI 与 Google 相继发布了 GPT-1 及 BERT 两大里程碑式成果，标志着以 Transformer 为核心的新一代神经网络架构已成为主流趋势。

迅猛发展期（2020 至今），这一阶段是预训练大模型时代的辉煌篇章，以 GPT 为代表的预训练大模型开始崭露头角。2020 年初，OpenAI 推出了 GPT-3，成为当时世界上最大的语言模型之一。随后几年间，基于人类反馈的强化学习（RHLF）、代码级预训练以及指令微调等先进技术不断涌现，进一步提升了这些巨型智能体解决问题的能力。特别是 2022 年底发布的 ChatGPT，凭借其卓越的交互体验和广泛的应用场景迅速获得了全球用户的关注。2023 年初，面世的 GPT-4 更是展现了跨模态理解和多类型内容创建的强大功能。此阶段中，海量数据资源、强大计算能力和先进算法设计三者相辅相成，共同推动着预训练大模型及其衍生应用，引发了大模型的发展热潮。

从参数规模上看，大模型先后经历了预训练模型、大规模预训练模型、超大规模预训练模型三个阶段，每年参数规模至少提升 10 倍，参数量实现了从亿级到百万亿级的突破，目前千亿级参数规模的大模型成为主流。大模型发展的 3 个阶段如图 5-1 所示。

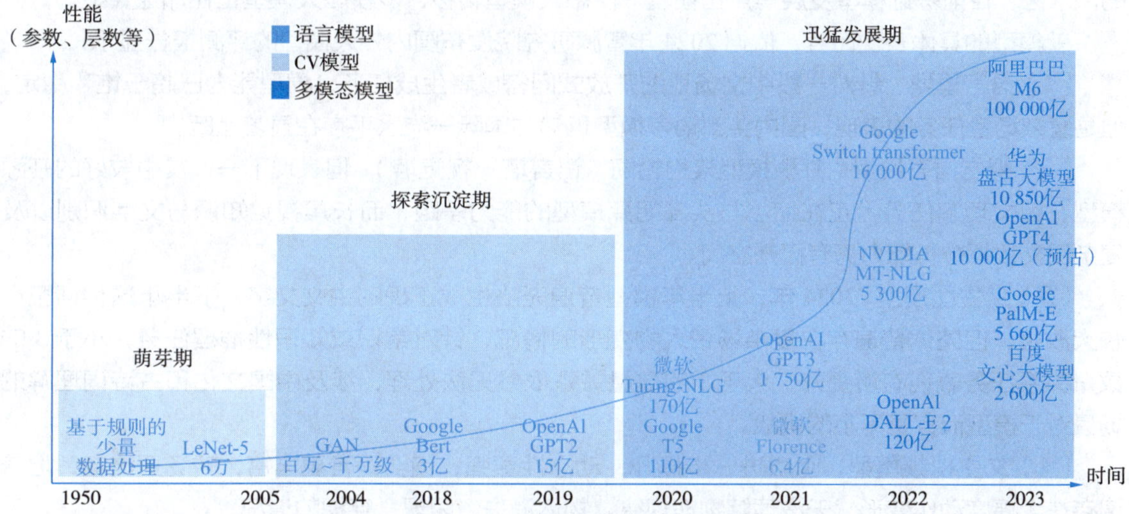


图 5-1　大模型发展的 3 个阶段

随着大模型的不断进化，大模型已经不再局限于学术研究，而是渗透进了我们的日常生活。从语音助手到智能推荐，甚至医学诊断，大模型正在一步步改变我们的世界。尤其在 2023 年及以后的讨论中，它通常特指大规模语言模型（large language model, LLM），然而，其含义并不局限于此，还涵盖了其他领域的超大规模深度学习模型，如图像生成模型（如 DALL-E）、科学计算模型（如 AlphaFold）等。这些模型通过海量数据的训练，展现出了高度的通用性和适应性。

2024 年，大模型的缩放定律依然有效。全球大模型井喷式发展，无论是语言、视觉、声音还是多模态大模型，都在依据缩放定律进行快速迭代升级。语言、视觉和多模态三类基础模型发展如图 5-2 所示①。

① 来源：中国信息通信研究院。

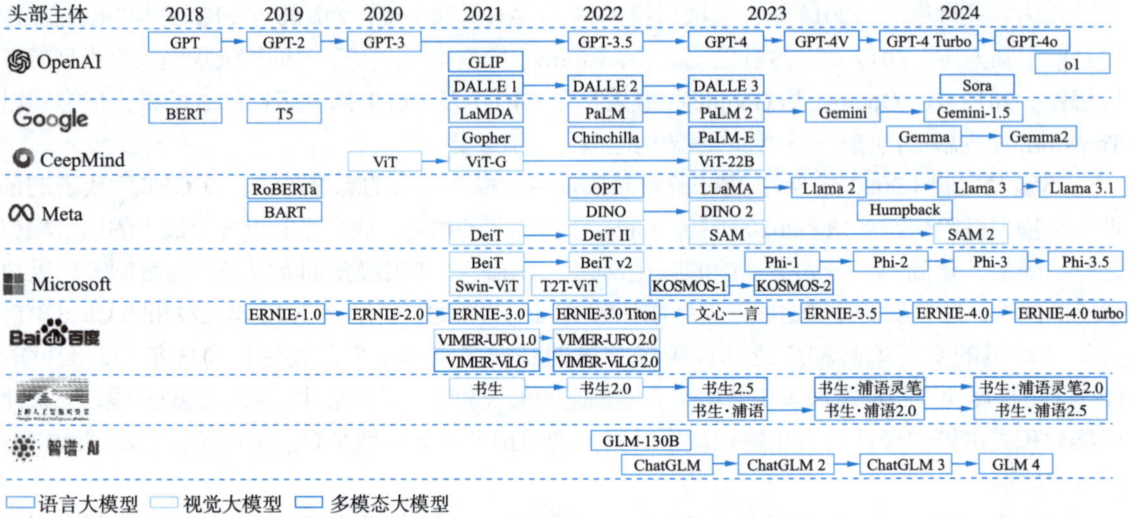


图 5-2 语言、视觉和多模态三类基础模型布局

语言模型已经发展了一定的基础能力，再明显地增长不是特别容易，现在进入了语言模型的深水区。目前基础模型发展焦点正在朝多模态大模型转移，多模态大模型正在加速突破。

就模型的具体表现而言，依据 2024 年智源研究院发布国内外大模型的评测报告显示：

（1）**语言模型**：针对一般中文场景的开放式问答或者生成任务，模型能力已趋于饱和稳定，但是复杂场景任务的表现，国内头部语言模型仍然与国际一流水平存在显著差距。

（2）**视觉语言模型**：开源模型架构趋同（语言塔 + 视觉塔），但表现不一，其中较好的开源模型在图文理解任务上正在缩小与头部闭源模型的能力差距，而长尾视觉知识与文字识别以及复杂图文数据分析能力仍有提升空间。

（3）**文生图模型**：2024 年，上半年模型普遍无法生成正确的中文文字，下半年这种情况有较大改善，但整体普遍存在复杂场景人物变形的情况，针对常识或知识性推理任务，小于 3 的数量关系任务表现有所提升，大于 3 的数量关系依然无法处理，涉及中国文化和古诗词理解的场景对于模型而言是不小的挑战。

（4）**文生视频模型**：画质进一步提升，动态性更强，镜头语言更丰富，转场更流畅，但普遍存在大幅度动作变形，无法理解物理规律，物体消失、闪现、穿模的情况。

（5）**语音模型**：得益于文本大模型的进步，能力提升巨大，覆盖面更全，但在具体任务上与专家模型还存在一定差距，整体而言，性能好、通用能力强的开源语音语言模型偏少。

语言大模型、视觉大模型、多模态大模型等，在自然语言处理、计算机视觉、语音识别和推荐系统等领域都有广泛的应用。所有类别的大模型合集，被称为广义的大模型；而语言大模型，被称为狭义的大模型。国内外比较有代表性的大模型见表 5-1。

表 5-1 国内外典型大模型

| 模型名称 | 开发方 | 特点 |
| --- | --- | --- |
| GPT-4 | OpenAI | 生成能力强，部分版本支持多模态输入，如图像理解、开发工具助手、音频、视频等 |
| 通义千问 | 阿里巴巴 | 该模型在理科和文科任务中均展现出色的性能，适用于工业、金融、医疗等垂直专业场景 |
| 文心一言 | 百度 | 专注于中文自然语言处理，在阅读理解、数学推理等多项任务中表现卓越，尤其在中文语言理解和生成方面有很强的竞争力 |

续表

| 模型名称 | 开发方 | 特点 |
| --- | --- | --- |
| 智谱清言 | 智谱 AI | 基于智谱 AI 自主研发的中英双语对话模型，具备多轮对话、内容创作、信息总结，并支持视频通话，实现文本、音频、视频的多模态交互等功能 |
| 讯飞星火 | 科大讯飞 | 集成语音识别和自然语言处理技术，以其在语义理解、效率提升等方面的优异表现 |
| KimiChat | 月之暗面 | 支持输入 20 万汉字，在长文生成、联网搜索等方面表现优异 |

这些模型各具特色，在人类语言处理能力和应用场景方面表现出色，尤其是国内的产品，更是开创了在中文处理能力和应用场景方面新质生产力的先河，推动了国内 AI 技术的快速发展。

### 5.1.3 大模型的分类

本节将按照模型数据类型、模态分类、应用领域对大模型进行分类，以从不同视角把握大模型的类型与发展现状。

#### 1. 数据类型分类

大模型根据其处理的数据类型不同，可以分为三大类：语言大模型（NLP）、视觉大模型（CV）和多模态大模型。

（1）语言大模型（NLP）专注于处理和理解文本数据。例如，GPT 系列（由 OpenAI 开发）、Google 的 Bard 以及百度的文心一言都属于这一类。在国内，阿里巴巴的通义千问、腾讯的腾讯云小微以及华为的盘古 NLP 都是典型的应用案例。这些模型通过分析大量的文本资料来学习语言的语法、语义和上下文规则，从而能够执行诸如文本生成、翻译、摘要等任务。

（2）视觉大模型（CV）主要应用于图像识别和分析。Google 的 VIT 系列、文心 UFO、华为盘古 CV 和商汤科技的 INTERN 都是这一领域的知名例子。在国内，字节跳动的 ByteCV、百度的 PaddleCV 以及依图科技的 VisionSeed 等都是典型的视觉大模型应用，它们通过对大量图像的研究，学会了如何识别图片中的对象、场景以及进行图像分类、目标检测等。

（3）多模态大模型能够同时理解和处理多种类型的数据，如文本、图像和音频。DingoDB 多模向量数据库（九章云极 DataCanvas）、OpenAI 的 DALL-E、华为的悟空画画和 midjourney 是这一类别中的代表。在国内，百度的文心 ERNIE-ViL、阿里巴巴的 M6 以及腾讯的太极多模态大模型等都是典型的应用案例。这些模型结合了语言和视觉模型的能力，可以执行更复杂的任务，比如基于文本描述生成图像或者将图像内容转化为文字描述。

#### 2. 模态类型分类

按模态划分，大模型可以分为单模态和多模态（或称为跨模态）两类。

（1）单模态模型仅能处理单一模态的任务，如纯语言、纯视觉或纯音频任务。这类模型包括 Alpaca、BLOOM、ChatGLM、GPT-2 等。其中，语言模型可进一步细分。例如，代码生成类的 StarCoder 模型、中文对话类的 Chinese-Vicuna 模型、多语言对话类的 ChatGLM-6B 模型、医疗建议生成类的 MedicalGPT-zh 模型和 Chat-Doctor 模型等。

（2）多模态 / 跨模态大模型能够执行一种或多种跨模态 / 多模态任务（如文本、图像、视频、语音等），具备强大的跨模态理解和生成能力。按模态转化方式，大模型可分为文生图类（如 CogView、Consistency Models）、图文互生类（如 UniDiffuser）、图文匹配类（如 BriVL）、文生音类（如 Massively Multilingual Speech）、音生文类（如 Whisper）和文音互生类（如 AudioGPT）等。

能够同时处理多种模态数据的大模型有 OpenAI 公司的 GPT-4 多模态大模型、Google 公司的 Gemini 多模态大模型、清华大学与智谱 AI 联合发布的 CogVLM 多模态大模型、Meta 公司的 AnyMAL 多模态大模型等。Meta 公司推出的 ImageBind 模型涵盖多种跨模态任务，可实现文本、视觉、声音、3D、红外辐射等 6 种模态之间的任意理解和转换。

#### 3. 应用领域分类

根据应用领域的不同，大模型又可分为三个层级：通用大模型 L0、行业大模型 L1 和垂直大模型 L2。

**（1）通用大模型 L0** 被设计成可以在多个领域和任务上工作。例如，百度的文心一言、阿里巴巴的通义千问以及华为的盘古大模型都是通用大模型 L0 的典型代表。它们利用强大的计算能力和大量的未标记数据进行训练，以发现数据中的普遍特征和规律，从而具备广泛的适用性和灵活性。通用大模型就像完成了大学前素质教育阶段的学生，有基础的认知能力，数学、英语、化学、物理等各学科也都懂一点。

**（2）行业大模型 L1** 针对特定行业或领域的需求进行优化。例如，平安银行的金融壹账通、阿里巴巴的电商大模型以及腾讯的医疗大模型都是行业大模型 L1 的典型应用。通过使用相关行业的数据集进行预训练或微调，这些模型在该行业内的表现更加出色，能够更好地满足专业应用的需求。行业大模型就像选择了某一个专业的大学生，对自己专业下的相关知识有了更深入的了解。

**（3）垂直大模型 L2** 为解决特定任务或应对特定场景而设计。例如，百度的 Apollo 自动驾驶大模型、阿里巴巴的城市大脑大模型以及腾讯的游戏 AI 大模型都是垂直大模型 L2 的典型代表。它们通过针对特定任务的数据集进行训练，以达到在该任务上的最优性能。垂直大模型就像研究生，对特定行业下的某个具体领域有比较深入的研究。

### 5.1.4 大模型的特征

#### 1. 泛化能力

泛化能力（generalization ability）是指模型从训练数据中学习到的知识和模式，能够将其应用到新的数据、任务或环境中的能力。简单来说，就是模型在有限的训练数据上发现其规律共性后，面对未曾见过的情况时，依然能够做出合理的判断、预测或生成合适内容，从而具备在新数据中举一反三的能力。在机器学习和人工智能领域，模型的泛化能力是评估模型性能的重要指标之一。这种能力确保了模型不仅在训练集上表现良好，还能在实际应用中面对新数据时保持高效和准确，从而提升模型的普适性。

例如，一个图像分类模型在学习了各种动物的图片后，当看到一张从未见过的动物新品种的图片时，能够根据已学习到的动物特征（如四条腿、毛茸茸等）正确地对其进行分类，这就体现了模型的泛化能力。但是泛化只是将特定的知识或概念应用到更广泛的范围中，它本质上没有创造出新的运行规律，因此能力并没有超越人类的认知范畴。

增强大模型泛化能力的技术：

**（1）正则化技术**，是一种在机器学习中广泛使用的策略，用于提高模型的泛化能力并减少过拟合。通过在模型的损失函数中引入正则化项，比如 L1 正则化（Lasso）和 L2 正则化（Ridge），我们可以对模型参数的大小施加惩罚，从而避免模型学习到过于复杂的表示。L1 正则化通过向损失函数添加参数的绝对值和来促进稀疏解，有助于特征选择；而 L2 正则化则添加参数平方和，使参数值更接近于零，但不会完全消除。这些技术有助于使模型在面对新的、未见过的数据时，仍能保持较好的预测性能。

**（2）多任务学习，**是一种强大的技术，它允许模型在训练过程中同时学习执行多个任务。这种方法的一个关键优势是，不同任务之间可以共享特征表示，这样模型就可以学习到更广泛的特征，从而提高其在各个任务上的性能。例如，在自然语言处理中，一个多任务模型可能同时学习语言翻译、情感分析和问题回答，这有助于模型更全面地理解语言的复杂性。

**（3）自监督学习，**是一种减少对大量标注数据依赖的学习方式，它通过从数据本身生成监督信号来训练模型。这种方法特别适用于那些难以获取大量标注数据的场景。例如，在自然语言处理中，可以通过预测句子中缺失单词的任务作为自监督学习的目标，这种方法不需要人工标注的数据，而是利用语言本身的结构来指导学习过程。

**（4）数据增强技术，**通过在训练阶段对数据进行变换来增加数据集的多样性，这有助于模型学习到更加鲁棒的特征。例如，在图像分类任务中，可以通过随机旋转、缩放、裁剪或改变颜色饱和度来增强图像，使模型能够更好地适应不同条件下的输入。数据增强不仅可以提高模型对新数据的泛化能力，还可以在一定程度上减少过拟合。

**（5）迁移学习，**是一种利用预训练模型来解决新任务的技术。通过在相关任务上进行微调，模型可以快速适应新问题，而无需从头开始训练。这种方法特别适用于那些缺乏大量标注数据的新任务，因为它允许模型利用在其他任务上学到的知识。

### 2. 涌现能力

涌现是在模型参数增加到某一临界点时，系统的量变导致行为的质变的现象。当一个复杂系统由很多微小个体构成，这些微小个体凑到一起相互作用，当数量足够多时，在宏观层面上展现出微观个体无法解释的特殊现象,就可以称之为涌现。halicin 是首个由人工智能发现的抗生素，这也是涌现能力第一次帮助人类发现的新知识和新模式，也实证了大模型具有创新创造未知世界的能力。涌现是发现了整体上的新规律，这种能力可能超越了人类的认知水平，让 AI 有不可控的智能。

涌现能力（emergence ability）是大模型最引人注目的特征之一。当模型参数增加到某一临界点时，系统的量变导致行为的质变，展现出一些在小规模模型中不存在的能力。例如，在 GPT-3 等模型中，当训练数据量足够大时，模型的精度会突然大幅提升，能够完成一些复杂的推理和创作任务。这种能力的出现，往往难以通过简单推断小规模模型的性能来预测。

如图 5-3 所示，基于普通提示的涌现能力。在图中展示了来自不同的工作的对于大模型的在 few-shot 下测试结果。横轴可以简单认为是模型训练的预训练规模（FLOPs floating point operations，浮点运算数），纵轴是它的下游任务一些表现或评估指标，比如 Accuracy、BLEU，可简单认为是模型表现出来的准确性。从图中我们可以直观地发现在模型的规模达到 $10^{22}$ 次方之前，模型的表现可以说是平平无奇，当模型的参数达到 $10^{22}$ 次方之后，奇迹出现了，模型的准确率突然发生了陡增的变化，而且这种提升和模型的结构并没有明显的关系。但是为什么又正好是 $10^{22}$ 次方这个临界点？目前依旧无法没有一个确切解释。

如图 5-4 所示，基于增强提示的激发方法。随着对大规模语言模型的研究越来越深入，为大模型添加 prompt 的方式也越来越多，主要表现出的一个趋势是，相比于普通的 few-shot 模式（只有输入输出）的 prompt 方式，新的方法会让模型在完成任务的过程中拥有更多的中间过程，例如一些典型的方法：思维链（chain of thought）、寄存器（scratchpad）等，通过细化模型的推理过程，提高模型的下游任务的效果。

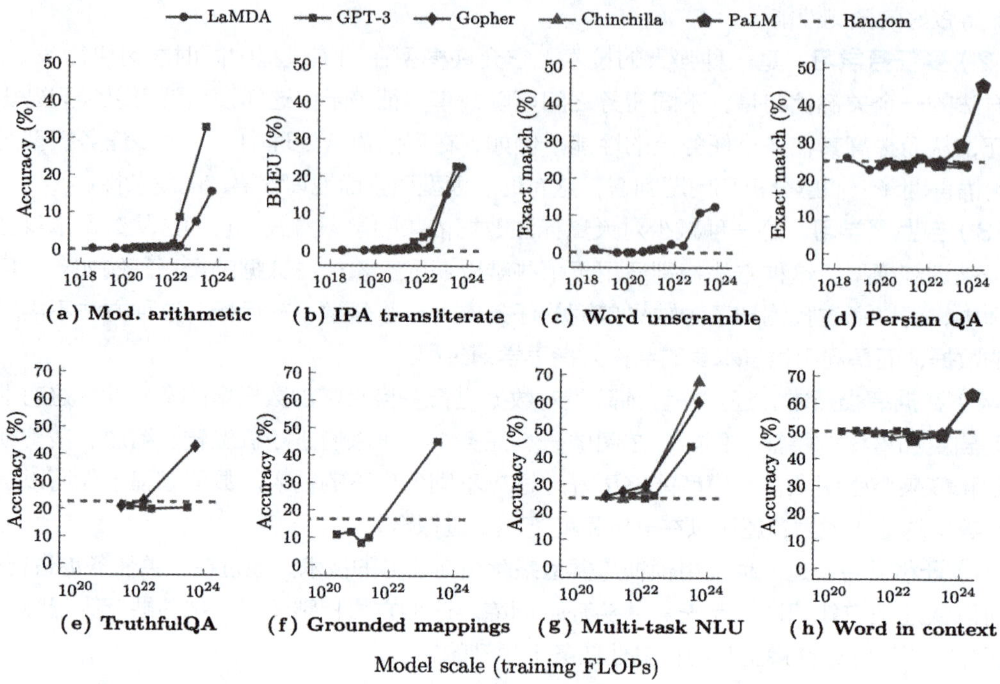


图 5-3　模型训练计算量

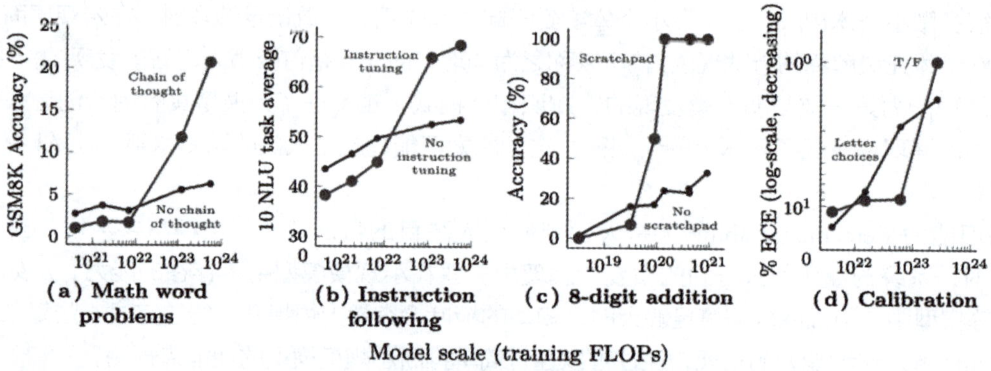


图 5-4　模型训练计算量

图 5-4 中展示了各种增强提示的方法对于模型的作用效果，具体的任务类型包括数学问题、指令恢复、数值运算和模型校准，横轴为训练规模，纵轴为下游任务的评价方式。与图 5-3 类似，在一定的规模以上，模型的能力才随着模型的规模突然提高；在这个阈值以下的现象则不太明显。当然，在这一部分，不同的任务采用的激发方式不同，模型表现出的能力也不尽相同，我们会在下文分类介绍。

尽管大模型的涌现能力到目前为依旧是一个复杂的问题，还没有一个完全确定的答案，但大语言模型规模不断增长时，模型的规模越大，模型在下游任务上的能力越多、越强。在面对不同类型的任务时，对下游任务有三种不同的表现：

第一种是任务表现出伸缩法则，这类任务一般是知识密集型任务。随着模型规模的不断增长，大模型从海量自由文本中学习了大量知识，并且是在不断积累的，任务效果也持续增长，说明这类任务对大模型中知识蕴涵的数量要求较高。知识密集型任务遵循伸缩法则如图 5-5 所示。

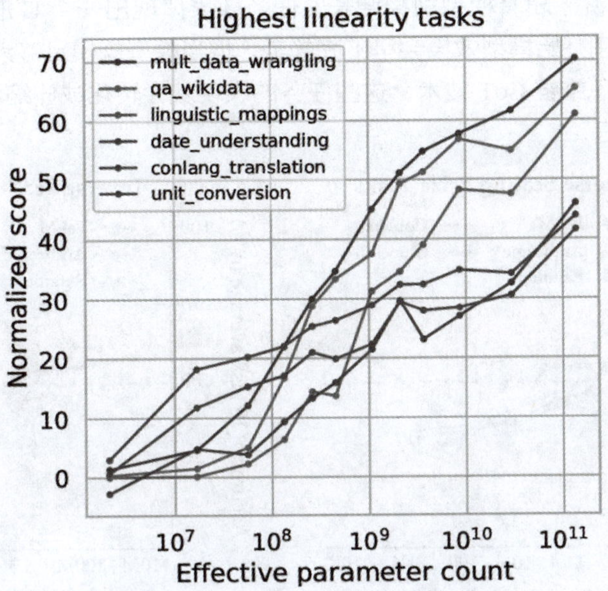


图 5-5　知识密集型任务遵循伸缩法则 ①

第二种是涌现出新能力，在模型参数规模不够大时，AI 的能力表现非常一般，准确性几乎是随机的。但是当模型规模和计算力都推进到一定规模之后，AI 的能力突然急剧增长。经过分析，这类能力也有一个共性，就是这类任务都是由多个步骤构成的一个复杂任务，比如语词检测、国际音标音译、周期性运算、修正算术、单词解读等。多步骤推理类任务中涌现能力如图 5-6 所示。

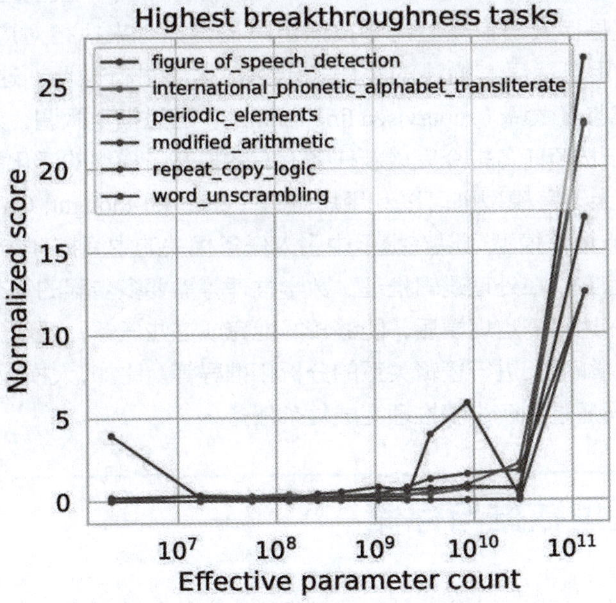


图 5-6　多步骤推理类任务中涌现能力 ②

① 图片来源：Google BIG-bench：Beyond The Imitation Game: Quantifying And Extrapolating The Capabilities Of Language Models.

② 图片来源：Google BIG-bench：Beyond The Imitation Game: Quantifying And Extrapolating The Capabilities Of Language Models.

第三种是有些情况下随着模型规模增长，任务效果体现出一个 U 形曲线。如图 5-7 所示，随着模型规模增长，刚开始模型效果会呈下降趋势，但当模型规模足够大时，效果反而会提升。如果对这类任务使用思维链 CoT 技术，这些任务的表现就会转化成伸缩法则，效果也会随着模型规模增长而持续上升。

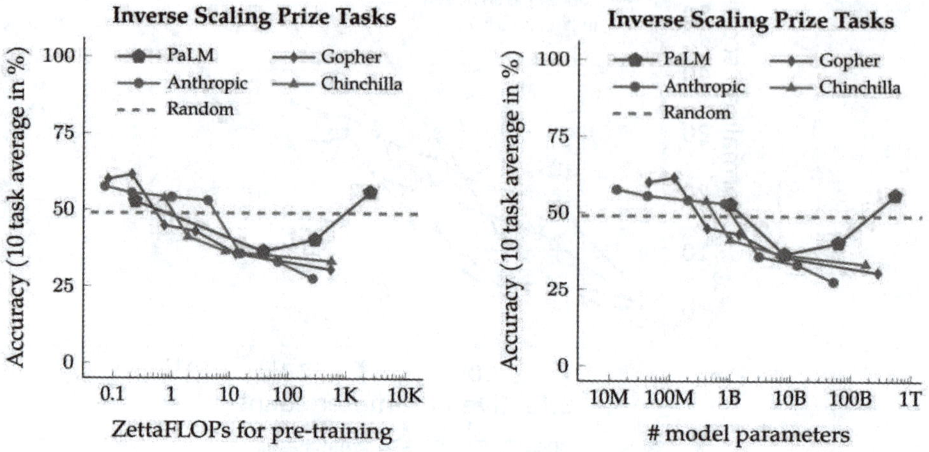


图 5-7　U 形曲线[①]

目前有三类最典型实际证据以说明大模型具备涌现效应：

**（1）上下文学习能力：**在提示中为大语言模型提供指令和多个任务示例；不需要显式的训练或梯度更新，仅输入文本的单词序列就能为测试样本生成预期的输出。也就是说它不需要再训练，只要给他指令（instruction）或者举例子（demonstration），它就能举一反三地给出较为准确的答案。

**（2）指令遵循：**是指大语言模型能够按照自然语言指令来执行对应的任务。为了获得这一能力，通常需要使用自然语言描述的多任务示例数据集进行微调，这一过程称为指令微调（instruction tuning）或监督微调（supervised fine-tuning）。通过指令微调，大语言模型可以在没有使用显式示例的情况下按照任务指令完成新任务，有效提升了模型的泛化能力。

**（3）逐步推理：**大语言模型则可以利用思维链（chain-of-thought, CoT）提示策略来加强推理性能。具体来说，大语言模型可以在提示中引入任务相关的中间推理步骤来加强任务的求解，从而获得更为可靠的答案，在处理逻辑推理、数学推理等需要多步骤的复杂任务时，小模型可能表现不佳；而大模型在达到一定规模后，能够较好地完成这些任务，展现出较强的推理能力。例如，能够解决复杂的数学问题、进行逻辑关系的分析和推导等。比如，大模型可以通过思维链策略，大模型能够像人类一样通过分解步骤推理完成复杂任务。

## 5.2　大模型数据与存储

数据是信息的载体，可以是文字、数字、图像、声音等各种形式。它记录了事物的状态、属性和变化过程，是人们认识世界和解决问题的基础。数据集是构建大模型知识处理能力底层因子，数据集的质量和规模直接决定了模型的智能水平，而向量数据库则被视为 AI 时代的数据基座。

数据分为三种形式，第一种是结构化数据，如数据库中的表格数据，具有固定的格式和结

① 图片来源：Google：Inverse scaling can become U-shaped.

构。第二种是非结构化数据，如文本、图像、音频等，没有固定的格式。第三种是半结构化数据，如 JSON、XML 等，具有一定的结构但不如表格数据严格。

## 5.2.1 数据集构建

数据集构建大致可以分为数据收集、数据标注和数据嵌入。数据集构建可以显著提高模型的训练效果和泛化能力。

### 1. 数据收集

数据收集是构建向量数据库的基础，需要从多个渠道获取高质量、多样化的数据。对于文本数据，可以从互联网爬取新闻、社交媒体帖子、论坛评论等；从公开数据集中获取标注好的文本数据，如情感分析数据集、问答数据集等；还可以通过合作共享获取行业领域的专业文本数据。对于图像数据，可以从图片分享平台、电商平台、专业图库等获取；从公开的图像数据集中下载，如 ImageNet、COCO 等；或者通过摄像头、扫描仪等设备自行采集。对于音频数据，可以从音乐平台、播客、会议记录等渠道获取；从公开的音频数据集中下载，如 LibriSpeech、VoxCeleb 等；或者使用麦克风等设备录制。收集到的数据需要经过清洗和预处理，去除噪声、重复和无关的数据，确保数据的质量和可用性。

### 2. 数据标注

数据标注是将收集到的原始数据转换为可用于训练和检索的向量数据的过程。对于文本数据，需要进行分词、词性标注、命名实体识别等标注，以便后续生成准确的文本向量。例如，在情感分析任务中，需要标注文本的情感倾向（正面、负面或中性）；在问答系统中，需要标注问题和答案之间的对应关系。对于图像数据，需要进行目标检测、图像分类、图像描述等标注，以生成能够准确表示图像内容的向量。例如，在目标检测任务中，需要标注图像中各个物体的位置、类别等信息；在图像分类任务中，需要标注图像所属的类别。对于音频数据，需要进行语音识别、情感分析、语种识别等标注，以生成能够准确表示音频特征的向量。例如，在语音识别任务中，需要将音频转换为对应的文本内容；在情感分析任务中，需要标注音频中所表达的情感（如高兴、悲伤、愤怒等）。

### 3. 数据嵌入

数据嵌入是将标注好的数据转换为高维向量的过程，这些向量能够捕捉数据的语义特征和内在结构。对于文本数据，可以使用词嵌入模型（如 Word2Vec、GloVe）将单词转换为向量，然后通过句子编码器（如 Transformer、BiLSTM）将句子或段落转换为向量。例如，使用 BERT 模型对文本进行编码，可以得到能够表示文本语义的向量。对于图像数据，可以使用卷积神经网络（如 ResNet、Inception）提取图像的特征向量。例如，使用预训练的 VGG 网络对图像进行特征提取，可以得到能够表示图像视觉内容的向量。对于音频数据，可以使用语音识别模型（如 RNN、CNN）提取音频的特征向量。例如，使用 MFCC（梅尔频率倒谱系数）特征提取方法，可以得到能够表示音频频率特征的向量。这些向量数据将被存储在向量数据库中，用于后续的相似性搜索和检索。

## 5.2.2 数据的处理

### 1. 数据清洗

数据清洗是确保向量数据库中数据质量的重要步骤。对于文本数据，需要去除停用词、标点符号、噪声文本等，例如，使用正则表达式过滤掉文本中的特殊字符和无意义的词汇。对于图像数据，需要去除模糊不清、质量低下的图片，例如，通过图像质量评估算法筛选出清晰度高的图片。对于音频数据，需要去除背景噪音、静音片段等，例如，使用语音活动检测算法提取出有效的语音部分。此外，还需要对数据进行去重处理，避免重复数据对训练和检索的影响。

#### 2. 数据转换

数据转换是将数据转换为适合向量数据库存储和处理的格式。对于文本数据，需要将文本转换为统一的编码格式，如 UTF-8，并进行向量化处理，例如，将文本转换为词向量或句子向量。对于图像数据，需要将图像转换为统一的尺寸和颜色空间，例如，将所有图像缩放到 224×224 像素，并转换为 RGB 颜色空间，然后进行向量化处理，例如，将图像转换为特征向量。对于音频数据，需要将音频转换为统一的采样率和量化位数，例如，将所有音频转换为 16 kHz 采样率和 16 位量化位数，然后进行向量化处理，例如，将音频转换为 MFCC 特征向量。

#### 3. 数据归一化

数据归一化是将数据缩放到统一的范围，以提高向量数据库中相似性搜索的准确性和效率。常见的归一化方法包括最小 - 最大归一化、Z 分数归一化等。例如，在最小 - 最大归一化中，将数据缩放到 [0, 1] 的范围内，公式为：$x' = (x - \min) / (\max - \min)$，其中 $x$ 为原始数据，min 和 max 分别为数据的最小值和最大值，$x'$ 为归一化后的数据。在 Z 分数归一化中，将数据转换为标准正态分布，公式为：$x' = (x - \mu) / \sigma$，其中 $\mu$ 为数据的均值，$\sigma$ 为数据的标准差。通过归一化处理，不同维度的数据可以进行公平的比较和计算，提高向量数据库中相似性搜索的效果。

#### 4. 特征工程

特征工程是从原始数据中提取、构造和选择有助于模型学习和预测的特征的过程。从数据中提取出有用的特征，并从众多特征中选择出最有用、最有代表性的特征，去除冗余和无关的特征，通过组合、变换或计算原始特征，构造出新的特征。特征选择的方法包括基于统计的方法（如卡方检验、互信息）、基于模型的方法（如 Lasso 回归、随机森林特征重要性）等。例如，在文本数据中，提取词频特征、TF-IDF 特征、词嵌入特征等；在图像数据中，提取颜色直方图特征、纹理特征、边缘特征等；在音频数据中，提取 MFCC 特征、色度特征、节奏特征等，还可以将文本中的词频特征和 TF-IDF 特征组合起来，构造出新的特征向量；在图像数据中，计算图像的几何矩特征，构造出描述图像形状的新特征。

#### 5. 数据分割

数据集分割为训练集、验证集和测试集，以便于模型的训练和评估。

### 5.2.3 数据质量与多样性

数据集是构建大模型知识处理能力的底层因子，它的质量和规模直接决定了模型的智能水平。一个高质量的数据集能够为模型提供丰富、准确、多样化的信息，使模型能够学习到更加全面和深入的知识，从而在各种任务中表现出色。相反，如果数据集质量低下，包含错误、噪声或偏见，那么模型学到的知识也将是片面和不准确的，导致其在实际应用中出现各种问题。

#### 1. 数据质量的重要性

数据质量是构建大模型知识处理能力的基石，它直接决定了模型的智能水平和应用效果。高质量的数据能够为模型提供准确、可靠的信息，使模型能够学习到正确的知识和规律，从而在各种任务中表现出色。例如，在自然语言处理领域，高质量的文本数据能够帮助模型更好地理解语言的语法结构、语义关系和上下文信息，提高文本生成、翻译、问答等 任务的准确性。在计算机视觉领域，高质量的图像数据能够使模型更准确地识别图像中的物体、场景和特征，提升图像分类、目标检测和图像生成等任务的性能。

在构建大模型的数据集时，需要在数据质量和多样性之间找到一个平衡点。一方面，过于追求数据质量而忽视多样性，可能会导致模型在特定领域或任务上表现优异，但在更广泛的应用场景中缺乏适应性。另一方面，过于追求多样性而忽视数据质量，可能会使模型受到错误、噪声和偏见数据的影响，导致模型性能下降，甚至产生不良后果。

**2. 数据多样性的价值**

数据多样性是提升大模型泛化能力和创新性的重要因素。多样化的数据能够使模型接触到更广泛的场景、领域和知识，从而增强模型对不同情况的适应能力和对新知识的学习能力。例如，在自然语言处理领域，包含多种语言、方言、口语表达和专业术语的数据集，能够使模型更好地理解和处理不同背景和领域的文本信息，提高模型在跨语言、跨领域任务中的表现。在计算机视觉领域，包含不同风格、类型和场景的图像数据集，能够使模型更准确地识别和理解各种视觉元素和组合，提升模型在图像创作、风格迁移等任务中的创新性。

数据多样性还可以帮助模型避免过拟合现象。当模型在多样化的数据上进行训练时，能够学习到更多通用的特征和规律，而不是仅仅拟合训练数据中的特定模式。这使得模型在面对新的、未见过的数据时，能够更好地泛化和适应，提高模型的鲁棒性和可靠性。例如，在自动驾驶领域的视觉识别模型中，如果训练数据只包含晴天时的路况图像，那么模型在雨天或雾天等恶劣天气条件下可能会出现较大的识别误差。而如果训练数据包含了各种天气条件下的路况图像，模型就能够更好地适应不同的环境变化，提高自动驾驶系统的安全性。

**3. 数据质量与多样性在大模型训练中的应用**

数据质量与多样性是构建大模型知识处理能力的关键因素，它们共同决定了模型的智能水平和应用效果。在实际应用中，需要根据具体任务和需求，采取相应的策略和方法，实现数据质量和多样性的平衡和优化，以充分发挥大模型的潜力和优势。

以自然语言处理领域的 GPT 模型为例，其训练数据集包含了来自互联网的海量文本数据，这些数据经过清洗、标注和增强等处理，确保了数据的高质量和多样性。高质量的数据使得 GPT 模型能够学习到丰富的语言知识和语法规则，而多样化的数据则使模型能够适应不同的语言风格、话题和应用场景，从而在文本生成、对话系统、文本分类等多种任务中展现出卓越的性能。

### 5.2.4　数据存储

向量数据存储格式是向量数据库存储向量数据的方式，常见的格式包括二进制格式、文本格式和压缩格式。二进制格式直接以二进制形式存储向量数据，具有存储效率高、读写速度快的特点，适用于大规模向量数据的存储。文本格式以文本形式存储向量数据，具有可读性好、易于调试的特点，但存储效率较低。压缩格式通过压缩算法对向量数据进行压缩存储，可以显著减少存储空间的占用，但读写速度可能会受到影响。例如，可以使用 Gzip、Bzip2 等压缩算法对向量数据进行压缩存储。

向量数据库存储架构是向量数据存储的系统结构，通常采用分布式存储架构，以支持大规模向量数据的存储和高并发访问。分布式存储架构将向量数据分散存储在多个节点上，每个节点负责存储一部分数据，并通过网络进行数据通信和协调。例如，Milvus 向量数据库采用分布式存储架构，支持水平扩展，可以处理千亿级向量规模的数据。此外，向量数据库还可能采用内存存储和磁盘存储相结合的方式，将热点数据存储在内存中以提高访问速度，将冷数据存储在磁盘中以降低成本。

数据索引是向量数据库中提高数据检索效率的关键技术。向量数据库通常采用倒排索引、树形索引（如 KD 树、R 树）、图索引（如 HNSW 图）等索引结构，对向量数据进行组织和索引。例如，对于一个包含多个文档向量的数据集，倒排索引可以记录每个单词出现在哪些文档向量中，以及出现的位置和频率等信息。当进行查询时，可以根据查询词快速找到包含该词的文档向量列表，然后进一步计算相似度或进行其他处理。倒排索引的优点是能够快速响应基于特征的查询请求，且对于稀疏数据（如文本数据）具有较高的存储效率。然而，倒排索引可能不适用于稠密的向量数据，且在处理复杂的查询逻辑时可能需要与其他索引结构结合使用。

## 5.3 大模型的架构

视频

大模型的架构

大模型的架构是其知识处理能力的基石，它直接影响着模型的智能程度和应用范围。一个设计优良的框架能够高效地处理和分析数据，这对于提升模型的性能和预测准确性至关重要。在大模型的发展历程中，框架的设计和持续优化扮演了极其关键的角色。简而言之，框架是大模型能否成功应对复杂任务的核心因素。对于初学者来说，理解框架的重要性是掌握大模型构建技巧的第一步。

### 5.3.1 主流大模型的架构演化

#### 1. 从浅层网络到Transformer

在 20 世纪 10 年代之前，传统机器学习模型主要依赖于浅层神经网络，如循环神经网络（RNN）和长短期记忆网络（LSTM）。这些模型在处理序列数据方面有着不错的表现，但它们面临着梯度消失等问题的困扰，这限制了它们的能力。例如，LSTM 虽是在 1997 年被提出，但在 20 世纪初才开始广泛应用于 NLP 任务，直到 2017 年，Transformer 的出现才彻底改变了这一局面。Transformer 完全基于注意力机制，抛弃了传统的循环神经网络（RNN）和卷积神经网络（CNN）中的循环结构，极大地提高了并行计算效率。随后，GPT（生成式预训练 Transformer）和 BERT（双向编码器表示 Transformer）两大模型架构相继问世，分别在生成和理解任务上取得了突破性进展。尤其是 GPT 系列，从 2018 年的 GPT-1 到 2023 年的 GPT-4，参数量从 1.17 亿激增至 100 万亿，性能不断提升，应用领域也越来越广泛。

#### 2. 视频模型的蜕变

早期的视频模型多采用 3D 卷积神经网络，但由于计算复杂度高，效果并不理想。这一阶段大致持续到 2020 年左右。随着 Transformer 在语言领域的成功，研究人员开始将其应用于视频领域。2021 年，谷歌提出 ViViT 模型，将视频帧拆分成 patches，送入 Transformer 进行处理，取得了显著的效果提升。此后，视频大模型快速发展，涌现出了 VMAE（视频掩码自编码器）、Timesformer 等模型，参数量和性能不断提升。虽然视频大模型目前仍处于发展初期，但其巨大的潜力让我们对未来的发展充满期待。

### 3. 从单模态到跨模态

早期的多模态模型多采用简单拼接或 attention 机制融合不同模态的信息，效果有限。这一阶段大约持续到 2020 年。2021 年，OpenAI 推出 CLIP 模型，通过对比学习将图像和文本嵌入到同一空间，实现了强大的跨模态检索能力。随后，谷歌推出 ALIGN 模型，进一步提升了多模态理解能力。2023 年，DeepMind 推出 Flamingo 模型，可以在图像基础上生成文本，甚至编写代码，标志着多模态大模型进入了一个新的阶段。

大模型的发展日新月异，从语言到视频，再到多模态，模型的规模和能力不断提升，应用领域也越来越广泛。未来，大模型将继续演进，推动人工智能技术走向更加智能、更加通用的新时代。

### 4. 典型大模型架构

典型大模型的架构可以分为编码器 - 解码器（encoder-decoder）、仅编码器（encoder-only）和仅解码器（decoder-only）三类。

encoder-only，仅包含编码器部分，即自编码（autoencoder）模型。该类模型中每个阶段的注意力层都能访问初始句子中的所有词语。主要适用于不需要生成序列的任务，只需要对输入进行编码和处理的单向任务场景，非常适合需要理解整个序列的任务，如句子分类、命名实体识别和抽取式问答。如文本分类、情感分析等，这类模型以 BERT（bidirectional encoder representations from transformers）相关的模型为代表的模型及其衍生优化版本为主，例如 BERT，RoBERT，ALBERT 等。

Transformer 中的解码器也采用了与编码器类似的架构，主要区别在于每个重复模块包含两个多头注意力子模块。第一个多头注意力子模块被掩蔽，以防止位置注意到输入序列中的未来位置，这对于语言建模和机器翻译等任务非常重要。

encoder-decoder，既包含编码器也包含解码器，即完整的 Transformer 结构，也被称为序列到序列模型。该类模型中在每个阶段，编码器的注意力层可以访问初始句子中的所有词语，而解码器的注意力层只访问输入中给定词之前的词语。通常用于序列到序列（Seq2Seq），适合涉及基于给定输入生成新句子的任务，如摘要、翻译或生成式问答等，这类模型以 Google 训出来 T5 为代表相关大模型。

decoder-only，仅包含解码器部分，即自回归（autoregressive）模型。该类模型中每个阶段的注意力层只能访问句子中该词之前的词语，这些模型有时也被称为自回归模型通常用于序列生成任务，如文本生成、机器翻译等。这类结构的模型适用于需要生成序列的任务，可以从输入的编码中生成相应的序列。同时还有一个重要特点是可以进行无监督预训练。在预训练阶段，模型通过大量的无标注数据学习语言的统计模式和语义信息。这种方法可以使得模型具备广泛的语言知识和理解能力。在预训练之后，模型可以进行有监督微调，用于特定的下游任务（如机器翻译、文本生成等）。这类结构的代表也就是我们平时非常熟悉的 GPT 模型的结构，其所有该家族的网络结构都是基于 Decoder-Only 的形式来逐步演化。

仅解码器和仅编码器架构之间的相似之处在于它们的自回归性质和预测下一个词元的目标，对于采用仅解码器架构的模型，它们使用的是输入到目标或仅目标范式，而对于采用仅编码器架构的 BERT 式模型，它们使用的是位置掩蔽语言建模。然而，应该注意的是，仅编码器模型的生成能力受到更多限制，通常需要为下游任务添加特定任务分类头。由于这些分类头的烦琐，不建议继续使用自动编码模型，它们在某种程度上已被弃用。可能存在例外情况，例如使用特定任务的分类头进行回归或提高效率。但是，我们总是可以从编码器 - 解码器架构开始，并在需要时移除解码器，没有充分的理由使用仅编码器模型。因此，主要考虑的应该是仅解码器架构和编码器 - 解码器架构。仅解码器模型和编码器 - 解码器模型之间的区别并不总是很明显。虽然仅解码器模型与编码器 - 解码器模型有相似之处，但它们并不完全相同。从归纳偏置的角度来看，它们有几处不同。编码器 - 解码器模型使用不同的参数来独立处理输入和目标，这就造成了模型的稀疏性。相比之下，仅解码器模型将输入和目标串联起来，逐层同时构建它们的表征。此外，编码器 - 解码器模型具有连接输入和目标词元的交叉注意力组件，而仅解码器模型通常只考虑完全处理过的编码器输入。尽管存在这些细微的差异，但仅解码器模型和编码器 - 解码器模型的归纳偏置可能非常相似。一个关键的区别是，当计算量相当时，编码器 - 解码器模型的参数数量往往是仅解码器模型的两倍左右。

当前除了以上架构之外，还有两种于 2023 年新兴的大模型架构值得关注：

RetNet（retentive network）：是微软亚洲研究院和清华大学的研究人员提出的一种新架构，旨在挑战并改进 Transformer。RetNet 使用了一种新的 Retention 机制来代替传统的 Attention 机制。它在语言建模任务上显示出与 Transformer 相当的困惑度（perplexity），同时在推理速度上实现了 8.4 倍的提升，内存占用减少了 70%，并且具有良好的扩展性。当模型大小超过一定规模时，RetNet 的表现甚至优于 Transformer。

RevCol（reversible column networks）：是由旷视研究院提出的一种新型神经网络架构。这种架构引入了解耦学习（disentangled feature learning）的思想，以 reversible column 为单元来传递信息，既保证了特征的解耦，又保持了信息在网络中的传递不受损失。RevCol 的结构包含了多个子网络（称为 column），这些 column 之间通过可逆的连接相互连接。实验表明，这种架构在预训练中保持了高精度，同时在下游任务（如检测和分割）中也能达到更好的效果。RevCol 还继承了可逆神经网络节省显存的优势，使其更适合大模型的训练

## 5.3.2 Transformer 架构

视频 Transformer模型入门简介

视频 Transformer编码器解码器与自注意力机制

目前，主流大模型的结构都是在 Transformer 架构上不断演变，以实现更强大的语言理解和生成能力、更长的上下文推理能力、更多模态的数据处理能力，以及更高的算力利用效率，涵盖了文本预测、机器翻译、文章创作、多语言迁移学习、自动语音识别、计算机视觉、多模态和多任务等多个领域。从技术架构上看，Transformer 架构是当前大模型领域主流的算法架构基础，模型的核心优势在于其自注意力机制和并行计算能力。它所使用的核心自注意力机制（self-attention mechanism），成为其独特魅力的所在。自注意力机制允许模型在处理序列数据时，能够同时关注序列中的所有位置，捕捉长距离依赖关系。此外，由于自注意力机制的计算可以并行进行，Transformer 模型能够充分利用现代 GPU 和 TPU 的并行计算能力，加快训练速度。这一点在处理大规模数据集时尤为明显，使得模型能够在短时间内学习到更多的数据特征。

基于 Transformer 也形成了较为流行的 GPT 和 BERT 两条主要技术路线，其中 BERT 最有名的落地项目是谷歌的 AlphaGo。在 GPT3.0 发布后，GPT 逐渐成为大模型的主流路线。但是 Transformer 并没有完全替代 RNN 和 LSTM，在某些特定场景或任务中，后者仍然有其应用价值。

2017 年，Google 在论文 *Attention Is All You Need* 中提出了 Transformer 模型架构，该架构基于编码器 - 解码器（encoder-decoder）架构和自注意力机制。作为当下最先进的深度学习架构之一，Transformer 模型通过自注意力机制和并行计算的优势，能够更好地处理长距离依赖关系，提高了模型的训练和推理效率。

Transformer 创新性地引入了自注意力机制，允许模型直接关注输入序列中的任意位置，从而捕捉输入或输出序列中的远距离或长程上下文和依赖关系。这与循环神经网络（RNN）和卷积神经网络（CNN）形成鲜明对比，后两者的信息需要经过多个处理步骤才能实现长距离移动，因此难以学习较长的连接。同时，Transformer 的架构设计支持在多个处理单元上并行计算，使其能够在 GPU 和 TPU 等硬件上高效运行。这是因为 Transformer 利用注意力机制而非循环，允许跨多个层同时进行计算。有了注意力机制，序列中的每个位置都可以访问每一层的全部输入，从而使模型更容易学习这些长程依赖关系。

Transformer 模型架构中，左侧为编码器，右侧为解码器。其编码器和解码器均由一个编码层和若干相同的 Transformer 模块层堆叠组成，编码器的 Transformer 模块层包括多头注意力层和全连接前馈网络层，这两部分通过残差连接和层归一化操作连接起来。与编码器模块相比，解码器由于需要考虑解码器输出作为背景信息进行生成，其中每个 Transformer 层多了一个交叉注意力层。Transformer 架构的优势在于它的并行计算能力，即不需要按照时间步顺序进行计算。架构如图 5-8 所示。

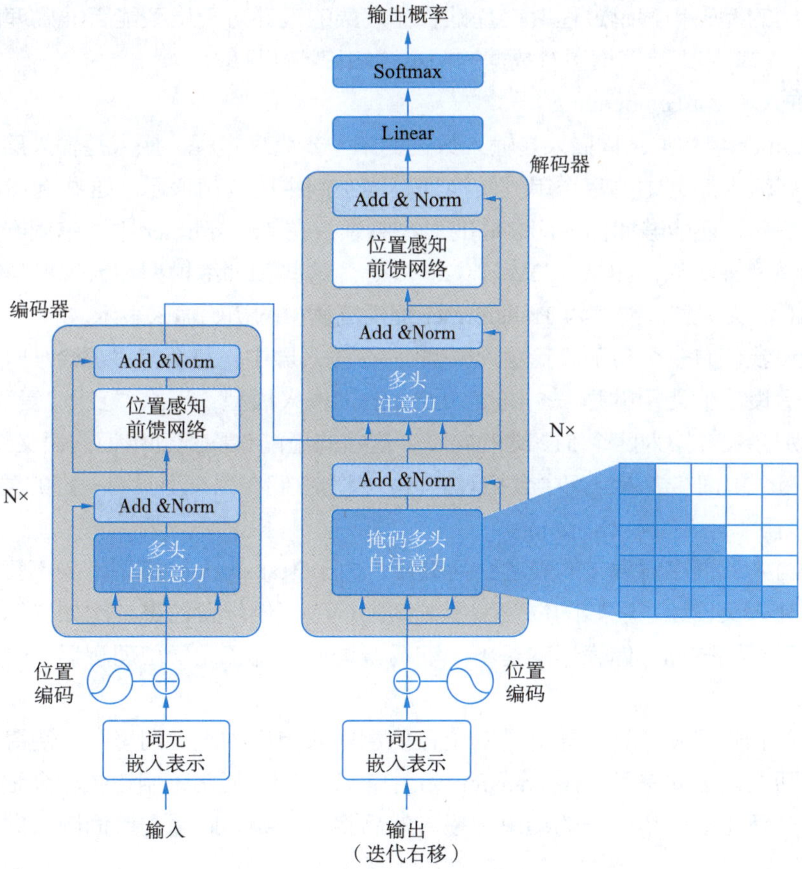


图 5-8　Transformer 模型架构

编码器由 Nx 相同的编码器层组成的堆栈（在原始论文中，Nx=6），有两个子层：第 1 个子层是多头自注意力（multi-head self-attention）层，其利用自注意力学习源句内部的关系；第 2 个子层是位置前馈网络层（positionwise feed forward），是简单的全连接网络，对每个位置的向量分别进行相同的操作，包括两个线性变换和一个 ReLU 激活函数。每个子层都采用了残差连接（residual connection），紧接着进行应用层规范化（layer normalization）。这里的编码过程是并行计算的，相比于原来的编码器 - 解码器模型，极大地提高了效率。

解码器也是由 Nx 个相同的解码器层组成的堆栈（在原始论文中，Nx=6）。解码器中有 3 个子层，分别为多头注意力（multi-head attention）层和基于位置前馈网络，和编码器一样，层中同样使用了残差链接和层规范化。最下面的掩码多头注意力（masked multi-head attention）层利用自注意力学习目标句内部的关系，此外，由于每个位置只能考虑该位置之前的所有位置，因此这里使用掩蔽保留了自回归属性，确保预测仅依赖于已生成的输出词元。之后，将掩码多头注意力层的输出和编码器的结果一起输入到第 2 个多头自注意力（multi-head attention）层，这个注意力层并不是自注意力，而是编码—解码（encoderdecoder）注意力层，用来学习源句与目标句之间的关系。

### 1. 输入层

输入层是 Transformer 架构的起始部分，负责将原始数据转化为模型可处理的格式。其核心功能是将输入序列中的每个元素（如单词、字符等）映射为固定维度的向量表示，同时融入位置信息，为后续的编码和解码过程奠定基础。输入层的设计对于模型能否准确理解和处理序列数据至关重要，它直接影响着模型对数据的初步感知和特征提取。

#### 1）词元嵌入（word embedding）

在 Transformer 架构中，词嵌入是输入数据的第一步处理过程。嵌入是输入层的关键组成部分，其作用是将输入序列中的每个单词转换为高维空间中的向量表示。这些向量不仅包含了单词本身的语义信息，还能够捕捉单词之间的潜在关系。在 Transformer 中，单词嵌入通常通过预训练的词向量模型来实现，如 Word2Vec、GloVe 等。这些预训练模型在大规模语料库上学习得到了丰富的词汇语义信息，能够为 Transformer 提供高质量的初始输入表示。

例如，假设我们有一个句子“我爱大模型”，在输入层中，每个单词都会被映射为一个固定维度的向量。假设我们使用的是一个维度为 512 的词嵌入模型，那么“我”“爱”“大”“模型”这四个单词分别会被转换为四个 512 维的向量。这些向量能够捕捉到单词的语义特征，如“大”和“模型”这两个单词在嵌入空间中会相对靠近，因为它们在语义上具有一定的关联性。

#### 2）位置编码（positional encoding）

在人类语言中，词序对意义的表达至关重要，由于 Transformer 模型本身不具备捕捉序列顺序的能力，研究人员设计了巧妙的位置编码方案为模型提供位置信息。比如“你追我”和“我追你”虽然用了相同的词，但表达的是不同的场景语境。为了让模型理解词序的重要性，需要引入位置编码。

位置编码的作用是将单词在序列中的位置信息融入单词的嵌入向量中，使得模型能够区分相同单词在不同位置上的差异。在 Transformer 中，位置编码通常采用正弦和余弦函数的组合来实现，为每个位置生成一个唯一的编码向量，然后将这个编码向量与单词嵌入向量相加，得到最终的输入表示。

以一个具体的例子来说明，假设我们有一个长度为 4 的句子，这四个单词是“我”“爱”“大”“模型”。这四个单词就像是在地铁站排队上车的小朋友，每个小朋友都有一个固定的位置。在 Transformer 模型中，就像是为每个小朋友的衣服上贴上一个特别的表示位置的数字标签，这个标签上标明他们应该排在哪里。这些标签就是位置编码。每个单词就像是一个小朋友，它们都有自己的特征（比如他们喜欢的颜色、喜欢的食物），这些特征就是单词的嵌入向量。但是，如果我们不告诉模型这些单词在句子中的位置，模型就会感到困惑，因为它不知道哪个单词先说，哪个单词后说。所以，我们给每个单词加上一个位置编码，就像是在每个小朋友的衣服上贴上他们的排队号码。这样，当模型看到单词“我”的时候，它也会看到“第 1 个”的标签,知道“我”是第一个说的单词。同样,单词“爱”会有“第 2 个”的标签,单词“大”会有“第 3 个”的标签，单词“模型”会有“第 4 个”的标签。这些标签（位置编码）是用一些数学函数（正弦和余弦函数）计算出来的,它们确保了每个位置都有一个独一无二的编码。然后，我们把这些编码和单词的特征（嵌入向量）加在一起，就像是在告诉模型:“这个单词不仅有自己的特征，还有它在句子中的位置信息。

这些位置编码向量会与对应的单词嵌入向量相加，例如，第 1 个位置编码向量会与“我”的单词嵌入向量相加，得到“我”在该位置上的最终输入表示。通过这种方式，模型就能够感知到单词在序列中的顺序信息，从而更好地理解句子的结构和语义。

#### 3）输入层的作用与重要性

输入层在 Transformer 架构中起到了至关重要的作用。首先，它通过单词嵌入将输入序列中的单词转换为高维向量表示，为模型提供了丰富的语义信息。这些向量表示使得模型能够捕捉到单词之间的潜在关系，为后续的编码和解码过程奠定了基础。其次，输入层通过位置编码将位置信息融入单词的嵌入向量中，使得模型能够感知到单词在序列中的顺序，从而更好地理解句子的结构和语义。此外，输入层的设计还影响着模型对数据的初步感知和特征提取，决定了模型能否准确地捕捉到输入数据的关键特征，进而影响整个模型的性能和效果。

输入层作为 Transformer 架构的起始部分，通过单词嵌入和位置编码将原始数据转化为模型可处理的格式，为后续的编码和解码过程提供了高质量的输入表示。其设计和实现对于模型能否准确理解和处理序列数据具有至关重要的影响。

### 2. 注意力层

注意力层是 Transformer 架构的核心部分，它负责在序列数据中捕捉元素之间的依赖关系和相互作用。通过注意力机制，模型能够动态地为序列中的每个元素分配不同的权重，从而更加关注对当前任务更为重要的信息。注意力层的设计使得 Transformer 能够灵活地处理各种序列任务，如文本分类、机器翻译、问答系统等，它极大地提升了模型对数据的理解和分析能力。

#### 1）自注意力机制

自注意力机制是注意力层的基础，它允许模型在处理序列中的某个元素时，同时关注序列中的其他元素。自注意力机制通过计算元素之间的相似度或匹配程度，为每个元素生成一个加权表示，其中权重反映了元素之间的相关性。具体来说，自注意力机制包括三个关键步骤：计算查询（query）、键（key）和值（value）向量，计算注意力分数，以及生成加权表示。

以一个具体的例子来说明，假设我们在图书馆借阅一本关于人工智能的参考书，但是图书馆里有太多与之相关的图书，你需要在其中找到最相关的几本书来帮助你完成作业。自注意力机制就像是你用来找到这些书的策略。

（1）计算查询（query）、键（key）和值（value）向量：

查询（query），想象你有一个清单，上面写着你的作业主题和你想要从书中找到的信息。这个清单就是你的“查询”。

键（key），图书馆里的每本书都有一个标签，上面写着书的主要内容，这些标签就是“键”。

值（value），每本书里都有详细的内容，这些内容就是“值”。

计算注意力分数：

你会根据你的查询清单（query），去检查每本书的标签（key），看看哪些书的标签与你的查询最匹配。比如，如果你的作业是关于“大模型”，你就会更关注标注了“大模型”字样的书。

在简单翻阅后，你会给该书评估一个分数，这个分数表示这本书与你的查询的相关性。分数越高，表示这本书越符合你的需求。

（2）生成加权表示：

现在你有了每本书的分数，你会根据这些分数来决定阅读哪些书。你可能会挑选分数最高的几本书，仔细阅读它们的内容（值(Value)）。

你会根据每本书的分数来决定它在你的作业中的重要性。如果一本书的分数很高，那么你会更仔细地阅读它，并且可能会在作业中更多地引用它的内容。如果一本书的分数较低，你可能只会略读或者完全不考虑它。

最后，你会综合这些书的内容，形成一个综合评价，这就是你的“加权表示”。这个综合评价也反映了每本书对你的作业的相关性和重要性。

2）多头注意力机制（multi-head attention）：

多头注意力机制是自注意力机制的扩展，它将自注意力过程复制多次（即“头”），每个头都会独立地计算单词之间的相似度和权重，生成不同的加权表示。每次复制使用不同的参数，然后将结果进行拼接或平均，以捕捉序列中不同方面的信息。多头注意力机制能够从多个角度分析序列数据，增强了模型对数据的理解和分析能力。

例如，你正在参加一个团队会议，讨论如何改进公司的产品。会议中有多个决策人，每个人都有自己的专长，比如负责产品设计、市场营销、技术支持和用户体验等。

（1）单头注意力：

如果我们只使用单头注意力，就像你只能听取一个专家的意见。你可能会专注于产品设计专家的意见，了解如何改进产品的外观和功能。虽然这很有价值，但你可能会错过其他领域的见解。

（2）多头注意力：

凭借你的知识理解能力，同时听取了所有专家的意见，并且能够将这些意见综合起来。这就是多头注意力机制的比喻。

在多头注意力中，你的“注意力”被分成多个“头”，每个“头”都可以专注于会议中的不同方面：

一个“头”可能专注于产品设计专家的意见，了解用户界面的改进。

另一个“头”可能关注市场营销专家，了解如何更好地推广产品。

第三个“头”可能听取技术支持专家的建议，了解产品的稳定性和可靠性。

最后一个“头”可能专注于用户体验专家的意见，了解用户的需求和痛点。

每个头都像是一个专门的团队，他们在各自的领域内进行深入讨论，并给出报告。

（3）综合意见：

最后，你将所有“头”的报告综合起来，形成一个全面的改进计划。这个计划考虑了产品的多个方面，因此更加全面和有效。

在多头注意力机制中，每个“头”都会输出一个加权表示，然后这些表示会被组合起来，形成一个更加丰富和全面的信息表示。

总结来说，多头注意力机制就像是在会议中同时听取多个专家的意见，并且能够将这些意见综合起来，从而做出更加全面和明智的决策。在神经网络中，这种机制允许模型在不同的子空间中同时捕捉到信息的不同方面，从而提高了模型的理解能力和性能。

#### 3）注意力层的作用与优势

注意力层在 Transformer 架构中具有重要作用和优势。首先，它使得模型能够灵活地关注序列中对当前任务更为重要的信息，提高了模型对数据的理解和分析能力。其次，注意力层的设计使得模型能够捕捉序列中长距离的依赖关系，解决了传统循环神经网络在处理长序列时的梯度消失和梯度爆炸问题。此外，注意力层还具有很好的并行化能力，能够同时处理序列中的所有元素，大大提高了模型的计算效率。

总之，注意力层作为 Transformer 架构的核心部分，通过自注意力机制和多头注意力机制，使得模型能够灵活地捕捉序列数据中的依赖关系和相互作用，极大地提升了模型对数据的理解和分析能力。其设计和实现对于 Transformer 在各种序列任务中的优异表现起到了关键作用。

### 3. 位置感知前馈层

位置感知前馈层（feed-forward layer）是 Transformer 架构中的重要组成部分，它位于编码器和解码器的每个子层中，负责对输入数据进行进一步的非线性变换和特征提取。前馈层由两个线性变换组成，中间夹着一个非线性激活函数，通常使用 ReLU（Rectified Linear Unit）激活函数。其作用是增强模型的表达能力，使得模型能够捕捉到更复杂的特征和模式。

#### 1）前馈层的结构与工作流程

前馈层的结构相对简单，但功能强大。首先，输入数据会经过一个线性变换，这个变换通过权重矩阵和偏置向量实现，将输入数据映射到一个新的空间。然后，经过 ReLU 激活函数进行非线性变换，ReLU 函数能够将所有负值置为 0，保留正值不变，这种操作使得模型能够引入非线性因素，增强其对复杂特征的捕捉能力。最后，再经过一个线性变换，得到前馈层的输出。

以一个具体的例子来说明，假设我们有一个句子的表示向量，经过自注意力层处理后得到了加权表示。这个表示向量会输入到前馈层中，首先经过第一个线性变换，可能将 512 维的向量映射到 2048 维的空间。然后，通过 ReLU 激活函数进行非线性变换，使得一些不重要的特征被置为 0，突出重要的特征。最后，再经过第二个线性变换，将 2048 维的向量映射回 512 维的空间，得到前馈层的输出表示。这个输出表示不仅包含了原始的语义信息，还融合了经过非线性变换后的复杂特征。

#### 2）前馈层的作用与重要性

前馈层在 Transformer 架构中起到了至关重要的作用。首先，它通过非线性变换增强了模型的表达能力，使得模型能够捕捉到更复杂的特征和模式。这对于处理复杂的序列任务，如文本分类、机器翻译等，是非常重要的。其次，前馈层的设计使得模型能够对输入数据进行进一步的特征提取和抽象，为后续的编码和解码过程提供了更丰富的信息。此外，前馈层还能够缓解模型在训练过程中的梯度消失问题，通过引入非线性因素，使得模型能够更深层次地学习数据的特征。

**4. 残差连接与层归一化**

**1）残差连接概述**

残差连接（residual connection）是 Transformer 架构中的一种连接方式，它通过将输入数据直接添加到后续层的输出上，形成了一个“跳跃连接”。这种连接方式能够缓解深层神经网络中的梯度消失问题，使得模型能够更深层次地学习数据的特征。

**2）残差连接的工作原理与优势**

在 Transformer 中，残差连接通常用于编码器和解码器的每个子层中。具体来说，输入数据首先经过自注意力层或前馈层的处理，得到一个中间表示。然后，这个中间表示会与输入数据相加，形成残差连接的输出。例如，在自注意力层中，输入数据经过自注意力机制处理后得到加权表示，这个加权表示会与原始的输入数据相加，得到残差连接的输出。

残差连接的优势在于，它能够使得模型在训练过程中更容易地学习到残差函数，即输出与输入之间的差异。这种学习方式大大简化了模型的训练过程，使得模型能够更深层次地学习数据的特征。此外，残差连接还能够缓解梯度消失问题，使得模型能够构建更深的网络结构，从而提高模型的表达能力和性能。

**3）层归一化概述**

层归一化（layer normalization）是 Transformer 架构中的一种归一化技术，它通过对每个样本的特征进行归一化处理，使得模型在训练过程中更加稳定。层归一化通常用于编码器和解码器的每个子层中，位于自注意力层和前馈层之后。

**4）层归一化的工作原理与优势**

层归一化的工作原理是对每个样本的特征进行归一化处理，使得特征的均值为 0，方差为 1。具体来说，对于一个样本的特征向量，首先计算其均值和方差，然后对每个特征进行归一化处理。例如，假设我们有一个样本的特征向量，经过自注意力层或前馈层处理后得到了一个新的特征向量。层归一化会对这个特征向量进行归一化处理，使得其均值为 0，方差为 1。

层归一化的优势在于，它能够使得模型在训练过程中更加稳定，减少梯度消失和梯度爆炸问题。此外，层归一化还能够加速模型的收敛速度，提高模型的训练效率。通过归一化处理，模型能够更好地学习数据的特征，提高模型的性能和效果。

**5）残差连接与层归一化的协同作用**

残差连接与层归一化在 Transformer 架构中协同作用，共同提高了模型的性能和稳定性。残差连接通过跳跃连接的方式，缓解了深层神经网络中的梯度消失问题，使得模型能够更深层次地学习数据的特征；而层归一化通过对每个样本的特征进行归一化处理，使得模型在训练过程中更加稳定，加速了模型的收敛速度。二者相结合，使得 Transformer 能够在保持稳定的同时，构建更深的网络结构，捕捉到更复杂的特征和模式，从而在各种序列任务中取得了优异的表现。

### 5.3.3 编码器结构——BERT 家族

**1. BERT结构**

BERT（bidirectional encoder representations from transformers）是基于 Transformer 架构的编码器模型，由 Google 在 2018 年提出。它通过预训练大量文本数据，学习到丰富的语言表示，能够捕捉到文本中的双向依赖关系。BERT 模型的核心在于其编码器结构，它由多层 Transformer

编码器堆叠而成，每层编码器都包含自注意力机制和前馈神经网络。自注意力机制使得模型能够在不同位置的单词之间建立联系，而前馈神经网络则对这些联系进行进一步的非线性变换。这种结构使得 BERT 能够有效地捕捉到文本中的复杂语义信息。

### 2. 预训练策略

BERT 的预训练策略主要包括掩码语言模型（masked language model, MLM）和下一句预测（next sentence prediction, NSP）。在 MLM 任务中，模型会随机掩盖输入文本中的一些单词，然后预测这些被掩盖的单词。这种策略使得模型能够学习到单词之间的依赖关系，以及单词在不同上下文中的含义。NSP 任务则是为了训练模型理解句子之间的关系，它会判断两个句子是否是连续的，从而帮助模型捕捉到文本的连贯性和逻辑性。通过这两种预训练任务，BERT 能够学习到丰富的语言知识，为下游任务提供强大的语言理解能力。

### 3. BERT变体

随着 BERT 的广泛应用，研究者们提出了许多 BERT 的变体，以适应不同的任务需求和计算资源限制。例如，ALBERT（A Lite BERT）通过参数共享和跨层连接等技术，减少了模型的参数数量，提高了训练效率。RoBERTa（robustly optimized BERT pretraining approach）则通过更大的数据集和更长的训练时间，进一步优化了 BERT 的预训练过程，提升了模型的性能。此外，还有 DistilBERT、MobileBERT 等变体，它们在模型压缩、加速等方面进行了探索，使得 BERT 能够在更多的场景中得到应用。

## 5.3.4 解码器结构——GPT 家族

### 1. GPT结构

GPT（generative pre-trained transformer）是由 OpenAI 提出的一种基于 Transformer 架构的解码器模型。与 BERT 不同，GPT 采用自回归的方式进行预训练，它会根据已知的前文信息来预测下一个单词。GPT 模型由多层 Transformer 解码器组成，每层解码器都包含自注意力机制和前馈神经网络。自注意力机制使得模型能够关注到前文中的关键信息，而前馈神经网络则对这些信息进行进一步的处理。GPT 的这种结构使得它在生成任务中表现出色，能够生成连贯、自然的文本。

### 2. 自回归预训练

自回归预训练是 GPT 的核心预训练策略，它通过最大化给定前文条件下下一个单词的预测概率来进行训练。这种预训练方式使得模型能够学习到文本的生成规律，捕捉到单词之间的顺序依赖关系。在自回归预训练过程中，模型会逐步生成文本，每一步都依赖于之前生成的内容，从而保证了生成文本的连贯性和一致性。自回归预训练不仅适用于语言模型，还可以扩展到其他序列生成任务中，如音乐生成、代码生成等。

### 3. 后续改进

在 GPT 的基础上，研究者们提出了许多改进模型，如 GPT-2、GPT-3 等。GPT-2 通过更大的模型规模和更多的训练数据，进一步提升了模型的生成能力和语言理解能力。GPT-3 则采用了更先进的预训练任务和训练技术，如多任务学习、对比学习等，使得模型在各种任务中都取得了显著的性能提升。此外，还有许多针对 GPT 的改进工作，如优化模型的解码策略、提高模型的推理速度等，这些改进使得 GPT 模型能够更好地服务于实际应用。

### 5.3.5 DeepSeek 大模型

PDF

DeepSeek
行业应用
实践报告

DeepSeek 是由深度求索（DeepSeek）自主研发的高性能大语言模型，既可直接面向用户，也可支持开发者。以其开源、轻量化和强大的多场景适应能力受到广泛关注。为用户提供智能对话、推理、AI 搜索、文件处理、翻译、解题、创意写作、编程等多种服务，支持联网搜索与深度思考模式，同时支持文件上传，能够扫描读取各类文件及图片中的文字内容。最新发布的 DeepSeek R1 满血版不仅在性能上媲美了 OpenAI 的 O1、O3，且以对手 3% 的超低成本实现了这一突破。

如果说传统 AI 模型是“单科优等生”，DeepSeek 则更像“全能学霸”——它能写诗、解数学题、编程、分析法律文件，甚至能看懂图片里的隐藏信息。此外 DeepSeek 具备强大的中文口语化表达能力，能够理解并生成更符合中文日常交流习惯的文本，使对话更加自然、流畅。

#### 1. 架构特点

**（1）混合专家模型（MoE）架构：** Deep Seek 的基本架构仍然基于 Transformer，但采用了混合专家模型架构。这种架构将模型分解为多个专家网络和一个门控网络，门控网络根据输入数据的特征，判断应该把任务交给哪个专家模型处理。这种架构使得模型在处理复杂多样的任务时，就像专业分工明确的团队一样高效，每个专家模型专注于自己擅长的领域，不仅提高了处理速度，还能提升结果的准确性。例如，当处理一道数学题时，只有负责数学推理的专家模块被激活，其他模块则处于“待机”状态。这种设计让拥有 6710 亿参数的 DeepSeek-V3 在处理每个问题时只需激活 370 亿参数，既省电又高效。

**（2）多头潜在注意力机制（MLA）：** Deep Seek 引入了多头潜在注意力机制，通过低秩联合压缩机制减少推理过程中的键值缓存需求，提高了推理效率并保持了性能稳定。

**（3）多词元预测（MTP）训练目标：** Deep Seek 采用多词元预测训练目标，相比传统的单词元预测，Deep Seek 能一次预测整句话。MTP 能够显著提升模型在多个任务上的表现，提高了模型的生成能力和准确性。

**（4）FP8 混合精度训练：** Deep Seek 支持 FP8 精度的计算和存储，大幅降低了训练过程中的 GPU 内存需求和存储带宽压力，使得模型能够在更少的资源消耗下完成训练。

**（5）强化学习（RL）的应用：** Deep Seek 在推理环节全面采用强化学习，并对其进行了创新性改进，使得模型在推理任务中表现出色，特别是在数学推理和编程任务上。

#### 2. 主要优势

**（1）多模态融合：** DeepSeek 能够同时处理文本、图像和音频等多种类型的数据，并进行跨模态理解和生成。这使得它能够更好地理解和处理现实世界中的复杂问题，并在多模态应用中发挥更大的作用。

**（2）涌现能力：** DeepSeek 拥有强大的涌现能力，能够在模型参数达到一定规模后，展现出一些在小规模模型中不存在的能力。例如，它能够进行复杂的推理和创作，生成富有创意和逻辑性的内容。

**（3）通用性强：** DeepSeek 被设计成能够在多个领域和任务上工作，例如文本生成、机器翻译、图像识别、音频处理等。这使得它具有广泛的适用性和灵活性，能够满足不同用户的需求。

**（4）易于使用：** DeepSeek 提供了简单的接口和工具，方便用户进行模型调用和部署。用户可以通过自然语言指令或提示词来引导模型生成所需的输出，无须具备专业的机器学习知识。

（5）思考模式交互：在交互时，其他通用大模型往往需显式推理步骤，告诉大模型当前的知识领域、推理步骤、推理细节等，而 DeepSeek 的提示词可以更加简洁、口语化。例如在医疗场景中，其他通用模型可能需要输入非常工整的格式，包含角色指定、详细的病例信息和具体的要求，而 DeepSeek 则可以接受如“男性，35 岁，经常紧张、头疼，现在应该怎么办?”这样简洁且口语化的提示词。

DeepSeek 的这些创新使其在模型性能、计算效率、训练成本和应用场景等方面都取得了显著的突破，以极低的成本实现了高性能，其训练和推理成本显著低于同类模型。此外，DeepSeek 还采用开源策略，支持私有化部署，开源仓库（包括模型权重）统一采用标准化、宽松的 MIT License，完全开源，不限制商用，无须申请，支持用户构建本地知识库，用户可以将各种书籍、文章、笔记等多媒体资料分类、整理和存储在本地知识库中，形成一系列个性化的知识宝库。这种模式打破了硅谷闭源垄断的局面，使得更多企业和开发者能够低成本地使用和改进这些模型。

## 5.4 大模型提示工程

提示工程是通过精心设计的提示词，搭建起人与大语言模型沟通的桥梁，它以精准的词汇、结构和上下文信息，引导模型理解需求、完成任务。 正如日常交流需清晰表达意图，持续优化提示词，能让大模型输出更加精准高效。

### 5.4.1 提示工程简介

提示工程是一种通过设计合适的提示词来引导大模型生成特定输出的技术。在大模型的应用中，提示词的设计对于模型的性能和输出质量有着至关重要的影响。一个好的提示词可以帮助模型更好地理解任务需求，激活模型中与任务相关的知识，从而提高模型的准确性和可靠性。提示工程不仅需要考虑提示词的语言表达和逻辑性，还需要结合任务的特点和模型的特性进行优化。通过提示工程，我们可以使大模型在各种任务中发挥出更大的潜力。

### 5.4.2 零样本提示

零样本提示是一种在没有样本的情况下，仅通过设计合适的提示词来引导模型完成任务的方法。在零样本提示中，提示词需要明确地表达任务的目标和要求，使模型能够根据自身的知识储备来生成符合要求的输出。例如，在进行零样本文本分类时，我们可以设计一个提示词:“请根据以下文本的内容，判断它属于哪个类别，并给出理由。”然后将待分类的文本作为输入，模型就会根据提示词的要求，结合自身的语言理解和分类知识，输出文本的类别和相应的解释。零样本提示在一些数据稀缺或者难以获取标注数据的任务中具有重要的应用价值。

### 5.4.3 少样本提示

少样本提示是在只有少量样本的情况下，通过设计合适的提示词来提高模型性能的方法。在少样本提示中，提示词不仅要明确任务的目标和要求，还需要充分利用少量样本的信息，使模型能够更好地理解和适应任务。例如，在进行少样本问答时，我们可以设计一个提示词:“请根据以下问题和少量的背景资料，给出详细的答案。”然后将问题和少量的背景资料作为输入，模型就会根据提示词的要求，结合自身的语言理解和推理能力，输出准确的答案。少样本提示在一些数据获取成本较高或者数据更新频繁的任务中具有重要的应用价值。

### 5.4.4 链式思考提示

链式思考提示是一种通过设计一系列相互关联的提示词，引导模型进行逐步推理和思考的方法。在链式思考提示中，每个提示词都对应一个推理步骤或者思考角度，模型需要根据前一个提示词的输出结果，结合自身的知识和逻辑，来回答下一个提示词的问题。例如，在进行复杂的推理任务时，我们可以设计一系列提示词：“首先，请根据以下信息判断 A 和 B 之间的关系。然后，请根据 A 和 B 的关系，推断出 C 的属性。最后，请根据 C 的属性，给出 D 的可能值。”模型就会按照提示词的顺序，逐步进行推理和思考，最终输出完整的推理过程和结果。链式思考提示在一些需要多步推理或者综合分析的任务中具有重要的应用价值。

### 5.4.5 提示词

提示词是提示工程的基础，提示工程则是对提示词的设计和优化过程。提示工程通过总结和应用各种技巧，帮助用户写出更有效的提示词，从而提高模型的输出质量和准确性。有效的提示词能够引导模型朝着用户期望的方向生成内容，能够清晰地传达用户的意图，帮助模型更好地理解任务需求，从而生成更准确和相关的输出。

提示词通常包含以下几个要素：

**（1）指令（instruction）：**明确告诉模型需要执行的具体任务。例如，“生成一段描述春天的短文”。

**（2）上下文（context）：**提供任务执行所需的背景信息，帮助模型理解任务的情景和环境。例如，“描述一个充满阳光和温馨的家庭场景，展现生活中简单而美好的瞬间”。

**（3）输入数据（input data）：**模型需要处理的具体信息。例如，“包括自然元素（如花园、阳光、绿植）、有 6 位家庭成员的互动（2 人在喝茶、3 人在看电影，1 人宠物猫陪伴）以及宁静的氛围”。

**（4）输出指示器（output indicator）：**告诉模型用户期望的输出类型或格式。例如，“文字字数不少于 200 字”。

提示词的优化技巧：

**（1）提供详细的场景上下文：**通过详细的描述帮助模型更好地理解任务背景。例如，“描述一个充满阳光和温馨的家庭场景，展现生活中简单而美好的瞬间”。

**（2）角色扮演：**通过设定角色和背景，使模型生成的内容更加生动和具体。例如，“假设你是一位家庭成员，描述你在家庭聚会中的感受”。

**（3）分步提问：**将复杂任务分解为多个步骤，逐步引导模型生成内容。例如，“首先描述家庭成员的互动，然后描述家庭氛围”。

**（4）样本提示：**提供示例，帮助模型理解任务要求。例如，“例如，家庭成员们在客厅里聊天、吃美食，背景音乐轻柔舒缓”

以以下提示词为例，利用智普清言观察大模型的输出结果：

**1. 生成文字**

提示词：生成一段描述春天的短文。

结果：AI 工具会生成一段关于春天的短文，描述春天的景色和氛围。

提示词优化：生成一段描述春天的短文，包括盛开的花朵、温暖的阳光和轻柔的微风。

结果优化：AI 工具生成的短文会更加详细和生动，更好地符合用户的期望。

### 2. 生成图片

提示词：生成一幅描绘日落的图片。

结果：AI 工具会生成一幅日落的图片，但可能比较简单。

提示词优化：生成一幅描绘海边日落的图片，画面中有椰子树和沙滩。

结果优化：AI 工具生成的图片会更加详细和生动，更好地符合用户的期望。

### 3. 生成视频

提示词：生成一段 10 秒的视频，展示一个家庭聚会的场景。

结果：AI 工具会生成一段展示家庭聚会的视频，但可能比较简单。

提示词优化：生成一段 10 秒的视频，展示一个家庭聚会在宽敞的客厅里，家庭成员们在聊天、吃美食，背景音乐轻柔舒缓。

结果优化：AI 工具生成的视频会更加详细和生动，更好地符合用户的期望。

## 5.5 大模型训练与部署

视频
DeepSeek R1大模型本地部署

在人工智能技术不断革新的浪潮中，大模型已然成为推动行业发展的核心力量。而大模型从概念走向实际应用，离不开科学的训练与部署流程，接下来，我们将深入探讨大模型训练相关的关键技术与发展态势。

### 5.5.1 大模型训练

在复杂的模型训练流程中，对模型库的需求急剧增长。随着 AI 框架的不断迭代升级，AI 软件工具在协助实验管理方面扮演的角色日益关键。特别是基于大型预训练模型的微调策略日益普及，这要求我们能够高效、便捷地访问和存储这些预训练模型。这一趋势也推动了适用大模型预训练的大规模加速库快速发展，其中，底层的分布式并行加速库扮演着核心角色。

首先，预训练的大模型因其通用性（即所谓的 L0 通用预训练大模型）而备受青睐。开发者们可以在这些预训练模型的基础上，通过引入少量增量数据进行训练，从而快速构建出适用于特定垂直领域的 L1 模型。为了高效便捷地获取这些模型，一个集成了各类模型的模型库显得尤为重要，它成为数据到模型工作流的关键入口。

模型库，顾名思义，是一个托管并共享大量开源模型的平台社区。在这里，开发者可以下载各种预训练大模型，此外，主流的 Model Hub 平台还提供丰富的共享数据集和应用程序等资源。在国际上，Hugginface 社区是这一领域的佼佼者；而在国内，ModelScope（由阿里达摩院推出的 AI 开源模型社区）等也颇具影响力。

其次，为了满足大规模训练的需求，分布式加速库应运而生。传统 CPU 的分布式计算在大数据的推动下，已经催生了以 MapReduce、Spark 为代表的分布式计算引擎。然而，在 AI 领域，大模型的预训练阶段需要借助大规模的 AI 集群。分布式加速库为大模型提供了多维度的分布式并行能力，使得大模型能够在 AI 集群上实现快速训练和推理。同时，这些加速库还能提升模型和算力的利用率，优化 AI 集群的线性度。目前，业界流行的分布式加速库包括 AscendSpeed、Megatron-LM、DeepSpeed、ColossalAI、BMTrain 等，它们大多基于 PyTorch 等 AI 框架进行特殊优化，以满足大模型分布式训练的需求。

此外，模型训练过程往往涉及多次的修改和迭代。无论是机器学习（ML）还是大型语言模型（LLM），都需要借助实验管理工具进行版本控制和协作管理。实验管理的主要任务是记录实验元数据，辅助版本控制，以确保实验结果的可复现性。

由于模型预训练本质上是一种实验科学，需要反复修改和迭代，且实验结果往往难以预知，因此模型的版本控制和管理显得尤为重要。实验管理软件可以帮助技术人员和团队追踪模型版本、检验模型性能。例如，Weights and Biases（W&B）和 Neptune 等上层应用能够跟踪机器学习实验，记录实验元数据，包括训练使用的数据集、框架、进度和结果等。这些软件还支持以可视化的形式展现实验结果、对比多个实验结果以及团队协作共享等功能。

大模型训练框架是支撑大模型训练的基础架构，它提供了模型训练所需的计算资源、数据管理和优化算法等。以下是一些主流的大模型训练框架：

### 1. 国内外大模型训练框架

#### 1）飞桨（PaddlePaddle）

飞桨是百度开发的深度学习平台，是国内首个开源的深度学习框架。它以易用性、灵活性和高效性著称，支持多种深度学习模型的开发和训练。飞桨提供了丰富的 API 和工具，包括模型库、优化器、评估指标等，能够满足不同场景下的大模型训练需求。例如，在自然语言处理领域，飞桨提供了 ERNIE、BERT 等预训练模型，方便开发者进行文本分类、情感分析等任务。在计算机视觉领域，飞桨支持多种卷积神经网络架构，如 ResNet、Inception 等，助力图像分类、目标检测等任务的模型训练。

#### 2）MindSpore

MindSpore 是华为推出的全场景 AI 计算框架，旨在为用户提供全栈、全场景的 AI 解决方案。它支持多种计算设备，包括 CPU、GPU 和华为自研的 Ascend 芯片，能够实现端、边、云的全场景协同。它采用了自动微分、自动并行等技术，大幅提升了大模型训练的效率和性能。还提供了丰富的模型库和算法库，涵盖自然语言处理、计算机视觉、语音识别等多个领域，助力开发者快速构建和训练大模型。

#### 3）OneFlow

OneFlow 是由一流科技公司开发的深度学习框架，专注于大规模分布式训练。它采用独特的静态图和动态图混合编程模式，能够实现高效的模型并行和数据并行。支持多种深度学习模型，如卷积神经网络、循环神经网络、Transformer 等，并提供了丰富的 API 和工具，方便开发者进行模型的构建、训练和优化。此外，还支持多种硬件平台，如 GPU、CPU 等，具有良好的可扩展性和兼容性。

#### 4）TensorFlow

TensorFlow 是由谷歌开发的开源机器学习框架，广泛应用于学术界和工业界。它支持多种深度学习模型，包括卷积神经网络、循环神经网络、Transformer 等，并提供了丰富的 API 和工具，如 TensorBoard、TFX 等，方便开发者进行模型的训练、评估和部署。TensorFlow 在自然语言处理、计算机视觉、语音识别等领域都有广泛的应用，是大模型训练的重要工具之一。

5）PyTorch

PyTorch 是由 Facebook 开发的开源机器学习框架，以其动态计算图和易用性著称。它支持多种深度学习模型，还提供了 TorchVision、TorchText 等丰富的 API 和工具，方便开发者进行模型的构建、训练和优化。PyTorch 在自然语言处理、计算机视觉等领域有广泛的应用，是大模型训练的另一重要工具。

### 2. 国内外大模型训练平台

大模型训练平台提供了模型训练所需的硬件资源、软件环境和工具支持，使研究人员能够更加高效地进行大模型的训练和研究。以下是一些主流的大模型训练平台：

1）阿里云 ModelScope

阿里云 ModelScope 是一个开放的模型即服务（MaaS）平台，提供了多种领域预训练模型的在线试用、下载、在线微调与部署等功能。拥有丰富的模型库和数据集，涵盖自然语言处理、计算机视觉、多模态等领域，支持开发者进行一站式模型开发和服务。此外，还提供了强大的算力资源和开发工具，帮助开发者高效地进行大模型训练和应用。

2）百度飞桨 AI Star

百度飞桨 AI Star 是一个面向开发者的 AI 开发平台，提供了从数据预处理、模型训练到模型部署的全流程支持。它集成了飞桨深度学习框架和丰富的 AI 工具，如 PaddleHub、PaddleSlim 等，方便开发者快速构建和优化大模型。此外，还提供了丰富的学习资源和社区支持，帮助开发者提升 AI 开发能力。

3）华为 ModelArts

华为 ModelArts 是一个全流程 AI 开发平台，提供了数据标注、模型训练、模型评估、模型部署等一站式服务。它支持多种深度学习框架，包括 MindSpore、TensorFlow、PyTorch 等，并提供了丰富的算力资源和开发工具，帮助开发者高效地进行大模型训练和应用。此外，还提供了丰富的行业解决方案和应用场景，助力企业实现智能化转型。

4）Google Cloud AI Platform

Google Cloud AI Platform 是一个云服务平台，提供了多种机器学习和人工智能服务。它支持多种深度学习框架，如 TensorFlow、PyTorch 等，并提供了强大的算力资源和开发工具，帮助开发者进行大模型训练和应用。此外，还提供了丰富的数据集和模型库，以及多种 AI 应用服务，如自然语言处理、计算机视觉、语音识别等。

5）AWS SageMaker

AWS SageMaker 是亚马逊提供的一个机器学习平台，可以帮助用户快速构建、训练和部署机器学习模型。它支持多种深度学习框架，如 TensorFlow、PyTorch 等，并提供了丰富的算力资源和开发工具，方便开发者进行大模型训练和应用。此外，还提供了多种数据处理和特征工程工具，以及模型监控和管理功能，帮助开发者优化模型性能和应用效果。

## 5.5.2　训练的基本步骤

大模型训练流程包括以下几个基本步骤：

### 1. 分词器训练

分词器是将文本切分成有意义的子单元的工具，其训练是大模型训练的第一步。分词器的性能直接影响模型对文本的理解和处理能力，因此分词器训练至关重要。

分词器的作用：分词器将输入的文本字符串分解为一个个独立的词汇或标记（token），这些词汇或标记是模型能够理解和处理的基本单位。例如，将句子“我爱北京天安门”切分成“我”“爱”“北京”“天安门”等词汇。

分词器类型：常见的分词器类型包括基于规则的分词器、基于统计的分词器和基于深度学习的分词器。基于规则的分词器通过预定义的词汇表和分词规则进行切分，简单高效但难以处理未登录词和歧义；基于统计的分词器利用大规模语料库统计词频和共现概率，能够较好地处理未登录词，但需要大量标注数据；基于深度学习的分词器使用神经网络模型，如 BiLSTM、Transformer 等，能够捕捉文本的上下文信息，具有更高的准确性和鲁棒性。

分词器训练过程：以基于深度学习的分词器为例，训练过程通常包括数据准备、模型构建、模型训练和模型评估等步骤。数据准备阶段需要收集大量的标注语料库，包含文本及其对应的分词结果；模型构建阶段选择合适的神经网络架构，如 BiLSTM-CRF 模型，其中 BiLSTM 用于捕捉文本的双向依赖关系，CRF 层用于建模词汇之间的转移概率；模型训练阶段使用标注语料库对模型进行训练，通过优化算法调整模型参数，使其能够准确地预测词汇的边界；模型评估阶段使用测试集对训练好的分词器进行评估，计算其准确率、召回率和 F1 分数等指标，以衡量其性能。

### 2. 预训练

预训练是在大规模无标注数据上学习通用特征表示和知识的过程，通常采用自监督学习。预训练的目的是让模型在未接触具体任务之前，先对语言的结构、语义和规律有一个全面的了解，从而为后续的下游任务打下坚实的基础。

预训练数据：预训练使用的数据通常是大规模的无标注文本数据，如维基百科、新闻网站、书籍、网页等。这些数据覆盖了广泛的主题和领域，能够为模型提供丰富的语言知识和背景信息。例如，GPT-3 在预训练阶段使用了 Common Crawl、WebText、BooksCorpus、维基百科等多种数据源，总数据量达到了数百 GB。

预训练模型架构：预训练模型通常采用 Transformer 架构，它由编码器（encoder）和解码器（decoder）组成，通过自注意力机制和前馈神经网络，能够捕捉文本中的长距离依赖关系和复杂的语义信息。编码器负责对输入文本进行编码，生成上下文表示；解码器则根据编码器的输出和已生成的文本，逐步生成新的文本序列。

预训练过程：预训练过程包括模型初始化、数据加载、前向传播、损失计算和反向传播等步骤。模型初始化阶段对模型参数进行随机初始化或加载预训练好的参数；数据加载阶段将大规模无标注数据分批次输入模型；前向传播阶段模型根据输入数据生成预测结果；损失计算阶段根据预测结果和真实数据计算损失函数值，如交叉熵损失；反向传播阶段通过梯度下降算法更新模型参数，使其能够更好地拟合数据。

### 3. 有监督微调

有监督微调是使用标注数据对预训练模型进行进一步训练，以适应特定下游任务。微调的目的是让模型在预训练阶段学到的通用特征表示的基础上，进一步学习到与特定任务相关的特征和知识，从而提高模型在该任务上的性能。

微调数据：微调使用的数据是针对特定任务进行标注的数据集，如文本分类任务中的标注文本及其对应的类别标签，问答任务中的问题 - 答案对等。微调数据通常规模较小，但标注质量较高，能够为模型提供明确的任务指导。

微调方法：常见的微调方法包括全参数微调和部分参数微调。全参数微调是对预训练模型的所有参数进行微调，使其能够更好地适应任务；部分参数微调则是冻结预训练模型的部分参数，只对特定的层或参数进行微调，以减少计算资源消耗和防止过拟合。

微调过程：微调过程包括数据准备、模型配置、训练与优化等步骤。数据准备阶段收集和标注与任务相关的数据集；模型配置阶段根据任务需求对预训练模型进行适当的配置，如添加任务特定的输出层、调整模型的超参数等；训练与优化阶段使用标注好的数据集对模型进行训练，通过优化算法更新模型参数，使模型在任务数据集上的性能达到最优。

### 4. 奖励建模

奖励建模是设计奖励函数，评估模型输出与人类价值观的一致性，使模型学习到符合期望的行为。奖励建模的目的是引导模型生成更加符合人类价值观和偏好的输出，提高模型的实用性和可靠性。

奖励函数：奖励函数是衡量模型输出质量的指标，它根据模型输出与人类价值观的一致性给出一个奖励分数。奖励函数的设计需要考虑多个因素，如输出的准确性、相关性、连贯性、安全性等。例如，在对话系统中，奖励函数可以综合考虑回答的正确性、相关性和用户满意度等因素，给出一个综合的奖励分数。

奖励建模方法：常见的奖励建模方法包括基于规则的奖励建模和基于学习的奖励建模。基于规则的奖励建模通过制定一系列规则来定义奖励函数，如根据输出中是否包含某些关键词、是否符合语法规范等规则来计算奖励；基于学习的奖励建模则是通过从大量标注数据中学习奖励函数，如使用监督学习方法训练一个奖励模型，使其能够根据输入和输出自动计算奖励分数。

奖励建模过程：奖励建模过程包括数据准备、模型设计、模型训练和模型评估等步骤。数据准备阶段需要收集大量的标注数据，包含输入、输出和对应的奖励分数；模型设计阶段根据任务需求设计合适的奖励函数或奖励模型架构；模型训练阶段使用标注数据对奖励模型进行训练，使其能够准确地计算奖励分数；模型评估阶段对训练好的奖励模型进行评估，计算其在测试集上的性能指标，如准确率、相关性等。

### 5. 强化学习

强化学习是应用强化学习技术，根据奖励信号调整模型行为，生成更加符合人类价值观的输出。强化学习通过与环境的交互，不断学习和优化模型的行为策略，使其能够在长期过程中获得最大的累积奖励。

强化学习基本概念：强化学习涉及智能体（agent）、环境（environment）、状态（state）、动作（action）和奖励（reward）等基本概念。智能体是学习和决策的主体，环境是智能体所处的外部世界，状态是环境在某一时刻的情况，动作是智能体在某一状态下所采取的行为，奖励是环境对智能体动作的反馈。

强化学习算法：常见的强化学习算法包括 Q 学习、策略梯度、演员 - 评论家（actor-critic）等。Q 学习通过学习状态 - 动作对的价值函数来选择最优动作；策略梯度通过优化智能体的策略参数来最大化期望奖励；演员 - 评论家算法结合了策略梯度和价值函数的方法，同时学习策略和价值函数。

强化学习过程：强化学习过程包括初始化、交互、更新和迭代等步骤。初始化阶段设置智能体的初始状态和策略参数；交互阶段智能体根据当前策略与环境进行交互，选择动作并获得奖励和新的状态；更新阶段根据奖励信号和学习算法更新智能体的策略参数和价值函数；迭代阶段重复交互和更新过程，直到智能体的策略收敛到最优策略。

### 5.5.3 大模型训练方法

大模型训练方法是提高训练效率和模型性能的关键。随着模型规模的不断扩大和数据量的激增，传统的训练方法已难以满足大模型的训练需求。以下是一些常用的大模型训练方法，它们通过优化计算资源的利用、提升数据处理效率和改进模型更新策略，使得大模型的训练变得更加高效和稳定。

#### 1. 分布式训练

分布式训练通过将模型的计算任务分散到多个计算节点上，可以显著提高训练效率和处理大规模数据的能力。在大模型训练中，分布式训练是必不可少的方法，它能够充分利用集群资源，加速模型的训练过程。

数据并行：数据并行是将训练数据均匀地分配到多个计算节点上，每个节点独立计算损失和梯度，然后通过通信操作将梯度汇总并更新模型参数。数据并行适用于模型较小、数据量大的情况，它可以高效地利用多个 GPU 的计算能力，加速模型在大规模数据集上的训练。例如，在训练一个图像分类模型时，可以将大量的图像数据分散到多个 GPU 上，每个 GPU 处理一部分数据，然后将计算得到的梯度进行平均，更新模型的参数。

模型并行：模型并行是将模型的不同部分（如层或子网络）分配到不同的计算节点上，每个节点只计算模型的一部分，然后通过通信操作将计算结果传递给其他节点。模型并行适用于模型较大、数据量适中的情况，它可以解决单个 GPU 内存不足以存储整个模型的问题，使得更大规模的模型得以训练。例如，在训练一个超大规模的语言模型时，可以将模型的不同层分布到多个 GPU 上，每个 GPU 负责一部分层的计算，然后将中间结果进行传递和拼接，完成整个模型的前向和反向传播。

流水线并行：流水线并行是将模型的计算过程划分为多个阶段，每个阶段由不同的计算节点负责，形成一个流水线。数据在流水线中依次通过各个阶段，每个节点在完成自己的计算任务后，将结果传递给下一个节点。流水线并行适用于模型较大、计算过程复杂的任务，它可以提高模型训练的吞吐量，减少计算资源的闲置时间。例如，在训练一个深度神经网络时，可以将网络的不同部分（如卷积层、池化层、全连接层）分配到不同的 GPU 上，形成一个流水线，数据依次通过各个阶段，完成整个网络的计算。

#### 2. 混合精度训练

混合精度训练结合了单精度浮点数（FP32）和半精度浮点数（FP16）的优点，通过在不同的计算阶段使用不同精度的浮点数，可以提高训练效率和减少内存占用。在混合精度训练中，模型的参数和激活值使用 FP32 存储，以保证数值的精度和稳定性；而计算过程中的中间结果使用 FP16 进行计算，以利用 FP16 的计算速度优势。混合精度训练能够在不损失模型精度的前提下，显著加快模型的训练速度，并减少显存的使用。例如，在训练一个大规模的图像生成模型时，可以采用混合精度训练，将卷积操作和矩阵乘法等计算密集的部分使用 FP16 进行加速，而将梯度更新和参数存储使用 FP32 进行，从而在保证模型质量的同时，提高训练的效率。

#### 3. 梯度累积

梯度累积是一种在小批量训练中模拟大批量训练效果的方法。在每次迭代中，模型不立即更新参数，而是将计算得到的梯度累积起来，直到累积到一定数量后再进行一次参数更新。梯度累积可以提高训练的稳定性，使模型能够更好地利用大批量数据的优势，同时减少内存占用和通信开销。例如，在训练一个大规模的语言模型时，由于单个 GPU 的内存限制，无法一次性处理大批量的数据，此时可以采用梯度累积的方法，将多个小批量的梯度进行累积，然后进行一次参数更新，从而模拟大批量训练的效果，提高模型的收敛速度和稳定性。

#### 4. 模型蒸馏

模型蒸馏是一种将大模型的知识迁移到小模型中的方法，通过训练小模型来模仿大模型的行为和输出。例如，在部署一个大规模的图像识别模型到移动设备上时，由于设备的计算资源和存储空间有限，可以采用模型蒸馏的方法，将大模型的知识迁移到一个小模型中，然后将小模型部署到移动设备上，从而在保证模型性能的同时，满足设备的资源限制。

这些大模型训练方法在实际应用中可以相互结合使用，以充分发挥各自的优势，进一步提升大模型的训练效率和性能。例如，在训练一个超大规模的多模态模型时，可以同时采用分布式训练、混合精度训练和梯度累积等方法，以应对模型规模大、数据量多、计算复杂度高等挑战，高效地完成模型的训练任务。

### 5.5.4 大模型部署

大模型从研究环境成功部署到实际应用场景中，是一项复杂且充满挑战的任务。这不仅涉及技术层面的考量，还与资源管理、性能优化、安全性等多方面因素息息相关。随着人工智能技术的快速发展，大模型在各个领域的应用越来越广泛，如何高效、安全地部署大模型成为一个重要的问题。

大模型的部署方式可以根据不同的需求和场景进行选择。常见的部署方式包括公有云部署、私有云部署、混合云部署和本地化部署。每种部署方式都有其独特的优势和适用场景，选择合适的部署方式对于实现大模型的有效应用至关重要。

#### 1. 按部署环境分类

##### 1）公有云部署

公有云部署是指将大模型部署在云服务商提供的 AI 平台上，使用方通过 API 调用大模型。云服务商通常会提供一系列的 AI 平台和接口，支持多种大模型的部署和调用。

公有云部署方式具有以下优势：

**（1）按需计费：**用户可以根据实际使用量支付费用，无须一次性投入大量资金购买硬件设备。

**（2）投入低：**公有云平台提供了强大的计算资源和存储能力，用户无须自行构建和维护复杂的硬件环境。

**（3）可扩展性强：**公有云平台能够根据用户的需求动态调整资源，支持大规模的并发请求。

**（4）无需维护：**云服务商负责平台的维护和升级，用户无须担心硬件故障和软件更新等问题。

公有云部署方式具有以下劣势：

**（1）数据安全和隐私问题：**由于数据存储在云端，可能存在数据泄露和隐私侵犯的风险。

公有云部署方式通常适用对象：

**（2）各类中小企业：**这些企业通常缺乏足够的资金和技术能力来构建和维护自己的硬件环境，公有云部署可以快速实现 AI 应用的落地。

**（3）个人开发者：**个人开发者可以通过公有云平台快速获取和使用大模型，进行创新和开发。

常见的云部署方式应用案例：

**（1）百度智能云：**百度智能云提供了多种 AI 平台和接口，支持大模型的部署和调用。用户可以通过 API 接口快速接入百度的大模型，实现各种 AI 应用。

**（2）阿里云：**阿里云的 ModelScope 平台提供了丰富的预训练模型和微调工具，用户可以方便地进行模型的部署和应用。

**（3）华为云：**华为云的 ModelArts 平台支持大模型的训练和部署，提供了强大的计算资源和优化工具，帮助用户高效地实现 AI 应用。

### 2）私有云部署

私有云部署是指在企业或机构内部的私有云环境中部署大模型，实现数据和算力的自主可控。私有云部署通常需要企业自行构建和维护硬件环境，但可以更好地保护数据的安全性和隐私。

私有云部署方式具有以下优势：

**（1）定制化程度高：**企业可以根据自身的需求和业务特点，对大模型进行定制和优化。

**（2）数据安全性高：**数据存储在企业内部的私有云中，减少了数据泄露和隐私侵犯的风险。

同时私有云部署方式也具有以下劣势：

建设和维护成本高：企业需要投入大量的资金购买硬件设备，并且需要专业的技术团队进行维护和管理。

私有云部署方式通常适用对象：

对数据安全和隐私保护要求较高的大型企业：这些企业通常拥有大量的敏感数据，需要通过私有云部署来确保数据的安全性和隐私性。

私有云部署方式应用案例：

**（1）华为云 Stack：**华为云 Stack 提供了完整的私有云解决方案，支持大模型的训练和部署。企业可以在私有云环境中实现数据和模型的自主可控，确保数据的安全性和隐私性。

**（2）浪潮信息：**浪潮信息的私有云解决方案提供了强大的计算资源和存储能力，支持大模型的高效部署和运行。

### 3）混合云部署

混合云部署是指将敏感任务在本地处理，非敏感任务在公有云处理。这种部署方式结合了公有云和私有云的优势，既保证了核心数据的安全性，又利用了公有云的弹性计算能力。

混合云部署方式具有以下优势：

**（1）平衡成本与安全：**企业可以根据任务的敏感程度，灵活选择在公有云或私有云中进行处理，优化成本和安全的平衡。

**（2）核心数据本地化：**敏感数据和关键任务可以在本地私有云中处理，确保数据的安全性和隐私性。

**（3）弹性任务上云：**非敏感任务可以利用公有云的弹性计算能力，实现资源的灵活调配和优化。

同时私有云部署方式也具有以下劣势：

管理、运维复杂度较高：混合云部署需要同时管理公有云和私有云资源，增加了管理的复杂度和运维的难度。

混合云部署方式通常适用对象：

业务具有周期性、复杂性、全球化的企业：这些企业可以根据业务的需求和特点，灵活选择在公有云或私有云中进行任务处理，实现资源的最优配置。

混合云部署方式应用案例：

**（1）华为云 Stack 混合云：** 华为云 Stack 混合云解决方案支持大模型的混合云部署，企业可以在本地私有云中处理敏感任务，同时利用公有云的弹性计算能力处理非敏感任务，实现资源的灵活调配和优化。

**（2）浪潮信息混合云：** 浪潮信息的混合云解决方案提供了强大的计算资源和存储能力，支持大模型的混合云部署，帮助企业实现资源的最优配置和管理。

#### 4）本地化部署

本地化部署是指企业将模型部署在本地服务器或一体机上，实现数据和模型的自主可控，无须依赖外部云服务。本地化部署可以确保数据的安全性和隐私性，适用于对数据安全和自主性要求较高的机构。

本地化部署具有以下优势：

**（1）保障数据安全性和隐私性：** 数据存储在本地服务器或一体机上，减少了数据泄露和隐私侵犯的风险。

**（2）可以不联网使用：** 本地化部署的模型可以不依赖外部网络，确保数据在本地处理，适合在没有网络连接的环境中使用。

本地化部署也有以下劣势：

前期投入成本高：企业需要购买本地服务器或一体机等硬件设备，前期投入成本较高。

本地化部署适用对象：

对数据安全和自主性要求较高的机构：如金融、能源、政务、医疗等部门，这些机构通常拥有大量的敏感数据，需要通过本地化部署来确保数据的安全性和隐私性。

本地化部署一体机产品案例：

**（1）龙芯 DeepSeek 推理一体机：** 基于 DeepSeek 大模型的软硬全栈推理一体机。产品基于龙芯自主指令系统架构（LoongArch）处理器，搭载太初元碁 T100 加速卡，支持 DeepSeek 全系大模型及其他主流大模型，为政企、教育、工业等行业用户提供高性能、安全可靠、数据不出域的私有化模型推理服务。

**（2）昇腾一体机：** 昇腾一体机是一种超融合一体机，将计算、存储、网络和虚拟化资源集成于单一设备，支持大模型的本地化部署。企业可以在本地服务器或一体机上实现数据和模型的自主可控，确保数据的安全性和隐私性。

**（3）云从科技一体机：** 云从科技的一体机解决方案支持大模型的本地化部署，提供了强大的计算资源和存储能力，帮助企业实现数据和模型的自主可控。

### 2. 按实现方式分类

#### 1）API 调用

API 调用是指直接调用预训练模型，通过 API 接口传入数据，获取结果。这种方式适用于中小企业和个人开发者，可以快速实现 AI 应用的落地。

适用场景：

**（1）中小企业：** 这些企业通常缺乏足够的资金和技术能力来构建和维护自己的硬件环境，API 调用可以快速实现 AI 应用的落地。

**（2）个人开发者：** 个人开发者可以通过 API 接口快速获取和使用大模型，进行创新和开发。

案例：

**（1）百度智能云：**百度智能云提供了多种 AI 平台和接口，支持大模型的部署和调用。用户可以通过 API 接口快速接入百度的大模型，实现各种 AI 应用。

**（2）阿里云：**阿里云的 ModelScope 平台提供了丰富的预训练模型和微调工具，用户可以方便地进行模型的部署和应用。

**（3）华为云：**华为云的 ModelArts 平台支持大模型的训练和部署，提供了强大的计算资源和优化工具，帮助用户高效地实现 AI 应用。

**2）模型微调**

模型微调是指选择开源基座模型，使用企业私有数据微调模型参数。这种方式适用于适配小众垂直领域，如教育的阅卷系统、司法的文书处理、医疗诊断等。

适用场景：

**（1）教育领域：**通过微调大模型，可以实现自动阅卷、智能辅导等功能，提高教育效率和质量。

**（2）司法领域：**通过微调大模型，可以实现文书处理、案件分析等功能，提高司法工作的效率和准确性。

**（3）医疗领域：**通过微调大模型，可以实现医疗诊断、病历分析等功能，提高医疗服务的质量和效率。

案例：

**（1）达观数据：**达观数据的“曹植”大模型一体机支持模型微调，企业可以使用私有数据对模型进行微调，实现特定领域的应用。

**（2）云从科技：**云从科技的一体机解决方案支持模型微调，企业可以使用私有数据对模型进行微调，实现特定领域的应用。

DeepSeek：接入 DeepSeek 模型开启 AI+ 教育新基建，用于教师主页数字分身、智慧搜索平台、学院网站智能体等场景。

**3）联合研发**

联合研发是指企业与模型公司合作，共同研发大模型，共享知识产权或数据。这种方式适用于对模型性能和定制化要求较高的企业。

适用场景：

**（1）金融领域：**金融机构可以与模型公司合作，共同研发适合金融业务的大模型，提高金融风险评估和预测的准确性。

**（2）医疗领域：**医疗机构可以与模型公司合作，共同研发适合医疗诊断的大模型，提高医疗服务的质量和效率。

**（3）能源领域：**能源企业可以与模型公司合作，共同研发适合能源管理的大模型，提高能源利用效率和管理能力。

案例：

**（1）月之暗面：**月之暗面与多家金融机构合作，共同研发适合金融业务的大模型，提高了金融风险评估和预测的准确性。

**（2）智谱清言：**智谱清言与多家医疗机构合作，共同研发适合医疗诊断的大模型，提高了医疗服务的质量和效率。

### 3. 安全性与合规性

#### 1）数据安全

在大模型部署过程中，数据的安全至关重要。模型可能会处理大量的敏感数据，如用户的个人信息、企业的商业机密等。需要采取加密技术来保护数据在存储和传输过程中的安全。例如，在将用户输入数据传输到部署有大模型的服务器时，可以采用 SSL/TLS 协议进行加密传输，防止数据被窃取或篡改。

#### 2）模型知识产权与合规性

大模型的研发和部署需要遵循相关的知识产权法律法规。如果使用了开源的模型或者预训练权重，需要确保遵循开源协议的要求。同时，在模型的商业化部署过程中，要注意保护自身的知识产权，防止模型被恶意抄袭或者滥用。

大模型的部署方式多种多样，每种方式都有其独特的优势和适用场景。企业可以根据自身的业务需求、数据安全要求和资源条件，选择合适的部署方式。公有云部署适合中小企业和个人开发者，私有云部署适合对数据安全要求较高的大型企业，混合云部署适合业务具有周期性和复杂性的企业，本地化部署适合对数据安全和自主性要求较高的机构。通过合理选择和优化部署方式，企业可以实现大模型的有效应用，提升业务效率和竞争力。

## 5.6 大模型的应用

大模型凭借其强大的知识处理能力和广泛的应用潜力，在各个领域都展现出了巨大的价值。以下是一些大模型的主要应用场景。

视 频

大模型应用实践

### 5.6.1 智能客服与对话系统

大模型在智能客服与对话系统中的应用，极大地提升了客户服务质量，改变了传统的客户服务模式。通过大模型的理解和生成能力，智能客服可以实现更加自然、流畅、准确的对话交互，为用户提供更加个性化、智能化的服务体验。

#### 1. 理解用户意图

大模型能够准确理解用户的自然语言输入，识别出用户的意图和需求。例如，当用户向智能客服咨询产品信息时，大模型可以通过对用户问题的语义分析，快速准确地理解用户想要了解的产品特点、价格、使用方法等信息，从而为用户提供针对性的回答和解决方案。

#### 2. 生成自然回复

大模型能够生成自然、流畅、富有逻辑的回复文本，使对话更加接近人类之间的交流。它可以根据用户的输入和上下文信息，灵活地组织语言，生成恰当的回复内容，既能够提供详细的信息，也能够进行有效的引导和互动。例如，在用户咨询售后服务时，大模型可以生成包含多个步骤和注意事项的详细解答，帮助用户更好地了解售后服务流程。

#### 3. 处理复杂场景

大模型在处理复杂的对话场景时也表现出色。它能够理解多轮对话的上下文关系，记住用户的对话历史和相关信息，从而在长对话中保持连贯性和一致性。同时，大模型还能够应对用户的各种问题和突发情况，如用户的抱怨、投诉、反问等，通过灵活的应变能力和丰富的知识储备，给出合适的回应和解决方案，提升用户满意度。

### 4. 提高服务效率

大模型的应用可以显著提高客户服务的效率。相比于传统的人工客服，智能客服可以同时处理多个用户的请求，不受时间和空间的限制，大大缩短了用户的等待时间。此外，大模型还可以通过自动化的方式，快速地从大量的数据中提取和整合信息，为用户提供更加全面和准确的服务。

### 5. 降低运营成本

随着大模型在智能客服中的广泛应用，企业可以减少对人工客服的依赖，降低人力资源成本。同时，大模型还可以通过持续地学习和优化，不断提高自身的服务能力和效率，为企业带来更大的经济效益。

总之，大模型在智能客服与对话系统中的应用，不仅提升了客户服务质量，也为企业的客户服务工作带来了革命性的变革，推动了客户服务行业的智能化发展。

## 5.6.2 生成式 AI

生成式人工智能（generative AI, GAI）是一种人工智能技术，它能够根据从现有信息中学习到的模式生成新的数据，包括文本、图像、音频、视频等多种类型。大模型在生成式 AI 中发挥着关键的作用，通过其强大的生成能力和广泛的知识储备，创造出各种新颖、逼真、富有创意的内容。

### 1. 文本生成

大模型在文本生成方面具有显著的优势。它可以根据给定的提示或主题，生成连贯、流畅、富有逻辑和创意的文本内容。例如，在新闻写作中，大模型可以根据新闻事件的关键词和相关信息，快速生成一篇完整的新闻报道，包括标题、导语、正文等各个部分；在文学创作中，大模型可以根据用户提供的故事梗概或风格要求，创作出诗歌、小说、剧本等文学作品，展现出独特的艺术魅力和创造力。

### 2. 图像生成

大模型在图像生成方面也取得了突破性的进展。它可以根据文本描述、草图或其他图像信息，生成高质量、逼真、具有特定风格和特征的图像。例如，用户可以输入一段描述性的文字，如“一幅日落下的海边风景画”，大模型便能够生成一幅符合描述的图像，展现出美丽的海景和绚丽的晚霞；在艺术创作中，大模型还可以模仿不同艺术家的风格，生成具有特定艺术风格的图像作品，为艺术创作提供了新的可能性。

### 3. 音频生成

大模型在音频生成方面同样展现出强大的能力。它可以根据文本、音乐片段或其他音频信息，生成自然、流畅、富有表现力的音频内容。例如，在语音合成中，大模型可以根据文本内容和语音要求，生成逼真的人类语音，实现高质量的语音合成；在音乐创作中，大模型可以根据音乐风格、旋律、节奏等信息，创作出新的音乐作品，甚至能够生成完整的音乐专辑。

### 4. 视频生成

大模型在视频生成方面也取得了显著的成果。它可以根据文本描述、图像序列或其他视频信息，生成连贯、流畅、具有特定主题和风格的视频内容。例如，在视频制作中，大模型可以根据剧本和场景要求，生成一段完整的视频片段，包括人物动作、场景背景、特效等；在游戏开发中，大模型还可以根据游戏设计和故事情节，生成逼真的游戏画面和动画效果，提升游戏的沉浸感和体验感。

#### 5. 跨模态生成

大模型还能够实现跨模态的生成，即在不同模态之间进行转换和生成。例如，它可以将文本描述转换为图像或视频，将图像信息转换为文本描述，将音频内容转换为文本或图像等。这种跨模态生成能力使得大模型在多模态数据处理和应用中具有更加广泛的应用前景。

生成式 AI 的发展，不仅为内容创作、娱乐、艺术等领域带来了新的机遇和挑战，也为人工智能技术的发展提供了新的方向和动力。大模型在生成式 AI 中的应用，使得人工智能从简单的数据处理和分析，迈向了更加复杂和创造性的领域，展现出更加广阔的应用潜力。

### 5.6.3 跨语言与跨文化传播

大模型在跨语言与跨文化传播方面发挥着重要的作用，它能够实现多语言翻译、文化理解、知识共享等功能，促进全球信息交流与融合，推动不同语言和文化之间的交流与合作。

#### 1. 多语言翻译

大模型在多语言翻译方面具有强大的能力。它能够准确地理解和翻译多种语言之间的文本内容，实现高质量的跨语言交流。例如，大模型可以将一篇英文科技论文翻译成中文，使中文读者能够更好地理解和掌握论文中的研究成果；也可以将一部中文小说翻译成英文，让英文读者欣赏到中文文学的魅力。大模型的多语言翻译功能，不仅提高了翻译的效率和质量，还促进了不同语言之间的知识传播和文化交流。

#### 2. 文化理解

大模型在文化理解方面也展现出独特的优势。它能够通过分析和学习大量的文化数据，理解不同文化背景下的语言表达、行为习惯、价值观念等。例如，大模型可以理解不同国家和地区的文化差异，如在商务谈判中，它能够识别出不同文化背景下的谈判风格和策略，为用户提供更加合适的交流建议；在文化交流活动中，大模型还可以帮助用户了解不同文化的传统习俗和节日庆典，促进跨文化的理解和尊重。

#### 3. 知识共享

大模型在知识共享方面发挥着重要的作用。它能够整合和分析来自不同语言和文化背景的知识资源，为用户提供全面、准确、多样化的知识信息。例如，在科学研究领域，大模型可以将不同国家和地区的研究成果进行整合和翻译，使全球的科研人员能够共享最新的科研进展和创新成果；在教育领域，大模型还可以根据学生的语言和文化背景，提供个性化的学习资源和教学内容，促进教育资源的公平共享和优化配置。

#### 4. 促进交流与合作

大模型通过跨语言与跨文化传播的功能，促进了不同国家和地区的交流与合作。它打破了语言和文化的障碍，使人们能够更加便捷地进行跨国交流、合作项目、文化交流等活动。例如，在国际贸易中，大模型可以帮助企业进行跨语言的商务沟通和合同翻译，促进国际贸易的顺利进行；在国际合作项目中，大模型还可以协助不同国家的团队进行跨文化的协作和知识共享，提高合作效率和成果。

# 5.7 案例实践

使用 AI 工具生成一段描述美好生活的文字；再使用 AI 工具生成该段文字的核心摘要；最后使用 AI 工具依据所生成这段描述生成一幅图片。

可以使用文心一言、讯飞星火、DeepSeek、智普清言等 AI 工具。

打开浏览器，选择以上或任意对话式 AI 工具官方网站，登录或注册后进入控制台。

## 5.7.1 生成文本

文本的生成可以从环境氛围、空间、精神追求、休闲娱乐、物质享受、情感关系、工作状态等方面来描述，如果希望 AI 工具自由发挥，提示词可以写得比较宽泛一些，反之就给出详细的描述，比如“有 5 个人”，“在宽大的中式客厅”“观看动画片”等。语言大模型再通过对大量文本数据的学习后，能够生成符合用户需求的高质量文本。例如，它会利用自然语言处理（NLP）技术，对提示词进行分词、词性标注和语义理解，从而生成一段流畅且富有情感的文字。

比如使用文心一言生成一段描述家庭成员的温馨生活的场景。

打开浏览器，访问文心一言的官方网站，登录或注册后进入控制台。在提示框中输入:“描述一个充满阳光和温馨的家庭场景，展现生活中简单而美好的瞬间。包括自然元素（如花园、阳光、绿植）、有 6 位家庭成员的互动（2 人在喝茶、3 人在看电影，1 人宠物猫陪伴）以及宁静的氛围，文字字数不少于 200 字。”单击“生成”按钮，系统会根据提示词生成一段生动的文字描述。这段文字可能会描绘出阳光透过窗户洒在客厅的地板上，绿植在角落里生机勃勃，家庭成员们在这样温馨的环境中享受着简单而美好的时光。

## 5.7.2 生成摘要

生成摘要可以首先告诉 AI 工具摘要的性质，如文章总结、论文摘要；然后明确摘要中要包含的内容。还可以限制摘要长度，如“3 ~ 5 句话”；摘要模式，如“简洁摘要”。例如：

将上述生成的文字复制到 Kimi 工具中，输入提示:“使用 3~5 句话总结这段文字要表达的中心内容和观点。”系统根据提示生成一段简洁的摘要。Kimi 即可提供例如:“这段文字描绘了一个充满阳光和温馨的家庭场景，展现了生活中简单而美好的瞬间。家庭成员们在自然元素的环绕下，享受着喝茶、看电影等互动活动，营造出宁静而幸福的氛围。”的摘要。

大模型应用通过对文本的分析和理解，能够快速提取出关键信息，生成准确而简洁的摘要。这一过程主要依赖于 NLP 中的文本摘要技术，AI 工具会自动识别文本中的关键句子和词汇，从而生成一个简洁的摘要。

## 5.7.3 生成图片

图片生成除了场景及图片内容描述，还需要对图片的风格进行描述，例如，图像分辨率、风格、镜头效果、光照效、主题、构图、人物、姿势、服装、道具、场景、环境、饰品、特征等。

将在 5.7.1 节中生成的内容或在 5.7.2 节中生成的摘要复制到智普清言的 AI 绘图提示框中，并输入以下提示：

“生成一幅图片使用广角镜头视角，分辨率 1 024 × 1 024 像素、使用写实风格、色彩温暖色调，突出阳光和自然元素。”

智普清言的 AI 绘图工具会根据提示生成一幅符合要求的图片。这幅图片可能会展示一个宽敞明亮的客厅，阳光透过窗户洒在地板上，绿植在角落里生机勃勃，家庭成员们在这样的环境中享受着简单而美好的时光。

大模型应用利用生成对抗网络（GAN）或变分自编码器（VAEs）等技术等图像生成技术的学习和优化，根据文本描述生成相应的图像，满足用户的需求。

### 5.7.4　生成视频

大模型应用利用生成对抗网络（GAN）、扩散模型（diffusion models）等多模态融合技术的学习和优化，能够生成符合用户需求的视频脚本，为用户提供更加丰富的创作体验。

视　频

文生视频

将在 5.7.1 节中生成的内容或在 5.7.2 节中生成的摘要复制到 DeepSeep 工具提示框中，并输入以下提示：

“生成 10 秒的视频脚本”

然后将所生产的生成的视频脚本，复制到即梦 AI 的文本生成视频的提示框中，例如：

镜头 1：[0~2s] 宽景，阳光透过落地窗洒在客厅，柔和的光线营造出温暖氛围，背景音乐轻柔舒缓。

镜头 2：[2~5s] 中景，沙发上家人们或坐或躺，脸上洋溢着幸福笑容，餐桌上的美食散发着香气，画面色彩鲜艳。

镜头 3：[5~8s] 特写，家庭成员品尝美食，赞不绝口，画面聚焦在美食和他们的表情上，音效添加轻快的咀嚼声。

镜头 4：[8~10s] 中景，客厅一角的大屏幕电视播放电影，几位家庭成员专注观看，画面中加入窗外鸟鸣声，家庭成员欢声笑语，画面定格，背景音乐渐强，营造温馨氛围。

操作步骤如图 5-9 所示。在即梦 AI 官网选择 AI 视频的视频生成功能，进入操作页面。然后选择视频生成 - 文本生视频，然后输入提示词，再选择模型和视频参数后，单击“生成视频”按钮，生成视频。

图 5-9　即梦 AI 文生视频

当使用 AI 工具生成文字、图片、视频等作品时，其结果的质量主要取决于 AI 工具的泛化能力。例如，一个具有良好泛化能力的 AI 模型，能够在面对各种不同的提示词时，生成符合用户需求的作品。同时，用户输入的“提示词”也会对生成结果产生重要影响。不同的提示词会引导 AI 工具生成不同的内容，因此，提示词的准确性和详细程度会直接影响生成作品的质量。如果提示词过于模糊或不准确，AI 工具可能无法生成符合用户期望的作品。相反，如果提示词详细且准确，AI 工具则更有可能生成高质量的作品。

## 小　结

本章介绍了大模型的概念、发展、特征、框架、数据、训练、部署和提示工程等内容。介绍了大模型训练的基本步骤，包括分词器训练、预训练、有监督微调、奖励建模和强化学习等。大模型经历了从神经网络奠基到 Transformer 引领，再到预训练大模型时代的发展。它们按数据类型、模态和应用领域分类，核心特征是泛化能力和涌现能力。泛化能力让模型适应新数据、任务或环境，涌现能力则在模型达到一定规模时展现特殊能力。数据是构建大模型的基础，强调数据质量和多样性对提升模型泛化能力和创新性至关重要。大模型框架经历了从浅层网络到 Transformer 的演变，Transformer 架构具有自注意力机制和并行计算等优势。此外，提示工程通过设计提示词引导模型生成特定输出。大模型训练包括分词器训练、预训练、微调等步骤，训练方法涉及分布式训练、混合精度训练等。部署时关注模型监控和可观测性。

## 习　题

### 1. 填空题

（1）大模型也称为________，是指具有________和________的机器学习模型。

（2）大模型的发展经历了________、________、________三个主要阶段。

（3）语言模型专注于处理和理解________数据，例如，GPT 系列、Google 的 Bard 以及百度的文心一言都属于这一类。

（4）视觉模型主要应用于________，例如，Google 的 VIT 系列、文心 UFO、华为盘古 CV 和商汤科技的 INTERN 都是这一领域的知名例子。

（5）多模态模型能够同时理解和处理多种类型的数据，如________、________和________。

（6）通用大模型 L0 被设计成可以在________和________上工作。

（7）行业大模型 L1 针对特定________或________的需求进行优化。

（8）垂直大模型 L2 为解决特定________或________而设计。

（9）________是指模型从训练数据中学习到的知识和模式，能够应用到新的数据、任务或环境中的能力。

（10）________是在模型参数增加到某一临界点时，系统的量变导致行为的质变的现象。

### 2. 选择题

（1）以下（　　）模型属于语言模型。

A. DALL-E　　B. GPT-3　　C. AlphaFold　　D. VIT

（2）以下（　　）模型属于视觉模型。

A. BERT　　B. DALL-E　　C. GPT-3　　D. VIT

（3）以下（　　）模型属于多模态模型。

A. CLIP　　B. GPT-2　　C. ResNet　　D. BERT

（4）以下（　　）技术可以提高模型的泛化能力。

A. 正则化技术　　B. 数据增强技术　　C. 混合精度训练　　D. 梯度累积

（5）以下（　　）技术可以实现跨模态生成。

A. 自注意力机制　　B. 多头注意力机制

C. 链式思考提示　　D. 文生图模型

（6）以下（　　）技术可以实现文本生成。

A. 文生图模型　　B. 图文匹配模型　　C. 文生音模型　　D. 文本生成模型

（7）以下（　　）模型属于 BERT 家族。

A. GPT-3　　B. BERT　　C. CLIP　　D. DALL-E

（8）以下（　　）模型属于 GPT 家族。

A. GPT-3　　B. BERT　　C. CLIP　　D. DALL-E

（9）以下（　　）技术可以提高模型的泛化能力。

A. 数据增强技术　　B. 混合精度训练　　C. 梯度累积　　D. 模型蒸馏

（10）以下（　　）技术可以实现跨模态生成。

A. 自注意力机制　　B. 多头注意力机制

C. 链式思考提示　　D. 文生图模型

### 3. 简答题

（1）简述大模型的主要特征。

（2）简述大模型数据集的构建流程。

（3）简述 Transformer 架构的主要优势。

（4）简述提示工程在大模型应用中的作用。

（5）简述大模型训练的基本步骤。

### 4. 实践题

使用 DeepSeek 制作一个“智能角读书分享会”活动，活动中包含你特别关注的两个技术讨论，并观察一次提示和分次提示的输出结果。

# 第6章 常用小模型

小模型是相对大模型而言的，对应于嵌入式人工智能，或边缘智能。它面向工业智能化第一线，将与物联网、云计算等技术相融合，实现工业智能化、自动化，是减轻人类劳动的主力军。为了更好地利用小模型，需要了解其发展背景、基本架构、训练与部署方法，也需要多方面了解其应用。

## 学习目标

（1）了解小模型的定义与特点、发展历程、分类；

（2）理解小模型与大模型的区别；

视频

常用小模型

（3）掌握小模型的构建方法；

（4）了解模型压缩技术；

（5）理解小模型的训练与部署；

（6）了解面向小模型的芯片类型；

（7）掌握小模型的应用场景。

## 思维导图

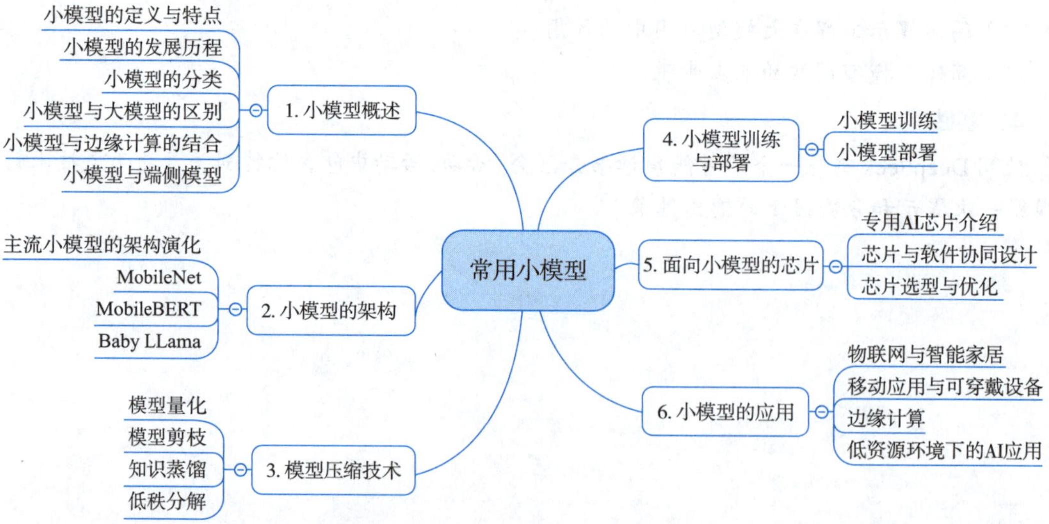

# 6.1 小模型概述

小模型对应于嵌入式人工智能，或边缘智能，目前处于应用的初级阶段，本节给出其定义与特点、发展背景、发展历程、分类、与大模型的区别等基础知识。

## 6.1.1　小模型的定义与特点

### 1. 小模型的定义

小模型通常被称为“small models”或“tiny models”。在人工智能领域，它们也常被称为“compact models”或“lightweight models”，特别是在指那些为移动设备或边缘计算环境设计的模型时。例如，MobileNets 和 MobileBERT 就是两种著名的小模型

小模型通常使用的神经网络架构包括浅层神经网络、轻量级卷积神经网络（如 MobileNet）或小型循环神经网络（如 LSTM 或 GRU）等。小模型可能只有几个层次和相对较少的参数，以保持模型的轻量级特性。这些模型训练所需时间较少，通常用于对计算资源要求较低的任务，例如，移动应用程序或嵌入式系统中的图像识别、文本分类等。相比大模型，最重要的差异在于参数数量更少，处理任务单一，意味着小模型体积更小，更容易部署在资源有限的环境中。

小模型的定义并不是绝对的，它是一个相对的概念。随着技术的发展和应用场景的变化，小模型的标准和特点也会有所调整。在不同的领域和任务中，小模型的具体要求和实现方式也会有所不同。

小模型专注于特定任务，如文本分类中的情感分析、工业生产中的质量检测、智能家居环境下的简单语音指令识别等。在情感分析任务里，小模型针对社交媒体上用户简短评论、产品评价等文本，依据预训练的词汇情感倾向以及简单的语法、语义分析，判断文本所表达的积极、消极或中性情感，助力企业了解用户反馈。小模型凭借其针对性强、资源需求低等特性，在诸多细分领域发挥关键作用，成为推动 AI 技术落地应用的重要力量。

### 2. 小模型的特点

小模型是指相对于大模型而言，具有较小模型规模、较少参数数量和较轻计算负担的人工智能模型。具体来说，小模型通常具备以下几个特点：

**（1）模型规模小。**小模型的参数数量相对较少，模型文件的大小也较小，通常在几 MB 到几十 MB 之间。这使得小模型可以轻松地部署在资源受限的设备上，如智能手机、嵌入式设备等，而不会占用过多的存储空间。

**（2）计算负担轻。**由于模型规模小，小模型在进行推理和训练时所需的计算资源也相对较少。它不需要像大模型那样依赖于高性能的 GPU 或 TPU 等硬件加速器，可以在普通的 CPU 或专用 AI 芯片上高效运行，降低了计算成本和能耗。

**（3）响应速度快。**小模型的计算速度快，能够实现快速地推理和响应。这对于需要实时处理的应用场景非常重要，如自动驾驶、实时语音识别、实时图像处理等，小模型可以在短时间内完成数据的处理和分析，提供及时的反馈和决策支持。

**（4）适应性强。**小模型具有较好的适应性，可以在多种不同的硬件平台和操作系统上运行。无论是移动设备、嵌入式设备还是边缘计算设备，小模型都能够根据具体的硬件配置和性能需求进行优化和适配，实现灵活地部署和应用。

小模型虽然参数规模较少，但通过特定的设计和优化，仍然能够在某些任务上达到与大型模型相似的性能，从而降低计算资源消耗，提高能耗比。从整体来说，当前主流小模型的核心技术思路与“大”模型一致，具体到各个小模型的模型设计、训练方法、数据工程领域，则衍生出不同的技术派别。

### 6.1.2 小模型的发展历程

随着人工智能的迅速发展，以 ChatGPT 为代表的大语言模型的出现，在自然语言处理（NLP）领域取得了显著突破。这些大模型凭借其庞大的参数量和训练数据集，能够在多种任务中展现出令人瞩目的性能。然而，大模型虽然具备强大的处理能力，但其高昂的训练成本、复杂的部署要求以及巨大的资源消耗，限制了其在某些领域和场景中的普及和应用。在此背景下，小语言模型应运而生。与大模型相比，小模型体积较小，计算需求低，训练成本显著降低，同时仍能够完成许多复杂的处理任务。这使得小模型在多个领域展现出了 巨大的潜力和价值，成为人工智能领域的一股新兴力量。

小模型的发展历史可以追溯到人工智能领域的早期探索阶段，但真正引起广泛关注和快速发展则是在近年来。以下是对小模型发展历史的详细介绍：

#### 1. 萌芽阶段

在人工智能发展的初期，大模型因其强大的处理能力和广泛的应用前景而备受瞩目。然而，随着技术的深入研究和应用的不断推广，人们开始意识到大模型在训练成本、部署要求以及资源消耗方面的局限性。在此背景下，小模型的概念开始萌芽，并逐渐成为研究的热点。

#### 2. 技术积累阶段

大约从 21 世纪初开始，随着移动互联网和物联网技术的初步发展，小模型的概念逐渐清晰。这一时期的技术积累为小模型的快速发展奠定了基础。深度学习等技术的进步，使得研究人员能够开发出更加高效、紧凑的模型结构，从而满足资源受限环境下的应用需求。

#### 3. 快速发展阶段

到了 21 世纪 10 年代左右，随着数据量的激增和数据处理实时性需求的增加，小模型迎来了快速发展阶段。这一时期，研究人员在轻量化模型设计、模型压缩方法等方面取得了显著进展。例如，网络剪枝、量化、知识蒸馏等技术被广泛应用于小模型的优化中，使得小模型在保持较高性能的同时，能够显著降低计算需求和资源消耗。

#### 4. 初级应用阶段

近年来，随着人工智能技术的不断成熟和市场的不断拓展，小模型开始在多个领域展现出巨大的应用潜力。在智能手机、可穿戴设备、智能家居等移动终端上，小模型能够实现快速响应和本地处理，减少对云计算资源的依赖，降低延迟和能耗。此外，在医疗、金融、教育等高度信任的领域，小模型也因其高可解释性而备受青睐。

#### 5. 未来展望

随着技术的不断进步和市场的持续拓展，小模型有望在更多领域发挥重要作用。未来，小模型将更加注重逻辑学习和知识计算推理能力的提升，以满足高信息密度领域的应用需求。同时，小模型与大模型的协作关系也将得到进一步发展和完善，共同推动人工智能技术的整体进步。

如今，新型小模型通过优化架构、改进训练算法，性能大幅提升。如谷歌的 MobileNet 系列小模型，参数量少却在移动端图像识别准确率上表现突出，能满足实时性要求高的场景；OpenAI 推出的 GPT-4o mini 等小模型，在文本生成任务上以较低成本提供可用结果，展现出小模型在自然语言处理领域的潜力。这些都表明小模型正凭借自身优势，在 AI 发展浪潮中崭露头角，逐渐成为研究与应用的热点方向。国内外发布的小模型见表 6-1。

表 6-1　国内外发布的小模型

| 国外 / 中国 | 模型 | 发布机构 | 发布时间 | 模型参数量 | 类别 |
|---|---|---|---|---|---|
| 国外 | MobileLLM | Meta | 2024 年 2 月 | 125 M、350 M、600 M、1 B 和 1.5 B | 通用 |
| | Phi-3 | Microsoft | 2024 年 4 月 | 3.8 B、7 B | 通用 |
| | Gemma2 | Google | 2024 年 6 月 | 9 B | 通用 |
| | SmolLM | HuggingFace | 2024 年 7 月 | 135 M、360 M | 通用 |
| | Llama3 | Groq | 2024 年 7 月 | 8 B | 通用 |
| | GPT-4omini | OpenAl | 2024 年 7 月 | 未公布 | 通用 |
| | Mistral &Nvidia | NeMo | 2024 年 7 月 | 12 B | 通用 |
| | DCLM | Apple | 2024 年 7 月 | 7 B | 通用 |
| | xLAM | Salesforce | 2024 年 7 月 | 1.35 B 和 7 B | 通用 |
| 中国 | Cornucopia（聚宝盆） | 中国科学院成都计算机应用研究所 | 2023 年 5 月 | 7 B | 金融 |
| | QiZhenGPT | 浙江大学 | 2023 年 6 月 | 6 B、7 B、13 B | 医学 |
| | TransGPT | 北京交通大学 | 2023 年 7 月 | 7 B | 交通 |
| | 智海 - 录问 | 浙江大学、阿里云、华院计算 | 2023 年 8 月 | 7 B | 法律 |
| | 智海 - 三乐 | 浙江大学、高等教育出版社等 | 2023 年 8 月 | 7 B | 教育 |
| | LightGPT | 恒生电子 | 2023 年 10 月 | 7 B | 金融 |
| | XuanYuan-6B | 度小满 | 2024 年 3 月 | 6 B | 金融 |
| | DeepSeek-CoderV2-Lite-Base | DeepSeek | 2024 年 6 月 | 16 B | 代码 |
| | TechGPT2.0 | 东北大学 | 2024 年 8 月 | 7 B | 科研 |
| | MiniCPM3.0 | 面壁智能 | 2024 年 9 月 | 4 B | 通用 |

### 6.1.3　小模型的分类

根据模型的复杂度、能力、应用范围以及研究关注点，可以从模型架构、学习范式和应用领域三个方面对小模型进行分类：

#### 1. 模型架构

传统机器学习模型：如线性回归、逻辑回归、决策树、支持向量机（SVM）等，这些模型结构简单，参数数量少，属于小模型的范畴。例如，线性回归模型在处理线性关系明显的回归问题时，只需学习少量的权重参数。

轻量级深度学习模型：包括一些经过优化和精简的深度学习架构，如 MobileNet、ShuffleNet 等轻量级 CNN 架构，以及小型的循环神经网络（RNN）变体等。这些模型在保持一定性能的同时，大幅减少了参数数量和计算复杂度，使其能够在资源受限的环境中高效运行。

简化版的 Transformer 模型：对标准的 Transformer 架构进行简化和压缩，减少层数、隐藏单元数量等，以降低模型规模和资源消耗。例如，一些小型的 Transformer 模型可用于自然语言处理中的文本分类、情感分析等任务。

**2. 按应用场景**

**（1）移动设备与智能终端。**在智能手机、平板计算机、智能手表等移动设备上运行的小模型，用于实现语音助手、图像识别、实时翻译等功能。这些设备的计算资源和存储空间相对有限，因此需要轻量级的小模型来满足其应用需求。

**（2）物联网（IoT）设备。**在各种物联网传感器、智能家电、工业设备等嵌入式系统中应用的小模型，用于数据监测、故障诊断、智能控制等。例如，在智能家居系统中，小模型可以用于识别环境声音、人体动作等，实现智能场景切换和设备控制。

**（3）特定行业领域。**针对医疗、金融、教育等特定行业的特定任务设计的小模型。在医疗领域，有用于医学影像分析、疾病预测的小模型；在金融领域，有用于风险评估、欺诈检测的小模型；在教育领域，有用于智能辅导、学习效果评估的小模型等。

**（4）边缘计算环境。**在边缘服务器或边缘节点上部署的小模型，用于处理靠近数据源的实时数据，减少数据传输到云端的延迟和带宽消耗。例如，在工业生产现场的边缘计算设备上运行的小模型，可以实时监测生产数据，及时发现异常情况并进行预警。

## 6.1.4 小模型和大模型的区别

小模型和大模型在多个方面存在着显著的区别，主要包括以下几个方面：

**1. 模型规模和参数数量**

这是小模型和大模型最直观的区别。大模型通常具有庞大的模型规模和海量的参数数量，如 GPT-3 拥有 1 750 亿个参数，BERT-base 拥有 1.1 亿个参数等。而小模型的参数数量相对较少，通常在百万级别以下，模型规模也相对较小。

**2. 计算资源需求**

大模型在训练和推理过程中需要大量的计算资源，通常依赖于高性能的 GPU 或 TPU 等硬件加速器，以及大规模的分布式计算集群。小模型则对计算资源的需求相对较低，可以在普通的 CPU 或专用 AI 芯片上运行，适合部署在资源受限的设备上。

**3. 训练数据量和训练难度**

小模型训练成本优势显著，数据需求少，聚焦特定领域小型数据集即可，如医疗领域单病种诊断模型，数千份病历数据就能训练；算力要求低，普通工作站或云端轻量实例足以支撑，训练快则数小时、数天，能快速迭代优化，企业与研究者可低成本试错，加速技术创新落地。

**4. 泛化能力与精度**

小模型针对特定任务精心优化，在细分领域精度出色，如工业产品表面缺陷检测小模型，经大量同类缺陷样本训练，对微小裂纹、划痕识别准确率超 95%；但跨领域迁移时，因知识局限，泛化能力弱，像用于文本情感分析的小模型，难以直接用于图像分类，需重新适配训练，知识迁移难度大。

**5. 性能和适用场景**

大模型在处理复杂任务和大规模数据时具有更强的能力，能够获得更高的性能和更准确的结果。它适用于需要深度学习和复杂计算的场景，如自然语言处理中的机器翻译、文本生成等任务。小模型虽然在性能上可能不如大模型，但在资源受限的环境中表现优异，适合用于实时性要求高、计算资源有限的场景，如移动应用、物联网设备等。

### 6. 部署和应用灵活性

大模型由于其庞大的规模和计算需求，部署和应用相对较为困难，通常需要依赖于云端服务器或专业的硬件设备。小模型则具有更好地部署和应用灵活性，可以轻松地集成到各种设备和应用中，实现快速部署和广泛应用。

小模型和大模型各有优缺点，适用于不同的应用场景和需求。在实际应用中，可以根据具体的任务特点、资源限制和性能要求，选择合适大小的模型，以达到最佳的应用效果。以大语言模型（LLM）和小语言模型（SLM）为例，两者的区别见表 6-2。

表 6-2　大语言模型和小语言模型比较

| 特征 | 大型语言模型（LLM） | 小型语言模型（SLM） |
| --- | --- | --- |
| 参数计数 | 数亿到数千亿（例如，GPT-4、GPT-3、BERT） | 数百万到数亿（2024 年主流为 7 B，2025 年扩展到 10 B） |
| 模型 | 深度和复杂性（多层、广泛） | 层数更少，复杂性更低 |
| 训练数据 | 广泛、庞大、多样的数据集 | 更小的、特定于域的数据集 |
| 计算要求 | 高（需要 GPU/TPU、分布式系统） | 较低（可以在功能较弱的硬件上运行） |
| 情境理解 | 优秀，在长篇文章中保持上下文 | 受限，难以完成长上下文任务 |
| 性能 | 在复杂多样的任务中表现出色 | 适合特定的、专注的任务 |
| 推理速度 | 由于模型尺寸较大，速度较慢 | 因模型尺寸更小，速度更快 |
| 部署 | 需要大量的基础设施 | 更适用于边缘设备和移动应用程序 |
| 应用领域 | 在各种应用中具有高度的通用性 | 更专业或更专注的应用程序 |
| 培训费用 | 高，由于计算需求和大型数据集 | 因尺寸更小和训练更简单，因此更低 |
| 内容生成质量 | 高质量、连贯且细致入微 | 适用于更简单的任务或特定上下文 |
| 偏见和道德问题 | 由于数据规模，更具挑战性 | 风险较小，但管理仍然很重要 |
| 典型应用 | 对话代理、内容创建、科学研究 | 技术支持、特定领域的聊天机器人、移动应用程序 |

## 6.1.5　小模型与边缘计算的结合

边缘计算是一种将计算任务从云端转移到网络边缘设备上的计算模式，它能够实现数据的本地处理和分析，降低延迟和带宽消耗，提高实时性和隐私性。小模型与边缘计算的结合，为人工智能技术在更多领域的应用提供了新的解决方案。

### 1. 优势互补

小模型具有轻量级、高效、低功耗的特点，能够适应边缘设备的资源限制，而边缘计算则提供了数据的本地处理能力和实时性支持。两者的结合，使得人工智能应用可以在边缘设备上快速、高效地运行，无须依赖于云端的计算资源，降低了对网络连接的依赖，提高了系统的可靠性和稳定性。

### 2. 应用场景拓展

通过小模型与边缘计算的结合，人工智能技术可以应用于更多的场景，如智能家居、工业自动化、医疗健康、智能交通等。在智能家居中，小模型可以在边缘设备上实现语音识别、图像识别等功能，提供智能控制和个性化服务；在工业自动化中，小模型可以在边缘设备上进行实时数据分析和故障诊断，提高生产效率和产品质量；在医疗健康领域，小模型可以在可穿戴设备上实现健康监测和疾病预警，为用户提供及时的健康管理服务。

#### 3. 数据隐私保护

边缘计算将数据处理和分析任务放在本地设备上进行，减少了数据在云端的存储和传输，降低了数据泄露和隐私侵犯的风险。小模型在边缘设备上运行时，可以对敏感数据进行本地处理，保护用户的隐私安全。

#### 4. 降低带宽消耗

传统的云计算模式需要将大量的数据传输到云端进行处理，这不仅增加了网络带宽的消耗，还可能导致数据传输延迟。小模型与边缘计算的结合，使得数据可以在本地设备上进行实时处理，减少了数据传输量，降低了带宽消耗，提高了系统的响应速度。

#### 5. 提高容错能力

在边缘计算环境中，小模型可以在多个边缘设备上进行部署和运行，即使某个设备出现故障或网络连接中断，其他设备上的小模型仍然可以继续工作，保证了系统的连续性和稳定性。

小模型与边缘计算的结合，为人工智能技术的发展和应用带来了新的机遇和挑战。它不仅能够提高人工智能应用的实时性和效率，还能够拓展人工智能的应用场景和领域，为实现更加智能、高效、安全的人工智能应用提供了有力支持。

### 6.1.6 小模型与端侧模型

端侧模型也称为边缘模型或设备模型（edge model 或 on-device model），主要是指面向嵌入式设备与资源受限终端的轻量化 AI 模型。其核心目标是通过本地化部署实现高效推理，兼顾性能与隐私保护。

虽然端侧模型通常基于小模型架构，但端侧模型更强调硬件适配性与场景化工程优化，需结合边缘计算、模型压缩、芯片架构等综合技术。通过蒸馏、量化进一步压缩其模型，使其在面向实时交互场景，提供需毫秒级响应。

端侧模型的主要优势体现在以下几个方面：

**（1）轻量化设计架构：** 端侧模型通常采用轻量级的神经网络架构，通常利用模型压缩、量化等技术手段，使端侧模型在不过多损失性能的前提下，大大减少模型的存储空间和计算量，例如，MobileNet、ShuffleNet 等。这些架构通过减少模型的参数量和计算量，在保证一定性能的前提下，显著降低了模型对硬件资源的需求。例如，MobileNet 使用深度可分离卷积代替传统的卷积操作，将计算量减少了 90%，使其能够在移动设备等资源受限的端侧设备上高效运行。

**（2）实时性与低延迟设计：** 端侧模型在架构设计上注重实时性和低延迟，以满足实时交互场景的需求，如自动驾驶、AR 眼镜等；端侧模型采用高效的推理引擎和优化的算法设计，例如，在自动驾驶场景中，端侧模型需要在极短的时间内对传感器数据进行处理和分析，并进行应用场景的优化，减少推理过程中的计算步骤和延迟，以做出准确的决策。

**（3）离线高可用性：** 即使在没有网络连接的情况下，端侧模型仍然可以以本地模式正常工作，满足用户在各种场景下的需求。

**（4）隐私保护更强：** 数据无须上传至云端，减少了数据泄露的风险，更好地保护用户的隐私。

**（5）高效的推理性能：** 端侧模型的架构设计充分考虑了与端侧设备硬件的适配性。不同的端侧设备具有不同的芯片架构和计算能力，端侧模型需要针对这些硬件特性进行优化。例如，对于采用 ARM 架构的移动设备，模型架构会进行特定的优化算子，以充分利用 ARM 架构的计算优势。此外，端侧模型还会与硬件制造商合作，开发专门针对特定芯片的 CPU+GPU+DSP 协同调度异构计算优化版本，进一步提升模型的运行效率。

**（6）成本低：**端侧模型的计算均在用户本地的设备上进行，无须使用手机等厂商的云推理服务，也就不涉及付费，从而减少用户使用成本，也节约了大模型厂商的成本压力。

# 6.2 小模型的架构

小模型的架构与大模型相比有相同之处，也有一些自身特点。本节简要给出其架构演化和举例。

## 6.2.1 主流小模型的架构演化

### 1. 从基础架构到优化改进

基础架构：早期的小模型多是基于传统的神经网络架构，如循环神经网络（RNN）及其变体长短期记忆网络（LSTM）和门控循环单元（GRU），这些架构在处理序列数据时具有一定的优势，但存在训练困难、难以并行化等问题。

Transformer 架构的引入与优化：随着 Transformer 架构的出现，小模型也逐渐向其靠拢。例如，Llama 1 基于原始 Transformer 架构，引入了预归一化、RMSNorm、SwiGLU 激活函数和旋转式位置编码等改进，提升了模型的训练稳定性和性能。此后，Llama 2 在 Llama 1 的基础上，将上下文长度扩展至 4096，并引入了分组查询注意力（GQA）机制，有效降低了推理过程中的内存需求，提升了推理速度。

### 2. 从单一功能到多功能融合

单一功能的小模型：早期的小模型通常专注于某一特定功能，如文本分类、情感分析、机器翻译等，模型架构相对简单，主要通过调整网络层数、神经元数量等参数来优化性能。

多功能融合的小模型：随着技术的发展，小模型开始向多功能融合方向发展。例如，微软的 Phi 系列模型，从最初的代码生成领域的 Phi-1，到后续版本逐渐拓展到更广泛的通用智能领域，通过不断优化模型架构和训练方法，实现了多种功能的融合。

### 3. 从独立架构到协同架构

独立架构的小模型：早期的小模型多是独立运行，各自针对不同的任务进行训练和优化，模型之间没有太多的交互和协同。

协同架构的小模型：如今，大模型与多个小模型的协同架构成为主流趋势。在这种架构中，大模型作为核心，负责处理通用任务，小模型则针对特定领域或任务进行优化，二者优势互补。例如，在自然语言处理领域，大模型可以提供基础的语言理解能力，而小模型则可以在特定的文本分类、情感分析等任务上发挥更高效的作用，通过协同工作，实现更精准、更高效的模型推理。

### 4. 从静态架构到动态架构

静态架构的小模型：传统的模型架构在训练完成后通常是固定的，模型的参数和结构不再改变，对于新的数据和任务适应性较差。

动态架构的小模型：现在的模型架构更加灵活和动态，能够根据不同的输入和任务需求进行自适应调整。例如，一些小模型通过引入注意力机制、动态路由等技术，使模型能够自动关注重要的特征和信息，提高了模型的泛化能力和适应性。

小模型通过各种优化技术，显著减少了模型的参数量和计算量，同时保持了较高的性能，以下是一些常见的小模型架构：

### 6.2.2 MobileNet

谷歌公司自 2017 年推出轻量级神经网络架构 MobileNet 以来，持续迭代优化。MobileNet 可以在移动终端实现众多的应用，包括目标检测、目标分类、人脸属性识别和人脸识别等。

MobileNet 采用了深度可分离卷积作为其核心构建块，这是一种高效的卷积操作。在这种操作中，标准卷积被分解为两个独立的步骤：深度卷积和逐点卷积。深度卷积对每个输入通道分别进行卷积操作，而逐点卷积则用于混合不同通道的信息。这种分解方式可以在保持模型性能的同时，显著减少参数数量和计算复杂度。此外，MobileNet 还引入了一些其他优化技术，如线性瓶颈、残差连接等，进一步提高了模型的效率和性能。例如，通过线性瓶颈，模型可以在保持信息传递的同时，减少参数数量；通过残差连接，模型可以更好地训练深层网络，提高模型的性能。

以 MobileNetV3 为例，分为 Large 和 Small 版本。Large 版本有 15 个 bottleneck 层、一个标准卷积层和三个逐点卷积层；Small 版本有 12 个 bottleneck 层、一个标准卷积层和两个逐点卷积层。其核心结构特点包括引入 $5\times5$ 深度卷积替代部分 $3\times3$ 深度卷积，经 NAS 技术验证在深度卷积中 $5\times5$ 卷积核效果更佳；使用 SE（squeeze - and - excitation）模块和 h-swish 激活函数提升精度，SE 模块在瓶颈结构最后一层逐点卷积前操作，先通过全局平均池化压缩特征图为 $1\times1\times C$ 向量，再经两个全连接层计算通道权重，最后与原特征图通道权重相乘，虽增加少量参数量但显著提升精度，h-swish 激活函数在保持精度同时减少计算量，且网络结构结尾部分优化，去除部分卷积层减少计算量和参数量且不损失精度，整体网络结构由 NAS 技术生成，能更好地融合多种优秀特性。在 ImageNet 数据集上的图像分类准确率超 75%，参数量却较传统模型大幅减少模型的参数数量和计算复杂度。

虽然 MobileNet 和 BERT 分别应用于计算机视觉和自然语言处理领域，但它们都面临着模型轻量化和高效化的挑战。与传统的卷积神经网络相比，MobileNet 在参数数量和计算复杂度上具有显著的优势。例如，MobileNet 的参数数量仅为传统 CNN 模型的 1/10 左右，而计算复杂度则降低了近两个数量级。这使得 MobileNet 能够在移动设备和嵌入式系统等资源受限的场景中高效运行，同时保持较好的图像识别能力。在一些常见的视觉任务上，如图像分类、目标检测等，MobileNet 的性能与传统 CNN 模型相当，但在速度和资源消耗上具有明显优势。例如，在 ImageNet 图像分类任务中，MobileNet 的准确率与传统 CNN 模型相近，但在计算速度和资源消耗上大幅减少。

### 6.2.3 MobileBERT

谷歌公司于 2020 年提出的轻量又高效的编码器架构。它是基于 BERT 模型，经过了优化，以减少模型大小和计算成本，同时保持较高的性能。MobileBERT 的目标是在移动设备上提供与 BERT 相似的 NLP 能力，而不会过度消耗设备资源。

MobileBERT 采用了倒瓶颈结构，这是一种在轻量级模型中常见的设计。在这种结构中，输入首先通过一个较小的维度进行压缩，然后在中间层进行扩展，最后再压缩回较小的维度。这种设计可以在保持模型性能的同时，显著减少参数数量。此外，MobileBERT 还引入了知识蒸馏技术，通过从一个大型的教师模型中学习知识，进一步优化模型性能，使其在较小的模型大小下也能达到较高的准确率。

MobileBERT 架构如图 6-1（c）所示。BERT 标准大模型如图 6-1（a）所示，首先将原始的大型 BERT 模型微调为特定任务的教师模型，如图 6-1（b）所示；教师模型通过深层结构和蒸馏策略实现知识迁移，从而训练更为紧凑的学生模型——MobileBERT 模型，实现高效部署。

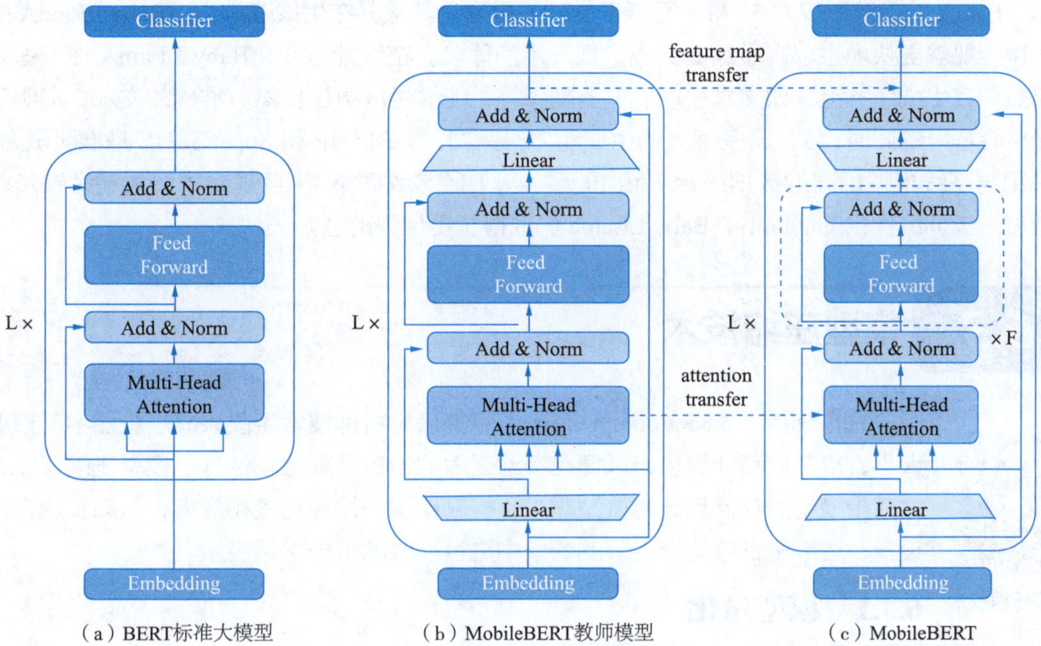


图 6-1 MobileBERT 架构

与传统的 BERT 模型相比，MobileBERT 在多个方面展现出显著的优势。首先，在参数数量上，MobileBERT 的参数量仅为 BERT 的 1/4 左右，这使得它在存储和计算资源消耗上大幅减少。例如，BERT-base 模型的参数量约为 1.1 亿，而 MobileBERT 在保持相似性能的情况下，参数量大幅降低。其次，在计算速度上，MobileBERT 的速度比 BERT 提高了 5.5 倍，这意味着在移动设备上进行推理时，能够更快地得到结果，提升用户体验。在性能方面，MobileBERT 在一些常见的自然语言处理任务上，如文本分类、问答等，能够达到与 BERT 相近的准确率，证明了其在保持轻量级的同时，依然具备强大的语言理解能力。例如，在 GLUE 的自然语言推理任务上，MobileBERT 的 GLUE 得分为 77.7，比 BERTbase 低 0.6。在 Pixel 4 手机上的延迟为 62 ms。在 SQuADv1.1/v2.0 问题解答任务上，MobileBERT 的 devF1 得分为 90.0/79.2，比 BERTBASE 高 1.5/2.1。

### 6.2.4 Baby LLama

Baby LLamA 由 Meta 公司开发，Baby LLamA 是一种基于 Transformer 的轻量级解码器架构，旨在为这些任务提供高效、准确的解决方案。它基于 LLaMA 模型进行优化，通过一系列创新的设计，使其能够在资源受限的设备上快速运行，同时保持较高的生成质量。

Baby LLamA 采用了倒瓶颈结构，通过在输入和输出之间进行维度压缩和扩展，有效减少了参数数量。此外，Baby LLamA 还引入了一些创新的优化技术，如自适应计算和稀疏激活等，进一步提高了模型的效率。这些优化技术使得 Baby LLamA 能够在保持生成质量的同时，显著减少计算资源的消耗。例如，通过自适应计算，模型可以根据输入的复杂度动态调整计算资源的分配，从而在保证生成质量的前提下，提高计算效率。

与传统的 BERT 模型相比，Baby LLamA 在自然语言生成任务上具有显著的优势。首先，在参数数量上，Baby LLama 的参数量大幅减少，这使得它在存储和计算资源消耗上更具优势。例如，Baby LLamA 的参数量仅为 58 M，远低于 BERT 模型。其次，在生成速度上，Baby LLamA 的速度更快，能够更快地生成高质量的文本，提升用户体验。在性能方面，Baby LLamA 在一些常见的自然语言生成任务上，如文本生成、机器翻译等，能够生成更加自然、准确的文本，证明了其在保持轻量级的同时，依然具备强大的生成能力。例如，以 BLiMP 和 SuperGLUE 基准测试为例，当采用与基线模型相同的数据组合（涵 10 万字与 1 亿字数据集），且基线模型更是经过其教师模型进一步训练优化的情况下，Baby LLama 仍取得了更优异的性能表现。

## 6.3 模型压缩技术

视频

模型压缩技术

模型压缩（model compression）是指通过各种技术手段来减小机器学习模型的大小、复杂度和计算量，以便在资源受限的设备上部署和运行。模型压缩可以有效地减少模型的存储和计算资源需求，提高模型的推理速度和效率，从而实现在移动设备、边缘设备等资源受限的场景中进行高效的机器学习应用。

### 6.3.1 模型量化

模型量化是指将神经网络中的浮点运算转换为低比特定点计算的技术。例如，原来模型的权重是 32 位浮点数（FLOAT 32）类型，通过模型量化，可以将模型权重转变为 8 位整数（INT 8）类型。在实际应用时需要将模型部署到硬件资源受限的场景中。为了解决上述问题，开发者可以通过模型量化来降低模型对硬件资源的占用需求，但是这种方式不可避免地会造成精度损失。

模型量化可以分为两种主要类型：权重量化（weight quantization）和激活量化（activation quantization）。

权重量化：权重量化是指将神经网络中的权重参数（模型的参数）从 32 位浮点数表示转换为更低位数的整数表示。例如，可以将权重从 32 位浮点数量化为 8 位整数。这种权重量化可以通过训练时的量化策略或者事后的离线量化方法来实现。

激活量化：激活量化是指将神经网络的激活值（神经元输出）从 32 位浮点数表示转换为较低位数的整数表示。这种量化可以应用于推理阶段，减少了模型计算时的内存和计算开销。

在训练阶段，我们首先使用传统的 32 位浮点数表示训练 CNN 模型。一旦模型训练完成，我们可以应用权重量化技术来将模型的权重参数从 32 位浮点数表示量化为 8 位整数表示。

在推理阶段，我们使用量化后的模型来进行图像分类。此时，输入图像经过卷积和激活函数等操作，得到激活值。在传统的推理中，这些激活值会使用 32 位浮点数表示。但是，在应用激活量化技术后，这些激活值可以被表示为 8 位整数。

在模型部署时，我们需要将量化后的权重参数和激活值嵌入到应用程序中。在推理时，输入图像经过卷积和激活函数等操作时，我们使用量化后的权重参数进行计算，并在激活函数后应用激活量化技术，将激活值保持在 8 位整数表示。

量化对模型性能和大小的影响主要体现在准确度和效率的权衡上。积极影响，减小模型大小、加速推理过程、降低计算和存储成本；消极影响，精度损失、硬件支持与优化问题、量化策略选择困难、量化模型的可解释性和验证难度增加、量化模型的迁移学习和微调受限。

## 6.3.2　模型剪枝

### 1. 模型剪枝的原理

模型剪枝（model pruning）是指在神经网络中去除不重要的神经元或权重，以减少模型的复杂度和参数数量的过程。是一种特定的神经网络优化技术，它通过将模型中的一些权重设置为零或删除一些神经元、卷积核等结构单元来实现模型的压缩技术，减少深度学习模型中的参数数量。这种技术特别适用于资源受限的设备，如移动设备和嵌入式系统。模型剪枝通常应用于深度神经网络，尤其是卷积神经网络（CNN）。模型剪枝原理如图 6-2 所示。

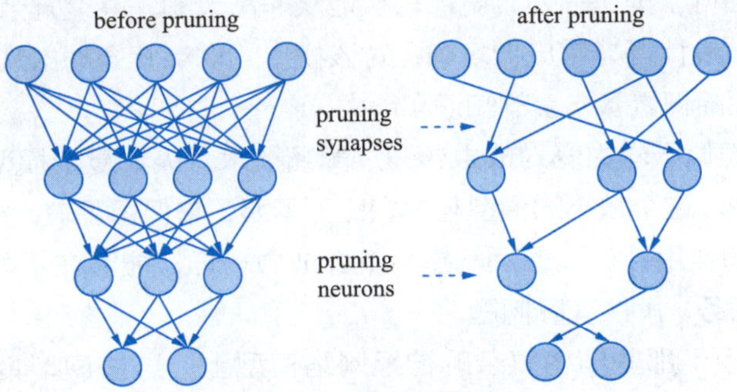


图 6-2　模型剪枝原理

在众多模型压缩方法中，模型剪枝因其简单和高效的特性而广受欢迎，它的核心思想是减少模型中不重要的权重。模型剪枝又可以称为模型稀疏化，它通过剔除模型中不重要的参数，以达到减少参数量和计算量的目的。经过实验验证（主要以直方图的形式对网络各层的权重数值进行统计），研究者发现在训练前后，网络各层权重的数值分布与正态分布类似，即数值越接近于 0，权重分布越多，这种现象被称为权重稀疏现象。

模型剪枝的核心思想是在保持模型准确率的前提下，根据模型的性能表现来选择性地去除神经元或权重，以减少模型的复杂度。这种方法可以有效地减少模型的计算复杂度，从而提高模型的运行速度和内存占用情况。同时，通过去除不重要的神经元或权重，模型剪枝还可以有效地防止过拟合，提高模型的泛化能力。

### 2. 模型剪枝的分类

模型剪枝主要划分为两大类别：

**（1）非结构化剪枝。**非结构化剪枝是对模型中的参数或连接进行剪枝操作，而不考虑其结构。它直接删除模型中的某些参数，从而实现模型的压缩和优化，但这种方法可能会破坏模型的整体结构。

**（2）结构剪枝。**此策略侧重于利用模型的结构特性（如卷积核的稀疏分布、矩阵的低秩结构等）来设计剪枝方案，旨在去除那些不影响模型性能的结构单元，以实现模型的压缩。

模型剪枝的实施可以在训练阶段或推理阶段进行，既可以是训练过程中的动态剪枝，也可以是训练完成后的静态剪枝。在训练时（训练前、训练中、训练后），可通过设定剪枝率来调节剪枝的激烈程度，并可能结合正则化技术来辅助剪枝过程，训练时剪枝流程在模型实际部署推理之前模型剪枝就已经完成且模型参数结构已确定，对不同的输入共享相同的模型结构和推理过程。而在推理阶段，根据输入的数据，在模型推理时动态地为每个输入数据点修剪模型并生成子网络，因此不同的数据实际所见的模型结构和参数是不同的。

### 6.3.3 知识蒸馏

视频

大模型的量化与蒸馏

知识蒸馏 (knowledge distillation, KD) 是一种用于模型压缩和优化的技术，最初由 Hinton 在文章 *Distilling the Knowledge in a Neural Network* 中提出，核心思想是从一个复杂的较大的模型（通常称为教师模型）中提取知识，将这些知识转移到一个精简的小模型（通常称为学生模型）中。

这个过程能够显著减少模型的复杂度和计算开销，同时尽可能保留较大模型的性能。Hinton 在文章中使用了一个生动形象的比喻，将神经网络的知识蒸馏与自然界中昆虫的变态发育进行了类比：为了更加轻松地从非常大的、高度冗余的数据集中提取知识，神经网络模型一般会被设计得非常庞大复杂，对该模型的训练就像幼虫从环境中吸收养分一样，通过这个过程，模型逐渐积累了丰富的知识和能力。

而知识蒸馏过程类似于幼虫变为成虫，通过蒸馏技术，庞大复杂模型中的知识被压缩并转移到一个较小的模型中。这个较小的模型与之相比更紧凑，它保留了较大模型中的重要知识，具备了很强的泛化能力和实用性。蒸馏后的模型就像成虫一样，能够在不同的应用场景中高效地运行，执行各种实际任务，解决实际问题。

知识蒸馏通常应用于那些结构复杂的神经网络模型上，这些模型具有众多层次和大量参数，被当作教师模型来使用。如图 6-3 所示，在知识蒸馏过程中，一个小的“学生”模型通过模仿大的“教师”模型，学习和吸收教师模型中的知识，从而获得与教师模型相似甚至更高的准确度。

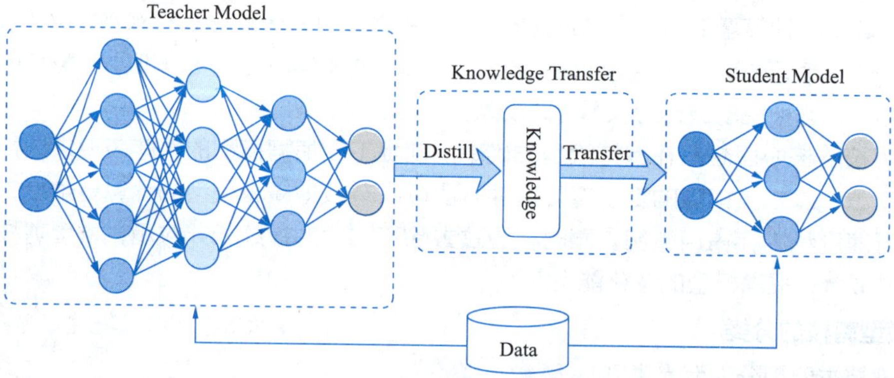


图 6-3 知识蒸馏一般结构

知识蒸馏系统通常由三部分组成，分别是知识（knowledge）、蒸馏算法（distillation algorithm）和师生架构（teacher-student architecture）。

知识指的是从教师模型中提取的有价值的信息，可以是输出的 logits（未归一化概率）、中间层的特征表示或者模型参数等。

蒸馏算法是用于将教师模型的知识传递给学生模型的具体方法和技术，确保学生模型能够有效学习和吸收这些知识。

师生架构则是指教师模型和学生模型的设计和配置方式，包括它们之间的交互模式和训练过程。通过这三部分的协同工作，知识蒸馏系统能够实现从大模型向小模型的高效知识传递。

不同于传统训练方法执着于精确拟合训练数据，知识蒸馏的核心目标是教会学生模型如何更好地泛化新的、未见过的数据。以 MNIST 数据集的手写识别任务为例，当某个手写数字 1 因书写风格与数字 i 高度相似时，那么在教师模型的 Softmax() 方法的输出结果中，数字 i 对应的概率可能会比其他负标签更高，此时模型认为该样本与该负标签（i）之间存在较强的相关性，而在原数据集的 Hard label 中，所有负标签的地位相同（概率都是 0），缺乏这样的细微差别。因此，知识蒸馏方法为学生模型提供了更为多样和丰富的信息。学生模型不仅能够学习到正确的分类结果，而且可以通过学习教师模型的输出结果捕捉到数据之间的复杂关系和不确定性。理论上，这种方法有望获得比单独训练学生模型（仅通过 Hard label 拟合训练数据）更好的性能。此外，Soft label 的概率分布熵越大，表明其包含的信息量越大，对学生模型的学习也越有益。

### 6.3.4 低秩分解

低秩分解是通过将模型中具体执行计算的矩阵分解为低秩的子矩阵，从而减少模型参数的数量和计算复杂度。低秩分解中，矩阵被分解为两个或多个低秩矩阵的乘积形式。

## 6.4 小模型训练与部署

小模型的训练流程上基本与大模型一致，本节简要介绍小模型的训练与部署。

### 6.4.1 小模型训练

小模型在训练流程上基本与大模型一致，训练基本流程都包括数据准备、模型构建、损失函数定义、优化器选择、模型训练与评估等步骤。首先需要收集和处理数据，然后构建模型架构，接着定义损失函数来衡量模型输出与真实标签之间的差异，选择合适的优化器来更新模型参数，通过多次迭代训练模型，并在验证集上评估模型性能，根据评估结果调整训练策略。

在训练过程中，都会使用一些常见的优化算法来更新模型参数，如随机梯度下降（SGD）、Adam、RMSprop 等。这些优化算法通过计算损失函数关于模型参数的梯度，按照一定的学习率更新参数，以使损失函数值逐渐减小，模型性能逐渐提升。训练策略通常会采用一些较为简单直接的训练策略。例如，可以使用固定的批量大小进行训练，学习率也可以采用较为简单的调整策略，如指数衰减或余弦衰减等。对于过拟合问题，除了使用 Dropout 等正则化技术外，还可以通过减少模型的复杂度、增加数据量等方式来缓解。

在数据集层面，小模型通常只能处理相对较小规模的数据集。在数据增强方面，可能会采用一些较为简单且计算成本较低的方法，如文本数据中的同义词替换、句子重组，图像数据中的基本旋转、缩放、裁剪等操作，以扩充数据集，提高模型的泛化能力。

### 6.4.2 小模型部署

#### 1. 模型转换与优化

**（1）模型转换：** 将训练好的模型转换为适合部署的格式。例如，将 PyTorch 模型转换为 ONNX 格式，或者将 TensorFlow 模型转换为 SavedModel 格式，以便在不同的部署平台上使用。

**（2）模型优化：** 对模型进行优化，以提高模型的推理速度和降低模型的资源消耗。可以采用模型剪枝、量化、知识蒸馏等方法。模型剪枝可以去除模型中不重要的参数或神经元，量化可以将模型的参数从浮点数转换为低位整数，知识蒸馏可以将大模型的知识迁移到小模型中，使小模型在保持较小体积的同时，尽可能地保留大模型的性能。

**2. 部署平台选择**

**（1）云端部署：** 将模型部署在云端服务器上，通过 API 接口提供模型服务。用户可以通过网络请求调用模型，获取模型的推理结果。云端部署具有计算资源丰富、易于扩展等优点，但需要考虑网络延迟和数据隐私等问题。

**（2）边缘端部署：** 将模型部署在边缘设备上，如智能手机、智能摄像头、物联网设备等。边缘端部署可以减少数据传输，降低网络延迟，提高系统的实时性。但边缘设备的计算资源和存储资源有限，需要对模型进行轻量化处理，以适应边缘端的部署需求。

**（3）本地部署：** 将模型部署在本地服务器或个人计算机上，直接在本地运行模型。本地部署可以保证数据的安全性和隐私性，但需要有足够的计算资源和存储资源来支持模型的运行。

## 6.5 面向小模型的芯片

面向小模型的嵌入式人工智能开发需要嵌入式芯片，有的是专用芯片，有的是通用芯片。

### 6.5.1 专用 AI 芯片介绍

AI 芯片的广泛定义是指那些面向人工智能应用的芯片。按照不同的角度，AI 芯片可以有不同的分类划分，例如，按照技术架构分为 GPU（graphics processing unit，图形处理单元）、半定制化的 FPGA（field programmable gate array，现场可编程门阵列）、全定制化 ASIC（application specific integrated circuit，专用集成电路）以及模拟生物神经元的脉冲计算的类脑计算芯片（neuro-inspired computing chips）

专用 AI 芯片是为人工智能应用而设计的专用硬件加速器，它们针对小模型的计算特点进行了优化，能够高效地运行小模型，提供强大的计算能力和低功耗的解决方案。

**（1）GPU（图形处理单元）：** 虽然 GPU 最初是为图形渲染而设计的，但它在并行计算方面具有强大的能力，因此被广泛应用于深度学习和 AI 模型的训练和推理中。GPU 由大量的小核心组成，可以同时进行大量的浮点运算，非常适合进行矩阵乘法、卷积运算等 AI 模型中的并行计算任务。例如，NVIDIA 的 Tesla 和 Jetson 系列 GPU，提供了强大的计算能力和高效的能效比，能够支持各种规模的 AI 模型运行，包括小模型在内。

**（2）FPGA（现场可编程门阵列）：** FPGA 是一种可编程的硬件芯片，可以根据不同的计算需求进行灵活地配置和优化。在 AI 模型的应用中，FPGA 可以通过编程实现特定的计算逻辑和数据流，从而提高模型的计算效率和响应速度。例如，可以将小模型的计算任务映射到 FPGA 的硬件资源上，通过并行计算和流水线优化，实现快速的模型推理。FPGA 的灵活性和可编程性使其在特定的 AI 应用场景中具有独特的优势。

**（3）ASIC（专用集成电路）：** ASIC 是为特定应用而设计的专用芯片，它可以根据特定的计算需求进行定制和优化。在 AI 模型的应用中，ASIC 可以针对小模型的计算特点进行专门的设计，实现高效的模型运行和处理。例如，一些专门为语音识别、图像处理等 AI 应用设计的 ASIC 芯片，能够提供高性能、低功耗的解决方案，非常适合在移动设备、嵌入式设备等资源受限的环境中运行小模型。

**（4）类脑计算芯片（neuro-inspired computing chips）：** 类脑计算芯片核心设计目标是模拟生物神经元的脉冲计算，通常采用异构集成设计，在有限面积内集成大量神经元（如天机 Tianjic、TrueNorth 芯片），追求在芯片架构上不断接近人脑，实现类似人脑的超低功耗和并行信息处理能力。单因其专为脉冲神经网络（SNN）设计，而难以运行传统深度学习模型（如 CNN），更多用于低功耗嵌入式设备（如无人机、智能眼镜）。相比通用芯片（如 GPU），类脑芯片的算力相对较低，但能效比高，适合轻量化任务。

专用 AI 芯片的发展为小模型的运行和应用提供了有力的硬件支持，它们通过优化的硬件架构和计算能力，使小模型能够在各种设备和环境中实现高效、节能的运行。

### 6.5.2 芯片与软件协同设计

芯片与软件协同设计是指在芯片设计和软件开发过程中，将芯片的硬件特性和软件的需求紧密结合，实现软硬件的协同优化和高效配合。对于小模型的应用而言，芯片与软件协同设计尤为重要，它能够充分发挥芯片的计算能力和软件的灵活性，实现高效的模型运行和应用。

**（1）硬件加速指令集：** 在芯片设计中，可以为小模型的常见计算任务（如卷积运算、矩阵乘法等）提供专门的硬件加速指令集。软件在运行小模型时，可以直接调用这些硬件加速指令，实现快速的计算和处理。例如，一些专用 AI 芯片提供了专门的卷积计算指令，软件在执行卷积操作时，可以直接使用这些指令，从而提高模型的计算效率和响应速度。

**（2）内存管理优化：** 芯片与软件协同设计还可以对内存管理进行优化。小模型在运行过程中，需要频繁地访问和存储数据，合理的内存管理可以减少数据的传输延迟和存储开销。例如，芯片可以提供高效的缓存机制和内存访问策略，软件在运行小模型时，可以根据芯片的内存特性，合理地分配和管理内存资源，实现数据的快速读写和高效利用。

**（3）数据流优化：** 在小模型的运行过程中，数据的流动和传输是一个关键环节。芯片与软件协同设计可以通过优化数据流的方式，减少数据的传输次数和延迟，提高模型的运行效率。例如，芯片可以采用流水线架构和并行数据传输机制，软件在运行小模型时，可以根据芯片的数据流特性，合理地组织和调度数据，实现数据的高效传输和处理。

**（4）软硬件接口设计：** 为了实现芯片与软件的协同设计，还需要设计高效的软硬件接口。这些接口可以提供芯片与软件之间的通信和交互功能，使软件能够方便地调用芯片的硬件资源和功能。例如，可以设计专门的 API 接口，软件通过这些接口可以访问芯片的硬件加速单元、内存资源等，实现高效的模型运行和控制。

芯片与软件协同设计能够使小模型在运行时更好地利用芯片的硬件资源和计算能力，提高模型的性能和效率，降低能耗和延迟，为小模型的应用提供了更加优化和高效的解决方案。

### 6.5.3 芯片选型与优化

在小模型的应用中，合理的芯片选型和优化是实现高效、节能运行的关键。不同的芯片具有不同的性能特点和适用场景，选择合适的芯片并进行优化，可以使小模型在特定的应用环境中发挥最佳的性能。

性能需求分析：在进行芯片选型时，首先要分析小模型的性能需求，包括计算能力、响应速度、功耗等。根据小模型的具体任务和应用场景，确定所需的计算精度、运算速度、数据吞吐量等性能指标。例如，在实时视频处理应用中，小模型需要较高的计算能力和快速的响应速度，因此可以选择高性能的 GPU 或专用 AI 芯片；而在低功耗的可穿戴设备中，小模型需要较低的功耗和较小的芯片面积，因此可以选择低功耗的 FPGA 或 ASIC 芯片。

芯片特性比较：对不同芯片的性能特点进行比较和评估，包括计算核心数量、时钟频率、内存容量、功耗、成本等。例如，GPU 具有强大的并行计算能力和高效的浮点运算性能，适合进行大规模的矩阵运算和深度学习模型的训练和推理；TPU 在 AI 模型推理方面具有极高的计算吞吐量和能效比，适合大规模的 AI 模型推理任务；FPGA 具有灵活的可编程性和高效的并行处理能力，适合特定的计算任务和实时处理应用；ASIC 则在特定应用中具有最高的性能和最低的功耗，但其开发成本和灵活性相对较低。

应用场景适配：根据小模型的应用场景和设备要求，选择最适合的芯片类型和型号。例如，在移动设备中，可以选择功耗低、体积小、集成度高的专用 AI 芯片或集成 AI 加速器的 SoC 芯片；在边缘计算设备中，可以选择计算能力强、接口丰富、易于扩展的 FPGA 或 GPU 芯片；在云端服务器中，可以选择高性能、高吞吐量的 GPU 或 TPU 芯片，以满足大规模 AI 模型的训练和推理需求。

芯片优化策略：在选定芯片后，还可以通过一些优化策略来提高芯片的性能和效率。例如，对芯片的微架构进行优化，提高计算核心的利用率和数据传输效率；对芯片的功耗管理进行优化，实现动态电压和频率调节，降低芯片的功耗和热量；对芯片的散热设计进行优化，提高芯片的散热性能和可靠性。

芯片选型与优化是小模型应用中的重要环节，合理的芯片选择和优化可以使小模型在特定的应用环境中实现最佳的性能和效率，满足不同场景下的应用需求。

## 6.6 小模型的应用

小模型的应用更加普遍，如物联网与智能家居、移动应用与可穿戴设备、边缘计算等，将来这方面将会有很大的发展，服务于人们生活的方方面面。

### 6.6.1 物联网与智能家居

物联网（internet of things, IoT）是将各种设备和传感器通过网络连接起来，实现信息的采集、传输、处理和应用的技术。智能家居则是物联网技术在家庭生活中的应用，通过智能设备和系统的协同工作，实现家庭环境的智能化控制和管理。小模型在物联网与智能家居中发挥着重要作用，为设备的智能化和系统的优化提供了有力支持。

智能设备控制：小模型可以集成到各种智能设备中，如智能音箱、智能灯泡、智能插座等，实现对设备的智能控制和管理。例如，智能音箱中的小模型可以通过语音识别和自然语言处理技术，理解用户的语音指令，控制其他智能设备的开关、调节亮度、播放音乐等功能。小模型的轻量级和高效性使其能够在资源受限的智能设备上快速响应和执行指令，提升用户的使用体验。

环境监测与管理：在智能家居中，小模型可以用于环境监测与管理，如温度、湿度、空气质量等参数的监测和调节。通过分析传感器采集的数据，小模型可以智能地调节空调、加湿器、空气净化器等设备的工作状态，保持室内环境的舒适和健康。例如，当室内温度过高时，小模型可以自动调节空调的温度和风速，使室内温度迅速降低到适宜的范围。

安全监控与预警：小模型还可以用于智能家居的安全监控与预警，如入侵检测、火灾报警、煤气泄漏监测等。通过分析摄像头、门窗传感器、烟雾传感器等设备的数据，小模型可以及时发现异常情况，并发出预警信号，提醒用户采取相应的措施。例如，当摄像头检测到可疑人员进入时，小模型可以自动报警并通知用户，提高家庭的安全性。

设备协同与优化：在物联网与智能家居系统中，小模型可以实现不同设备之间的协同工作和优化管理。通过分析设备的运行状态和用户的需求，小模型可以智能地调整设备的工作模式和参数，实现能源的节约和设备的高效运行。例如，当用户不在家时，小模型可以自动关闭不必要的设备，如电视、电灯等，实现节能的效果；当用户回家时，小模型可以提前调节室内环境，如开启空调、调节灯光等，为用户提供舒适的回家体验。

小模型在物联网与智能家居中的应用，使家庭生活更加智能化、便捷化和安全化，为用户提供了更加舒适、高效和安全的居住环境。

### 6.6.2 移动应用与可穿戴设备

移动应用和可穿戴设备是现代生活中不可或缺的一部分，它们为人们提供了丰富的功能和服务。小模型在移动应用和可穿戴设备中具有广泛的应用，为设备的智能化和功能的拓展提供了有力支持。

移动应用中的智能功能：小模型可以集成到各种移动应用中，如社交媒体、购物、旅游、健康等应用，提供智能推荐、语音识别、图像识别等功能。例如，在社交媒体应用中，小模型可以根据用户的兴趣和行为，智能推荐相关的文章、视频和用户；在购物应用中，小模型可以通过图像识别技术，帮助用户快速识别商品信息，实现便捷的购物体验。

可穿戴设备中的健康监测：可穿戴设备如智能手表、健康手环等，可以利用小模型实现健康监测和管理功能。小模型可以分析设备采集的生理数据，如心率、血压、血氧饱和度等，监测用户的健康状况，并提供健康建议和预警。例如，当用户的心率异常时，小模型可以及时提醒用户注意休息或就医，帮助用户更好地管理自己的健康。

移动设备中的语音助手：小模型还可以用于移动设备中的语音助手功能，如苹果的 Siri、谷歌助手等。通过语音识别和自然语言处理技术，小模型可以理解用户的语音指令，并提供相应的服务和信息。例如，用户可以通过语音指令让语音助手发送短信、设置提醒、查询天气等，实现便捷的交互和操作。

移动游戏中的智能交互：在移动游戏中，小模型可以用于实现智能交互和游戏体验的优化。例如，在角色扮演游戏中，小模型可以根据用户的操作和游戏环境，智能地控制游戏角色的行为和反应，使游戏更加真实和有趣；在策略游戏中，小模型可以为用户提供智能的策略建议和决策支持，提高游戏的可玩性和挑战性。

小模型在移动应用与可穿戴设备中的应用，使设备的功能更加丰富和智能，为用户提供了更加便捷、高效和个性化的服务和体验。

### 6.6.3 边缘计算

边缘计算是一种将计算任务从云端转移到网络边缘设备上的计算模式，它能够实现数据的本地处理和分析，降低延迟和带宽消耗，提高实时性和隐私性。小模型在边缘计算中发挥着重要作用，为数据的实时处理和智能分析提供了有力支持。

实时数据处理与分析：小模型可以在边缘设备上实现对实时数据的快速处理和分析，无须将数据传输到云端，从而降低了延迟和带宽消耗。例如，在工业自动化中，小模型可以实时分析传感器采集的数据，监测设备的运行状态和生产过程，及时发现异常情况并进行处理，提高生产效率和产品质量。

智能决策与控制：通过小模型的智能分析和决策能力，边缘设备可以实现更加智能的控制和管理。例如，在智能交通系统中，小模型可以根据实时的交通流量和路况信息，智能地调节交通信号灯的时长和顺序，优化交通流量的分配，缓解交通拥堵。

数据隐私保护：边缘计算将数据处理和分析任务放在本地设备上进行，减少了数据在云端的存储和传输，降低了数据泄露和隐私侵犯的风险。小模型在边缘设备上运行时，可以对敏感数据进行本地处理，保护用户的隐私安全。

提高系统可靠性：在边缘计算环境中，小模型可以在多个边缘设备上进行部署和运行，即使某个设备出现故障或网络连接中断，其他设备上的小模型仍然可以继续工作，保证了系统的连续性和稳定性。

小模型在边缘计算中的应用，使数据处理和智能分析更加高效、实时和安全，为各种边缘计算场景提供了强大的支持和保障。

### 6.6.4 低资源环境下的 AI 应用

在一些资源受限的环境中，如偏远地区、发展中国家、移动设备等，计算资源、存储空间和网络连接等条件相对有限。小模型凭借其轻量级、高效、低功耗等特点，在这些低资源环境下的 AI 应用中具有独特的优势和广泛的应用前景。

教育领域：在偏远地区和资源有限的学校，小模型可以用于开发智能教育应用，提供个性化教学和智能辅导。例如，通过语音识别和自然语言处理技术，小模型可以帮助学生进行语言学习和练习，提供实时的发音纠正和语言理解指导；还可以根据学生的学习情况和进度，智能推荐学习内容和练习题，提高学习效果和效率。

医疗领域：在医疗资源相对匮乏的地区，小模型可以用于开发智能医疗应用，辅助医生进行疾病诊断和治疗。例如，通过分析患者的病历数据和医学影像，小模型可以帮助医生识别疾病特征和诊断结果，提供辅助诊断建议；还可以根据患者的病情和治疗方案，智能地调整药物剂量和治疗计划，提高治疗效果和安全性。

农业领域：在农业生产中，小模型可以用于智能农业应用，提高农作物的产量和质量。例如，通过分析土壤、气候、作物生长等数据，小模型可以智能地调节灌溉、施肥和病虫害防治等农业生产活动，实现精准农业和可持续发展。

灾害监测与救援：在自然灾害频发的地区，小模型可以用于灾害监测与救援应用，提高灾害预警和救援效率。例如，通过分析气象数据和遥感图像，小模型可以预测自然灾害的发生和发展趋势，及时发出预警信息；在灾害发生后，小模型还可以辅助救援人员进行灾害评估和救援决策，提高救援的准确性和效率。

小模型在低资源环境下的 AI 应用，为解决资源限制问题和提高应用效率提供了新的思路和方法，具有重要的社会价值和应用前景。

## 小　结

本章介绍了小模型的定义与特点、发展历程、与大模型的区别、与边缘计算的结合，给出了小模型的架构、压缩技术、训练与部署等内容。与大模型相比，小模型的应用更加普遍，如物联网与智能家居、移动应用与可穿戴设备、边缘计算等，将来这方面将会有很大的发展，服务于人们生活的方方面面。

## 习　题

### 1. 填空题

（1）小模型通常具有________、________、________等特点，能够在资源受限的环境中高效运行。

（2）与大模型相比，小模型的参数数量通常在________级别以下。

（3）模型压缩技术主要包括________、________、________等。

（4）端侧模型主要部署在________、________、________等设备上。

（5）移动应用中的小模型可以实现________、________、________等智能功能。

（6）智能家居中的小模型可以实现________、________、________等功能。

（7）边缘计算环境中，小模型可以用于________、________、________等。

（8）低资源环境下，小模型可以应用于________、________、________等领域。

（9）专用 AI 芯片主要包括________、________、________等。

（10）知识蒸馏技术可以将________的知识迁移到________的模型中。

### 2. 选择题

（1）以下（　　）模型属于小模型架构。

A. BERT　　B. MobileNet　　C. ResNet　　D. YOLO

（2）以下（　　）技术可以降低模型大小。

A. 模型剪枝　　B. 模型量化　　C. 知识蒸馏　　D. 低秩分解

（3）以下（　　）评估指标可以综合评估模型性能。

A. 准确率　　B. 召回率　　C. 精确率　　D. F1 分数

（4）以下（　　）评估方法可以将数据集分为多个子集进行评估。

A. 留出法　　B. K 折交叉验证　　C. 自助法　　D. 评估指标

（5）以下（　　）设备属于边缘设备。

A. 云服务器　　B. 智能手机　　C. 嵌入式系统　　D. 高性能计算集群

（6）以下（　　）芯片属于专用 AI 芯片。

A. CPU　　B. GPU　　C. TPU　　D. FPGA

（7）以下（　　）应用场景适合使用小模型。

A. 机器翻译　　B. 图像识别　　C. 文本生成　　D. 云端推荐系统

（8）以下（　　）应用场景适合使用端侧模型。

A. 智能家居　　B. 智能安防　　C. 智能交通　　D. 云端数据中心

（9）以下（　　）评估指标可以衡量模型对数据的解释程度。

A. 准确率　　B. 召回率　　C. 精确率　　D. $R^2$

（10）以下（　　）技术可以将模型中的浮点运算转换为低比特定点计算。

A. 模型剪枝　　B. 模型量化　　C. 知识蒸馏　　D. 低秩分解

### 3. 简答题

（1）简述小模型和大模型的主要区别。

（2）解释模型剪枝的原理和分类。

（3）简述知识蒸馏技术的原理和应用。

（4）举例说明小模型在物联网领域的应用。

（5）简述面向小模型的芯片类型及其特点。

# 第7章 通用人工智能实例

通用人工智能犹如一个百事通的人，可以做许多事情，对应于大模型。2022年出现的ChatGPT及2025年出现的DeepSeek均是通用人工智能的范畴，正是因为它们的出现，才使得人工智能得以大众化。还有一些面向领域的大模型，服务于各个行业，犹如那个行业的百事通。但是，这个百事通是基于现有可知数据学习的，对应十分特殊的事情，它不知道，也无法知道，因此，这个百事通也不是万能的。

## 学习目标

（1）理解通用人工智能的定义、目标与评价标准；

（2）了解通用人工智能关键技术路径；

（3）了解通用人工智能应用开发挑战；

（4）了解通用人工智能的应用实例；

（5）了解人工智能交叉学科，培养开放思维和创新精神。

## 思维导图

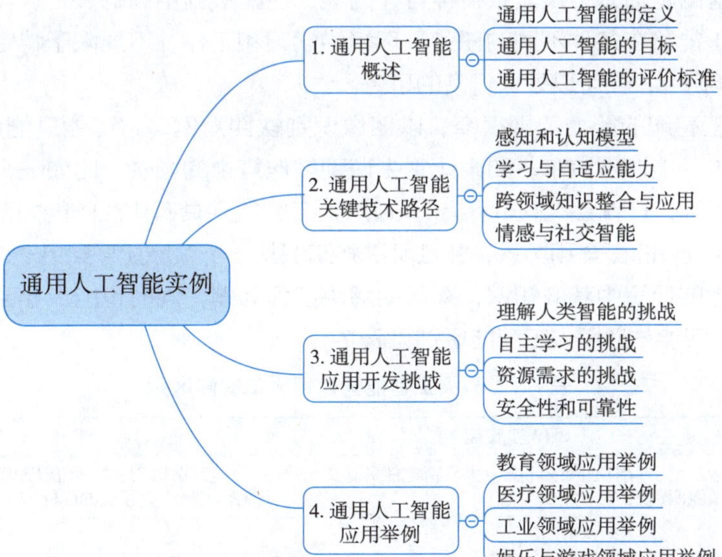

# 7.1 通用人工智能概述

通用人工智能的面向整个社会、面向领域，应用广泛。本节给出通用人工智能的定义、目标与评价标准。

## 7.1.1 通用人工智能的定义

人类从出生开始，通过不断地学习和成长，能够掌握各种各样的技能。比如，我们会说话交流、会做饭、会骑车、会解决各种问题等。随着人工智能技术的爆发式增长，人们也期待机器能够像人类一样在多种不同领域和任务中表现出智能的机器系统。它不仅能够处理特定的任务，如图像识别、语言翻译等，我们更期待它也能够像人类一样，去学习各种不同的知识，然后把这些知识综合起来，运用到各种各样的场景中去。比如，它既能理解你的语言指令，帮你安排日程，又能分析复杂的商业数据，还能在陌生的环境中自主驾驶汽车。它不是靠别人给它提前编写好针对每一个具体任务的程序，而是自己能够去学习和理解这个世界的规律，然后根据这些规律来解决问题。

这种具有广泛智能，在没有人为干预的情况下，自主地处理各种复杂任务的智能系统，即为通用人工智能（artificial general intelligence, AGI）。目前，通用人工智能的概念并不完全统一，百度百科给出的定义为：通用人工智能是指具有高效的学习和泛化能力、能够根据所处的复杂动态环境自主产生并完成任务的通用人工智能体，具备自主的感知、认知、决策、学习、执行和社会协作等能力，且符合人类情感、伦理与道德观念 。其研究发展通常涉及众多学科领域，包括计算机科学、认知科学、心理学、神经科学等。我们可以看出，AGI 具备类似人类的智能和广泛任务处理能力，目前，实现 AGI 仍是人们在人工智能技术发展的道路上追求的目标。

### 1. 与弱人工智能的区别

弱人工智能（artificial narrow intelligence, ANI），也称窄人工智能，是专门针对某一特定领域或任务而设计的人工智能。例如，一个智能语音助手，它只能完成一些简单的任务，如设置提醒、查询天气等。它就像一个只会做一道菜的厨师，只能在自己熟悉的领域内发挥作用。通用人工智能则像一个全能的厨师，不仅能做各种各样的菜，还能根据不同的食材、场合和顾客的口味来灵活调整。AGI 能够在各种不同的任务和环境中学习和工作，不局限于特定的领域，如既可以进行复杂的科学研究，又可以处理日常的事务。

此外，弱人工智能的能力范围很窄。以图像识别软件为例，它可能只能识别特定的物体，如只能识别猫或者只能识别汽车。如果让它去识别其他复杂的场景，比如一个包含多种生物和物体的自然生态系统，它就会“不知所措”。通用人工智能则具有广泛的能力范围。它能够像人类一样，理解各种复杂的概念和场景，并且可以将知识从一个领域迁移到另一个领域。比如，它可以从对物理世界的理解中获取知识，来帮助解决工程问题，同时也能在社会科学领域进行分析和研究。弱人工智能与通用人工智能区别见表 7-1。

表 7-1 弱人工智能与通用人工智能区别

| 比较项目 | 弱人工智能 | 通用人工智能 |
|---|---|---|
| 定义和范围 | 涉及用于有限范围或环境中执行特定任务，如分类或图像识别系统 | 一般的认知能力，可以理解、学习，并应用智能来解决跨广泛领域的任何问题 |

续表

| 比较项目 | 弱人工智能 | 通用人工智能 |
| --- | --- | --- |
| 学习和适应能力 | 从其狭窄范围内的大量标记数据中学习，对其定义领域的有限适应性 | 旨在在各个领域学习和推理，适应新的场景，可能需要更少的数据 |
| 复杂性和发展 | 不那么复杂，广泛应用于各个行业，涉及机器学习和基于规则的系统 | 更复杂的、理论性的、实验性的，旨在复制人类大脑的处理过程 |
| 意识 | 没有自我意识，纯粹在算法约束下运作 | 理论上经常暗示自我意识的潜力，这是一个有争议的话题 |
| 应用程序 | 应用广泛但具体 | 应用是革命性的 |
| 挑战 | 数据偏差，需要大数据集，无法泛化任务外的内容 | 伦理考虑、控制问题、创建 AGI 系统的技术难度 |
| 影响 | 在优化和自动化任务方面产生重大影响，推动其范围内的创新 | 可能彻底改变人类生活的方方面面，但也会带来风险和不确定性 |

### 2. 与强人工智能的区别

通用人工智能可以看作是人工智能发展的一个重要阶段，它是通向强人工智能（artificial super intelligence, ASI）的一个中间阶段。AGI 具备通用的学习和适应能力，但还没有达到超越人类智能的程度。强人工智能是一种超越人类智能的存在。它不仅能够像人类一样思考和学习，还可能在某些方面远远超过人类。例如，在知识获取速度、信息处理能力和逻辑推理能力等方面，强人工智能可能会以一种人类无法想象的速度和精度进行工作。通用人工智能的智能水平是与人类相当的，能够完成各种复杂的任务，但不会像强人工智能那样在某些方面展现出远超人类的智能。比如，AGI 可以像人类一样进行写作、绘画等创作活动，但不会像强人工智能那样可能在瞬间创作出无数篇超越人类文学巨匠水平的作品。

### 3. 与专家系统的区别

专家系统（expert system）是基于人类专家的知识和经验构建的，它主要是将特定领域的专家知识以规则和逻辑的形式编码到系统中。例如，在医疗诊断专家系统中，是将医生的诊断知识和经验转化为一系列的规则，用于辅助诊断疾病。它就像一本特定领域的专业书籍，只能提供书中已有的知识。通用人工智能不仅仅是基于已有的知识，它还能够自主学习新的知识，并且可以将这些知识应用到各种不同的场景中。它就像一个能够自己学习新知识并灵活运用的学习者，而不是仅仅依赖于已有的知识库。

专家系统的灵活性较差。一旦遇到超出其知识库范围的情况，它就很难做出正确的判断。例如，如果出现了一种全新的疾病，医疗诊断专家系统可能就无法准确诊断，因为它没有关于这种新疾病的知识。

### 4. 通用人工智能的特点

通用人工智能的具有以下主要特点。

**（1）从学习能力来看，AGI 具有广泛的学习能力。**它能够像人类一样，从各种来源获取知识，包括书籍、网络、与他人的交流等。它不仅仅局限于特定领域的数据，而是可以学习各种不同领域的知识，如历史、科学、艺术等。AGI 还具有自主学习的能力，它可以通过自我探索和尝试来学习新的知识和技能，而不需要人类明确地编程或指导。例如，它可以通过观察和分析大量的数据，自己发现其中的规律和模式，从而学习到新的知识。

**（2）从适应能力来看，AGI 能够适应各种不同的环境和场景。**无论是在实验室、办公室、家庭还是户外，它都能够根据环境的变化调整自己的行为和决策。例如，在不同的天气条件下，

AGI 可以自动调整自己的运行参数，以确保最佳的性能。AGI 可以快速适应各种不同的任务。它不需要为每个任务重新设计和编程，而是可以根据任务的要求和环境的变化，灵活地调整自己的策略和方法。例如，AGI 可以在短时间内从完成一个复杂的数学计算任务，切换到进行一场富有创意的文学创作。

（3）**从理解能力方面来看，AGI 能够理解各种复杂的概念和抽象的思想。**它不仅仅局限于对具体事物的认识，而是可以理解诸如自由、正义、爱等抽象的概念。这种理解能力使得 AGI 能够更好地与人类交流和合作，也能够更好地处理各种复杂的问题。它能够根据不同的语境和背景，理解语言的含义和意图。例如，在不同的文化背景下，AGI 可以理解语言中的隐含意义和文化内涵，从而更好地与不同文化背景的人进行交流。

（4）**从推理能力和决策能力方面来看，它不仅仅局限于已有的知识和规则，而是可以通过创造性思维，提出新的解决方案和思路。**例如，在进行一项科学研究时，AGI 可以通过创造性推理，提出新的假设和实验方案，从而推动科学的发展。同时，AGI 能够在多个目标之间进行权衡和决策。它可以根据不同的目标和优先级，制定出最优的决策方案。例如，在进行一项商业决策时，AGI 可以考虑利润、市场份额、客户满意度等多个目标，制定出最佳的决策方案。让人们更期待的是，AGI 还具有在不确定性环境下进行决策的能力。它可以根据已知的信息和概率，进行风险评估和决策。例如，在进行一项投资决策时，AGI 可以根据市场趋势和风险因素，制定出最优的投资策略。

目前，大家熟知的智能语音助手（如 Siri、Alexa 和小爱同学）能够完成一些特定的任务，如回答问题、设置提醒和播放音乐。这些系统通过预设的指令和自然语言处理技术来理解用户的请求，但它们的智能是有限的，只能在特定的领域内工作。一个具备 AGI 能力的语音助手将能够处理更复杂的任务，例如，理解用户的情感状态并做出相应的反应。例如，当用户感到沮丧时，它能够提供安慰的话语或建议一些放松的活动。此外，它还能够根据用户的兴趣和偏好，自主学习并提供个性化的服务，而不仅仅是执行预设的指令。

### 7.1.2 通用人工智能的目标

从 1955 年达特莫斯人工智能会议开始至今，人类的一个初步设想就是让机器具有智能。而 AGI 的首要目标就是实现人类水平的认知能力。AGI 应该能够像人类一样，通过感知获取信息，通过记忆存储信息，通过学习获取知识，通过思考进行推理和判断，通过解决问题实现目标。然而，人类和机器最大的区别之一就是机器没有情感。而 AGI 的目标还应该是具备人类水平的情感和社会能力。这包括理解情感、表达情感、与他人建立关系、合作等方面的能力。AGI 应该能够像人类一样，理解他人的情感和需求，表达自己的情感和想法，与他人建立良好的关系，合作完成各种任务。

此外，AGI 还应具备强大的推理和规划能力，能够在不确定性环境中作出决策，并使用自然语言与人类进行有效沟通。它需要理解上下文和常识，以应对各种未遇见过的问题。同时，AGI 应具备情感理解和伦理道德判断能力，能够理解人类的情感，并遵循社会伦理和道德规范，以更好地与人类互动。

最终 AGI 的目标是实现类似人类的创造力和自我意识，能够生成新的知识和解决方案，并在复杂动态环境中自主产生和完成任务。它应具备自主感知、认知、决策、学习、执行和社会协作等能力，能够根据自身的价值准则和内部驱动力进行决策和行动，而不是被动地仅被数据驱动。

总之，AGI 的实现将使机器能够像人类一样在多种情境下灵活思考和学习，为人类社会带来巨大的变革和进步。

未来 AGI 不仅可以帮助人类解决各种复杂的科学问题，在各个行业领域发挥重要作用，大大提高生产效率。而且还能够理解人类的需求和价值观，改善人们的生活质量，为人类提供个性化的服务和解决方案。进而最终促进人类的可持续发展和进步，帮助人类实现更高的目标和价值。

假设一个 AGI 系统被应用于一个智能工厂。在这个工厂中，AGI 系统不仅能够监控生产线上的设备状态，还能分析生产数据以优化生产流程。同时，它还能够处理与供应链管理相关的任务，如预测原材料需求和物流安排。此外，AGI 系统还可以与工厂的员工进行交流，理解他们的需求和反馈，从而更好地支持工厂的日常运营。这种跨领域的通用智能使得 AGI 系统能够在一个复杂的环境中，同时处理多个不同领域的任务，提高整个工厂的效率和灵活性。

### 7.1.3　通用人工智能的评价标准

评价通用人工智能的水平需要从多个维度进行考量，如通用性、学习能力、推理、情感理解和伦理道德等方面。

#### 1. 通用性

通用性（generality）意味着不仅仅局限于在一个领域应用的单一应用，AGI 应能够在多个领域多种任务中表现出色，具备跨领域推理和适应性学习能力。例如，AGI 应能够将科学领域的推理方法应用到工程领域，或将艺术领域的创意方法应用到科学领域。这种跨领域推理能力要求 AGI 能够理解和处理不同领域的知识结构和逻辑关系，并在不同领域之间进行有效的推理和应用。此外，AGI 应能够根据不同的任务需求，调整其学习和推理策略，以达到最佳的性能表现。

#### 2. 学习能力

AGI 的学习能力（learning ability）是其核心特征之一，也是最让人兴奋又令人担心的方面。AGI 应具备自主学习的能力，能够在没有人类干预的情况下从数据和经验中学习和改进。例如，AGI 可以通过分析大量的文本数据来学习语言的语法和语义，从而提高其自然语言处理能力。这种自主学习能力使 AGI 能够不断优化自身性能，适应不断变化的环境和任务需求。

迁移学习是 AGI 的另一个重要能力。AGI 应能够将从一个领域学到的知识和技能应用到其他领域，展现出强大的迁移学习能力。例如，AGI 可以将从科学领域学到的逻辑推理方法应用到工程领域，解决复杂的工程问题。这种迁移学习能力使 AGI 能够在不同领域之间灵活转移和应用知识，提高其适应性和效率。

元学习是 AGI 的高级学习能力，即学习如何学习的能力。AGI 应具备元学习的能力，能够快速适应新任务和新环境。例如，AGI 可以通过元学习快速掌握新任务的学习方法，从而在短时间内达到较高的性能水平。这种元学习能力使 AGI 能够在不断变化的环境中保持和提升其学习效率，展现出强大的适应性和灵活性。

总之，AGI 的自主学习、迁移学习和元学习，这些能力使 AGI 能够在多个领域和任务中表现出色，展现出广泛的学习和适应能力。

#### 3. 推理

机器最擅长的是推理（reasoning），也是最能体现 AGI 智能表现的重要方面。AGI 不仅能够进行复杂的逻辑推理，解决各种类型的问题，还能够制定和执行复杂的计划，并在不确定环境中做出合理的决策。

例如，在数学领域，AGI 应能够解决复杂的方程和证明问题；在科学领域，AGI 应能够分析实验数据，得出科学结论；在日常生活中，AGI 应能够根据天气预报和交通状况，规划最佳的出行路线。在项目管理中，AGI 应能够根据项目需求和资源情况，制定详细的项目计划，协调各方资源，确保项目按时完成。在不确定性环境中，如金融市场预测，AGI 应能够根据市场动态和历史数据，制定灵活的投资策略，应对市场的波动和风险。

总之，AGI 的推理和规划能力已经远远超出人的智力，人们在享受其中的便利同时，也存在巨大的伦理风险。

### 4. 情感理解和伦理道德

人工智能时代，人类最宝贵的是具有真实的情感和价值判断，而 AGI 的情感理解和伦理道德（emotional understanding and ethical judgment）能力是其与人类有效互动的重要基础。

首先，AGI 应能够理解人类的情感和意图，能够与人类进行情感化的互动。例如，在医疗领域，AGI 可以通过分析患者的语音语调和面部表情，理解患者的情绪状态，从而提供更加贴心和个性化的服务。这种情感理解能力使 AGI 能够更好地与人类建立信任和合作关系。

其次，AGI 应具备伦理和道德判断能力，能够遵循社会伦理和道德规范，做出符合人类价值观的决策。例如，在自动驾驶领域，AGI 应能够在遇到紧急情况时，根据伦理原则做出合理的决策，如优先保护行人安全。这种伦理道德能力使 AGI 能够在复杂的社会环境中做出符合人类价值观的选择，避免对人类社会造成负面影响。

让机器真正与人类共情可能并不现实，但是 AGI 的“共情”和“向善”的能力能让人类感受到真正的幸福也是人们所期待的。

### 5. 创造力和自我意识

拥有创造力和自我意识（creativity and self-awareness）是人类不断进化和成长的动力源泉。从生成式人工智能的兴起，人们通过人工智能技术已经体验到各种创作的惊喜。例如，AGI 可以通过学习大量的艺术作品，生成具有独特风格和创意的新作品；在科学研究中，AGI 可以提出新的理论和实验设计，推动科学进步。这种创造力使 AGI 能够在各个领域中发挥重要作用，为人类社会带来新的可能性。

在机器人的设计中，通过不断自主学习，人们同样期待又担心的是机器人如果拥有自我意识、独立反思和改进的能力后，将会对人类带来怎样的影响。

### 6. 安全性和可靠性

如果 AGI 真的达到人们以上的预期，那么安全性和可靠性（safety and reliability）是评价通用人工智能最重要的评价指标。AGI 应具备高度的安全性，能够防止被恶意攻击和操纵，保护用户的数据和隐私。能够在各种情况下稳定运行，不会出现意外的故障或错误。例如，在金融领域，AGI 应能够抵御黑客攻击，确保用户的账户信息和交易记录不被窃取或篡改。这种安全性不仅保护了用户的个人利益，也维护了整个系统的稳定和信任。人机物共生的智能时代，安全是人类可持续发展的基本保障。

### 7. 效率和资源利用

效率和资源利用（efficiency and resource utilization）也是一个评价标准。如果让机器越智能，其背后的软硬件基础，就必须有高效的算力和设备支撑。因此，如何节约算力，提高能源利用效率，在低能耗低算力的情况下保证 AGI 的功能，这也是对社会环境可持续发展的要求。

总而言之，对 AGI 的评价的最终目标除了能够对社会产生积极的影响，提高生产效率、改善人们生活质量、促进科学研究等，更重要的目标是造福人类，遵从社会伦理道德、保障人类能可持续发展，避免对人类社会造成负面影响。因此，可以通过测试、评估、持续改进 AGI 系统，让技术向健康向善的方向发展。

## 7.2 通用人工智能关键技术路径

通用人工智能（AGI）的实现需要在多个关键技术领域取得突破。这些技术路径涵盖了从感知和认知模型到情感与社交智能的各个方面。以下是这些关键技术路径的详细探讨。

### 7.2.1 感知和认知模型

感知和认知模型是通用人工智能的基础，它们使 AGI 能够像人类一样感知和理解外部世界。感知能力包括视觉、听觉、触觉等，而认知能力则涉及对感知信息的处理和理解。

机器的感知能力通常通过传感器（如摄像头、麦克风等）获取环境信息，包括视觉、听觉、触觉等。然后，对感知到的信息进行处理和理解，包括物体识别、场景理解、语言理解等。最终将不同模态的信息（如视觉、听觉、语言等）进行融合，设计类似于人类大脑的认知架构，以更全面地理解环境，支持复杂的推理和决策过程。AI 生成的智能感知与认知如图 7-1 所示。

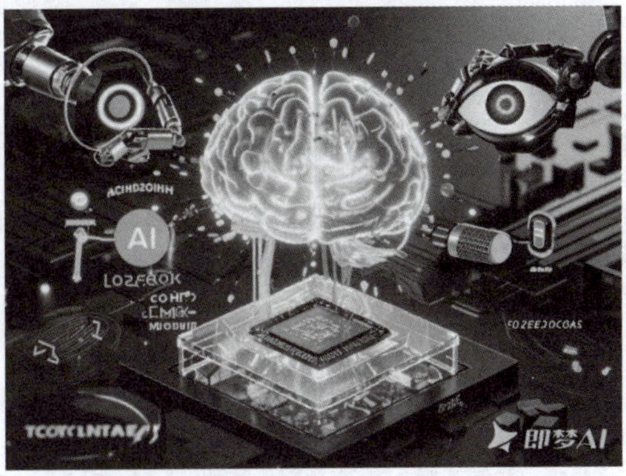

图 7-1　智能感知与认知图（AI 生图）

智能家居系统是感知和认知模型的一个典型应用场景。通过在家庭环境中部署多种传感器，如摄像头、麦克风和温度传感器，智能家居系统能够感知环境中的多种信息。例如，摄像头可以捕捉家庭成员的活动，麦克风可以接收语音指令，温度传感器可以监测室内温度。通过多模态融合技术，智能家居系统能够综合这些信息，做出更智能的决策。例如，当系统通过摄像头检测到家庭成员进入房间，并通过麦克风接收到“打开空调”的语音指令时，系统不仅会根据语音指令打开空调，还会根据温度传感器的数据调整到合适的温度。这种多模态融合能力使得智能家居系统能够更自然地与用户互动，提供更加个性化的服务。

自动驾驶汽车是感知和认知模型的另一个重要应用领域。自动驾驶系统需要处理来自多个传感器的大量数据，包括摄像头的视觉数据、雷达的测距数据和麦克风的音频数据。这些数据需要被实时处理和理解，以支持复杂的决策过程。例如，自动驾驶系统需要识别道路上的交通标志、行人、其他车辆，并预测它们的运动轨迹。为了实现这一目标，自动驾驶系统采用了类似于人类大脑的认知架构，将感知数据输入到多个层次的处理模块中。这些模块包括低层次的特征提取（如边缘检测、颜色识别）、中层次的对象识别（如车辆、行人）和高层次的场景理解（如交通规则、道路状况）。通过这种层次化的认知架构，自动驾驶系统能够像人类驾驶员一样，对复杂的交通环境做出快速而准确的反应。

### 7.2.2 学习与自适应能力

学习与自适应能力是通用人工智能的核心，它们使AGI能够自主学习新知识，并根据环境变化调整自身行为。通过奖励和惩罚机制，使AGI能够在复杂环境中学习最优行为策略，并根据环境的变化自动调整行为策略，将已有的知识和技能迁移到新的任务中，提高学习效率。

机器人导航是学习与自适应能力的一个典型应用场景。机器人需要在复杂的环境中自主导航，避开障碍物并到达目标位置。强化学习是实现这一目标的关键技术。机器人通过与环境的交互，不断尝试不同的路径，并根据是否成功到达目标位置获得奖励或惩罚。例如，当机器人成功避开障碍物并到达目标位置时，它会获得正向奖励；而当机器人撞到障碍物或迷路时，它会获得负向惩罚。通过这种方式，机器人逐渐学习到最优的导航策略。这种强化学习方法不仅使机器人能够在已知环境中导航，还能使其在新的环境中快速适应并找到最优路径。

多语言翻译是学习与自适应能力的另一个重要应用领域。现有的翻译系统通常需要针对每种语言对进行单独训练，这不仅耗时耗力，还难以处理低资源语言。迁移学习可以解决这一问题。通过在高资源语言对（如英语 - 法语）上训练一个强大的翻译模型，然后将该模型的知识迁移到低资源语言对（如英语 - 斯瓦希里语）上，可以显著提高翻译性能。例如，一个在英语 - 法语翻译任务上训练的模型可以学习到通用的翻译规则和语言结构，然后将这些知识迁移到英语 - 斯瓦希里语翻译任务中。通过这种方式，即使在数据有限的情况下，翻译系统也能够快速适应新的语言对，提供高质量的翻译服务。

### 7.2.3 跨领域知识整合与应用

跨领域知识整合与应用是通用人工智能的重要能力。通过语义网络、知识图谱等，设计能够表达跨领域知识的知识表示方法。然后，将不同领域（如语言、视觉、逻辑等）的知识进行融合，以支持复杂的推理和决策。也可以将已有的知识迁移到新的领域或任务中，在多种不同领域（如教育、医疗、工业等）中应用跨领域知识，解决实际问题。

智能医疗系统是跨领域知识整合的一个典型应用场景。医疗领域涉及多个子领域，包括诊断、治疗、康复和健康管理。一个具备跨领域知识整合能力的智能医疗系统能够将这些子领域的知识进行融合，提供全面的医疗服务。例如，系统可以通过分析患者的病历、症状和检查结果（如X光、CT、MRI等），结合医学文献和临床指南，为医生提供诊断建议。同时，系统还可以根据患者的病情和身体状况，制定个性化的治疗方案，并在治疗过程中实时监测患者的康复情况，提供康复指导。通过这种跨领域知识整合，智能医疗系统能够为患者提供更加精准和全面的医疗服务。

智能教育系统是跨领域知识整合的另一个重要应用领域。教育领域涉及多个学科，包括语言、数学、科学和艺术。一个具备跨领域知识迁移能力的智能教育系统能够将不同学科的知识进行融合，提供个性化的学习方案。例如，系统可以通过分析学生在数学和科学课程中的表现，识别其学习风格和知识薄弱点。然后，系统可以将数学中的逻辑推理能力迁移到科学课程中，帮助学生更好地理解复杂的科学概念。同时，系统还可以根据学生的兴趣和偏好，推荐相关的学习资源和活动，激发学生的学习兴趣。通过这种跨领域知识迁移，智能教育系统能够为学生提供更加高效和个性化的学习体验。

### 7.2.4 情感与社交智能

情感与社交智能是通用人工智能的重要组成部分，它们使AGI能够理解人类的情感和社交信号，并与人类进行自然的交流和合作。情感与社交智能的关键技术路径有情感识别、情感理解、情感表达和社交互动。

客户服务是情感与社交智能的一个典型应用场景。在客户服务中，情感识别技术可以帮助客服系统更好地理解客户的情绪状态，从而提供更加个性化的服务。例如，通过分析客户的语音语调、文字表达和面部表情，客服系统可以判断客户是否感到愤怒、沮丧或满意。如果系统检测到客户情绪不佳，它可以自动调整服务策略，例如，提供更多的安慰话语或优先处理客户的问题。这种情感识别能力不仅能够提高客户满意度，还能减少客服人员的工作压力。

虚拟助手是情感与社交智能的另一个重要应用领域。虚拟助手需要与用户进行自然的交流和合作，理解用户的意图和情感状态。例如，当用户感到孤独时，虚拟助手可以通过对话提供陪伴和安慰。当用户需要帮助时，虚拟助手可以通过理解用户的情感需求，提供更加贴心的服务。例如，如果用户在工作压力下感到焦虑，虚拟助手可以推荐一些放松的音乐或冥想练习。通过这种情感与社交智能，虚拟助手能够更好地满足用户的需求，提供更加人性化的服务。

## 7.3 通用人工智能应用开发挑战

通用人工智能（AGI）的开发和应用面临着诸多挑战。这些挑战不仅来自技术层面，还涉及伦理、资源和安全等多个方面。以下是这些挑战的详细探讨。

### 7.3.1 理解人类智能的挑战

人类智能是一个极其复杂的系统，涉及多个层面，包括感知、认知、情感、意识等。理解人类智能是开发通用人工智能的基础。目前，我们对人类智能的理解仍然有限，这给 AGI 的开发带来了巨大的挑战。

**挑战一：复杂性**

人类智能的复杂性在于其多层面的结构和动态变化。人类智能不仅包括逻辑推理和语言能力，还涉及情感、创造力和社交能力。这些能力相互交织，形成了一个复杂的系统。例如，人类在解决问题时，不仅依赖于逻辑推理，还会受到情感和直觉的影响。这种复杂性使得建立一个全面的模型来模拟人类智能变得非常困难。

**挑战二：多学科交叉**

理解人类智能需要跨学科的研究，涉及认知科学、神经科学、心理学、哲学等多个领域。每个学科都有其独特的研究方法和理论框架，这增加了整合这些研究成果的难度。例如，神经科学主要研究大脑的生理机制，而认知科学则关注心智的计算模型。将这些不同领域的研究成果整合到一个统一的框架中，是开发 AGI 的关键挑战之一。

**挑战三：个体差异**

人类智能存在显著的个体差异。不同的人在不同的任务中表现出不同的能力，这种差异可能源于遗传、环境和经验等多种因素。例如，有些人擅长语言学习，而有些人则在数学或音乐方面表现出色。这种个体差异使得建立一个通用的智能模型变得更加复杂，因为 AGI 需要能够适应不同个体的需求和能力。

为了更好地理解人类智能，研究人员正在尝试将认知科学与神经科学相结合。例如，通过功能性磁共振成像（functional magnetic resonance imaging, fMRI）技术，科学家可以观察大脑在处理不同任务时的活动模式。这些研究揭示了大脑在语言处理、视觉识别和情感反应等方面的神经机制。然而，将这些神经机制转化为计算模型仍然面临诸多挑战。例如，尽管我们知道大脑的某些区域在语言处理中起关键作用，但如何将这些区域的活动转化为计算机程序中的逻辑和算法，仍然是一个未解决的问题。

在教育领域，个体差异对教学方法和学习效果有着显著影响。例如，一些学生通过视觉学习效果更好，而另一些学生则通过听觉或动手实践学习效果更佳。开发 AGI 系统时，需要考虑到这些个体差异，以提供个性化的学习方案。然而，目前的技术还难以完全模拟人类教师在识别和适应学生个体差异方面的灵活性和敏感性。例如，一个 AGI 教育系统可能需要通过大量的数据和复杂的算法来识别学生的学习风格和能力水平，而人类教师则可以通过简单的观察和交流来实现这一点。

### 7.3.2 自主学习的挑战

自主学习是通用人工智能的核心能力之一。AGI 需要能够通过与环境的交互自主学习新知识，并将所学知识迁移到新的任务中。然而，实现自主学习面临诸多挑战。

**挑战一：数据需求**

自主学习需要大量的数据支持。为了训练一个能够处理多种任务的 AGI 系统，需要收集和处理来自不同领域的大量数据。这些数据不仅需要数量庞大，还需要质量高、标注准确。然而，获取高质量的数据往往面临诸多困难，例如，数据隐私问题、数据标注成本高等。

**挑战二：学习效率**

尽管目前的机器学习算法在特定任务上取得了显著进展，但其学习效率仍然有限。例如，深度学习模型通常需要大量的计算资源和时间来训练。对于 AGI 系统来说，需要在更短的时间内学习更多的知识，这要求开发更高效的学习算法。此外，AGI 系统还需要能够在有限的数据下进行有效的学习，这与目前依赖大数据的机器学习方法形成了鲜明对比。

**挑战三：泛化能力**

AGI 系统需要能够在学习新任务时将已有的知识迁移到新的任务中，以提高学习效率和性能。然而，目前的机器学习模型在泛化能力上仍然存在不足。例如，一个在图像识别任务上表现良好的模型可能在处理自然语言处理任务时表现不佳。开发能够跨领域迁移知识的 AGI 系统，需要解决知识表示、知识融合和知识迁移等关键技术问题。

例如，机器人需要在复杂的环境中自主导航，避开障碍物并到达目标位置。强化学习是实现这一目标的关键技术。机器人通过与环境的交互，不断尝试不同的路径，并根据是否成功到达目标位置获得奖励或惩罚。例如，当机器人成功避开障碍物并到达目标位置时，它会获得正向奖励；而当机器人撞到障碍物或迷路时，它会获得负向惩罚。通过这种方式，机器人逐渐学习到最优的导航策略。然而，这种学习过程需要大量的时间和计算资源，尤其是在复杂环境中。此外，机器人在新的环境中可能需要重新学习，这限制了其泛化能力。

多语言翻译是自主学习的另一个重要应用领域。现有的翻译系统通常需要针对每种语言对进行单独训练，这不仅耗时耗力，还难以处理低资源语言。迁移学习可以解决这一问题。通过在高资源语言对（如英语 - 法语）上训练一个强大的翻译模型，然后将该模型的知识迁移到低资源语言对（如英语 - 斯瓦希里语）上，可以显著提高翻译性能。然而，这种迁移学习方法仍然面临诸多挑战。例如，不同语言之间的语法结构和词汇差异可能导致知识迁移的困难。此外，低资源语言的数据稀缺也限制了迁移学习的效果。

### 7.3.3　资源需求的挑战

开发和应用通用人工智能需要大量的资源支持，包括计算资源、能源和数据资源。这些资源需求给 AGI 的开发和应用带来了巨大的挑战。

**挑战一：计算资源**

实现通用人工智能需要强大的计算资源支持。目前的深度学习模型通常需要大量的计算能力来进行训练和推理。例如，训练一个大型的 Transformer 模型可能需要数千个 GPU 的计算资源。对于 AGI 系统来说，这种计算需求可能会更高，因为 AGI 需要处理多种任务和领域。然而，目前的硬件技术仍然存在局限，开发能够满足 AGI 需求的硬件是一个重要的研究方向。

**挑战二：能源消耗**

高性能计算往往伴随着高能耗，这限制了 AGI 的广泛应用。例如，训练一个大型的深度学习模型可能需要消耗大量的电力。这种能源消耗不仅增加了成本，还对环境产生了负面影响。因此，开发高效能的计算架构和算法，以减少 AGI 系统的能源消耗，是一个亟待解决的问题。

**挑战三：资源分配**

如何合理分配有限的资源，以支持 AGI 的开发和应用，是一个需要解决的问题。例如，在资源有限的情况下，如何在不同的任务和领域之间分配计算资源，以实现最佳的性能和效率，是一个重要的研究课题。此外，资源分配还需要考虑到公平性和可持续性，以确保 AGI 技术能够惠及更多的人。

云计算为 AGI 的开发提供了强大的计算资源支持。通过使用云服务，研究人员可以按需分配计算资源，从而降低硬件成本和维护成本。例如，Google Cloud 和 Amazon Web Services（AWS）提供了大量的 GPU 和 TPU 资源，支持大规模的深度学习模型训练。然而，云计算也面临着一些挑战，如数据隐私和安全问题。此外，云计算的高能耗也是一个需要解决的问题。例如，数据中心的能耗占全球总能耗的相当一部分，这促使研究人员开发更节能的计算架构和算法。

边缘计算是另一种解决资源需求挑战的技术路径。通过将计算任务从云端转移到边缘设备（如智能手机、物联网设备等），可以减少对云计算资源的依赖，提高系统的响应速度和隐私保护。例如，在智能安防系统中，边缘计算可以在本地设备上实时处理视频数据，识别异常行为，而无须将数据上传到云端。然而，边缘计算也面临着计算能力有限和能源消耗的问题。例如，智能设备的电池寿命有限，这限制了其计算能力的发挥。因此，开发高效的边缘计算架构和算法，以优化资源利用和能源消耗，是一个重要的研究方向。

### 7.3.4　安全性和可靠性

确保通用人工智能的安全性和可靠性是开发 AGI 的关键挑战之一。AGI 系统的行为需要符合人类的利益和价值观，避免对人类社会造成负面影响。此外，AGI 系统需要在各种情况下保持稳定性和可靠性，避免出现不可控的行为。

**挑战一：安全问题**

AGI 的开发需要解决技术上的复杂性，包括算法的健壮性、模型的可靠性以及全生命周期的安全性。AGI 产品的网络安全问题也日益突出，如何在产品设计、研发、数据集构建和算法训练等环节中考虑网络安全因素，以保障性能的可靠性和模型的健壮性。此外，数学基础也是其安全性的关键，如何实现不同数学范式间的映射和转换，有助于提升 AGI 的智能水平和模式理解能力。

**挑战二：伦理问题**

AGI 的行为需要符合人类的伦理和道德标准。因此，在 AGI 时代对计算伦理和数字道德提出了新的挑战。需要在负责任的 AI 框架下构建计算伦理和数字道德体系，重塑伦理道德的数字边界，并制定和遵守一系列伦理准则和政策，以确保 AI 系统符合伦理和法律标准例如，AGI 系统在医疗、金融和法律等领域的应用需要遵循严格的伦理准则。然而，如何定义和实现这些伦理准则仍然是一个未解决的问题。

## 7.4 通用人工智能应用举例

通用人工智能在不少领域有其应用场景，如教育领域、医疗领域、工业领域、娱乐与游戏领域等，本节给出一些实例。

### 7.4.1 教育领域应用举例

**案例一：设计个性化学习路径**

当今教育领域，通用人工智能（AGI）技术的应用正在逐步改变传统的教学模式，为学生提供更加个性化的学习体验，图 7-2 给出了一个示意图。在传统的教育模式中，教师通常采用“一刀切”的教学方法，即所有学生按照相同的教学进度和内容进行学习。然而，每个学生的学习能力和兴趣点各不相同，这种教学模式难以满足所有学生的需求。一些学生可能会觉得课程内容过于简单，而另一些学生则可能跟不上进度。通用人工智能在教育领域能够为学生、教师和教育机构提供更加个性化、高效和创新的教育体验。AGI 技术可以通过分析学生的学习行为和数据，为每个学生设计个性化的学习路径，从而提高学习效果和满意度。

图 7-2　AGI 在教育领域中的应用（AI 生图）

**（1）数据收集与分析是构建个性化学习环境的基础。** 通过学习管理系统（LMS），我们可以收集学生的学习行为数据，如学习时间、任务完成速度、测试成绩和讨论参与度，同时利用问卷调查、学习日志和互动数据来洞察学生的兴趣和学习偏好。此外，通过定期的测试和评估，我们能够准确评估学生在不同学科领域的知识水平，识别他们的学习短板。

**（2）基于收集到的数据，AGI 系统能够为每个学生生成个性化的学习路径。** 智能推荐系统根据学生的知识水平和学习偏好，提供定制化的学习内容，如为数学基础薄弱的学生推荐针对性的练习题和教学视频，或为对科学充满好奇的学生推荐实验和研究项目。更重要的是，AGI 系统具备动态调整能力，能够根据学生的学习进度和反馈实时优化学习路径，确保每个学生都能在适合自己的节奏下学习。

**（3）实时反馈与支持是提升学习效果的关键。**AGI 系统能够提供即时反馈，当学生完成练习题时，系统立即展示正确答案和解析，帮助学生及时纠正错误。同时，智能辅导功能能够识别学生常犯的错误，并提供针对性的解释和额外练习，确保学生在遇到难题时能够得到有效帮助。这种实时互动和支持不仅增强了学生的学习动力，也提高了他们的自信心和自主学习能力。

例如，某中学引入了基于 AGI 的个性化学习系统，该系统通过分析学生的学习数据，为每个学生生成个性化的学习路径。经过一个学期的使用，学校发现学生的整体成绩有了显著提高，尤其是那些在传统教学模式下表现不佳的学生。学生在数学和科学课程中的平均成绩提高了 15%。学生对学习的兴趣显著增加，参与课堂讨论的频率提高了 30%。学生完成学习任务的时间减少了 20%，因为系统能够更高效地引导他们学习。教师们也对这种个性化学习系统表示认可。他们认为，AGI 系统不仅帮助学生更好地学习，还减轻了教师的负担，使他们能够更专注于教学内容的设计和学生的个别指导。一位教师表示："AGI 系统为我们提供了非常有价值的数据支持，帮助我们更好地了解每个学生的学习情况，从而提供更有针对性的教学。"

**案例二：智能辅导系统**

在教育过程中，学生经常需要额外的辅导来解决学习中的问题。然而，传统的辅导方式存在诸多限制，例如，辅导资源有限、时间安排困难等。AGI 技术可以开发智能辅导系统，为学生提供随时随地的个性化辅导，帮助他们更好地理解和掌握知识。

（1）AGI 系统可以通过语音识别技术理解学生的问题，并通过语音合成技术提供回答。这种自然语言交互方式使学生能够更自然地与系统交流，就像与真人教师交流一样。AGI 系统也能够理解学生的语言意图，即使学生的问题表达不够准确，系统也能够通过上下文理解其真正需求。

（2）AGI 系统内置了丰富的知识库，涵盖各个学科领域的知识点。通过推理引擎，系统能够根据学生的问题提供详细的解答和解释。AGI 系统能够跟踪学生的学习进度，根据其知识水平和学习情况提供个性化的辅导内容。例如，对于初学者，系统可以提供基础概念的解释；对于进阶学生，系统可以提供更深入地分析和应用。

（3）AGI 系统可以通过语音语调、文字表达和表情识别技术，感知学生的情绪状态。如果学生感到沮丧或焦虑，系统可以提供安慰和鼓励。也可以通过奖励机制激励学生学习。例如，当学生完成一个学习任务时，系统可以给予虚拟奖励，如积分或徽章，以增强学生的学习动力。

某在线教育平台引入了基于 AGI 的智能辅导系统，该系统通过自然语言交互为学生提供 24/7（每周 7 天，每天 24 小时连续运行的服务模式）的个性化辅导。经过一年的使用，平台发现学生的参与度和学习效果显著提高。学生对智能辅导系统的反馈非常积极。他们表示，AGI 系统不仅能够提供详细的解答，还能理解他们的情绪状态，给予情感支持。一位学生表示："智能辅导系统就像我的私人教师，它不仅帮助我解决了学习中的问题，还在我感到沮丧时给予我鼓励，让我更有信心继续学习。"教师们认为，AGI 系统为学生提供了额外的学习支持，减轻了教师的负担，使他们能够更专注于教学内容的设计和学生的个别指导。一位教师表示："智能辅导系统为学生提供了非常有价值的辅导支持，帮助他们更好地理解和掌握知识，同时也为我们节省了时间，使我们能够更专注于教学。”

### 7.4.2 医疗领域应用举例

在传统医疗模式中，医生通常根据患者的症状、病史和检查结果进行诊断和治疗。然而，这种方法往往难以考虑到患者的个体差异，导致治疗效果参差不齐。AGI 技术可以通过分析患者的基因信息、生活习惯、病史等多维度数据，为每个患者提供个性化的医疗建议和治疗方案。

**案例一：个性化医疗与疾病诊断**（见图 7-3）

在个性化医疗和疾病诊断领域，AGI 系统发挥着重要的智能诊断辅助作用，主要通过对患者多维度数据的综合分析来实现。具体而言，AGI 系统可以分析患者的基因组数据，识别与疾病相关的基因变异，为精准诊断和治疗建议提供有力支撑。此外，系统能够整合患者的病历记录、检查结果和治疗历史等临床数据，生成全面的患者画像，帮助医生更好地理解患者病情。AGI 系统还可以分析患者的生活方式数据，如饮食、运动、睡眠等，提供个性化的健康建议，预防疾病的发生。

图 7-3 个性化医疗与疾病诊断（AI 生图）

在智能诊断辅助方面，AGI 系统能够快速准确地分析医学影像，如 CT、MRI、X 光等，识别病变和异常情况，辅助医生进行更准确地诊断。同时，系统可以基于大量的临床数据和流行病学数据，建立疾病预测模型，提前预测患者可能患有的疾病，实现早期干预。在个性化治疗方案方面，AGI 系统可以根据患者的基因信息和病情，推荐最适合的药物和剂量，减少药物副作用。系统还能够根据患者的病情进展和治疗反应，动态调整治疗方案，确保治疗效果最大化。

**案例二：智能手术机器人与康复治疗**

手术是治疗许多疾病的重要手段，但手术的精准性和安全性一直是医疗领域的挑战。此外，术后康复也是影响患者恢复的关键环节。AGI 技术可以通过控制手术机器人和提供个性化的康复方案，显著提高手术的成功率和患者的康复效果。

智能手术机器人能够控制手术机器人，实现更精准、更安全的手术操作。机器人可以根据术前规划和术中实时数据，自动调整手术路径和操作精度。系统能够实时监测手术过程中的各种参数（如组织的生理状态、手术器械的位置等），并根据反馈信息及时调整手术操作。AGI 系统还可以辅助医生进行复杂的手术操作，如微创手术和高精度的神经外科手术。

此外，AGI 系统可以根据患者的病情和身体状况，设计个性化的康复训练方案。方案包括康复目标、训练内容、训练频率等。系统能够实时监测患者的康复进展，通过传感器和评估工具，评估患者的康复效果，并根据需要调整康复方案。AGI 系统还可以作为虚拟康复指导师，通过视频和语音指导患者进行康复训练，提供实时反馈和鼓励。

### 7.4.3 工业领域应用举例

在传统工业生产中，生产流程的优化和质量控制主要依赖于人工经验和固定的规则，这不仅效率低下，还容易出现错误。AGI 技术可以通过实时分析生产数据，优化生产流程，提高生产效率和产品质量。以下是通用人工智能在工业领域的应用举例。

## 案例一：智能质量检测系统

在汽车制造行业，质量检测是确保产品合格的关键环节。通用人工智能技术被应用于视觉检测系统，用于检测汽车零部件的微小缺陷。采用深度学习算法训练的 AGI 系统，能够识别和分类各种缺陷，如裂纹、凹陷和表面瑕疵。系统集成了高分辨率摄像头和先进的图像处理技术，能够在生产线上实时检测零部件。

某汽车制造企业质量经理反馈："自从引入智能质量检测系统，我们的生产线效率得到了显著提升。系统的准确性和可靠性让我们对产品质量更有信心。"

图 7-4 为海尔 COSMOPlat 平台的整机在线检测系统。

图 7-4　海尔 COSMOPlat 平台的整机在线检测系统

海尔卡奥斯构建的 COSMOPlat 工业互联网平台深度融合了 AI 技术，广泛应用于工业设计与研发、机理仿真及数字孪生等领域，有效推动了制造业的转型升级。在工业设计与研发方面，COSMOPlat 利用 AI 分析市场需求和用户喜好，为企业提供针对性的设计方案，缩短了设计周期，提高了设计成功率。在机理仿真和数字孪生领域，平台通过 AI 模拟和实时监测，帮助企业提前发现潜在问题，提高产品质量，降低设备故障率，实现了设备远程监控与维护。这些应用不仅提升了生产效率和产品质量，还降低了运营成本，增强了企业竞争力，并促进了产业链的协同发展。总体来看，COSMOPlat 的案例展示了通用人工智能在工业领域的应用价值，预示着 AI 技术将在未来制造业中发挥更加关键的作用。

## 案例二：智能供应链管理与产品设计

在复杂的工业生产中，供应链管理的效率和灵活性直接影响企业的竞争力。同时，产品设计的效率和质量也是企业成功的关键因素。AGI 技术可以通过优化供应链管理和加速产品设计，帮助企业提升市场竞争力。

在智能供应链管理方面，AGI 系统通过分析市场数据和历史销售记录，精准预测市场需求，进而自动调整生产计划和库存水平，确保供应链的高效运作。同时，AGI 系统能够优化物流和运输路线，降低运输成本，提高供应链的响应速度，增强其灵活性和竞争力。此外，AGI 系统还可以评估供应商的绩效，优化供应商选择和合作策略，确保供应链的稳定性和可靠性，降低供应风险。

在产品设计与研发领域，AGI 系统通过模拟和优化设计参数，显著提高产品的性能和可靠性，缩短研发周期，降低研发成本。同时，AGI 系统利用其强大的推理和学习能力，能够生成创新的设计方案，为工程师提供更多的选择和灵感，帮助他们快速找到最优解，推动产品的创新和升级。

华为的工业 AI 质检平台结合了 AI、大数据和云计算技术，能够实现生产质量管控的自动化和智能化。该平台通过图像处理和数据分析技术，提高了质量检测的精度和效率。例如，在硅钢板表面智能质检中，华为云协助客户实现了图像采集装置、工控机、分布式推理引擎、历史数据存储、智能表检系统等功能。通过 AI 质检方案，华赢新材构建起缺陷可视、质检标准统一、产品全量检测的质检能力，提升质检准确率达 99.67%，在提升检测效率的同时，也提升了质检水平。一位供应链经理表示：“AGI 系统为我们提供了非常精准的市场需求预测和物流优化方案，帮助我们降低了成本，提高了效率。”一位产品设计工程师表示：“AGI 系统在产品设计中的应用，帮助我们快速生成了多个优化方案，显著缩短了研发周期。”

### 7.4.4　娱乐与游戏领域应用举例

AGI 技术不仅可以优化游戏设计和开发流程，还能够为用户带来更加沉浸式、个性化和富有创造力的体验，甚至推动娱乐内容创作的变革。

**案例一：个性化游戏体验与智能 NPC**

在现代游戏中，玩家对个性化体验和高度互动的需求日益增长。传统的游戏设计往往依赖于预设的剧情和角色行为，缺乏灵活性和真实感。AGI 技术可以通过智能 NPC（非玩家角色）和个性化剧情生成，为玩家提供更加沉浸式的游戏体验。

AGI 系统能够为游戏中的 NPC 赋予更加智能和真实的行为表现。通过 AGI 技术，NPC 可以根据玩家的行为和情感状态做出相应的反应，例如，NPC 能够感知玩家的情绪变化，并据此调整对话内容和行为方式，使交互更加自然和富有情感。此外，AGI 系统能够根据玩家的选择和行为动态调整剧情走向，为每个玩家提供独一无二的游戏体验，极大地增强了游戏的沉浸感和可玩性。

AGI 系统可以根据玩家的偏好和游戏进度生成个性化的剧情分支，使游戏内容更加丰富多样，增加游戏的重玩价值。同时，AGI 还可以协助游戏开发者生成高质量的游戏剧情和对话内容，提高开发效率，降低开发成本。通过这些应用，AGI 系统不仅提升了玩家的游戏体验，也为游戏开发带来了新的可能性。

在一款名为《智能世界》的开放世界游戏中，AGI 技术被应用于 NPC 的行为和剧情生成。游戏中的 NPC 能够根据玩家的行为和情感状态做出真实的反应，使玩家感受到更加真实的游戏世界。由于动态剧情和个性化内容，玩家的平均游戏时长增加了 20%。

**案例二：内容创作与虚拟偶像**（见图 7-5）

在娱乐领域，内容创作的速度和质量是成功的关键。传统的内容创作往往需要大量的人力和时间，且难以满足观众日益增长的个性化需求。AGI 技术可以通过自动化内容创作和虚拟偶像，为观众提供更加丰富和个性化的娱乐体验。

图 7-5　AGI 内容创作和虚拟偶像（AI 生图）

AGI 系统在内容创作和虚拟偶像领域的应用主要体现在自动化内容创作和虚拟偶像的智能化互动方面。在自动化内容创作中，AGI 系统能够自动生成高质量的视频内容，涵盖动画、音乐视频和短剧等多种形式，极大地提高了内容生产的效率和多样性。同时，AGI 系统可以根据观众的偏好和反馈生成个性化的剧本，使内容更加贴合观众的需求，增强内容的吸引力和观赏性。

在虚拟偶像领域，AGI 驱动的虚拟偶像能够与观众进行实时互动，提供更加个性化的娱乐体验。通过 AGI 系统的智能分析，虚拟偶像可以根据观众的反馈和偏好定制表演内容，使观众感受到更加贴心和独特的娱乐服务，从而增加观众的参与感和忠诚度。这些应用不仅丰富了内容创作的形式和内涵，也为虚拟偶像的发展注入了新的活力和可能性。

在一款名为《虚拟舞台》的娱乐应用中，AGI 技术被应用于虚拟偶像的实时互动和内容创作。虚拟偶像可以根据观众的反馈和偏好调整表演内容，提供更加个性化的娱乐体验。由于 AGI 系统提供了更加个性化的互动。观众对虚拟偶像的参与度提高了 40%。AGI 系统使内容创作效率提高了 50%，降低了制作成本。

## 小　结

本章介绍了通用人工智能（AGI）的定义、特点、目标、评价标准、关键技术路径、应用开发挑战以及在多个领域的应用案例。通过对 AGI 的深入探讨，我们了解 AGI 的目标与评价标准。AGI 的目标不仅应能展现出类似人类的学习、推理、决策和创造力，实现人类水平的认知能力和情感社会能力，还需能够在不确定性环境中作出合理的决策，并遵循社会伦理和道德规范。评价 AGI 的水平需要从多个维度进行考量，包括通用性、学习能力、适应性、效率、伦理道德等。AGI 的实现需要在感知和认知模型、学习与自适应能力、跨领域知识整合与应用、情感与社交智能等关键技术领域取得突破。然而，AGI 的开发和应用面临着诸多挑战，包括理解人类智能的复杂性、自主学习的数据需求和学习效率、资源需求的计算和能源消耗以及安全性和可靠性等问题。通过多个领域的应用案例，我们看到了 AGI 在教育、医疗、工业、娱乐与游戏等领域的巨大潜力和应用价值。

## 习　题

1. 谈谈你对通用人工智能的理解。
2. AGI 应具备哪些核心能力？请简要说明这些能力的重要性。
3. 思考 AGI 如何实现你个人的个性化学习路径的设计？请举例说明其优势。
4. 请简述 AGI 在个性化游戏体验和内容创作中的作用。
5. 请举出与本书内容不重复的三个通用人工智能应用案例。

# 第8章 嵌入式人工智能实例

从人工智能模型大小来看，面向工业智能化的人工智能，即嵌入式人工智能对应于小模型，是针对某个特殊问题的专才，这不是大模型能取代的。从通用计算机与应用于工业智能化的嵌入式计算机来看，嵌入式人工智能使用嵌入式计算机进行开发。这个开发涉及微型计算机编程、传感器应用、各种执行机构等，具有较高的技术门槛。本章通过物体认知系统实例把这个难度降下来，由此达到对嵌入式人工智能知其然，了解其所以然的目的。

## 学习目标

（1）了解为什么需要嵌入式人工智能；

（2）了解生产智能化的技术基础，如传感器、嵌入式系统、通信技术及人工智能算法等；

（3）基本理解嵌入式人工智能的应用开发方法；

（4）了解物体认知系统；

（5）进行 EORS 训练软件的实际安装与操作；

（6）通过 EORS 的视频演示，由此体会嵌入式人工智能的基本内涵。

## 思维导图

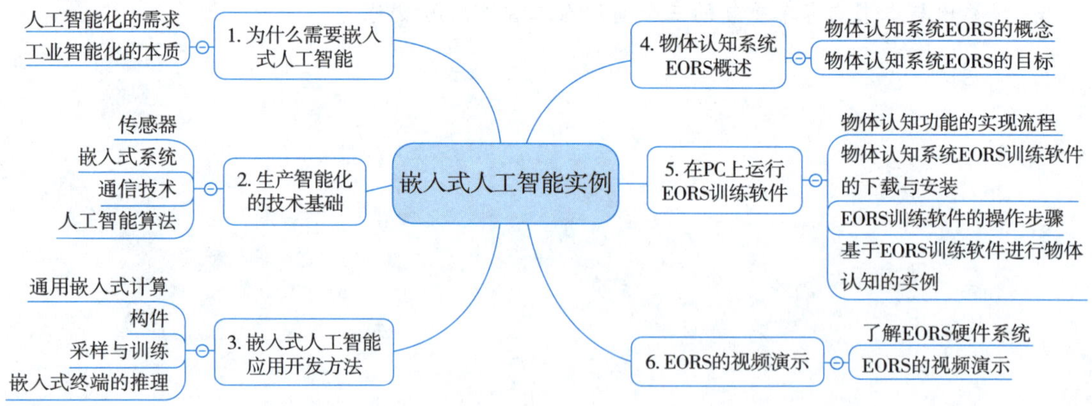

# 8.1 为什么需要嵌入式人工智能

人工智能中有“大模型”与“小模型”之分，大模型应用已经逐渐普及，如 ChatGPT、DeepSeek，小模型主要面向工业智能化，如电路板焊接的缺陷检测。类比通用计算机与各种具体智能产品中起核心控制作用的嵌入式计算机，有通用人工智能与嵌入式人工智能之分。嵌入式人工智能将成为工业智能化的核心技术之一，它涉及传感器、嵌入式微型计算机、人工智能算法、通信等技术层面，具有较高的技术门槛，可以通过合适的方法降低其技术门槛。

一般意义上人工智能（AGI），也可称为通用人工智能或普适人工智能是以通用计算机为运行载体，进行学习与推理的系统。而 EAI 是以嵌入式计算机为运行载体进行学习与推理的系统。可以类比通用计算机与嵌入式计算机之间的异同来理解 AGI 与 EAI 之间的异同。

## 8.1.1 工业智能化的需求

工业智能化正推动制造业从“经验驱动”向“数据驱动”的范式跃迁，其核心需求在于构建具备实时感知、自主决策与安全可控的新型生产体系。EAI 作为关键技术载体，通过边缘端“感知 - 计算 - 执行”一体化能力，精准应对工业场景中三大核心挑战：

复杂工况的精准把控（如电梯振动异常毫秒级预警）；

动态生产环境的自适应优化（如洗衣机按衣料特性动态调节模式）；

工业数据主权与安全防御（如数控机床参数本地加密防泄漏）。

如图 8-1 所示的工业智能化对 EAI 需求框架，正是以这三大维度为支柱展开——通过智能监控实现设备“未病先防”，依托自适应控制达成产线“动态调优”，并构建端到端安全防线保障数据“滴水不漏”，最终支撑制造业向高可靠、高弹性、高安全的智能化目标迈进。下面将围绕这三个核心方向深入解析。

图 8-1　工业智能化对 EAI 的需求框架

### 1. 智能监控和故障预测

嵌入式人工智能在智能监控和故障预测领域的应用，是工业智能化迈向自主化、精准化的关键技术支撑。通过部署在工业设备边缘端的嵌入式系统（如工业 PLC、智能传感器），结合轻量级模型，能够实时采集设备运行中的数据，并借助一下算法进行异常检测与故障预测，从而提高生产线的效率和稳定性。例如，嵌入式人工智能在电梯故障预测中的应用，是工业设备智能化运维的典型范例。电梯嵌入式系统通过加速度传感器实时监测轿厢振动频率，温度传感器追踪电机绕组温度，并统计每日门开关次数。这些数据通过轻量化模型分析，例如，发现门开关阻力随时间线性上升，即预测未来 7 天内可能发生门卡滞故障，自动向物业管理系统发送“建议润滑门轨”的工单；当电机温度在负载不变情况下异常升高时，则判断冷却系统异常，提前 48 小时预警。整个过程在本地完成，响应延迟小于 50 ms，数据无须上传云端，既保障隐私，又能将故障停机时间减少 70%，维修成本降低 40%，让居民楼或商场的电梯运维从“故障抢修”转变为“预防性维护”。

### 2. 自适应控制

嵌入式系统可以根据环境变化和生产要求，自动调整和优化控制策略，实现自适应控制。这种能力在工业自动化中尤为重要，能够帮助生产线根据实际情况进行动态调整，提高生产效率和产品质量。家用洗衣机搭载嵌入式芯片，通过重量传感器、浊度检测器和布料识别摄像头，自动判断衣物材质（如棉质、化纤）与脏污程度（油渍、汗渍）。例如，检测到羊毛衫时，自动切换轻柔模式，降低转速等。整个过程无须人工干预，通过边缘端实时决策，在保证清洁效果的同时延长衣物寿命，实现“感知 - 优化 - 执行”的闭环控制。

### 3. 安全性和数据保护

嵌入式人工智能在工业智能化中对安全性与数据保护的核心作用，在于构建端到端的可信数据闭环，既防范外部攻击又规避隐私泄露风险。在工业场景中，嵌入式系统通过硬件级安全模块实现数据本地加密处理，例如，在数控机床中，加工参数（如刀具路径、材料配方）直接在边缘设备完成加密存储与模型推理。

## 8.1.2 工业智能化的本质

工业智能化的本质是构建自感知、自决策、自执行的闭环系统，实现从“自动化”到“自主化”的跨越，可以概括为以下几个方面：

### 1. 边缘智能化

边缘智能化指的是在离数据源（如传感器、设备）较近的本地设备上进行数据处理和智能决策，而非将数据全部传输到云端进行集中处理。这种模式在工业现场尤为重要，因为它能大大降低通信延时和带宽需求，同时在网络不稳定或断连时依然保证系统正常运行。在工业监控系统中，边缘设备可实时检测设备状态、环境参数变化，及时发出预警；在自动驾驶场景中，车辆边缘单元可快速处理传感器数据，做出紧急制动等决策。

### 2. 自主决策与实时控制

嵌入式人工智能通过实时采集和处理数据，使系统能够独立地判断当前的状态，并基于模型预测采取相应的控制策略。这种自主决策能力不仅降低了对中央控制系统的依赖，还能在关键时刻迅速做出反应，保证生产安全和效率。例如，在生产线上的设备突发异常（如温度异常、机械故障）时，避免事故扩大。

### 3. 资源受限环境下的高效计算

嵌入式设备通常受限于处理能力、内存和电力供应。因此，设计用于工业智能化的嵌入式人工智能系统必须在资源有限的环境中实现高效计算和低功耗运行。例如，在工业现场监控设备中，利用低功耗嵌入式处理器完成图像和声音数据的实时分析，既能保障长期稳定运行，又能及时反馈异常状态。

# 8.2 生产智能化的技术基础

生产智能化的实现依赖于如图 8-2 所示的四大核心技术模块的协同作用：传感器、嵌入式微型计算机、通信与人工智能算法。这些技术共同构建了从数据感知、传输、处理到决策的完整链条，支撑工业系统从自动化向自主化演进。

图 8-2　四大核心技术

## 8.2.1　传感器

传感器是生产智能化系统的“眼睛”和“耳朵”，负责采集环境数据、设备状态、产品质量等信息。这些数据为人工智能算法提供了原始输入，使其能够进行分析和处理，从而做出智能决策或自动反应。传感器的种类繁多，如图 8-3 所示，包括激光传感器、光电传感器、压力传感器、速度传感器、光纤传感器、磁性开关等。不同类型的传感器提供不同维度的物理数据，通过传感器融合技术，可以将这些多源数据集成，提升感知的精度和可靠性，进而实现更高效的数据分析和决策过程。

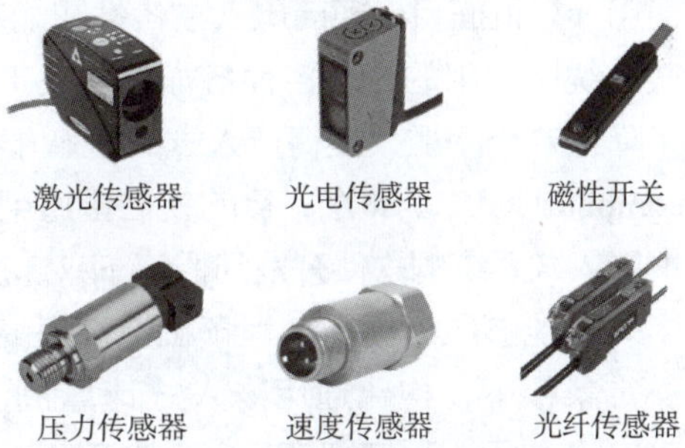


图 8-3　传感器的种类

## 8.2.2　嵌入式系统

嵌入式系统，即嵌入式计算机系统，它是嵌入式人工智能系统的核心处理单元，它具备体积小、低功耗、高性能等特点，能够满足生产环境中对设备紧凑性和能效的要求。嵌入式微型计算机通常集成了多种功能模块，如处理器、存储器、输入输出接口等，能够实现数据的采集、处理、存储和传输。在生产智能化中，嵌入式微型计算机负责运行人工智能算法，对传感器采集到的数据进行实时分析和处理，从而实现对生产过程的智能监控、故障诊断、质量检测等功能。

## 8.2.3　通信技术

通信技术在嵌入式人工智能系统中起着至关重要的作用，它确保了设备之间、设备与云端之间的数据传输和信息交互。现代通信技术包括有线通信和无线通信两大类。有线通信技术如工业以太网、现场总线等，具有传输稳定、抗干扰能力强的特点，适用于工业生产环境中的设备连接。无线通信技术如 WiFi、蓝牙、ZigBee、5G 等，具有灵活性高、部署方便的优点，能够实现设备的移动性和远程监控。在生产智能化中，通信技术使得嵌入式人工智能系统能够与外部环境进行实时交互，实现数据的共享和协同工作。

## 8.2.4　人工智能算法

人工智能算法是嵌入式人工智能系统的核心，它赋予了系统智能决策和自主学习的能力。

常见的嵌入式人工智能算法包括机器学习算法、深度学习算法和强化学习算法等。机器学习算法通过从数据中学习规律和模式，实现对数据的分类、回归、聚类等操作。深度学习算法利用神经网络结构，能够自动提取数据的特征，实现更复杂的数据处理和分析任务。强化学习算法则通过与环境的交互，学习最优的行为策略，实现系统的自主决策和优化控制。在生产智能化中，人工智能算法可以根据生产过程中的数据，实时调整生产参数、优化生产流程、预测设备故障，从而提高生产效率、降低成本、提升产品质量。

## 8.3 嵌入式人工智能应用开发方法

嵌入式人工智能（EAI）的开发涉及传感器采样、滤波处理、边缘计算、通信及执行机构等，具有较高的技术门槛，可以通过通用嵌入式计算机的构建降低这个门槛。

### 8.3.1 通用嵌入式计算机

嵌入式人工智能的发展与嵌入式计算机系统紧密相连，所谓嵌入式计算机系统就是指不以通用计算机面目出现而嵌入在各类智能产品中起核心作用的微型计算机，简称嵌入式系统。嵌入式系统所使用的芯片各种各样，开发工具也各种各样，其软硬件开发具有较高的技术门槛，为了降低这个门槛，使得嵌入式人工智能更易于实现，引入通用嵌入式计算机（general embedded computer, GEC）概念，目的就借鉴通用计算机（general computer）概念与做法，在一定条件下，把嵌入式系统的软件开发门槛降下来，服务于嵌入式人工智能的软件开发。

要能够做到提高编程颗粒度、提高可移植性，可以参考通用计算机的相关概念与做法，在一定条件下，构建通用嵌入式计算机，实现基本输入输出系统（basic input and output system, BIOS）与用户程序彻底分离，从而真正做到工作分工明确。GEC 虽然不能涵盖所有嵌入式开发，但可涵盖其中大部分。

GEC 的实质是把面向寄存器编程提高到面向知识要素编程，提高了编程颗粒度。但是，这样做也会降低实时性。弥补实时性降低的方法是提高芯片的运行时钟频率。目前 MCU 的总线频率是早期 MCU 总线频率几十倍，甚至几百倍，因此，更高的总线频率给提高编程颗粒度提供了物理支撑。

另一方面是软件构件技术的发展与认识的普及，也为提出 GEC 概念提供了机遇。嵌入式软件开发人员越来越认识到软件工程对嵌入式软件开发的重要支撑作用，也意识到掌握和应用软件工程的基本原理对嵌入式软件的设计、升级、芯片迭代与维护等方面，具有不可或缺的作用。因此，从“零”开始的编程，将逐步分化为构件制作与构件使用两个不同层次，也为嵌入式人工智能提供先导基础。

### 8.3.2 构件

提高代码质量和生产力的唯一最佳方法就是复用好的代码，软件构件技术是软件复用实现的重要方法。构件（component）是可重用的实体，它包含了合乎规范的接口和功能实现，能够被独立部署和被第三方组装。软件构件（software component）是具有相对独立功能、可明确辨识的实体，它是封装的、规范的、可重用的软件基本单元。规范的软件构件由头文件（.h）及源程序文件（.c）构成。头文件（.h）应该是软件构件简明且完备的使用说明，即构件的应用程序接口（application programming interface, API），也就是说，不需查看源程序文件情况下，就能够完全使用该构件进行上一层程序的开发。为了便于理解与应用，可以把嵌入式软件构件分为底层驱动构件、外部设备构件与算法构件三种类型。

### 1. 底层驱动构件

底层驱动构件是根据 MCU 内部功能模块的基本知识要素，针对 MCU 引脚功能或 MCU 内部功能，利用 MCU 内部寄存器所制作的直接干预硬件的构件。常用的底层驱动构件主要有：GPIO 构件、UART 构件、ADC 构件、Flash 构件、I2C 构件等。

### 2. 外部设备构件

外部设备构件是使用底层驱动构件并面向对象编程的构件。例如，Light 构件和 uecom 构件。Light 构件调用底层驱动构件 GPIO，完成对小灯控制的封装。uecom 构件调用串口构件，完成物联网通信。也可以把 printf() 函数纳入外部设备构件，因为它调用串口构件。Printf() 函数调用的一般形式为：printf（"格式控制字符串"，输出表列），本书使用的 printf() 函数可通过 uart 串口向外传输数据。

### 3. 算法构件

算法构件是一个面向对象的、具有规范接口和确定的上下文依赖的组装单元，它能够被独立使用或被其他构件调用。本书例程中使用的算法构件主要有：数据排序、循环冗余校验 crc 构件、组帧 frame 构件和时间戳 timeStamp 构件。若将人工智能的一些算法制作成构件，也应纳入算法构件范畴。

## 8.3.3　采样与训练

在嵌入式人工智能应用中，数据采样与模型训练是整个系统能否达到预期智能水平的基础。如图 8-4 所示，该过程涉及数据的获取与学习，主要包括以下几个关键步骤：

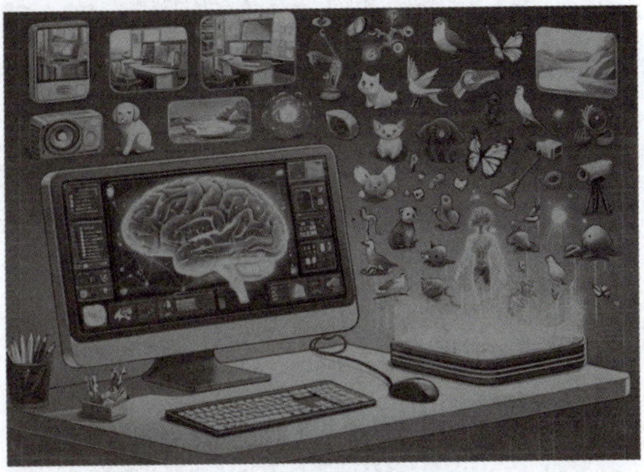

图 8-4　数据采样与训练

### 1. 数据采集

数据来源可以来自传感器采集（如温度、图像、声音等）、用户交互日志或者其他外部数据接口。嵌入式设备一般处于现场环境，因此数据采集过程必须兼顾实时性与多样性。

为了确保数据具有代表性，需要设计合理的采样策略。常见方法包括随机采样、时间序列采样或者事件触发采样，确保在各种工作场景下都能收集到足够的信息。

### 2. 数据预处理

数据预处理主要包括三个方面：首先，对原始数据进行清洗与筛选，通过滤波、异常值检测和缺失值补全来消除噪声；其次，根据目标任务进行特征提取，采用特征工程技术提取关键特征，降低数据维度并增强模型泛化能力；最后，在监督学习中通过自动或人工标注确保数据的准确性和一致性。

### 3. 模型训练

在嵌入式系统中，模型训练需要在有限资源与高精度之间取得平衡，通常选择轻量级 CNN、

RNN 或基于决策树的算法；训练过程在资源充裕的服务器或云端平台上进行，通过离线训练、交叉验证和超参数调优提升模型表现，而在训练后期则利用剪枝、量化和蒸馏等优化技术，确保模型在嵌入式终端上实现实时、低功耗运行。

#### 4. 模型验证与迭代

在模型验证与迭代过程中，通过利用独立测试数据集验证模型在实际场景中的鲁棒性和准确性，同时将终端设备运行数据反馈到训练平台，持续采样并再训练，形成闭环优化体系，不断完善模型性能。

### 8.3.4 嵌入式终端的推理

嵌入式终端的推理是指将经过离线训练和优化的模型部署到嵌入式设备上，实现对实时采集数据的智能处理和决策。该过程需要以下几步：

#### 1. 模型部署与适配

在部署前，需要针对嵌入式终端的硬件资源（如处理能力、内存和功耗）对训练好的模型进行裁剪、量化、剪枝和知识蒸馏等优化，以降低模型计算复杂度和存储需求，并确保其在有限资源条件下能够高效运行。此外，还需搭建适合的运行时环境，包括操作系统、驱动和中间件，以便模型能够顺利调用。

#### 2. 推理引擎与硬件加速

选择适合嵌入式系统的推理框架（如 TensorFlow Lite、NCNN、Arm NN 等）是保证实时推理的关键。借助这些经过优化的引擎，嵌入式设备可以在保持较高准确率的同时，实现低延迟的响应。如果设备支持硬件加速器（如 DSP、GPU 或专用 AI 芯片），则可进一步提升推理速度，满足实时处理要求。

#### 3. 数据预处理与实时决策

嵌入式终端在进行推理之前，需要对传感器采集到的原始数据进行预处理操作，如归一化、降噪和格式转换等,以确保数据格式与模型输入要求匹配。处理后的数据通过推理引擎进入模型，快速获得决策结果。系统再根据推理结果执行相应操作，例如，控制设备动作、发出警报或向云端传输数据。

#### 4. 系统优化与反馈机制

为了保证系统在实际应用中的稳定性和高效性，需要实时监控推理过程中产生的延迟、能耗和内存占用情况，并结合运行数据进行动态调整。通过将终端设备的运行反馈回训练平台，能够不断进行模型再训练和在线更新，形成一个闭环优化体系，从而不断提升终端推理的准确性和鲁棒性。

## 8.4 物体认知系统 EORS 概述

人工智能分为学习与推理两大基本过程，学习又分为有监督学习与无监督学习两大类，目前人工智能研究中的学习大部分为有监督学习。一般来说，人工智能的学习算法大多在性能较高的通用计算机上进行，但是，人工智能真正落地的产品为种类繁多的嵌入式计算机系统。嵌入式人工智能就是指含有基本学习或推理算法的嵌入式智能产品，本书以物体认知系统为例学习人工智能。

### 8.4.1　物体认知系统 EORS 的概念

为了使嵌入式人工智能概念清晰化，引入物体认知系统的概念并加以实现。

物体认知，即说出物体的名字，是幼儿学习启蒙的开端，蕴含了人类智能中的“示教、学习、识别”基本过程。

嵌入式物体认知系统（embedded object recognition system, EORS）是指以嵌入式计算机为核心，利用图像、声音、气味、形态等传感器采集物体信息，进行标记、训练与推理的系统。

基于图像识别的嵌入式物体认知系统是利用嵌入式计算机通过摄像头采集物体图像，利用图像识别相关算法进行训练、标记，训练完成后，可进行推理完成对图像的识别。体现了人类智能中的“示教、学习、识别”基本过程，展示了人工智能中“标记、训练、推理”的基本要素。

嵌入式人工智能是以微控制器 MCU 或应用处理器 MPU 为核心，具备基本学习或推理算法，融合传感器采样、滤波处理、边缘计算、通信及执行机构等功能于一体的嵌入式计算机系统。它是伴随着机器学习理论与算法的发展、嵌入式芯片性能的提高、嵌入式智能终端的市场需求而来的。但是，它的应用开发，不仅仅涉及人工智能算法，还涉及传感器应用、嵌入式软硬件设计等，具有较高的技术门槛，可以通过适当的方式降低这个门槛，我们期望通过物体认知系统这一可操作实践的例子，使嵌入式人工智能能够落地。

### 8.4.2　物体认知系统 EORS 的目标

为了使得人工智能更好地应用于各个智能化产品中，苏州大学嵌入式实验室开发了基于机器视觉的低成本、低资源的嵌入式物体认知系统 AHL-EORS①，具体型号为 AHL-EORS-D1-H，其中 D1-H 是嵌入式微处理器型号。其主要目标用于嵌入式人工智能入门教学，试图把复杂问题简单化，利用最小的资源、最清晰的流程体现人工智能中“标记、训练、推理”的基本知识要素。同时，提供完整源码、编译及调试环境，期望达到“学习汉语拼音从啊（a）、喔（o）、鹅（e）开始，学习英语从 A、B、C 开始，学习嵌入式人工智能从物体认知系统开始”之目标。学生可通过本系统来获得人工智能的相关基础知识，并真实体会到人工智能的学习快乐，消除畏惧心理，使其敢于自行开发自己的人工智能系统。AHL-EORS 除了用于教学，本身亦可用于产品缺陷检测、数字识别、数量计数等实际应用系统中。

物体认知系统 EORS 不仅仅用于嵌入式人工智能的过程演示，也可以作为可实践的人工智能原理的演示，8.5 节将给出在 PC 上运行 EORS 训练软件，这是一个可以自我操作实践的物体认知系统训练与验证软件，通过读者的自行操作实践，可以粗略体会人工智能的基本原理。

## 8.5　在PC上运行EORS训练软件

为了实现复杂问题简单化，苏大嵌入式实验室研制了基于视觉的物体认知系统训练软件 EORS，主要用于数据采集、模型训练、构件生成，并融入嵌入式终端的推理模板。本节给出物

① AHL 三个字母是“Auhulu”的缩写，中文名字为“金葫芦”，其含义是“照葫芦画瓢”，期望通过本系统提供的符合软件工程原理的“葫芦”，为嵌入式人工智能的学习与开发提供坚实基础，达到降低学习与开发难度之目标。“照葫芦画瓢”这句话出自宋·魏泰《东轩笔录》第一卷，比喻照着样子模仿简单易行之含义。

体认知功能的实现流程、物体认知系统训练软件 EORS 的下载与安装、EORS 软件的操作步骤、基于 EORS 训练软件进行物体认知的实例。这一节不涉及嵌入式终端，但其操作过程为嵌入式终端推理做准备。通过本节的学习，可以直观地了解人工智能的基本实现过程。

### 8.5.1 物体认知功能的实现流程

利用计算机程序进行物体认知，可以按照图像的采集与标记、模型选择与训练、推理这样的流程进行。

#### 1. 基于计算机进行物体认知的一般过程

要利用计算机实现物体认知功能，一般可以通过以下三个步骤来进行。

**（1）采集与标记。** 采集，就是通过摄像头获取物体的图像；标记，就是说这幅图像是什么物体？这一步一般需要采集待识别物体一定数量的图片，并对图片进行标记。

**（2）模型选择与训练。** 选择合适的人工智能算法模型，利用计算机对图像进行训练，以获取图像特征并优化模型参数。人工智能的知识表示有许多方法，本书采用的是神经网络表示法，这样的人工智能模型就对应于一种神经网络，只是这个网络中的参数是需要通过训练而完成的。犹如一个孩童，需要经过学习，成为某一方面的专门人才。

**（3）推理。** 所谓推理，就是当有一张新的图片，作为已训练好模型的输入，该模型的输出是确定这张图片是什么物体。

物体认知功能的一般过程如图 8-5 所示。

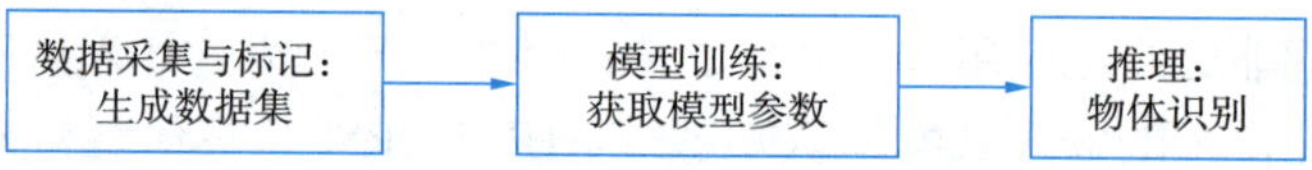


图 8-5 物体认知功能的一般过程

#### 2. 实现物体认知功能的具体做法

假如通过摄像头对“石头、剪刀、布”三种手形进行识别，如何能够做到？下面给出本书的具体做法。

##### 1）进行“石头、剪刀、布”图像样本的数据采集与标记

为了存放图片，可在 PC 建立一个名为 Hands 的文件夹，之后在 Hands 文件夹中新建 data 文件夹，用来存放此数据集。 在 data 文件夹中，再新建与“石头、剪刀、布”对应的三个文件夹，文件名分别为 rock、scissors 和 paper，分别用来存放“石头、剪刀、布”三种手形的图片文件。然后可通过摄像头或者其他方式获取“石头、剪刀、布”每种手形的若干幅图片，一般为几百至几千幅，将每种手形的图片文件分别存放至 rock、scissors 和 paper 文件夹中，这一个过程，就是标记。

##### 2）利用 EORS 训练软件进行训练

为了进行训练，首先需要选择一个人工智能算法模型，这项工作需要从现有大量公开的文献中去寻找可能适合的模型，本身就是个复杂过程，本书不涉及该方面工作。

现在假设已经选好算法模型，如何进行训练？就需要开发一个软件，把这个模型变成可运行的具体计算机程序，根据标记好的样本进行模型训练，确定针对具体数据集获得这个模型的参数。训练过程需要较高的算力资源，可在个 PC 或算力更大的云计算机上进行，这个过程会把大量模型参数确定下来。训练完成后具有确定参数的人工智能模型就成了某一特定问题的“专家”。为此，苏州大学嵌入式实验室开发了 EORS 训练软件，为实现训练过程提供了工具支撑。

3）进行推理

计算机根据训练后得到的人工智能模型，把新的一张图片作为输入，识别具体的对象，就是物体认知中的推理。这个过程可以在 PC（或云平台，下同）上进行，但是。要能更好地服务于智能产业，需要研究在嵌入式计算机上进行推理的方法。

本书的这个推理过程放在嵌入式终端上进行，主要做法是，对于基于视觉的嵌入式物体认知系统，利用嵌入式终端摄像头进行数据采集，并通过串口将采集到的数据传输至 PC，然后在 PC 上进行数据标记，利用 EORS 训练软件对数据集进行训练，生成模型构件，再将训练后生成的模型构件加入到嵌入式终端模板工程，使嵌入式计算机具备推理功能，实现对物体的识别。这样的一个模板系统，可以应用到实际的智能产品开发中，为嵌入式人工智能的落地提供了一种尝试。

## 8.5.2　物体认知系统 EORS 训练软件的下载与安装

### 1. EORS训练软件的下载

可使用百度搜索“苏州大学嵌入式学习社区”官网，然后在金葫芦专区→ AHL-EORS 栏目→ EORS_Setup①，进行下载。

### 2. EORS训练软件的安装

EORS 训练软件的安装步骤如下：

（1）运行安装程序。下载完成后，双击下载的 EORS_Setup.exe 文件，系统会弹出用户权限提示对话框，单击“是”按钮以允许安装程序进行修改。

（2）选择安装语言。选择安装时使用的语言为“简体中文”，单击“确定”按钮。

（3）选择安装路径。默认安装路径是“C:\Program Files (x86)\EORS”，如需更改路径，可单击“浏览”按钮选择新的安装位置，单击“下一步”按钮继续。

（4）选择附加组件。若需要附加快捷方式，可勾选“创建桌面快捷方式”复选框。单击“下一步”按钮继续。

（5）开始安装。单击“安装”按钮，等待安装程序完成，安装过程耗时约 1 分钟。

（6）完成安装。安装完成后，勾选“运行 EORS”复选框或手动单击桌面快捷方式运行软件。单击“完成”按钮退出安装程序。

首次运行 EORS 软件时，若出现图 8-6 所示的错误提示对话框，则需要根据软件左下角“软件帮助”安装依赖软件 Graphviz。

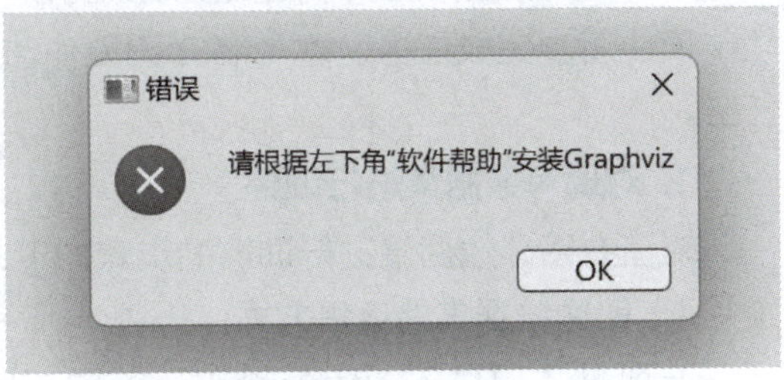

图 8-6　缺少软件依赖错误提示对话框

在 EORS 训练软件中，Graphviz 软件主要用于支持可视化模型结构。Graphviz 软件的安装步骤如下：

（1）下载 Graphviz 安装包。根据“软件帮助”文档中的网站链接访问 Graphviz 官网。然后在 Download → Windows → graphviz-12.2.1 (64-bit) EXE installer [sha256] 进行安装包下载。

（2）运行安装程序。双击运行下载的安装包，系统会弹出用户权限提示对话框，单击“是”按钮以允许安装程序进行修改，单击“下一步”按钮继续。

（3）阅读许可协议。阅读用户许可协议并选择“我接受”单选按钮进行下一步安装。

① 文件名中还带有版本号及日期，以最新的日期为准。

**（4）添加环境变量。**在安装向导中，勾选 Add Graphviz to the system PATH for all users 复选框，这样可以确保 Graphviz 工具可被 EORS 正常识别。

**（5）选择安装目录。**默认安装目录为“C:\Program Files\Graphviz”，如需更改路径，可单击“浏览”按钮选择新的安装位置。单击“下一步”按钮继续。

**（6）开始安装。**单击“安装”按钮，等待安装程序完成。

**（7）完成安装。**安装完成后，单击“完成”按钮退出安装程序。

EORS 训练软件界面整体布局如图 8-7 所示。可实现数据采集、数据集训练、验证、生成模型构件文件并加入终端工程框架等功能。

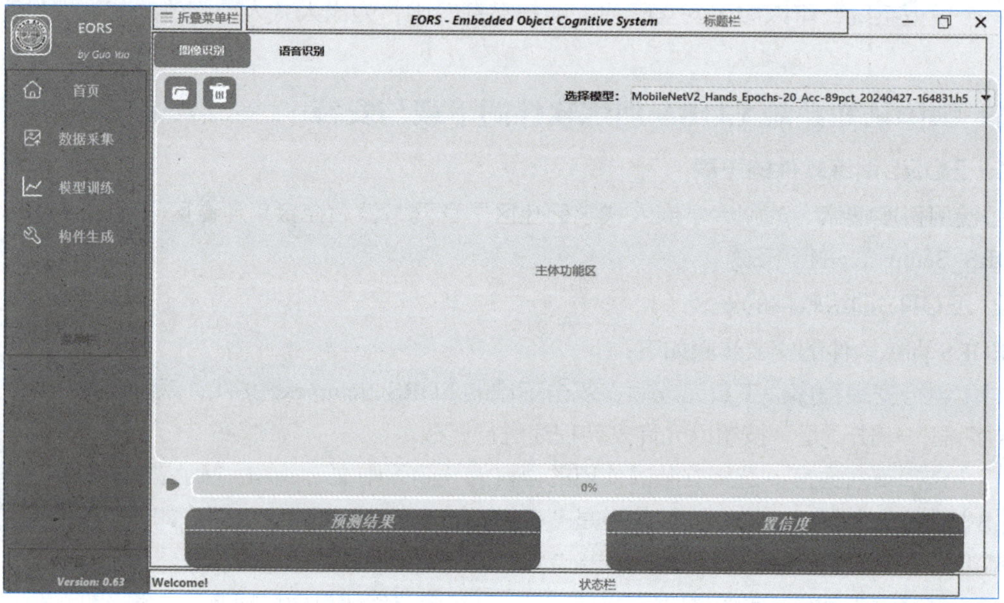


图 8-7　EORS 软件界面整体布局

## 8.5.3　EORS 训练软件的操作步骤

EORS 训练软件提供了从数据采集到模型训练和结果验证的完整流程。用户可以按照软件的功能模块逐步完成任务。本节将介绍操作流程，帮助用户熟悉软件的使用方法并顺利完成训练任务。

### 1. 对现有数据集进行训练

对已有图像数据集进行训练的步骤如下：

#### 1）图像数据集的组织方式

一个具体项目的图像数据集，需要按照下面的组织方式进行组织，以便训练软件 EORS 使用。

**（1）建立图像数据集的第一级根文件夹。**一个具体项目需要起个名称，例如，进行“石头、剪刀、布”的手势识别，先要建立一个手势的英文文件夹，如 Hands。

**（2）在根文件夹下建立第二级 data 文件夹。**在根文件夹下建立 data 文件夹用于存放分类图像数据集。

**（3）在 data 文件夹下建立第三级分类标记文件夹。**第三级文件夹的名称即为类别英文标签名称，如 rock（石头）、scissors（剪刀）、paper（布），分别用于存放对应图片。

样例图像数据集见电子资源【CH08\Hands】，见表 8-1。

表 8-1　数据集文件夹结构要求

| 第一级文件夹（数据集名称） | 第二级文件夹（data） | 第三级文件夹（类别标签） | 数据集图片 |
|---|---|---|---|
| Hands | data | paper | paper-image1.jpg |
| | | | paper-image2.jpg |
| | | | … |
| | | rock | rock-image1.jpg |
| | | | … |
| | | scissors | scissors-image1.jpg |
| | | | … |

有了这些图片样本，且按照规定的方式进行了组织，接下来可以进行训练。

### 2）进入“模型训练”界面

单击图 8-7 左侧菜单栏中的 “模型训练”按钮，进入“模型训练”界面，如图 8-8 所示。

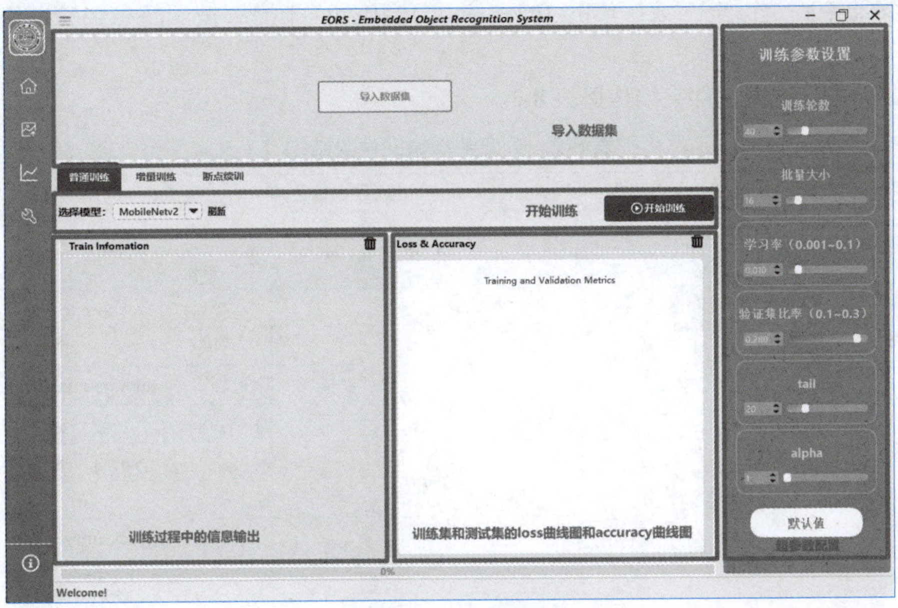


图 8-8　模型训练界面

### 3）导入数据集

在模型训练的界面，进行图像数据集的导入操作。

**（1）单击“导入数据集”按钮。**在软件界面中，找到并单击“导入数据集”按钮。

**（2）导入数据集。**单击按钮后，选择组织好的图片数据集的第一级根文件夹（如 Hands），然后单击“选择文件夹”按钮，软件即导入 data 文件夹下的分类标记好的图片。界面中会显示导入的实时进度条。导入完成后，会在界面上显示各类别的图像统计信息，包括每一类图像的标签名称、数量、大小等，如图 8-9 所示。

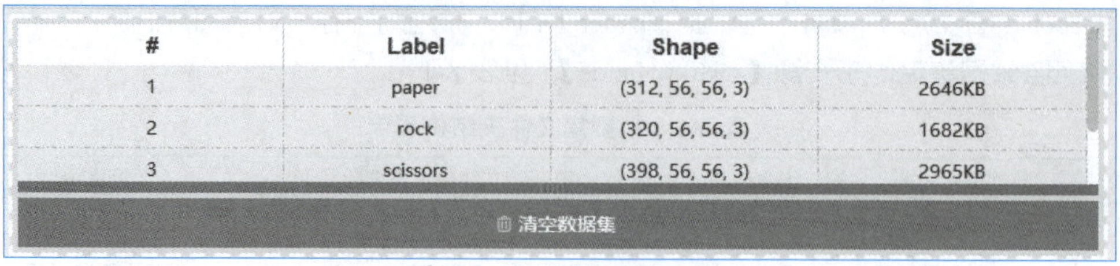

| # | Label | Shape | Size |
|---|---|---|---|
| 1 | paper | (312, 56, 56, 3) | 2646KB |
| 2 | rock | (320, 56, 56, 3) | 1682KB |
| 3 | scissors | (398, 56, 56, 3) | 2965KB |



图 8-9 导入数据集信息

### 4）模型训练

假设使用界面右边的默认超参数进行训练。在模型训练界面的“普通训练”选项卡中，首先单击左侧“选择模型”的下拉列表框选择需要训练的模型类型（如 MobileNetv2），然后单击右侧“开始训练”按钮开始模型训练。

开始模型训练后，软件首先会以整个数据集（data）为基础，在其同级目录下自动生成训练集（train）、验证集（validation）和测试集（test）三个文件夹。随后，软件会根据预设的比例，将所有图像数据随机划分到训练集、验证集和测试集中，分别存放于对应的文件夹中。其中测试集比率固定占全部数据集的 10%，训练集和验证集比率按照超参数验证集比率进行划分。

经过划分的数据集文件夹结构见表 8-2。

表 8-2 分离数据集文件夹结构

<table>
<tr><th>数据集种类名</th><th>训练 / 验证 / 测试</th><th>数据集标签名</th><th>图 片</th></tr>
<tr><td rowspan="18">Hands</td><td rowspan="6">train</td><td rowspan="2">paper</td><td>paper-image1.jpg</td></tr>
<tr><td>…</td></tr>
<tr><td rowspan="2">rock</td><td>rock-image1.jpg</td></tr>
<tr><td></td></tr>
<tr><td rowspan="2">scissors</td><td>scissors-image1.jpg</td></tr>
<tr><td>…</td></tr>
<tr><td rowspan="6">validation</td><td rowspan="2">paper</td><td>paper-image1.jpg</td></tr>
<tr><td>…</td></tr>
<tr><td rowspan="2">rock</td><td>rock-image1.jpg</td></tr>
<tr><td>…</td></tr>
<tr><td rowspan="2">scissors</td><td>scissors-image1.jpg</td></tr>
<tr><td>…</td></tr>
<tr><td rowspan="6">test</td><td rowspan="2">paper</td><td>paper-image1.jpg</td></tr>
<tr><td>…</td></tr>
<tr><td rowspan="2">rock</td><td>rock-image1.jpg</td></tr>
<tr><td>…</td></tr>
<tr><td rowspan="2">scissors</td><td>scissors-image1.jpg</td></tr>
<tr><td>…</td></tr>
</table>

在模型训练中，界面会显示训练过程中的具体信息以及绘制每轮训练中训练数据集和测试数据集的损失（loss）曲线图和精度（accuracy）曲线图，如图 8-10 所示。

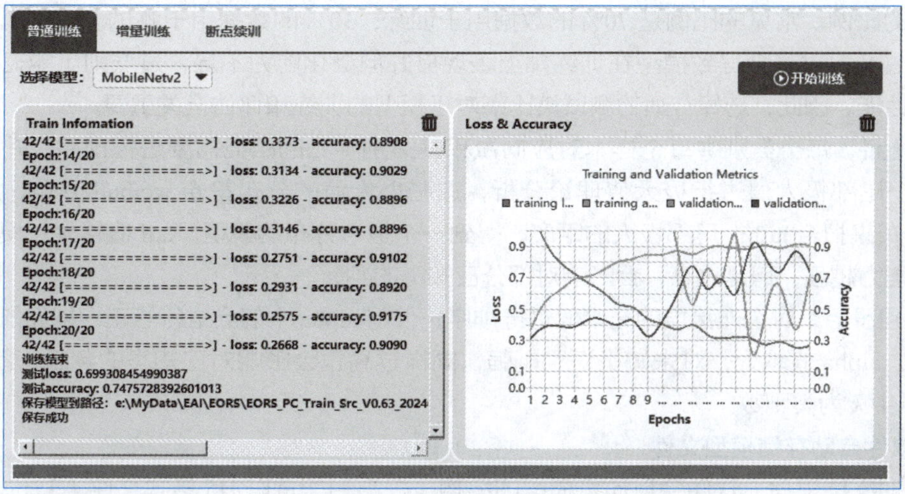


图 8-10　模型训练

在模型训练中，loss 是指模型预测与真实标签之间的差异。训练的目标是最小化这个损失。常见的损失函数包括均方误差（mean squared error）和交叉熵（cross entropy），它们在不同类型的任务中有着不同的应用。监督学习任务通常使用损失函数来衡量模型的性能，并通过优化算法来最小化损失，从而使模型更有效地学习数据的特征。

Accuracy 表示模型在所有样本中正确分类的比例。高准确率意味着模型对输入数据的分类能力较强。

#### 5）更改超参数

软件设置有默认的超参数值[①]，也可以根据需要，在模型训练界面右侧“训练参数设置”区域自行设置超参数。单击“训练参数设置”区域下方的“默认值”按钮，可以重置为默认的超参数值，软件中涉及的超参数有以下 6 个。

**（1）训练轮数：** 在模型训练中，训练轮数是指整个数据集被模型迭代训练的次数。每一轮训练都将整个数据集送入模型进行一次正向传播和反向传播过程。通过多轮训练，模型可以逐渐学习到数据集中的模式和特征，不断提升性能。训练轮数的具体值需要根据具体任务和数据集的复杂程度来确定，过少的训练轮数可能导致模型欠拟合，而过多的训练轮数则可能导致模型过拟合。

**（2）批量大小：** 在训练神经网络时，通常将训练数据集分成若干个小批次（batch）来进行处理。批量大小就是指每个批次中包含的样本数量。它对训练速度、稳定性以及模型的最终性能有很大的影响。选择合适的批量大小需要综合考虑计算资源、训练稳定性以及收敛速度等因素。

**（3）学习率：** 学习率是指在机器学习模型训练过程中控制参数更新幅度的超参数。它决定了模型在每一次迭代中对于损失函数梯度的反应程度，即每次参数更新的步长大小。过大的学习率可能导致模型在参数空间中振荡或错过最优解，而过小的学习率则可能导致训练过程缓慢或陷入局部最优解。因此，选择合适的学习率对于模型的性能和训练效率至关重要。

**（4）测试集比率：** 在模型训练中，测试集比率指的是将数据集分成训练集和测试集时，测

---

① 这些概念了解即可，可通过改变一些参数再次训练，初步了解其含义。

试集所占的比例。常见的比例是 70% 的数据用于训练，30% 的数据用于测试。测试集的比率不宜过高或过低，过高会导致模型在训练集上表现良好但泛化能力不足，过低则可能无法准确评估模型的性能。因此，选择合适的测试集比率对于模型的训练和评估至关重要。

（5）tail：每个类别中每个样本对应向量和其类别中心的距离需要进行排序，并针对排序后的 tail 个尾部极大值进行极大值理论分析，这些极大值的分布符合 weibull 分布，所以使用 weibull 分布来拟合 tail 个尾部极大的距离，得到一个拟合分布的模型。tail 值越大，模型对未知类识别的能力越强，但是过高，会影响对部分已知类的判断。

（6）alpha：对全连接层的元素值进行排序，仅前 alpha 个值会进行修正，越靠前的值修正力度越大。alpha 值越大，对未知类识别越强，同样过高也会影响对已知类的判断，范围是 2 ~（$k$–1），其中 $k$ 为类别数。

#### 6）软件自动存储模型文件

模型训练结束后，软件会自动将模型的结构、权重和配置以 H5 格式文件（.keras）的形式保存至第一级根文件夹下，可以认为这是训练好的模型文件，在生成嵌入式终端使用的推理构件时就是使用这个模型文件。可以手动查看该文件夹下的文件，注意文件名中带有项目名称、选用的模型、日期、时刻等信息，文件名格式为：项目名 _ 模型名 _ 日期 _ 时刻 .keras，例如，Numbers_MobileNetv2_20250118-094923.keras，表示数字识别项目（Numbers），移动节点网络模型（MobileNetv2），日期是 2025 年 1 月 18 日，时刻为 9 点 49 分 23 秒，文件类型为 . keras。可以手动删除不再需要使用的模型文件。

### 2. 验证训练的效果

对数据集训练后，可以按照下列步骤检验训练的效果，仍以 Hands 为例。

#### 1）导入一张图片

单击首页“ ”按钮，选择 Hands\test\paper 文件夹中一张图片为例进行验证，如图 8-11 所示，注意图片路径中不可包含中文字符。

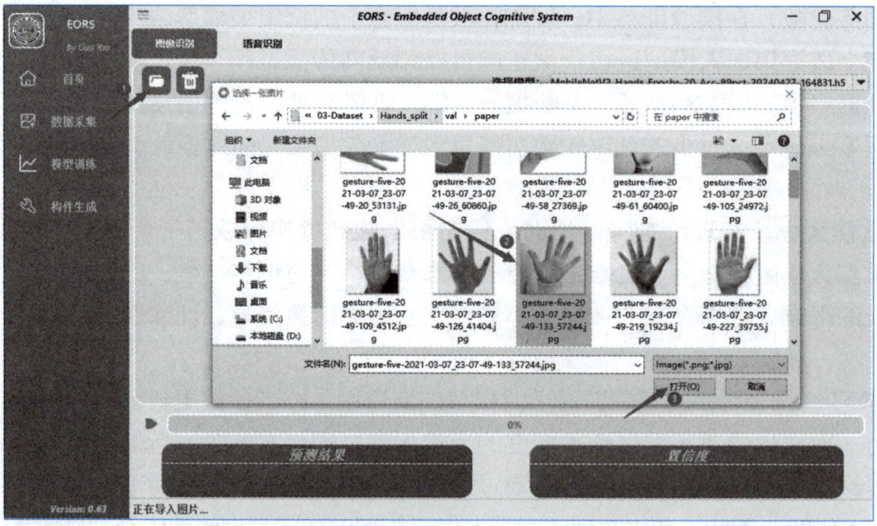


图 8-11　导入预测图片

#### 2）选择模型

单击右侧下拉列表框，选择一个训练好的模型文件，这些模型文件均保存在图片数据集的文件夹下。

**3）开始预测**

单击左下部的开始预测按钮（ ▶ ），开始预测图片，等待进度条到 100%，预测结果和置信度将显示在下方的标签中，如图 8-12 所示。

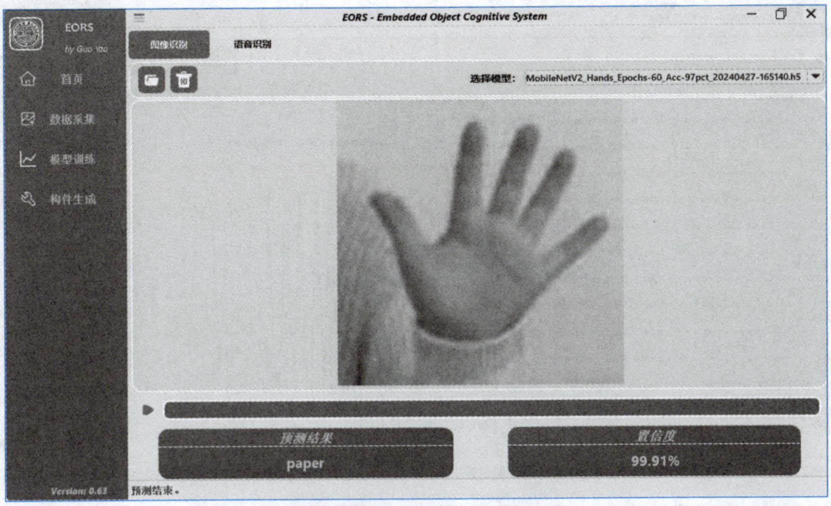


图 8-12　图片识别结果

在图像分类任务中，置信度表示模型对于预测结果的信心程度。如果模型对某个类别的预测概率较高，那么模型就相信该图像属于这个类别的可能性较大。

### 8.5.4　基于 EORS 训练软件进行物体认知的实例

本节将通过一个具体的实例，进一步阐述如何使用在 PC 上运行的 EORS 训练软件，进行物体认知。

**1. 训练目标**

以经典的手写数字识别问题为例，通过 EORS 软件进行手写 0~9 数字的模型训练和验证。通过这一实例，读者可以更好地掌握如何在 PC 环境中，使用 EORS 训练软件进行物体识别，并了解图像分类任务的基本流程。

**2. 训练集的准备与组织**

将收集到的手写数字图片分别放置在【CH08\Numbers\data】文件下的 0~9 文件夹中，这一步也顺便完成了标记工作。

**3. 在EORS软件中进行模型训练**

将手写数字数据集导入 EORS 软件，选择 MobileNetV2 模型，如图 8-13 所示，使用默认的超参数或者稍微调整一下超参数，单击“开始训练”按钮，进行模型训练。

图 8-13 中显示，模型训练后的精确度约为 0.79，训练后的模型文件，可以在界面的左下方看到“保存模型到路径”的提示，拖动其下面的滚动条，可以查看到模型文件存放的完整路径及文件名。

若对精度不满意，可以调整超参数，再次进行训练，可达更高的精度。

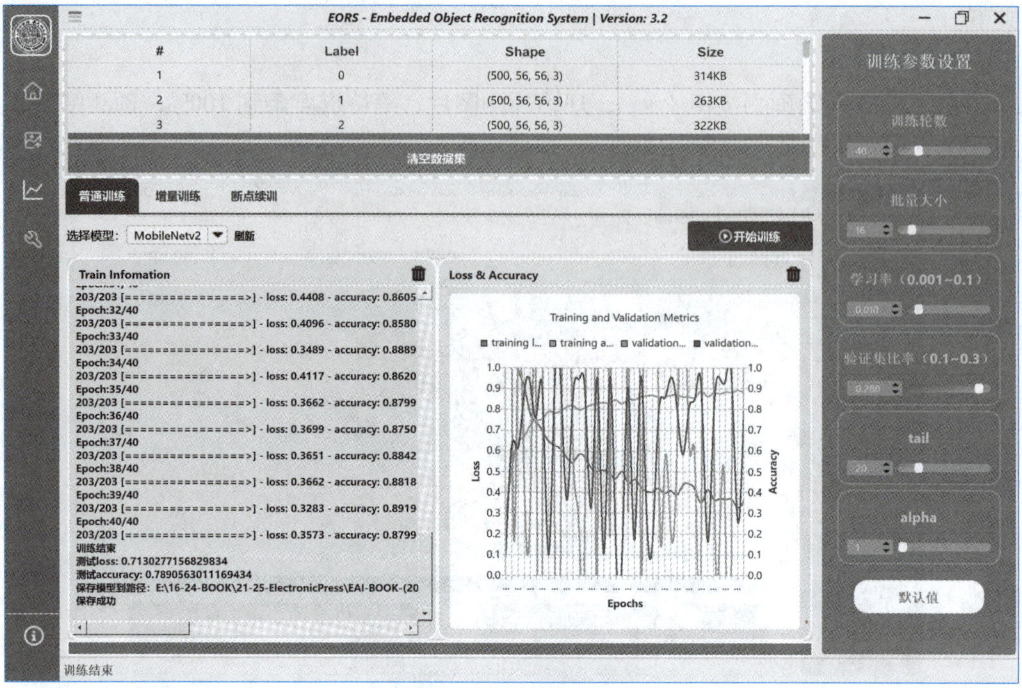

图 8-13　模型训练

## 4. 验证训练的效果

在 EORS 软件的“首页”中选择刚刚训练好的模型文件①，选择测试集（test）文件夹的下一级分类文件夹中的某一张手写数字图片，单击“▶”按钮进行图像推理，如图 8-14 所示，完成了物体认知。

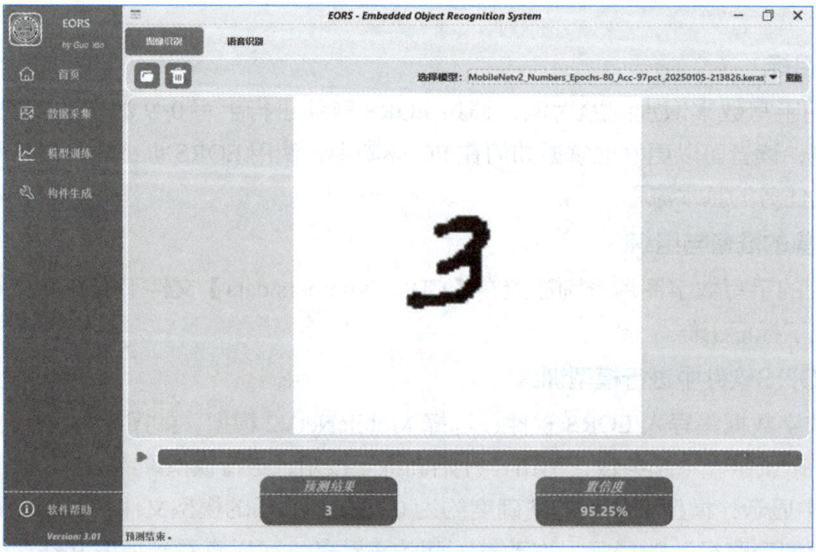

图 8-14　图像推理

推理结果显示预测结果为 3，置信度为 95.25%。

① 注意有文件名中含有项目名、模型名、日期、时间等信息。

# 8.6 EORS 的视频演示

本节给出 EORS 的视频演示，以便直观了解物体认知系统。

## 8.6.1　了解 EORS 硬件系统

学习嵌入式人工智能离不开嵌入式硬件，嵌入式物体认知系统 AHL-EORS-D1-H 具有价格低、功能强、操作便利等特点，为学习嵌入式技术基础、实时操作系统、嵌入式人工智能等提供硬件实体。

嵌入式物体认知系统以 D1-H 微处理器为核心，外围搭载 LCD 显示屏与摄像头等，采用标准 USB 接口进行数据传输与系统供电，如图 8-15 所示，其硬件清单见表 8-3。

图 8-15　AHL-EORS 硬件系统

D1-H 是全志科技首款基于 64 位 RISC-V 指令集的芯片，集成了 64 位玄铁 C906 核心（32 KB I-cache + 32 KB D-cache），1GHz+ 主频，可支持 Linux、RTOS 等操作系统。同时支持最高 4K 的 H.265/H.264 解码，内置一颗 HiFi4 DSP（32 KB I-cache + 32 KB D-cache、64 KB I-RAM + 64 KB D-RAM），最高可外接 2GB DDR3，可以应用于智慧城市、智能汽车、智能商显、智能家电、智能办公和科研教育等多个领域。

表 8-3　嵌入式物体认知系统硬件清单

| 序号 | 名称 | 数量 | 说明 |
|---|---|---|---|
| 1 | GEC 主机 | 1 | （1）内含 D1-H 核心板、5V 转 3.3V 电源等；<br>（2）接口底板：含光敏、热敏等，外设接口 UART、SPI、I2C、A/D、PWM 等 |
| 2 | Type-C 线 | 1 | 用于连接 USB 接口供电和串口程序下载及调试 |
| 3 | 摄像头 | 1 | OV7670 摄像头，用于获取图像 |
| 4 | LCD 显示屏 | 1 | 2.8 寸（240 × 320）彩色 LCD，用于显示图像 |

## 8.6.2　EORS 的视频演示

在没有硬件系统情况下，电子资源中给出了 EORS 系统的数据采集、训练、构件生成、编译下载推理工程、推理识别等完整过程，由此体会嵌入式人工智能的基本内涵。

视　频

物体认知系统EORS

## 小　结

本章从为什么需要嵌入式人工智能为切入点，给出了生产智能化的技术基础、嵌入式人工智能应用开发方法。为了使嵌入式人工智能概念清晰化，引入物体认知系统的概念并加以实现。给出了在 PC 上运行 EORS 训练软件实现物体识别功能，包括数据采集、模型训练和基于训练结果的推理，这一部分落实到读者自行操作实践。对 EORS 硬件系统进行了简单介绍，给出了 EORS 的视频演示，由此体会到 EORS 系统以物体认知为蓝本勾画了人工智能的基本实现流程。

## 习　题

1. 简述物体认知的基本流程。
2. 给出基于 EORS 软件进行物体认知的一般操作过程。
3. 按照本章介绍的方法和步骤，首先用手机摄像头拍若干张数字 0 和 1 的图片，进行数据标记，生成由数字 0 和 1 组成的数据集；然后利用 EORS 软件对该数据集进行模型训练；最后利用 EORS 软件识别数字 0 和 1。
4. 简述超参数的概念。
5. 简述利用 EORS 软件可以做哪些事情。

# 第9章 人工智能伦理

在探索人工智能的广阔领域时，人们不仅被其带来的无限可能性所吸引。然而，正如任何强大的工具，人工智能也是一把双刃剑，它在为人们带来便利和惊喜的同时，也引发一系列深刻的伦理挑战。这些挑战触及了我们对于隐私、公平、责任和人类本质的基本认知，迫使我们必须在技术发展的步伐中不断审视和反思。

## 学习目标

（1）了解人工智能伦理基本概念；

（2）了解人工智能伦理分类；

（3）掌握人工智能伦理治理体系；

（4）建立人工智能伦理意识，培养正确的价值观。

## 思维导图

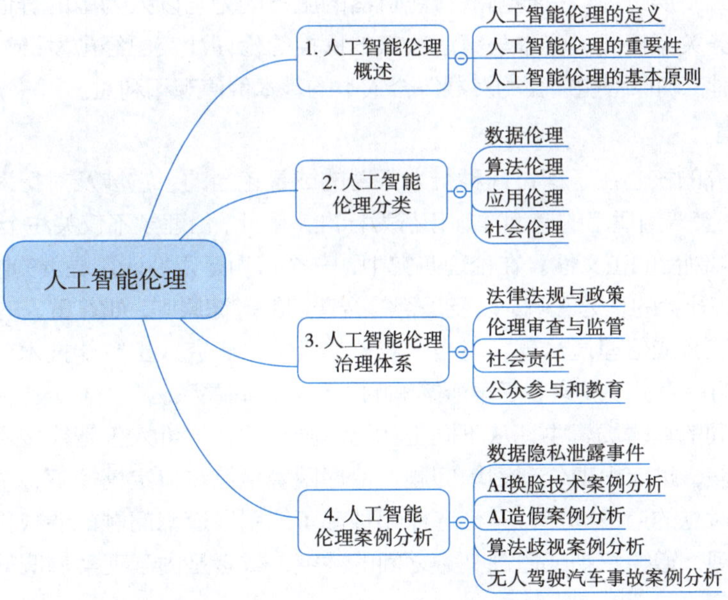

# 9.1 人工智能伦理概述

本节讲解人工智能伦理的定义、人工智能伦理的重要性，以及人工智能伦理的基本原则。

## 9.1.1 人工智能伦理的定义

### 1. 伦理与人工智能伦理

通俗地讲，伦理（ethics）是人们在生活和社会交往中所共同认可的一套行为准则和道德规范。它告诉我们什么是对的，什么是错的，就像是无形的指挥棒，引导着人们应该如何和谐相处。因此，伦理是关于道德的科学，它探讨的是人类行为的对错、善恶标准，以及人们在社会生活中应该遵循的行为准则。它源自希腊语“ethos”，原意为“习俗”、“习惯”或“品格”。中国传统伦理强调“仁”，通过“爱有差等”的方式，如《孟子》中提到的“父子有亲，君臣有义，夫妇有别，长幼有序，朋友有信”，通过规范人与人之间的秩序关系与行为规范实现人与人之间的和谐。现代伦理探讨“人机物”协作共存的时代下，所产生的人与人、人与物以及人与环境之间的关系带来的社会新秩序。

随着科技的飞速发展，人工智能走进了我们的生活。人工智能通过模仿人类的思维，帮助人们完成各种复杂任务。为了更好地为人工智能这个“聪明机器”定规矩，更好地为人类服务，于是，人工智能伦理应运而生。人工智能伦理（AI ethics）是研究人工智能技术发展和应用过程中涉及的道德原则、伦理规范和伦理问题。人工智能伦理的核心在于平衡技术进步与社会责任之间的关系，其目的是在确保人工智能系统的设计、开发和部署符合道德标准，促进公平、透明和负责任的使用，同时降低风险并避免不良后果。

未来智能社会的建构必定是一个社会秩序和经济秩序重新构建的历史进程，由人工智能驱动的新经济秩序正在触发社会秩序的重构。因此，人工智能伦理问题必将面临更多新的挑战。如在智能化的数字化基础设施、智能化生产工具和人机决策工具、服务于个人的智能平台和应用程序等新经济模式发展过程，呈现出的智能机器的服务能力与以人为本的价值观冲突，用户数据隐私与智能服务关系模式、资本与算法决策的操控等伦理冲突已经愈发凸显。人们开始关注在技术进步的同时，确保智能社会的发展符合人类的基本价值观和利益。

### 2. 伦理困境

由于伦理研究的核心在于探讨何种行为是善的或是正当的。它涉及对行为的道德价值进行评估，旨在建立一套普遍适用的道德准则和行为标准。因此，伦理学不仅关注个体行为的道德性，也关注社会规范和制度的正义性。在伦理研究中，一个行为是否被认为是善的或正当的，往往需要考虑其对个体和社会的长远影响，以及是否符合普遍的道德原则，如尊重人的尊严、公平正义、诚实守信等。人工智能伦理是从善、正当或应该的视角去研究人工智能技术对人类社会、自然环境等因素带来的后果，以及这些后果所影响的人与人之间关系。

然而，在不同的具体场景中，从不同主体、不同视角去评价人工智能技术所带来的价值性往往存在价值偏差，进而出现伦理困境问题。伦理困境是指在特定情境下，个体或组织面临的两种或多种互相对立的道德选择，无论选择哪种都可能引发道德问题或造成伦理困扰。这种困境可能源自价值观、道德原则或道德义务之间的冲突，或者是由于现实情况的限制而无法同时满足各种道德要求。

“电车难题”于 1967 年由菲利帕·福特（Philippa Foot）提出，大概内容如下：

“一个疯子把五个无辜的人绑在电车轨道上。一辆失控的电车朝他们驶来，并且片刻后就要碾压到他们。幸运的是，你可以操作一个拉杆，让电车开到另一条轨道上。然而问题在于，那个疯子在另一个电车轨道上也绑了一个人。考虑以上状况，你如何选择？”

这时，你面临两个选择：

（1）不作为，任由电车碾压被绑住的五个人。

（2）扳动转换器，电车会碾压另外一个人，五个人会得救。

这是一个看似简单，但非常复杂的问题，如果一辆无人驾驶汽车正面临不可规避的交通事故，AI 系统会如何选择？（如图 9-1 所示）在高度自动化的未来，类似伦理问题是所有人必须面对的。无人驾驶汽车的算法设计过程中，如果发生意外事故，无人驾驶汽车的自主决策和责任认定，对于设计者、开发商、用户来讲无疑是一个艰难的决策抉择和评估，伦理困境对于人们的道德判断和决策能力提出了挑战。

图 9-1 无人驾驶汽车自主决策难题

此外，在特定情境下，同样会有道德判断和伦理法规之间可能存在冲突和不一致性。例如，假如某公司开发了一款健康智能监测系统，该系统通过分析用户的健康数据（如心率、血压、活动量等）来预测疾病风险，并提供健康建议。从伦理角度来看，公司在用户协议中明确说明了数据收集和使用的方式，并且用户在知情同意的情况下同意了这些条款，这符合伦理原则中的透明度和知情同意原则。然而，从个人道德的角度来看，一些用户可能对健康数据的敏感性有更深层次的担忧，认为即使是在同意的情况下，某些个人健康信息也不应该被收集和分析，这体现了个人对隐私和个人信息保护的道德关注。

关于伦理困境问题，人们需要不断地思考、探索和反思，这个过程本身就是道德进步的过程。通过解决伦理困境，人们的道德观念和价值观可以得到提升和更新，从而推动整个社会的道德进步。

### 9.1.2 人工智能伦理的重要性

随着人工智能系统越来越多地融入我们的日常生活，其道德准则和原则的需求变得前所未有的迫切。相比以往的技术革命，人工智能技术不仅仅是一次技术上的变革，还涉及其对社会、经济、文化和个人更深远的影响。由于“智能”上的突破，未来社会很多重复性工作都将被人工智能替代，人工智能技术正以前所未有的速度改变着世界。

人类社会的发展是一个复杂的过程，它不仅包含科学技术的变革与创新，还包含社会制度、文化、结构与规范的变迁。每一次变革都会对人类的生活、工作、经济、文化等领域产生广泛而深远的影响。我们通常认为人工智能技术是引领第四次工业革命的重要标志，其应用和普及将人类带入智能时代。表 9-1 梳理了四次工业革命对人类社会的影响。

第一次工业革命大约从 18 世纪 60 年代至 19 世纪 40 年代，伴随蒸汽机的发明和应用，使得蒸汽动力取代了人力、水力和畜力，机器将人们从手工劳动解放出来，用机器代替手工生产，实现了从手工工场向机械化工厂的过渡。第二次工业革命从19世纪中叶延续到20世纪初，工业化的重点转向重工业，钢铁、煤炭、机械等工业部门获得了巨大的发展。第三次工业革命从20世纪60年代开始，称为信息时代，主要以大型计算机、个人计算机、半导体技术和互联网等计算机与数字革命为主要特征，促进信息化的发展。第四次工业革命始于20世纪和21世纪之交，以新一代人工智能技术引导的产业革命和绿色工业革命为特征，称其智能时代或绿色时代。

表9-1　四次工业革命对人类社会的影响

| 标　准 | 第一次工业革命 | 第二次工业革命 | 第三次工业革命 | 第四次工业革命 |
|---|---|---|---|---|
| 开始时间 | 18世纪60—70年代 | 19世纪70年代 | 20世纪60年代 | 21世纪以来 |
| 时代特征 | 蒸汽时代 | 电气时代 | 信息时代 | 智能时代、绿色时代 |
| 主要标志 | 蒸汽机的发明与应用 | 发电机、电动机、内燃机等的发明和应用 | 互联网、移动通信、新材料等 | 人工智能技术、物联网、大数据、云计算等 |
| 生产力与生产方式 | 机器生产取代手工劳动 | 生产效率提高、大规模生产方式 | 生产过程更加智能化、自动化 | 生产方式更加智能化、个性化、网络化和绿色化 |
| 产业结构 | 农业为主向工业为主 | 推动了重工业和新兴产业的发展 | 高新技术产业、服务业、信息产业等 | 传统制造业向智能制造转型升级 |
| 社会生活 | 加速城市化进程，改变人们出行方式和货物的运输方式等 | 人们的生活更加便利，出行效率提高，精神文化生活丰富，同时加剧了环境污染和资源消耗 | 人们能够随时随地获取和共享信息，生活方式和社交模式改变，推动了社会多元化和全球化进程 | 人们的生活更加便捷、舒适、高效，改变了人们的生活方式和行为习惯 |
| 就业形态 | 大量产业工人 | 大量的专业技术人才和产业工人 | 对劳动者的知识水平和技能要求大幅提高 | 对劳动者的创新能力、数据分析能力、跨学科知识等综合素质要求提高 |

在前两次工业革命过程中，中国一直处于落后状态。新中国成立后，从1949年至2010年，中国历经60多年的努力，逐渐补齐第一次工业革命和第二次工业革命的短板，于第三次工业革命中实现赶超，并为第四次工业革命的发展奠定良好基础。目前，我国作为全球第二大经济体和科技创新的重要推动者，正在经历一场由人工智能驱动的社会变革，这场变革正以前所未有的速度和深度重塑社会的各个方面，在社会各个领域引发了显著的影响。

面对人工智能带来的复杂影响，伦理的介入显得尤为必要。首先，人工智能伦理可以确保技术的发展符合人类的价值观和道德原则。通过制定一系列伦理准则和规范，明确人工智能在设计、开发、应用和管理过程中的行为边界，防止技术被滥用或误用。例如，规定人工智能系统在处理个人数据时必须遵循隐私保护原则，保障公民的基本权利；在算法设计中要注重公平性和透明性，避免因算法偏见而导致的不公平现象。

其次，人工智能伦理有助于增强公众对人工智能技术的信任。随着人工智能在社会生活中的广泛应用，人们对它的担忧和疑虑也在增加。通过伦理规范的引导和约束，让公众看到人工智能的发展是受到道德约束的，是有益于人类社会的，从而提高公众对人工智能的接受度和支持度。这不仅有利于人工智能技术的推广和应用，也有利于维护社会的稳定与和谐。

最后，人工智能伦理对于促进科技与社会的协同发展具有重要意义。科技的发展不能脱离社会的承载能力和发展需求，人工智能伦理可以在科技与社会之间架起一座桥梁，使人工智能技术的发展更好地服务于人类社会的整体利益，实现科技与社会的良性互动和可持续发展。

我们从技术层面、社会层面、人类文明发展层面来看人工智能伦理的重要性。从技术层面来看，它是保障人工智能系统安全可靠运行的基础。只有在符合伦理规范的前提下，人工智能技术才能真正发挥其优势，实现预期的功能和目标。从社会层面来看，人工智能伦理是维护社会公平正义、保障公民基本权利的重要手段。它能够有效防范人工智能可能带来的各种风险和挑战，营造一个健康、和谐、稳定的社会环境。从人类文明发展的层面来看，人工智能伦理是对人类价值观和道德底线的坚守。它引导人工智能技术朝着有利于人类文明进步的方向发展，确保人类在科技飞速发展的时代不迷失自我，始终坚守对生命的尊重、对社会的责任和对未来的希望。

总之，人工智能伦理在当今科技社会中具有不可替代的重要地位。它既是对人工智能技术的规范和约束，更是对人类社会未来的深刻思考和积极引导。只有在技术发展的同时，充分重视和积极应对人工智能伦理问题，才能让人工智能真正成为人类社会发展的有益助力，而不是潜在的威胁。

### 9.1.3 人工智能伦理的基本原则

2021 年 9 月 25 日，国家新一代人工智能治理专业委员会发布了《新一代人工智能伦理规范》，提出了增进人类福祉、促进公平公正、保护隐私安全、确保可控可信、强化责任担当、提升伦理素养等 6 项基本伦理要求。

2021 年 12 月 17 日，中央全面深化改革委员会第二十三次会议审议通过了《关于加强科技伦理治理的指导意见》，会议强调科技伦理是科技活动必须遵守的价值准则，要坚持增进人类福祉、尊重生命权利、公平公正、合理控制风险、保持公开透明的原则，健全多方参与、协同共治的治理体制机制，塑造科技向善的文化理念和保障机制。这一指导意见对新兴科学技术的发展提出了“伦理先行”而非“技术先行”的要求，将增进人类福祉作为科技伦理治理的首要原则，同时以健全监管体制和凝聚社会力量作为实现科技向善的保证。

“伦理先行”是实现“科技向善”的前提条件。通过提前识别和应对伦理风险，可以有效避免科技发展带来的负面影响。例如，在基因编辑、人工智能等前沿领域，伦理先行能够帮助科学家们在探索未知的同时，坚守伦理底线，确保技术应用符合人类的道德标准。同时，“科技向善”也为“伦理先行”提供了价值导向。只有当科技发展真正服务于人类福祉时，伦理治理才能获得广泛的社会支持和认可。

人工智能的发展方向不仅关乎技术突破，更涉及社会责任与伦理规范。它将成为推动社会进步的强大动力，但如何确保人工智能技术安全可控、公平公正、造福人类，也将成为未来发展的核心议题。

## 9.2 人工智能伦理分类

人工智能伦理风险是指人工智能技术在开发、部署和应用过程中，因技术特性、使用方式或管理缺陷而引发的违背伦理原则、损害社会价值、冲击个人权益或破坏生态平衡的可能性。如果从人工智能核心要素数据、算法、算力及应用视角将人工智能伦理进行分类，如图 9-2 所示。

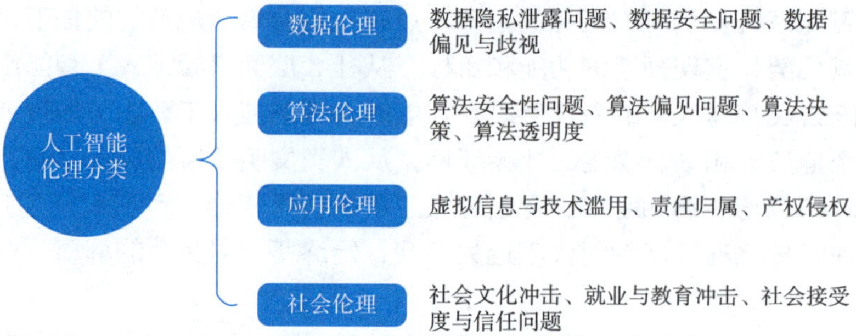


图 9-2　人工智能伦理分类

## 9.2.1　数据伦理

在现代经济中，数据已成为一种新型生产要素，类似于传统的劳动、资本和土地等要素，它在人工智能产业中扮演着至关重要的角色。数据的质量好坏直接影响 AI 模型的性能和可靠，同时也带来了诸多伦理挑战和风险。这些挑战主要集中在数据隐私、数据安全等方面。2018 年 5 月，欧盟出台了一项重要数据保护法规——《通用数据保护条例》，旨在规范个人数据的收集、处理和保护。它要求企业在使用个人数据时必须获得用户的明确同意，并采取有效措施保障数据的安全。2021 年 8 月，我国发布的《中华人民共和国个人信息保护法》旨在个人信息的收集、存储、使用、加工、传输、提供、公开、删除等环节，保护个人信息权益，规范个人信息的处理活动，促进个人信息合理利用。

### 1. 数据隐私泄露问题

隐私是个人的自然权利，保护个人信息的隐私权是尊重个人并保持信任关系的基础，也是人工智能时代体现文明的方式。互联网时代，导致个人隐私泄露以黑客为主利用木马病毒等技术对用户进行侵害并获利。随着大数据和人工智能技术的发展，由于人工智能系统通常需要处理大量个人数据，如身份信息、健康记录、财务记录等敏感信息，人工智能模型可能通过训练数据推断出个人的敏感信息，甚至在数据泄露的情况下，利用这些信息进行推断，从而引发隐私滥用。因此，如何确保这些私有数据不被未经授权地访问、披露、修改或破坏，是人们关心的话题。

### 2. 数据安全问题

随着大数据和云计算技术的发展，数据在传输、存储和使用过程中面临多种安全威胁。例如，黑客可能通过攻击训练数据集窃取模型参数，进而对模型进行逆向还原。此外，开源学习框架的安全漏洞也可能导致系统数据泄露。在运行阶段，数据异常可能导致智能系统运行错误，甚至引发安全事故。

### 3. 数据偏见与歧视

人工智能系统训练模型依赖大量的数据输入，对于复杂的机器学习算法来讲，数据的多样性、分布性都会影响 AI 模型训练结果。草率选择的数据可能会使算法的运行结果产生某种偏差。不正确、过期的数据，由于缺少细节和实时数据的更新，仍然可能产生不可预期的结果。此外，数据选取的不具有整体代表性，具有文化偏见的数据或已经生成具有偏差的数据，如果重新作为数据集进行训练，可能会让算法偏见得以延续和加强。例如，如果训练数据主要来自西方文化，生成的内容可能缺乏对其他文化的理解和尊重，甚至可能传播刻板印象和歧视性信息。

某知名公司使用的人工智能招聘系统被发现对女性候选人的评分低于男性，原因是该系统在训练数据中使用了过去招聘记录，而这些记录中对男女比例及评分本身就反映了性别偏见。这种偏见不仅影响个人权益，还可能在不同领域加剧社会不平等。由于人工智能系统的设计和训练依赖于数据，而数据中可能包含社会偏见。常见产生偏见或歧视的原因如图 9-3 所示。

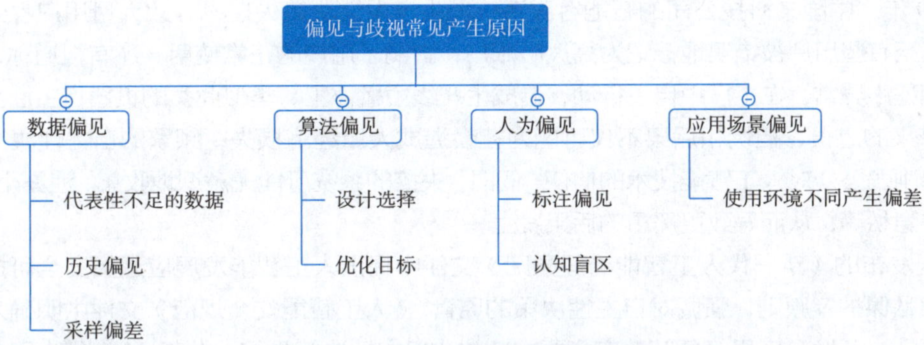

图 9-3　偏见与歧视常见产生原因

我国发布的《新一代人工智能治理原则——发展负责任的人工智能》文件，着重强调了人工智能发展中的公平性和包容性原则，要求在人工智能系统的设计、开发和应用中避免偏见和歧视。《中华人民共和国个人信息保护法》文件中，规定了对个人信息的保护措施，要求在处理个人信息时应当遵循公正、公平、合法的原则，这在一定程度上有助于减少人工智能系统中的偏见。

## 9.2.2　算法伦理

算法是人工智能技术的核心组成部分。如果把人工智能比作一个“机器人”，那么算法就是它的“大脑”。它决定了人工智能系统如何处理数据、模型训练、决策以及执行任务。以推荐系统为例，系统算法最初可能只是基于用户浏览历史和购买行为进行推荐相关产品或内容。但随着人们每一次的点击动作和购买记录，这些反馈都成为学习素材，反哺算法持续迭代升级。AI 系统逐渐精准把握用户内心潜藏的深层次喜好，真正做到“投其所好”。因此，算法设计的“好”与“坏”直接体现算法决策输出的客观性、准确性及道德公平性。算法伦理风险主要存在以下几个方面。

### 1. 算法安全性问题

目前，以深度学习为主的人工智能算法，其自主调整能力具有技术的不确定性和不可解释性，从而增加了算法的安全风险。算法安全性伦理风险主要涉及算法在运行过程中可能因漏洞、恶意攻击或参数泄露等导致的风险。此外，模型参数泄露或被篡改也可能引发安全问题，这不仅威胁到数据隐私，还可能导致算法被滥用。为应对这些风险，需要加强算法保密性、防范非法修改，并选择稳定性和可解释性更高的算法。

### 2. 算法偏见问题

算法偏见伦理风险源于算法学习到的数据中固有的偏见，从而导致不公平的决策结果。例如，某些算法可能因训练数据的偏差而对特定群体产生歧视性影响。这种偏见不仅体现在社会公平性上，还可能引发法律和伦理争议。为减少偏见，可以通过数据去偏技术、持续的算法评估和公平性验证等手段来降低算法偏见。

### 3. 算法决策

算法决策伦理风险主要体现在自动化决策系统可能带来的不公平性和责任归属模糊的问题。

例如，在信贷审批、招聘推荐等领域，自动化决策可能导致某些群体受到不公平对待。此外，由于算法的自主性和复杂性，其决策过程往往缺乏透明度，这使得责任难以追溯。为解决这些问题，需要明确算法的责任主体，并建立问责机制。

2019 年，中国某科技公司的智能客服系统发生自主性决策失控，导致大量用户收到错误的信息，甚至有些用户被错误地标记为高风险账户，影响了用户的正常使用。还有报道称，某智能机器人因程序异常，在工厂中自主行动，造成生产线短暂停工。类似此类的机器自主性决策失控给人们带来的恐惧、担忧和后果不仅可能为社会造成大量经济损失，频繁的自主性决策失控事件可容易削弱公众对人工智能技术的信任，同时，失控的系统可能无意识地收集、泄露个人信息，侵犯用户隐私等，从而导致更严重的后果发生。

我国发布的《新一代人工智能治理原则》文件中提出人工智能发展应遵循安全可控、公平公正、隐私保护等原则，强调对自主性决策的监管。《人工智能安全规范》文件中明确人工智能系统在设计、开发、应用等环节的安全要求，防止自主性决策失控。此外，《中华人民共和国网络安全法》文件中要求网络运营者加强网络信息安全管理，防范网络攻击，保障网络数据的完整性、保密性和可用性，从而降低人工智能系统自主性决策失控的风险。

#### 4. 算法透明度

算法透明度伦理风险指的是算法决策过程的不透明性，这可能导致公众对算法的信任下降。例如，“黑箱”模型难以被理解，使得用户无法知晓其决策逻辑。这种不透明性不仅影响用户知情权，还可能引发伦理争议。为提高透明度，研究人员建议公开算法的操作规则、验证过程及后续实现记录，同时通过去偏技术和伦理审查来增强算法的可解释性。

### 9.2.3 应用伦理

#### 1. 虚假信息与技术滥用

随着生成式人工智能技术（如 ChatGPT 等）的快速发展，使得虚假信息的生成和传播成为一大伦理风险。例如，深度伪造技术可能被用于制作虚假视频或音频，从而误导公众或损害他人名誉。2023 年，某地发生了一起震惊社会的视频诈骗案。诈骗者利用先进的深度伪造技术，精心制作了虚假视频，伪装成某公司高管或相关人员，通过视频会议等手段骗取信任，最终诈骗大量钱财。这起案件凸显了深度伪造技术在犯罪中的巨大危害，同时也引发了公众对人工智能技术滥用和监管的深刻反思。

此外，生成式 AI 可能被滥用以生成恶意代码、虚假新闻或学术剽窃内容，这不仅破坏了社会信任，还可能对教育、就业等产生负面影响。这种滥用行为通常源于技术的便利性和低门槛，导致其被用于不当目的，例如，学术不端、数据造假等。

#### 2. 责任归属

人工智能技术的应用中，责任归属问题往往是伦理困境问题。意味着，当人工智能系统出现错误或造成损害时，如何明确责任主体成为一大伦理挑战。例如，在自动驾驶汽车发生事故时，是将责任归咎于制造商、软件开发者还是使用者？这种责任模糊性可能导致法律纠纷。

随着人工智能系统的复杂性增加，导致技术“黑箱”问题，普通用户只能无条件接受结果，即使专业人员也无法解释算法过程及结果，其决策过程也变得难以理解。当出现问题时，难以解释、难以明确责任归属，例如，自动驾驶汽车事故的责任应由制造商、程序员还是用户承担。

其根本原因在于，随着技术发展，人工智能算法变得越来越复杂，导致其决策过程难以理解。此外，系统在需要保护用户隐私的前提下，部分数据无法公开，使得算法解释面临一定困难。虽然有许多文件强调对技术对公众公开透明的要求，但现有技术尚未达到完全解释人工智能决策过程的能力。我国发布的《新一代人工智能发展规划》文件中，明确要求加强人工智能伦理和法律研究，提高人工智能系统的可解释性。

### 3. 产权侵权

随着人工智能技术的发展，人们可以利用 AI 进行各种图、文、声等作品创作，而数字内容的生成与使用容易引发产权侵权问题。例如，AI 生成的内容是否应归 AI 开发者所有？用户是否拥有使用这些内容的权利？2024 年 5 月，原告王某使用“某 AI”App 创作了一张图片，并于同年 6 月 20 日发现武汉某科技有限公司在其抖音账号发布的 AI 绘画训练营广告中使用了与该图片一致的图片。王某认为该公司侵犯了自己的著作权，遂提起诉讼。法院经审理认为，王某通过 AIGC 软件生成的图片具有独创性和表现形式，符合著作权法对作品的定义和要求，应当受到保护。最终，法院判决武汉某科技有限公司赔偿王某经济损失及合理开支共计 4 000 元。

此外，人工智能技术在数据收集、处理和生成过程中可能侵犯版权，尤其是在大规模生成内容时，如何界定数据来源的合法性以及如何保护原创作者的权益成为亟待解决的问题。因此，完善相关法律法规，加强对 AI 产权的保护显得尤为重要。

确保知识产权的正确归属，有助于维护良好的市场秩序，防止不正当竞争。但生成式人工智能的训练数据和生成内容的知识产权归属存在争议。例如，艺术家和创作者担心未经授权的数据使用可能侵犯其版权。如果生成内容的知识产权归属不清，创作者的版权、署名权等可能受到侵犯。创作者不仅担心其作品被无偿使用，可能会减少创作和分享，而且会影响整个社会的创新氛围。

《知识产权强国建设纲要（2021—2035 年）》提出了加强知识产权保护、完善知识产权法律体系的战略目标，为解决生成式人工智能的知识产权问题提供了政策支持。

## 9.2.4　社会伦理

在人工智能社会影响伦理风险方面，除了常见的偏见与歧视、隐私与数据安全、责任归属技术滥用风险等问题外，还存在以下多方面的风险和挑战。

### 1. 社会文化价值观冲击

在人工智能技术设计、开发、应用和服务的过程中，除首先保障技术的安全运行外，人工智能系统如何嵌入社会的文化价值观、道德观，以及如何体现“以人为本”，对社会弱势群体的伦理关怀，都将存在挑战和风险。首先，人工智能技术可能对传统文化价值观造成冲击。例如，AI 系统生成的内容可能忽视特定文化领域的伦理关怀，导致文化同质化，削弱文化多样性。其次，人工智能技术可能导致信息茧房与社会分裂。如 AI 驱动的算法可能导致信息偏见与虚假信息的传播，加剧社会分裂和不信任感。这种现象可能进一步导致社会群体之间的对立和误解。最后，随着人工智能技术的发展，数字素养较低的群体（如老年人、低学历人群）可能被排除在数字福利之外，加剧社会不平等，从而导致数字鸿沟扩大伦理风险。

### 2. 就业与教育冲击

人工智能技术的快速发展对就业市场产生了深远影响。许多重复性、规律性的工作岗位将逐渐被替代，导致结构性失业。因此，未来在就业市场中首先面临淘汰风险的可能是不会运用 AI 的人，如何让 AI 赋能是每个人都需要面对的问题。因此，在教育体系变革中，人工智能技术在教育领域的应用可能改变教育的基本方法。例如，学生是否可以借助人工智能平台完成作业和论文，以及这是否存在削弱教育核心价值的风险，值得深思。此外，人工智能技术的发展可能导致经济资源过度集中于少数科技巨头和高技能人群，低技能劳动者可能面临生活困难和教育机会不足的问题，进而增加社会阶层固化的风险。

#### 3. 社会接受度与信任问题

随着智能时代的到来，一方面，公众可能对人工智能系统过度信任，导致“信息茧房”的形成；另一方面，人工智能系统的不透明性和潜在风险也可能引发公众的不信任。一旦人工智能系统大规模出现偏见或决策失误，可能加剧社会不平等，加深群体分化，进而影响社会整体的信任体系。

## 9.3 人工智能伦理治理体系

随着人工智能技术在各个领域的广泛应用，其带来的潜在风险也日益凸显。因此，建立有效的伦理治理框架显得尤为重要。人工智能伦理治理是通过一系列的原则、政策、法规、技术手段和社会机制进行监督、规范、引导和控制的过程。确保人工智能技术符合人类社会基本伦理价值观，防止人工智能技术对人类社会造成负面影响的重要举措。其核心目标是促进“可信人工智能（trustworthy AI）”的实现和“科技向善”的目标，即人工智能系统应具备合法性、伦理性和技术稳健性。

### 9.3.1 法律法规与政策

人工智能伦理治理需要以法律法规为基础，构建完善的法律框架。政府应制定全面的法律和政策，明确人工智能技术的法律地位、责任归属以及数据安全与隐私保护等问题，确保技术发展符合社会伦理标准。我国已初步建立了人工智能法律法规、伦理规范和政策体系。

通过《中华人民共和国网络安全法》《中华人民共和国数据安全法》《中华人民共和国个人信息保护法》等基础性立法，为人工智能治理奠定了坚实的基础。同时，《中华人民共和国民法典》《中华人民共和国电子商务法》《中华人民共和国反不正当竞争法》等法律针对人工智能应用中的具体问题进行了针对性规范。此外，我国还通过《生成式人工智能服务管理暂行办法》等专门法规，《互联网信息服务深度合成管理规定》等部门规章，进一步细化了人工智能治理的具体要求，在人工智能治理中发挥了积极作用。以下简要介绍我国部分法律法规文件。

#### 1. 基础立法

《中华人民共和国网络安全法》作为我国网络安全领域的基础性法律，自 2017 年 6 月 1 日起施行。《中华人民共和国网络安全法》明确了网络运营者的安全保护义务，要求网络运营者采取技术措施和其他必要措施，保障网络安全，防止网络数据泄露或被窃取、篡改。这为人工智能技术在数据收集、存储和使用过程中的网络安全提供了基本规范。

《中华人民共和国数据安全法》作为我国关于数据安全的首部法律，自 2021 年 9 月 1 日起正式施行。该法进一步细化了数据处理活动的安全保护义务，要求数据处理者建立健全数据安全管理制度，采取相应的技术措施和其他必要措施，保障数据安全。其为人工智能开发和应用中的数据安全管理提供了明确的法律依据。

《中华人民共和国个人信息保护法》由第十三届全国人民代表大会常务委员会第三十次会议

于 2021 年 8 月 20 日通过。该法规定了个人信息处理的基本原则和规则，要求个人信息处理者在处理个人信息时遵循合法、正当、必要原则，确保个人信息的安全。这为人工智能技术在处理个人数据时提供了严格的法律约束，防止个人隐私泄露。

### 2. 针对性规范

《中华人民共和国民法典》于 2021 年 1 月 1 日起施行。《中华人民共和国民法典》对人格权的保护进行了全面规定，包括隐私权、肖像权等。在人工智能应用中，如智能图像识别、语音合成等技术，可能会涉及对个人隐私和肖像权的侵犯。《中华人民共和国民法典》为这些技术的应用提供了明确的法律边界，确保技术发展不损害个人合法权益。

《中华人民共和国电子商务法》于 2019 年 1 月 1 日起施行。该法规范了电子商务活动中的交易行为，包括数据使用、用户权益保护等。在人工智能驱动的电商平台中，如个性化推荐系统，可能会涉及用户数据的过度收集和滥用。《中华人民共和国电子商务法》对这些行为进行了约束，要求平台经营者遵循合法、正当、必要的原则，保护用户数据安全。

《中华人民共和国反不正当竞争法》于 1993 年 9 月 2 日第八届全国人民代表大会常务委员会第三次会议通过；2017 年 11 月 4 日第十二届全国人民代表大会常务委员会第三十次会议修订；2019 年 4 月 23 日第十三届全国人民代表大会常务委员会第十次会议修正。该法禁止经营者利用技术手段实施不正当竞争行为，如恶意竞价排序、虚假宣传等。在人工智能应用中，如算法推荐系统可能会通过不正当手段获取竞争优势，损害其他经营者和消费者的合法权益。《中华人民共和国反不正当竞争法》为这些行为提供了明确的法律规制，维护市场竞争秩序。

### 3. 专门法规

《生成式人工智能服务管理暂行办法》是我国针对生成式人工智能服务的专门法规，于 2023 年 8 月 15 日起施行。该办法明确了生成式人工智能服务提供者的责任和义务，要求其在数据处理、内容生成等方面遵守相关法律法规。该办法还强调了对个人信息的保护和数据安全的要求，进一步完善了人工智能治理的法律框架。

综上所述，我国通过多层次的立法体系，为人工智能的健康发展提供了全面的法律保障，确保技术发展符合社会公共利益和公民合法权益。

### 4. 政策文件

《人工智能伦理治理标准化指南（2023 版）》于 2023 年 7 月发布，旨在为人工智能领域提供一套系统的伦理治理框架。该指南明确了人工智能伦理的内涵，包括开发和使用人工智能时的道德准则、人工智能体的道德编程以及通过学习形成的伦理规范。它提出了 10 项伦理准则，如增进人类福祉、尊重生命权利、坚持公平公正、合理控制风险、保持公开透明等。此外，指南还从数据、算法、系统、人为因素等维度分析了人工智能伦理风险的来源和属性，并提出了风险分类分级分析方法。在治理技术方面，强调了伦理嵌入技术和伦理评估评测技术，要求将伦理准则嵌入人工智能产品的全生命周期。同时，针对隐私性、安全性和鲁棒性等关键问题，提出了技术实现和管理实现路径。最后，指南构建了基础共性标准、治理技术标准、管理标准和行业应用标准四大类标准体系，以推动人工智能伦理治理的标准化工作。

《生成式人工智能服务管理暂行办法》于 2023 年 8 月 15 日起施行。该办法旨在促进生成式人工智能的健康发展和规范应用，维护国家安全与社会公共利益，保护公民、法人和其他组织的合法权益，确立了“发展和安全并重、促进创新和依法治理相结合”的原则。其适用范围为向中国境内公众提供生成文本、图片、音频、视频等内容的服务。办法要求生成内容不得违反法律法规，不得生成虚假有害信息，同时要保护用户数据安全，提升服务透明度和可靠性。服务提供者需依法开展训练数据处理活动，保障生成内容的安全性和合法性，保护用户个人信息，并建立健全投诉举报机制。此外，还对生成式人工智能服务实行备案管理，提供具有舆论属性或社会动员能力的服务需通过属地网信部门备案。

《人工智能风险治理报告（2024 年）——构建面向产业的人工智能安全治理实践方案》由中国信息通信研究院于 2024 年 12 月 24 日发布。该报告结合国际经验，立足我国产业实践，提出了“系统治理 - 风险识别 - 风险评估 - 风险应对”的人工智能风险治理实践框架，旨在实现穿透式风险管控与全链条流程管理的深度融合，为人工智能产业主体在技术发展与安全保障方面提供解决方案。报告强调，人工智能风险的认知正向全球性融合、前瞻性考量、系统性分析、交叉性联动不断深化。在此背景下，报告提出了一系列核心指导原则，包括可控可靠、透明可释、隐私保护、明确责任及多元包容。这些原则旨在引导人工智能技术的发展，使其在不损害社会标准和安全的前提下，继续为社会带来利益。

报告还提出了具体的实践方案，包括打造全链条人工智能风险治理框架、提升人工智能风险系统治理能力、设立人工智能风险精准识别机制、健全人工智能风险科学评估体系以及完善人工智能风险敏捷应对方案。通过这些措施，报告呼吁形成多元、协同和系统的安全治理体系，确保人工智能的可持续发展。

#### 5. 其他重要政策法规

欧盟《人工智能法案》于 2024 年 5 月 21 日获欧盟理事会正式批准。该法案是全球首部监管人工智能的法律，基于风险分类将 AI 系统划分为不可接受风险、高风险、有限风险和极低风险四类，并针对不同风险类别采取相应监管策略。高风险的人工智能系统，如自动驾驶汽车或医疗设备、金融服务和教育领域的应用等，因其可能对公民的健康、安全和基本权利构成风险，且存在算法偏见的可能，必须满足严格的标准才能获准在欧盟使用。该法案还设立了多个管理机构，违反法案的行为将被处以罚款，罚款额度为违规公司上一财政年度全球年营业额的一定百分比或预先确定的金额，以较高者为准。

目前，我国在人工智能法律法规和政策方面已经走在了全球前列，通过一系列专门立法和政策文件，明确了技术发展的法律边界和伦理规范。同时，国际上各国也在积极行动，通过制定相关法律法规和政策框架，共同推动人工智能的健康发展。未来，中国将继续推进人工智能法的制定，进一步完善该领域的法律体系。

### 9.3.2 伦理审查与监管

伦理审查的目的是通过建立多部门协同的监管机制，对人工智能技术的研发和应用进行有效监管，防止滥用和潜在风险。建立独立的伦理审查机构和标准流程是实现人工智能伦理治理的重要措施。通过审查机构评估人工智能项目的伦理风险，监督其开发和应用过程，确保符合伦理要求。

#### 1. 设立专门机构

建立独立的伦理审查委员会是关键一步，委员会需制定明确、细致的审查标准和程序。审查标准应涵盖数据收集与处理的合法性、算法的公平性与透明度、对用户隐私的保护程度、系统安全性等多方面。同时，需明确审查流程，包括项目提交、初步评估、详细审查、反馈与建议等环节，确保每个人工智能项目都经过严格的伦理审查。

**2. 算法审查**

加强对人工智能系统算法的审查至关重要。一方面，要确保算法的透明性，使其决策过程可解释、可验证。例如，对于涉及金融信贷审批、招聘筛选等领域的算法，应能清晰解释决策依据，避免“黑箱”操作。另一方面，要确保算法的公正性，防止因数据偏差或设计缺陷导致对某些群体的歧视。例如，通过多元化的数据集训练模型，并定期对算法进行偏见检测和缓解。

**3. 风险评估与动态审查**

在人工智能项目开发和应用的全生命周期中，持续进行伦理风险评估。技术开发者需设计风险评估体系，对项目从启动到运行的各个阶段进行动态监测。例如，对于自动驾驶汽车的 AI 系统，不仅要评估其在研发阶段的算法安全性，还要在实际运行中持续监测其对行人、其他车辆的安全风险。同时，根据技术发展和社会反馈，及时调整审查重点和标准。

**4. 多部门协同监管**

构建多部门协同的监管机制，涵盖科技、工信、网信、市场监管等多个部门。各部门依据自身职责分工，对人工智能技术的研发、应用、市场推广等环节进行全方位监管。例如，科技部门负责技术研发的规范指导，网信部门关注网络空间中的 AI 应用合规性，市场监管部门则监督 AI 产品和服务的市场交易行为。通过建立跨部门的沟通协调机制，形成监管合力，防止出现监管空白或重复监管。

**5. 技术手段支撑监管**

利用大数据、区块链、人工智能等先进技术手段，实现对 AI 系统的实时监控、数据分析和风险评估。例如，通过大数据技术收集和分析 AI 系统的运行数据，及时发现潜在的伦理风险和违规行为。利用区块链技术的不可篡改特性，确保 AI 系统的数据记录真实可靠，便于追溯和审计。同时，开发专门的监管工具和平台，提高监管效率和精准度。

**6. 法律法规保障与完善**

推动完善 AI 领域的法律法规，为伦理审查和监管提供坚实的法律依据。现有法律法规往往滞后于技术发展，难以完全覆盖 AI 领域的所有问题。因此，需要加快立法步伐，明确 AI 技术在数据隐私保护、算法歧视、责任归属等方面的法律边界。例如，欧洲的《通用数据保护条例》（GDPR）为 AI 应用中的数据处理设定了严格标准，成为 AI 伦理法规制定的重要参考。

**7. 社会监督与公众参与**

加强 AI 伦理教育，提高公众对 AI 伦理问题的认识，形成全社会共同参与的监督氛围。公众可以通过举报、投诉等方式，对 AI 应用中的不道德行为进行监督。此外，鼓励媒体、社会组织等发挥监督作用，对 AI 技术的发展和应用进行客观报道和监督评价。例如，媒体对某些 AI 产品中存在的隐私侵犯问题进行曝光，促使企业改进和监管部门加强监管。

### 9.3.3 社会责任

从社会层面来看，人工智能技术的发展应服务于社会，增进人类福祉。这要求在人工智能系统的全生命周期中，将更广泛的社会、环境和后代视为利益相关者，鼓励可持续性和生态责任。

企业作为技术开发的主体，应承担起科技伦理管理的主体责任，制定并落实科技伦理管理机制。这包括在研发过程中融入伦理道德，避免使用可能产生严重消极后果的不成熟技术。同时，企业应推动行业自律，通过建立行业标准和认证体系，提升市场透明度和用户信任度。此外，还需加强从业人员的职业伦理培训，提高其对人工智能伦理挑战的敏感性和责任感。在企业层面，应建立问责机制，对违反伦理要求的团队和个人予以追责。政府监管部门应要求人工智能企业和平台定期发布社会责任报告，强制披露风险活动，公开数据处理的相关信息。同时，政府应建立并完善人工智能伦理准则、规范及问责机制，明确责任主体，确保人工智能技术始终处于人类控制之下。

《高等学校人工智能创新行动计划》由教育部于 2018 年 4 月 2 日印发，旨在落实《国务院关于印发新一代人工智能发展规划的通知》（国发〔2017〕35 号），引导高校瞄准世界科技前沿，提升人工智能领域的科技创新和人才培养能力。该计划设定了到 2020 年、2025 年和 2030 年的分阶段目标，包括优化高校科技创新体系和学科体系，推动人工智能技术广泛应用，显著提升高校在人工智能领域的科技创新能力和人才培养质量，取得一批具有国际重要影响的原创成果，使高校成为建设世界主要人工智能创新中心的核心力量和人才高地。

### 9.3.4 公众参与和教育

公众参与和教育是推动人工智能伦理治理的重要途径。政府和企业应通过教育和宣传提高公众对人工智能技术的理解和认知，增强其对人工智能风险和挑战的认识。首先，通过网络、社交媒体和其他数字平台，搭建公众参与人工智能伦理治理的渠道，使人们能够就技术发展及其潜在伦理问题进行对话和交流。其次，在人工智能相关政策和技术发展的监督过程中，鼓励公众参与，确保不同利益相关者的声音被听到，从而推动符合社会需求和伦理标准的人工智能环境。最后，在人工智能立法过程中，建立多层次的参与机制，让政府、企业、学术界和公众共同参与，通过理性对话达成共识，确保法律法规的前瞻性和灵活性。

伦理教育方面，首先，将伦理教育纳入教育课程体系，引导学生思考相关复杂问题，培养未来技术开发者和使用者的责任感与伦理意识。其次，通过举办讲座、研讨会及社区活动，增强公众对人工智能技术带来的社会影响及其潜在风险的理解。此外，可通过公众教育活动，提高公众对人工智能技术的认知水平，包括数据隐私保护、算法公平性等方面，增强公众的安全意识和隐私保护意识。

近年来，各高校纷纷出台政策以规范人工智能工具在学术领域的使用，推动 AI 伦理教育的实施。例如，复旦大学发布了《复旦大学关于在本科毕业论文（设计）中使用 AI 工具的规定（试行）》，明确禁止在研究设计、数据分析、原始数据收集、论文撰写等关键环节使用 AI 工具。中国传媒大学也要求学生在毕业论文中明确披露 AI 工具的使用情况，并详细说明使用方式。此外，剑桥大学、哈佛大学等国际知名高校也制定了类似政策，强调学生可以利用 AI 工具进行初步研究和思路整理，但必须明确标注 AI 生成内容，且不得将其作为最终提交内容。

这些政策不仅规范了 AI 工具的使用，还强调了学术诚信和透明度原则，要求学生在使用 AI 时必须进行明确声明和说明，以避免学术不端行为。同时，高校也在积极探索如何通过教育引导学生合理使用 AI 工具，将其作为辅助学习和研究的手段，而非替代独立思考。

推动人工智能伦理教育和公众参与，需要政府、企业、学术界和非政府组织等应共同参与，形成多方协作、共同治理的机制。通过广泛的公众参与和系统的伦理教育，可以为应对人工智能带来的伦理挑战建立坚实基础，推动全社会共同探讨并制定出更合理、可持续的发展路径。

# 9.4 人工智能伦理案例分析

通过深入探讨一系列真实的人工智能伦理案例，这些案例不仅揭示了人工智能技术应用中可能出现的伦理风险，也反映了社会各界对于这些问题的深刻反思和积极应对。这些案例是人工智能发展史上的重要节点，它们不仅是对过去的记录，更是对未来的警示和启迪。通过分析这些案例，旨在提供一个多维度的视角，让读者理解人工智能伦理的复杂性，并激发对于如何构建一个更加公正、透明和负责任的 AI 未来的深入思考。

## 9.4.1　数据隐私泄露事件

计算机、手机等，只要是以互联网为通信基础的设备，均有可能出现数据隐私泄露。图 9-4 给出了数据泄露风险的示意图。

图 9-4　数据泄露风险

### 1. 典型案例简介

**事件一：ChatGPT 数据泄露事件**

2023 年 3 月，ChatGPT 遭遇了一次重大的数据泄露事件，部分用户可以看到其他在线用户的姓名、邮箱、付款地址以及信用卡后四位等个人信息。此次泄露影响了 1.2% 的 ChatGPT Plus 用户，即超过 100 000 个 ChatGPT 凭证的数据泄露事件引起了人们对使用 AI 聊天机器人的影响的关注。该漏洞导致未经授权的行为者能够查看其他用户的聊天记录标题，以及在某些情况下，新创建的对话的第一消息。

**事件二：某生物技术公司数据泄露案**

2023 年 6 月，昌平网安部门发现某生物技术有限公司存在数据泄露情况。该公司委托研发的“基因外显子数据分析系统”包含大量公民信息，因未对数据加密且未落实安全保护措施，导致数据泄露，被依法处罚。

**事件三：某教育公司公民个人信息被盗案**

2023 年 7 月，朝阳网安部门发现某教育公司客户关系管理系统内存储的 12 余万条信息被泄露到境外非法网站。因公司未建立数据安全管理制度，系统未进行安全评估，且存在弱口令等漏洞，被黑客破解，造成大量公民个人信息被盗取，公司被依法处罚。

**事件四：某电商公司核心经营数据外泄案**

2023 年 11 月，杭州某电商公司核心经营数据频繁外泄，被用于实施电信诈骗。犯罪团伙通过应聘进入电商企业，植入木马病毒窃取数据并贩卖，警方在多地抓获犯罪嫌疑人 11 名，查获公民个人信息 150 余万条。

**事件五：某电信数据泄露案**

2024 年 9 月 17 日，某暗网数据交易平台有人售卖某电信数据，总大小超过 600 GB，包含大量敏感信息以及军事信息。该事件可能是由于电信运营商的网络安全措施不到位或内部人员非法导出数据。

从以上案例表明，数据隐私泄露事件在国内外时有发生，已经涉及多个行业和领域，给个人、企业和国家带来了严重的安全隐患和损失。

**2. 原因分析**

人工智能时代，AI应用程序需要大量数据的收集、处理和分析，个人隐私数据成为稀缺资源。同时也加剧了个人隐私泄露的风险。

**（1）数据收集与使用透明度不足。** AI系统依赖大量数据进行训练，这些数据通常包含个人隐私信息，如身份信息、行为习惯、健康记录等。如果数据收集和使用过程缺乏透明度，用户可能在不知情的情况下被收集数据。

**（2）数据存储与传输的安全性问题。** 数据在存储和传输过程中可能面临黑客攻击、系统漏洞或内部管理不善的风险。例如，黑客攻击可能导致用户数据被恶意获取和利用。ChatGPT数据泄露事件中，技术漏洞导致未经授权的行为者能够查看其他用户的聊天记录标题，以及在某些情况下，新创建的对话的第一消息。某电商公司核心经营数据外泄案中，犯罪团伙通过应聘进入电商企业，植入木马病毒窃取数据并贩卖。

**（3）算法复杂性与不可解释性。** AI系统的复杂性使得其决策过程难以解释，一旦发生数据泄露，难以追溯原因并采取有效措施。某生物技术公司数据泄露案中，公司未对数据进行加密处理，且未落实安全保护措施，导致数据泄露。

**3. 社会与伦理风险分析**

首先，用户隐私泄露不仅严重侵犯了个人的合法权益，可能导致财产损失、名誉受损甚至人身安全受到威胁。其次，频繁的数据泄露事件可能导致公众对企业和政府机构的信任度下降，影响数字经济和社会的健康发展。数据泄露可能被用于实施诈骗等犯罪行为，影响社会的稳定。随着人工智能和大数据技术的广泛应用，隐私保护问题愈发突出，成为亟待解决的社会和技术挑战。

**4. 应对措施**

**（1）加强法律法规建设。** 制定和完善相关法律法规是保障AI隐私保护的重要基石。政府应加强对AI技术的监管力度，制定明确的隐私保护标准和规范。明确规定个人数据的收集、使用和保护原则，加强对数据收集、存储、处理和使用等环节的监管，严厉打击数据泄露和滥用行为。同时，加强国际合作与交流，共同应对跨国数据流动和隐私保护问题，推动全球AI治理体系的建立和完善。

**（2）提升隐私保护技术。** 首先，在数据传输和存储过程中，采用先进的加密技术可以有效防止数据被未经授权的第三方窃取或篡改。同时，建立严格的访问控制机制，确保只有经过授权的人员才能访问和处理数据，也是保障数据隐私的重要措施。其次，为避免过度收集用户信息，利用数据最小化原则，要求AI应用在设计之初就明确所需的最小数据集。通过精简数据收集范围，可以降低数据泄露的风险，同时减轻存储和处理的负担。此外，对于必须收集的个人敏感信息，应采取匿名化处理措施，如脱敏处理、加密存储等，确保即使数据泄露也无法直接关联到具体个人。此外，用户是数据的主体，应享有对其个人数据的控制权。因此，在收集、处理和使用用户数据时，必须遵循用户赋权与同意的原则。企业应明确告知用户数据将如何被使用，并征得用户的明确同意。同时，为用户提供便捷的数据访问、修改和删除渠道，确保用户能够随时掌握和管理自己的数据。

**（3）推动算法透明度和公平性。** 公开AI系统的设计和训练过程，明确其决策依据和逻辑。建立AI决策解释机制，为用户提供可理解的决策解释。同时，加强算法公平性的研究和实践，确保 AI 在处理不同背景和特征的用户时能够表现出公平性。

（4）加强公众教育和参与度。通过教育和宣传活动，提高公众对 AI 伦理和隐私保护的认识。建立公众参与机制，听取公众对 AI 伦理问题的意见和建议，确保 AI 技术的发展符合公众利益。

（5）企业责任与行业伦理规范。企业应将用户隐私和数据安全放在首位，确保技术开发的伦理合规。同时，企业应制定严格的隐私政策，明确告知用户数据的使用方式，并征得用户同意。政府应加强对 AI 技术的监管力度，制定明确的算法公正性标准和规范。同时，推动行业自律和标准化建设，建立统一的算法公正性评估体系和认证机制，促进 AI 技术的健康发展。

## 9.4.2　AI 换脸技术案例分析

利用 AI 可以实现换脸，图 9-5 给出了一个 AI 换脸伦理风险示意图。

### 1. 典型案例简介

**事件一：AI 换脸诈骗案**

2024 年，天津红桥警方破获了一起利用 AI 换脸技术实施诈骗的案件。犯罪嫌疑人通过 AI 技术将他人的脸换成熟人或亲人的脸，冒充诈骗对象的重要关系人，通过合成视频或照片来“以假乱真”，进而实施诈骗。受害者李先生在收到自称单位领导的视频电话后，因看到视频中确实是“领导”，便放松警惕，分三次向对方转账 95 万元。后经朋友提醒报警，警方及时冻结了部分涉案资金 83 万元。

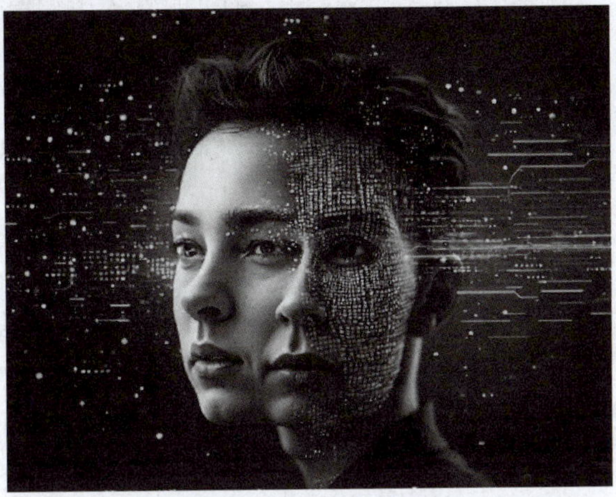

图 9-5　AI 换脸伦理风险

**事件二：AI 换脸侵权案**

2024 年 6 月，北京互联网法院开庭宣判了两起“AI 换脸”软件侵权案件。原告廖某和吴某均为国风短视频模特，被告某“换脸”App 运营者未经授权，使用原告的出镜视频制作换脸模板，并上传至涉案换脸 App 中供用户付费使用。法院认定被告的行为侵害了原告的个人信息权益，判决被告赔礼道歉并赔偿损失。

**事件三：AI 换脸虚假广告案**

2024 年 12 月，某著名医生被 AI 换脸假冒推销某产品，引发广泛关注。在视频中，被合成的人像和声音都与医生本人极为相似，尽管存在一些细节瑕疵，但仍让不少老年人信以为真并下单购买。医生本人回应称，此类虚假账号不止一个，他已多次向平台投诉，但违规账号屡禁不绝。这一事件不仅侵犯了医生本人的肖像权和名誉权，也暴露了人工智能技术被滥用的风险，凸显了监管措施在新技术面前的滞后性。此类案例利用公众对专业人士的信任，通过 AI 技术伪造广告内容，可能对消费者权益造成损害。

**事件四：AI 换脸制作不雅视频案**

2023 年，浙江省杭州市萧山区检察院对一起利用“AI 换脸”技术侵犯公民个人信息案提起民事公益诉讼。被告虞某利用 AI 换脸技术，将他人人脸信息与淫秽视频中的人脸信息进行替换合成，制作虚假视频，并在网络社交软件上进行传播，从中牟利。法院判决被告停止侵权，删除涉案个人信息，并支付损害赔偿款 6 万元。

**事件五：AI 换脸用于非法人脸识别解锁案**

2024 年，某地警方接到报警，一位老人收到“孩子”发来的视频，称生病急需用钱，要求老人转账。视频中的人物通过 AI 换脸技术合成，虽然存在明显破绽，但老人因爱子心切未能察觉。警方调查发现，犯罪嫌疑人利用 AI 技术制作虚假视频，通过手机银行的人脸识别解锁功能，实施诈骗。

近年来，随着人脸识别技术在我们的日常生活中被越来越广泛地使用，“AI 换脸”的技术应用也层出不穷。滥用“AI 换脸”技术实施各类侵犯个人信息的行为并不鲜见，仅凭一张换脸照片或者一段换脸视频，或编造新闻、炒作热点，或侮辱诽谤、实施勒索诈骗，此类行为在网络传播的叠加下，对被侵权人造成的伤害往往是难以弥补的。

### 2. 原因分析

（1）AI 换脸诈骗案中，AI 换脸技术的逼真度高，使得不法分子能够轻易通过人脸识别系统，实施诈骗。同时，技术的滥用和传播门槛降低，使得更多人能够掌握并利用该技术实施犯罪。不法分子能够轻易欺骗缺乏技术认知的群体，尤其是中老年人。

（2）AI 换脸侵权案中，被告某“换脸”App 运营者未经授权，使用原告的出镜视频制作换脸模板，并上传至涉案换脸 App 中供用户付费使用。AI 换脸技术的便捷性使得未经授权使用他人肖像和人脸信息变得容易，且平台对内容审核的缺失，导致侵权行为频发。

（3）AI 换脸技术的滥用，使得不法分子能够轻易制作和传播不雅视频，侵犯他人隐私和名誉权。同时，平台对内容的监管不足，导致此类视频能够广泛传播。

### 3. 社会与伦理风险分析

AI 换脸技术是基于深度学习和生成对抗网络（GAN），能够将一张人脸图像无缝替换成另一张脸，从而实现极为逼真的效果。目前，广泛应用于娱乐、影视、广告等领域。例如，创作者利用 AI 换脸制作搞笑视频、虚拟偶像等，吸引大量粉丝。在影视业中，可用于重现已故演员形象、制作虚拟替身，节省成本并提升创作自由度。此外，在广告领域，通过 AI 换脸技术可以增强互动性和吸引力。

然而，一些不法分子可以非常便利地通过“AI 换脸”技术实施电信网络诈骗、敲诈勒索等违法犯罪活动，对公众的人身、财产安全具有极大危害。AI 换脸技术在带来创新和便利的同时，也引发了诸多法律、伦理和社会问题。在以上案例中，存在的法律伦理风险主要集中在隐私、肖像权和名誉权等方面。

（1）如未经同意的换脸行为被视为对个人权利的侵犯，侵犯了个人的肖像权和隐私权。

（2）换脸视频可能对被换脸者的社会评价造成负面影响，构成名誉权侵权。

（3）AI 换脸技术制作出虚假视频，传播错误信息，破坏社会信任。虚假视频还可能被用于操控公众舆论，引发社会不稳定。

### 4. 应对措施

为应对 AI 换脸技术带来的伦理挑战，需要从技术、法律和社会层面采取措施。首先，技术上需要开发出 AI 检测工具和数字水印技术，提高虚假内容的识别能力。其次，需要完善法律法规，明确 AI 换脸服务提供者和使用者的法定义务，加大对侵权行为的处罚力度。最后，需要提高公众对 AI 换脸技术的认知和防范意识，增强社会抵御虚假信息的能力。只有通过引导和规范新技术应用，强化源头治理，加强包括人脸信息在内的公民个人信息保护，既需要以监察履职推动实现“善治”，更需要多方合力共治。

2023 年,《互联网信息服务深度合成管理规定》进一步明确了深度合成数据和技术管理规范，对深度合成内容的用途、标记、使用范围以及滥用处罚作出具体规定，并对作为深度合成服务提供者的平台方进行审核、评估、监管等都提出了明确要求。民法典人格权编草案二审稿对 AI 换脸等技术的监管提出了明确要求，对利用新技术的人和行为进行必要规范。2024 年 9 月 6 日，国内首个金融领域“AI 换脸”检测标准《虚假数字人脸检测金融应用技术规范》标准正式发布。

### 9.4.3　AI 造假案例分析

#### 1. 典型案例简介

**事件一：伪造虚假新闻**

2023 年 5 月，甘肃平凉市发生了一起利用 ChatGPT 编造虚假新闻的案件。犯罪嫌疑人洪某弟通过 ChatGPT 生成虚假新闻，并发布在自媒体平台上非法获利。

**事件二：伪造虚假新闻**

2024 年 6 月，浙江绍兴上虞警方破获了一起利用 AI 技术制作虚假视频并散布网络谣言的案件（见图 9-6）。该团伙通过 AI 技术合成虚假视频，内容涉及虚假的火灾、爆炸等新闻，一个月内生成并发布了 3 000 多个虚假视频。这些视频通过拼接网络热点要素生成，发布在多个热门视频平台上以吸引流量、牟取非法利益。警方调查发现，该团伙非法购买了 2 900 余个平台账号，发布的虚假视频点击量达 160 余万次。最终，该团伙的 3 名犯罪嫌疑人被警方抓获，并被依法刑事拘留。

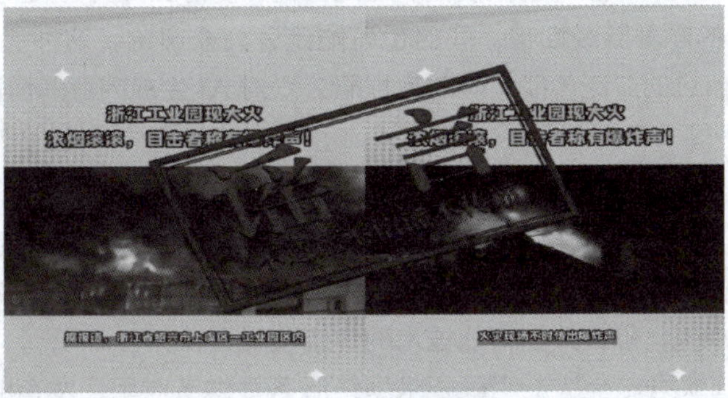


图 9-6　AI 造假新闻

**事件三：造谣 AI 医生闯祸**

2025 年 4 月，有自媒体发布“AI 医生闯大祸！上海一患者被误诊肺炎险丧命”，称 4 月 5 日，上海徐汇区某社区医院用 AI 辅助诊断系统将一 65 岁患者的重症肺炎误判为普通感冒，导致患者病情恶化。经核查，文中提及的医生、协会数据、相关部门发布会内容均不存在，是彻头彻尾的假消息。

**事件四：语音合成造假**

2024 年 10 月，雷军的 AI 语音片段在网络上广泛传播并引发热议。这些片段中，“雷军”用其标志性的口音和略带不耐烦的语气，对堵车、假期安排、游戏体验等热门话题进行了吐槽，甚至夹杂着一些不雅用语。由于这些 AI 语音与雷军本人的说话风格高度相似，许多网友误以为是雷军亲自发声，甚至在雷军的社交媒体评论区询问“雷总，最近你怎么在骂人?”

### 2. 原因分析

在 AI 技术应用过程中，一些不法分子利用技术创作虚假信息案例，造成的结果其性质非常恶劣，其原因分析如下：

**（1）技术门槛低与传播速度快。** AI 技术使得虚假信息的生成和传播变得更加容易，且成本极低。即使是技术背景较弱的个人或小团队，也能利用现有的 AI 工具快速生成逼真的虚假内容。这些虚假信息可能引发社会恐慌，扰乱公共秩序。

**（2）利益驱动与流量经济。** 许多 AI 造假行为背后是经济利益的驱动。通过生成虚假新闻、广告或诈骗内容，不法分子可以获取流量、广告收入甚至直接的经济利益。

**（3）数据偏差与算法局限性。** AI 生成内容的基础是数据，而数据集本身可能存在偏差和错误。例如，某 AI 的数据集包含大量未经严格审查的网络信息，可能导致生成内容失实。此外，算法难以完全理解复杂的语义和文化背景，可能误解新闻内容，导致失实。

### 3. 社会与伦理风险分析

（1）AI 造假可能导致个人隐私泄露、名誉受损，甚至可能面临经济损失。

（2）利用 AI 进行虚假信息的传播可能引发社会恐慌，削弱公众对权威机构的信任。在政治领域，AI 造假可能影响选举结果，对民主制度构成威胁。

（3）AI 造假一次次挑战公众对信息真实性的辨识度，如果此类案例经常发生，将导致公众对所有信息的信任度下降。且当 AI 生成的虚假内容造成损害时，可能产生责任归属不明确问题，难以界定开发者、使用者和平台的责任。

（4）基于公众对名人、专业人士和权威机构的信任，使得 AI 造假内容更容易被接受和传播。此类事件不仅对名人的声誉造成损害，同时也可能误导公众舆论。这种信任机制的漏洞被不法分子利用，导致虚假信息的广泛传播，同时也提醒公众对 AI 生成内容的辨识和警惕。

### 4. 应对措施

为应对人工智能技术造假问题，需从多方面入手：一是加强技术研发，提升 AI 模型对虚假信息的识别和抵制能力；二是完善法律法规，明确 AI 技术应用的边界和责任，加大对造假行为的惩处力度；三是强化用户教育，提高公众对虚假信息的辨别能力和伦理意识；四是推动行业自律，建立技术标准和规范，确保人工智能技术的健康发展。

《中华人民共和国网络安全法》明确要求网络服务提供者对用户发布的内容进行严格审核，防止虚假信息和违法内容的传播。《生成式人工智能服务管理暂行办法》规定提供和使用生成式人工智能服务应当遵守法律、行政法规，尊重社会公德和伦理道德。不得生成煽动颠覆国家政权、危害国家安全、宣扬恐怖主义、民族歧视、暴力、淫秽色情以及虚假有害信息等内容。对具有舆论属性或社会动员能力的生成式人工智能服务，需进行安全评估并接受持续监管。

## 9.4.4 算法歧视案例分析

### 1. 典型案例简介

#### 事件一：亚马逊招聘算法歧视女性

2018 年，亚马逊开发了一种用于招聘的人工智能算法，该算法在评估应聘者简历时，被发现对男性应聘者给予更高的评分，而对女性应聘者存在明显的歧视。这一问题源于算法训练数据中男性求职者的比例较高，导致模型学习到了这种性别偏见。

**事件二：脸书广告投放中的性别和种族歧视**

2019 年，脸书的广告投放算法被曝光存在性别和种族歧视。该算法在投放广告时，会根据用户的性别和种族进行差异化处理，导致某些广告（如高薪职位广告）更多地展示给男性用户，而较少展示给女性用户。此外，某些广告还会根据种族进行定向投放，引发社会争议。

**事件三：面部识别技术中的种族偏见**

在面部识别技术中，非白人群体的识别错误率较高。例如，一些面部识别系统在识别非洲裔和亚洲裔人群时的准确率远低于白人群体。这种偏见源于训练数据中白人面孔的比例过高，导致模型对其他种族的特征学习不足。

**事件四：信用评分模型中的经济地位歧视**

在信用评分和贷款推荐系统中，某些算法可能会因为数据中存在历史贷款偏好，而对特定经济地位的群体产生不公平的评分。例如，较低经济地位群体的历史贷款表现较差，这可能导致 AI 算法对该群体进行不公平的风险评估和贷款推荐。

### 2. 原因分析

**（1）数据偏差和算法设计缺陷。**亚马逊招聘算法歧视女性案例中，算法训练数据中男性求职者的比例较高，导致模型学习到了这种性别偏见。算法在评估简历时，对男性应聘者给予更高的评分，而对女性应聘者存在明显的歧视。因此。训练数据未能充分反映不同性别的应聘者，导致模型对女性的特征学习不足。脸书广告投放中的性别和种族歧视案例中，广告投放算法根据用户的性别和种族进行差异化处理,导致某些广告（如高薪职位广告）更多地展示给男性用户，而较少展示给女性用户。此外，某些广告还会根据种族进行定向投放。算法在处理用户数据时，未能充分考虑性别和种族的公平性，导致歧视性结果。

**（2）数据偏差和样本不足。**面部识别技术中的种族偏见案例中，面部识别系统在识别非洲裔和亚洲裔人群时的准确率远低于白人群体。这种偏见源于训练数据中白人面孔的比例过高，导致模型对其他种族的特征学习不足。根本原因是训练数据中缺乏足够多的非白人面孔样本，导致模型对这些群体的识别能力较弱。

**（3）数据偏差和历史偏见。**信用评分模型中的经济地位歧视案例中，信用评分和贷款推荐系统中，某些算法可能会因为数据中存在历史贷款偏好，而对特定经济地位的群体产生不公平的评分。例如，较低经济地位群体的历史贷款表现较差，这可能导致 AI 算法对该群体进行不公平的风险评估和贷款推荐。由于训练数据中包含历史贷款偏好，导致模型对低经济地位群体的特征学习不足，进而产生不公平的评估结果。

### 3. 社会与伦理风险分析

算法偏见可能导致社会不公平现象的加剧，损害某些群体的权益。例如，在招聘、信贷、教育等领域，弱势群体更容易受到歧视或不公正对待。其次，算法在处理个人数据时，可能会无意中泄露用户的隐私信息，导致隐私侵权。此外，算法偏见可能导致技术发展受限，无法充分发挥其潜力，甚至可能因法律风险而阻碍技术的广泛应用。在医疗、金融、司法等关键领域，算法偏见可能导致严重的伦理问题，如误诊或不公正的司法判决。

### 4. 应对措施

算法偏见与歧视的发生有时是滞后性的，避免偏见的发生需要从技术层面和社会层面进行应对。

**（1）技术层面措施。** 在训练AI系统之前，采用多样性和包容性的数据集进行训练，确保数据覆盖不同群体。确保对数据进行清洗和增强，消除数据中的偏见。然后，采用去偏见算法，在模型训练过程中减少对特定群体的歧视。利用可视化、模型简化等技术，为用户和审计机构提供决策逻辑与关键证据，增强算法的透明度。最后，在部署阶段配置安全审计与防火墙，及时发现潜在攻击与偏见。

**（2）社会层面措施。** 除了推动制定AI伦理法规并制定行业标准，加强公众教育、提升公众AI素养外，国家需要在产品立项、研发、上线的全流程引入伦理审查，评估对社会与环境的潜在影响。

《生成式人工智能服务管理暂行办法》明确要求在算法设计、训练数据选择、模型生成和优化、提供服务等过程中，采取有效措施防止产生民族、信仰、国别、地域、性别、年龄、职业、健康等歧视。《新一代人工智能伦理规范》将伦理道德融入人工智能全生命周期，提出10项可实施性较强的人工智能伦理准则，包括公平性、透明性、隐私保护等。规范强调在设计开发环节，数据集的规模、均衡性等设计不足可能导致公平性问题，数据预处理的质量问题可能导致数据标注准确率不足，进而影响公平性。2024年11月发布的《中国人工智能伦理风险白皮书》全面剖析了中国人工智能伦理风险，指出中国面临隐私泄露、偏见歧视等伦理风险，需要加强技术创新、伦理规范、监管管理和公众教育。

### 9.4.5 无人驾驶汽车事故案例分析

#### 1. 典型案例简介

**事件一：识别故障导致事故**

2018年3月18日，美国亚利桑那州一名女子被Uber自动驾驶汽车撞伤，之后不幸身亡。这是全球首例自动驾驶车辆致行人死亡的事故。事发时，尽管有一名司机坐在方向盘后面，但这辆车当时正处于自动控制模式。经调查发现，车辆系统存在识别故障，把行人误认成汽车，且制动功能被禁用。事故发生后，Uber紧急暂停了多个城市进行的所有自动驾驶汽车测试。这起事件引发公众对自动驾驶安全的担忧，2020年9月，亚利桑那州陪审团以过失杀人罪起诉当时Uber自动驾驶汽车前安全驾驶员Rafaela Vasquez。

**事件二：突然变道导致事故**

2023年9月15日，德国柏林的一个广场附近，一辆无人驾驶汽车与一辆普通汽车发生碰撞（见图9-7）。事故发生时，无人驾驶汽车在行驶过程中突然变道，与旁边的汽车发生了剐蹭。目击者称，“那无人驾驶汽车就像幽灵一样，突然出现在旁边，然后就撞了上去，还好没造成严重的后果。”

图9-7 无人驾驶汽车变道导致事故

**事件三：突然加速导致事故**

2024 年 12 月 26 日，浙江杭州的一个小区门口，一辆无人驾驶车在测试时突然加速，撞上了一辆刚驶出车位的汽车。

## 2. 原因分析

以上案例分别从技术因素、人为因素及环境因素进行原因分析。

**（1）技术故障。**在 2018 年的 Uber 自动驾驶汽车致行人死亡事故中，车辆系统存在识别故障，将行人误认成汽车，且制动功能被禁用。2023 年的德国柏林的无人驾驶汽车事故中，车辆在行驶过程中突然变道，可能是由于系统对周围环境感知不足。2024 年的浙江杭州小区门口的无人驾驶车事故，可能是由于软件漏洞或系统故障导致车辆突然加速。

**（2）人为因素。**在一些事故中，虽然车辆处于自动驾驶模式，但安全驾驶员未能及时接管车辆。例如，Uber 事故中，安全驾驶员 Rafaela Vasquez 被以过失杀人罪起诉。还有部分司机将辅助驾驶功能当作“无人驾驶”，完全放手不管，导致事故发生。

**（3）环境因素。**无人驾驶汽车在复杂路况下可能无法准确判断环境信息，导致事故。例如，德国柏林的事故中，无人驾驶汽车可能因突然出现的障碍物而发生碰撞。

## 3. 社会与伦理风险分析

**（1）责任归属不明确。**无人驾驶汽车事故的责任认定涉及多方面因素，包括技术故障、人为操作等。自动驾驶汽车事故中的责任划分复杂，涉及车辆制造商、软件开发者、车辆所有人、驾驶人等多方主体。责任归属问题需要根据人工智能的自动化程度分别适用不同的责任原则。

**（2）隐私与安全风险。**无人驾驶汽车通过传感器和网络收集大量用户数据，存在隐私泄露和网络安全风险。例如，车辆数据可能被黑客攻击，导致用户隐私信息泄露。

**（3）伦理困境。**在不可避免的碰撞情况下，无人驾驶汽车需要做出伦理选择，如电车难题。这种决策可能远离真实情境，引发伦理争议。

## 4. 应对措施

**（1）技术层面。**加强车辆的环境感知能力，确保在复杂路况下能够准确识别和处理信息。增加车辆的冗余系统，确保在关键系统故障时能够自动切换到备用系统。定期更新车辆软件，进行严格的测试和验证，确保系统稳定性和安全性。此外。采用先进的加密技术保护车辆数据，防止隐私信息泄露。建立健全的网络安全防控体系，提高车辆系统的抗攻击能力。

**（2）法律与监管层面。**制定专门的无人驾驶汽车法律法规，明确责任主体和赔偿机制。设立专门监管机构，加强对无人驾驶汽车的市场准入管理，确保车辆符合安全技术标准。最后，对无人驾驶汽车的安全驾驶员进行专业培训，确保其能够在必要时及时接管车辆。提高公众对无人驾驶汽车技术的理解和信任，避免过度依赖辅助驾驶功能。

武汉市人大常委会 2024 年 12 月 30 日公布的《武汉市智能网联汽车发展促进条例》提出，智能网联汽车在当地发生道路交通安全违法、交通事故等行为后，对于不配备驾驶人或者随车安全员的，将由车辆所有人或管理人承担相关责任。

北京市 2025 年 4 月 1 日起施行的《北京市自动驾驶汽车条例》规定，发生交通事故时驾驶人或者安全员、平台安全监控人员应当按照规定采取必要的安全处置措施，并迅速报告公安机关交通管理部门；交通事故仅造成轻微财产损失，当事人对事实及成因无争议的，也可以自行协商处理。

英国于 2024 年 5 月通过《自动驾驶汽车法案》。该法案规定，车辆由自动驾驶系统控制时，人类驾驶员无需承担事故责任，责任由“已授权的自动驾驶实体”承担。

美国的《联邦自动化车辆政策》提出“模型州政策”，要求高度自动化车辆的制造商在进行公共道路测试时，必须提供至少 500 万美元的保险、担保债券或自我保险证明，旨在保障事故发生后的赔偿问题。

从法律层面来看，又分为产品责任和交通事故责任。对于产品责任，根据《中华人民共和国民法典》相关规定，因产品缺陷导致的交通事故，生产者和销售者应承担侵权责任。意味着在自动驾驶系统因算法缺陷导致事故时，算法开发者和车辆制造商应承担相应责任。对于交通事故责任，指在自动驾驶模式下，若事故由系统故障导致，车辆所有人或管理人可先行承担赔偿责任，随后向生产者、销售者追偿。

## 小　结

本章节先通过梳理人工智能技术对人类社会的影响，介绍了人工智能伦理的相关概念、人工智能伦理存在的风险及防范措施。其次，通过介绍人工智能在数据、算法、应用及社会影响层面的伦理风险，列出人工智能伦理治理相关法律法规及相关政策。最后，本章通过人工智能伦理实际案例，帮助读者认识人工智能技术潜藏的隐患，更全面地理解人工智能时代下的伦理问题。

## 习　题

1. 谈谈人工智能时代对于个人或社会的影响。
2. 讨论人工智能技术还可能带来哪些伦理风险？请列举至少三种，并说明其可能对社会或个人产生的影响。
3. 讨论在人工智能伦理实践中，企业和开发者应承担哪些责任？请结合实际案例进行分析。
4. 随着人工智能技术的不断发展，如何确保伦理治理框架的持续更新和有效性？请提出你的建议。
5. 举出你了解的人工智能伦理例子。

# 第10章 人工智能未来发展展望

人工智能虽然已经具有普及应用的趋势，但总体来说，由于发展时间很短，目前仍然处于初级阶段。无论从算法、应用形态、工具等，均会以较快速度向纵深发展。了解未来发展趋势，有助于丰富我们的知识结构。

## 学习目标

（1）了解人工智能的来龙去脉；

（2）了解大模型的未来发展可能方向；

（3）了解小模型的未来发展可能方向。

## 思维导图

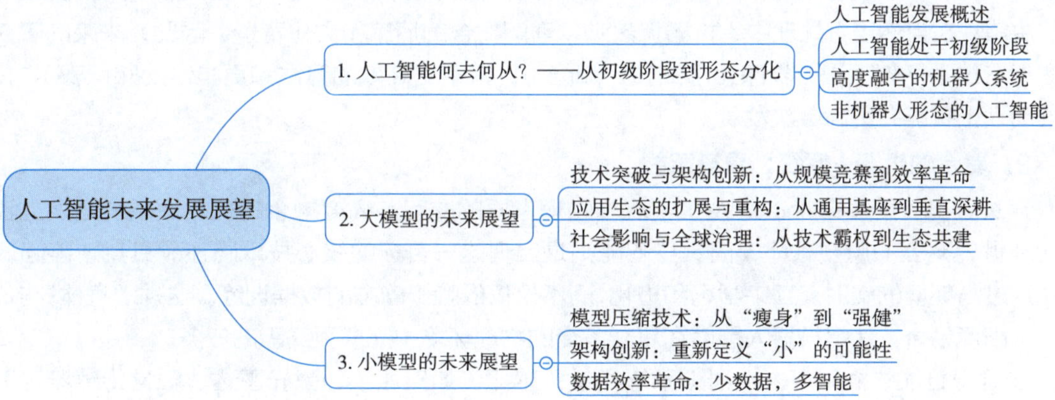


## 10.1 人工智能何去何从？——从初级阶段到形态分化

人工智能何去何从？本节从人工智能发展概述、人工智能处于初级阶段、高度融合的机器人系统、非机器人形态的人工智能等几个方面进行阐述。

### 10.1.1 人工智能发展概述

当 ChatGPT 在 2022 年末引发全球惊叹时，人们似乎看到了通用人工智能（AGI）的曙光。但深度审视便会发现，当前 AI 系统仍受限于场景碎片化（如围棋 AI 不会写诗）、物理交互缺失（语言模型无法操控机械臂）、逻辑推理薄弱（无法解决复杂数学证明）等根本性缺陷。这昭示着人工智能仍处于初级阶段，其未来发展将呈现三条显著分化路径：

#### 1. 初级阶段突破

在现有技术框架下深化感知与认知能力。人工智能初级阶段突破主要集中在感知能力和认知能力的深化上。感知能力是人工智能系统与外界交互的基础，涉及视觉、听觉、触觉等多模态信息的处理。近年来，计算机视觉和语音识别技术的快速发展，使得机器在图像分类、目标检测、语音转文字等任务上达到了接近甚至超越人类的水平。例如，人脸识别技术已广泛应用于安防和支付领域，而智能语音助手（如 Siri、Alexa）则成为日常生活中的重要工具。与此同时，多模态感知的融合也成为研究热点，自动驾驶系统通过整合摄像头、雷达和激光雷达的数据，实现了更精准的环境感知和决策。

就认知能力方面而言，人工智能系统正在从简单的模式识别向更高层次的理解和推理迈进。自然语言处理领域的突破尤为显著，预训练语言模型（如 BERT、GPT 系列）的出现，使得机器在文本生成、机器翻译、问答系统等任务中表现出色。然而，机器在逻辑推理和常识理解方面仍存在局限。例如，在面对复杂语境或需要跨领域知识时，往往难以给出准确的回答。为此，知识图谱等技术被引入，通过结构化的方式存储和表示知识，帮助机器更好地理解上下文和背景信息。例如，在医疗领域，知识图谱可以帮助 AI 系统更准确地分析疾病与症状之间的关系，从而辅助医生做出诊断。

尽管感知和认知能力已取得显著进展，但人工智能系统在复杂场景下的表现仍远未达到人类的水平。例如，在自动驾驶中，机器在面对突发情况或极端天气时，往往难以做出快速而准确的决策；在自然语言处理中，机器仍然难以理解隐含的情感和文化背景。因此，未来的研究需要在现有技术框架下进一步深化感知与认知能力，探索更高效的算法和更丰富的知识表示方法，以推动人工智能向更高层次发展。

#### 2. 融合的机器人系统：具身智能

通过具身智能（embodied AI）实现与物理世界的交互。高度融合的机器人系统是人工智能与物理世界交互的重要载体，而具身智能则是实现这一目标的核心技术路径。具身智能强调智能体通过与环境的实时交互来学习和进化，而不仅仅依赖于静态的数据训练。这种“身体”与“智能”的高度融合，使得机器人能够在复杂多变的物理环境中完成更高级的任务。

在具身智能的框架下，机器人系统通过传感器（如摄像头、激光雷达、触觉传感器等）实时感知周围环境，并结合深度学习、强化学习等技术，动态调整自身行为。例如，在家庭服务机器人中，机器人需要识别家具的位置、避开障碍物，并准确地抓取和移动物品。这些任务不仅需要强大的感知能力，还需要高效的决策和执行能力。通过具身智能，机器人可以在与环境的交互中不断优化自己的行为策略，从而逐步适应多样化的场景。

然而，实现高度融合的机器人系统仍面临诸多挑战。首先，物理环境的复杂性和不确定性对机器人的感知和决策能力提出了极高的要求。例如，在动态环境中，机器人需要快速识别移动的物体并预测其轨迹，这对算法的实时性和准确性提出了巨大挑战。其次，机器人的机械结构和控制系统需要与智能算法高度协同，以实现精准的动作执行。这需要跨学科的合作，结合机械工程、电子工程和计算机科学的最新成果。

### 3. 非机器人形态的人工智能

以纯数字形态渗透社会运行（如算法治理、虚拟助手）。非机器人形态的人工智能以纯数字化的形式深度融入社会运行的各个层面，成为现代社会不可或缺的一部分。这种形态的人工智能不依赖物理实体，而是通过算法、数据和计算能力在虚拟空间中发挥作用，其影响力已渗透到日常生活、经济活动和公共治理等多个领域。

在日常生活方面，虚拟助手是纯数字形态人工智能的典型代表。无论是智能手机中的语音助手（如 Siri、Google Assistant），还是智能家居中的语音控制系统，这些虚拟助手通过自然语言处理和机器学习技术，能够理解用户的需求并提供个性化的服务。它们可以帮助用户管理日程、查询信息、控制家电，甚至进行简单的对话交流，极大地提升了生活的便利性。

在经济活动领域，人工智能通过算法推荐系统深刻改变了商业模式的运行逻辑。例如，电商平台利用推荐算法分析用户的浏览和购买行为，精准推送商品信息；流媒体平台通过内容推荐算法为用户定制个性化的娱乐体验。这些算法不仅提高了商业效率，也重塑了消费者的行为模式。

在公共治理方面，算法治理正在成为政府和社会组织的重要工具。例如，人工智能被用于城市交通管理，通过实时分析交通流量数据，优化信号灯控制，缓解交通拥堵；在公共安全领域，人工智能通过分析监控视频和社交媒体数据，帮助预测和防范潜在的安全威胁。然而，算法治理也面临透明性和公平性的挑战，如何避免算法偏见和确保公众信任，是推广算法治理必须解决的问题。

非机器人形态的人工智能虽然无形，但其影响力却无处不在。它通过数据的力量重新定义了社会运行的规则，同时也带来了新的伦理和社会问题。未来，随着技术的进一步发展，如何在推动人工智能应用的同时，确保其透明、公平和可控，将成为社会共同面对的课题。

## 10.1.2　人工智能处于初级阶段

### 1. 技术瓶颈：从“狭义智能”到“广义智能”的鸿沟

#### 1）现有技术框架的局限性

当前 AI 系统均属于狭义人工智能（narrow AI），其能力边界可通过表 10-1 进行比较。

表 10-1　狭义人工智能与人类智能的对比

| 能力维度 | 人类水平 | 当前 AI 最高水平 | 典型案例 |
|---|---|---|---|
| 图像识别 | 跨场景泛化识别 | ImageNet 准确率 90.8% | Google Vision AI |
| 自然语言理解 | 隐喻与情感解析 | GLUE 基准测试 90.1 分 | GPT-4 |
| 运动控制 | 全身协调复杂动作 | Atlas 机器人跑酷成功率 72% | 波士顿动力 Atlas |
| 逻辑推理 | 非确定性复杂推理 | 数学定理证明 15% 覆盖率 | AlphaGeometry |
| 跨模态联想 | 通感式创造性联想 | 文生图合理率 68% | Stable Diffusion 3 |

AI 在感知层（图像、语音）已接近人类水平，但在认知层（推理、创造）仍存在显著差距，

如图 10-1 所示。

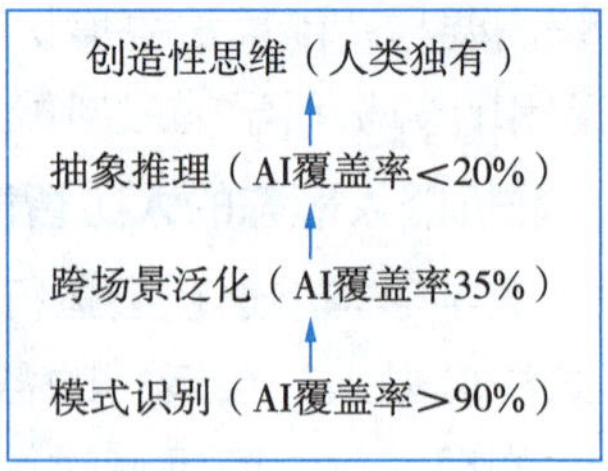


图 10-1　AI 能力层级金字塔

### 2）数据依赖性与小样本学习困境

现有 AI 多数高度依赖大数据训练，在小样本场景下表现往往不够理想。然而，近年来元学习等新兴技术正在尝试突破这一局限，并取得了一定成果，但仍面临诸多挑战，整体而言小样本场景仍是 AI 发展的难点之一。以医疗影像诊断为案例，见表 10-2。

表 10-2　小样本场景下性能显著下降

| 训练数据量 | 肺炎检测准确率 | 所需计算资源（TFLOPS） |
|---|---|---|
| 10 000 例 | 94.2% | 320 |
| 1 000 例 | 82.1% | 280 |
| 100 例 | 61.3% | 需迁移学习 + 数据增强 |

为了突破这一瓶颈缺陷，一些新兴技术也被开发利用，其中的代表性尝试包括：

**（1）元学习**（meta-learning）**:** DeepMind 的“学习如何学习”框架。该框架通过记忆增强神经网络（memory-augmented neural networks, MANN），使模型能够在少量样本下快速提取任务特征并泛化到新场景。例如，在字符分类任务中，模型仅需少量示例即可达到较高准确率。元学习的核心思想是通过大量相关任务的训练，让模型掌握通用的学习策略，从而在小样本场景中表现出色。这一技术为医疗诊断、机器人控制等数据稀缺领域提供了新的解决方案。

合成数据生成: NVIDIA Clara 使用 GANs 生成病理切片图像（精度误差 <3 μm）。NVIDIA Clara 平台利用生成对抗网络生成高精度的病理切片图像，其精度误差小于 3 微米（μm），几乎与真实图像无异。这种方法在医疗领域尤为重要，因为获取大量标注的医学影像既昂贵又耗时。通过合成数据，AI 模型可以在多样化的虚拟样本上进行训练，从而提高泛化能力和诊断准确性。例如，在癌症检测中，合成数据帮助模型更好地识别罕见病变，减少对真实数据的依赖。合成数据生成不仅解决了数据稀缺问题，还为隐私保护和数据安全提供了新的可能性。

**（2）神经符号 AI**（neuro-symbolic AI）**系统:** 通过结合神经网络与符号推理，正在成为 AI 研究中的一个重要方向。IBM 的神经符号 AI 系统通过融合神经网络的学习能力与知识图谱的推理能力，能够在复杂任务中有效减少对大量标注数据的依赖。特别是在医疗领域，IBM 研究人员展示了该技术在儿科诊断中的潜力，成功将所需的训练数据量减少了 80%（IBM Research, 2023）。这一突破不仅提高了诊断效率，还减少了数据标注的成本，尤其是在小样本和低资源的环境中，神经符号系统表现出强大的优势。通过这种结合，neurosymbolic AI 能够更好地处理多模态数据和复杂推理任务，推动医疗人工智能向更高效、更智能的方向发展。

## 2. 应用边界：从实验室到现实场景的落地挑战

### 1）工业场景的“最后一公里”问题

“最后一公里”问题在工业场景中主要指的是从技术研发和试点应用到大规模实际部署和普及的困难。在许多前沿技术（如人工智能、物联网、5G 等）中，尽管研发取得了突破性的进展，且在实验环境中表现良好，但在实际工业环境中却面临一系列挑战。这些挑战包括但不限于生产设施的复杂性、数据获取的困难、不同设备和系统之间的兼容性问题以及技术人员的培训需求。具体来说，工业现场的设备种类繁多、系统结构复杂，导致技术在与现有基础设施的融合过程中可能会遭遇较大的适配难题。此外，数据的获取和处理也是“最后一公里”问题中的关键难点。许多生产线的设备可能无法实时收集高质量的数据，或其数据格式、协议不统一，导致数据难以有效共享和利用。再者，工人对于新技术的接受度和操作能力也影响着技术的推广和普及。对于许多企业来说，在短时间内对员工进行全面的技能提升与技术培训是一项巨大的投入和挑战。因此，克服“最后一公里”问题需要从技术创新、系统集成、数据标准化、培训体系等多个层面综合发力，推动技术能够真正落地，提升整体生产效率与竞争力。

#### 2）长尾效应与场景碎片化

在自动驾驶领域，虽然 Waymo 在凤凰城的测试里程突破 2 000 万英里，但面对极端天气、突发路况等长尾问题仍显乏力，见表 10-3。

表 10-3　人类与 AI 在应对突发情况或极端天气的处理成功率对比

| 场景类型 | 发生频率 | AI 处理成功率 | 人类司机成功率 |
| --- | --- | --- | --- |
| 暴雨中识别信号灯 | 0.02% | 63% | 92% |
| 道路临时改道 | 0.15% | 71% | 89% |
| 动物突然闯入 | 0.008% | 54% | 85% |

### 3. 自主性局限：从“工具”到“伙伴”的进化障碍

#### 1）意图理解与价值对齐难题

现有 AI 系统无法真正理解人类意图，导致价值偏差案例频发，例如：

伦理困境：2016 年，微软推出了 Tay 聊天机器人，旨在通过与用户互动学习并逐步改进其语言能力。然而，Tay 的上线很快暴露了一个严重的伦理问题——它在短时间内被用户恶意引导，发表了种族主义、性别歧视等不当言论。由于 Tay 的学习系统依赖于用户输入的对话数据来改进其响应，当一些用户故意向其输入恶意言论时，机器人便开始模仿这些内容，迅速偏离了预期的文明对话框架。微软因此被迫在上线不到 24 小时后下线了 Tay，并公开道歉。这一事件凸显了人工智能系统在伦理方面的巨大挑战。虽然 Tay 的设计目的是让机器人通过社交互动学习，但这一学习过程没有有效地防护机制来识别和排除有害的内容。这种缺乏有效监管的学习模式容易被恶意用户操控，进而带来不良后果。Tay 事件引发了关于 AI 伦理、机器学习模型训练、数据安全和用户责任等一系列深刻的讨论。如何在技术创新的同时，确保人工智能系统遵循道德规范、避免被滥用，成为亟待解决的问题。

目标曲解：在 2017 年，ProPublica 的一项调查揭示了 Facebook 广告推荐算法中的一个令人震惊的伦理问题：平台的广告系统将“轮椅”与“葬礼服务”进行关联。这一事件引发了广泛关注，并揭示了算法在目标推荐时可能带来的严重误导和潜在危害。调查表明，Facebook 的广告系统通过分析用户的兴趣和行为，自动生成广告目标群体，然而该算法并未能够准确理解“轮椅”这一关键词的真正含义，导致其错误地将轮椅用户群体与葬礼相关广告匹配。这一现象背后反映出算法在处理敏感话题时的局限性。尽管广告算法通过用户数据提供个性化推荐，但缺乏对上下文和情感的深刻理解，容易产生目标曲解。对于轮椅这一物理设备，算法错误地将其与死亡和葬礼服务联系在一起，忽视了用户的实际需求和情感背景。

为了解决 AI 系统价值对齐（value alignment）难的问题，学术界提出了以下的解决方案：

逆向强化学习。逆向强化学习（inverse reinforcement learning, IRL）是一种通过观察人类行为推断其潜在价值观和目标的技术。Hadfield-Menell 等人在 2017 年提出的研究中，展示了如何通过观察人类的决策过程，推测其内在的奖励函数，进而理解其价值观。IRL 在强化学习中尤为重要，因为它能够在缺乏明确奖励信号的情况下，帮助 AI 系统从人类行为中学习并模仿人类的决策方式，解决复杂的价值对齐问题。

宪法 AI。“宪法 AI”是 Anthropic 公司提出的一种方法，旨在通过设定伦理规则来约束 AI 模型的输出。这些规则类似于“宪法”，确保 AI 行为符合社会伦理和法律标准。举例来说，规则可能包括“不得协助犯罪”或“不得发布有害信息”。这种做法旨在增强 AI 系统的安全性和可控性，避免模型产生不当或有害的行为，同时确保其输出符合道德和法律规范，推动 AI 技术朝着更加可靠和负责任的方向发展。

可解释性增强。MIT 团队在 2018 年提出了 TCAV（testing with concept activation vectors）技术，旨在增强神经网络的可解释性。TCAV 通过引入“概念激活向量”，帮助可视化和理解神经网络如何根据特定的概念做出决策。该方法通过衡量特定概念在网络中的影响力，揭示网络在决策过程中的关键依据。TCAV 技术为深度学习模型提供了透明度，使研究人员和用户能够更清楚地理解模型的内部工作机制，增强了 AI 系统的可信度和可控性。

#### 2）自我意识与元认知缺失

当前 AI 除意图理解与价值对齐的问题外，还存在自我意识与元认知缺失等局限性，具体如下：

自我反思能力不足：自我反思能力是人类认知智能的重要体现，但当前 AI 在这方面存在显著缺陷。它无法像人类一样对自身决策结果进行深度剖析，评估决策的置信度，并据此及时调整策略。这一关键能力的缺位，限制了 AI 在复杂多变场景中的表现及其进一步发展。

持续学习机制不完善：新知识会覆盖旧记忆导致的“灾难性遗忘”问题，仍未得到有效解决。

缺乏动机生成系统：动机生成系统是激发和维持行为的内在动力源泉。在人类活动中，既有源于内心兴趣、价值观的自发行为，也有因外部目标产生的行动；而 AI 没有内在动机，所有行为都由外部目标驱动，缺乏主动探索和创造的原动力。

### 4. 初级阶段突破路径

#### 1）混合智能架构探索

人们进行了混合智能架构探索，表 10-4 给出了神经符号系统、世界模型、分层强化学习等方面的探索索引。

表 10-4　混合智能架构

| 架构类型 | 核心思想 | 代表项目 | 突破方向 |
| --- | --- | --- | --- |
| 神经符号系统 | 神经网络 + 符号逻辑 | IBM Neurosymbolic AI | 医疗诊断可解释性提升 40% |
| 世界模型 | 构建物理规律模拟器 | DeepMind SAC-X | 机器人操作成功率提升 3 倍 |
| 分层强化学习 | 分阶段解决复杂任务 | OpenAI Dactyl | 机械手灵活度达人类 80% |

#### 2）量子计算赋能

量子神经网络（ouantum neural network, QNN）在特定任务上展现优势：2023 年，Google Quantum AI 宣布通过量子计算实现了分子模拟速度提升 1 亿倍的突破。这一进展使得模拟复杂分子和化学反应的速度大幅加快，为药物开发、材料科学等领域带来了革命性影响。量子计算能够通过量子比特的并行性和量子叠加效应，处理传统计算机无法高效解决的复杂计算问题，从而大幅提升了模拟精度和效率，为科学研究开辟了全新的前景。D-Wave 量子退火机在组合优化问题求解方面取得了显著进展，其求解时间相比经典算法缩短至 1/1000。量子退火通过利用量子力学的隧穿效应和量子叠加态，能够在复杂的解空间中快速找到最优解，尤其适用于组合优化问题，如旅行商问题、物流调度等。相比传统计算方法，D-Wave 量子计算机能够显著提升效率，推动了在金融、制药、能源等领域的应用，为大规模优化问题提供了更为高效的解决方案。

#### 5. 结语：初级阶段的机遇与责任

我们必须清醒认识到：人工智能仍处于工具智能阶段，距离真正的通用智能存在代际差距。这一认知并非对技术的贬低，而是为了更理性地规划发展路径——在突破数据依赖、增强可解释性、构建价值对齐机制等方面持续深耕。只有正视当前发展的局限性，方能稳健迈向智能时代的下一阶段。

### 10.1.3　高度融合的机器人系统

#### 1. 定义与演进：从机械臂到具身智能

##### 1）高度融合机器人系统的核心特征

高度融合的机器人系统（highly integrated robotic systems, HIRS）是指通过多模态感知、自主决策和物理交互的深度集成，实现与动态环境实时互动的智能实体。其与传统工业机器人的本质区别可通过表 10-5 对比呈现。

表 10-5　传统工业机器人与高度融合机器人系统对比

| 维度 | 传统工业机器人 | 高度融合机器人系统 |
|---|---|---|
| 感知能力 | 预设传感器（如位置编码器） | 多模态融合（视觉、触觉、力觉、声呐） |
| 环境适应性 | 结构化环境（固定工位） | 非结构化动态环境（救灾、野外） |
| 决策架构 | 预编程动作序列 | 实时在线规划与强化学习 |
| 人机交互 | 物理隔离（安全围栏） | 共融协作（柔性触觉反馈） |
| 应用场景 | 汽车装配、焊接 | 手术辅助、太空探索、家庭服务 |

##### 2）技术演进里程碑

第一代（1960—2000 年）：Unimate 机械臂（汽车工业）。Unimate 机械臂是世界上第一个工业机器人，1961 年由乔治 · 德沃尔（George Devol）和约瑟夫 · 恩格尔伯格（Joseph Engelberger）联合开发，首次应用于汽车工业。Unimate 通过自动化装配和焊接等工艺，极大提高了生产效率和精度，为汽车制造业带来了革命性的变化。它的成功应用标志着机器人技术进入工业化阶段，推动了制造业的自动化进程，并为后续机器人技术的广泛应用奠定了基础。Unimate 的诞生被视为工业机器人历史上的里程碑。

第二代（2000—2010 年）：Roomba 扫地机器人由 iRobot 公司于 2002 年推出，成为首个成功商业化的家用自动化清洁机器人。其核心技术包括有限环境导航，能够在家庭空间中自主清扫。Roomba 通过内置传感器感知周围环境，避免碰撞和跌落，并通过优化路径算法高效清洁。尽管其导航范围有限，但 Roomba 能在房间内自我调整路线，完成高效的清洁任务。该技术为智能家居市场奠定了基础，并引领了家用机器人发展的潮流。

第三代（2010 年至今）：Boston Dynamics 的 Atlas 机器人是一个高度灵活、动态平衡的机器人，专为应对复杂地形而设计。Atlas 通过先进的传感器和控制算法，能够在不平坦的地面上保持稳定并快速移动，甚至能进行跳跃、翻滚等动作。这使得它在复杂环境中表现出色，如户外运动、灾难救援和其他需要高度机动性的任务。Atlas 的动态平衡与复杂地形适应能力代表了机器人领域的技术前沿，展示了未来机器人在多变环境中的应用潜力。

未来方向：未来机器人技术的两个重要方向是软体机器人和分子机器人。软体机器人，如OctopusGripper仿生触手，借鉴章鱼的触手结构，利用柔性材料和智能控制系统，实现灵活、高效的抓取和操作能力，尤其适用于精细操作和复杂环境下的任务。分子机器人则通过DNA自组装技术构建微型机器人，能够在纳米尺度上执行任务，如精准药物递送和分子级别的诊断。两者代表了未来机器人技术的前沿，将在医疗、制造和环境等多个领域带来革命性变革。

## 2. 技术架构：感知–决策–执行的闭环突破

### 1）多模态感知融合

MIT Cheetah 3机器人通过结合IMU（惯性测量单元）、摄像头和足底力传感器，实现了在黑暗环境中的自主奔跑。2022年在IEEE/RSJ IROS大会上，研究团队展示了该机器人能够在没有视觉信息的情况下，仅依靠传感器数据完成复杂地形上的稳定跑步。足底力传感器帮助Cheetah 3感知每一步的地面接触情况，而IMU和摄像头则辅助它进行姿态调整和环境适应。该技术突破了传统依赖视觉感知的限制，展现了机器人的高度自适应能力。

### 2）实时决策与运动控制

HIRS的决策延迟需控制在毫秒级，其技术挑战可通过自动驾驶场景（见表10-6）来具体说明。

表10-6　自动驾驶对时间的需求

| 决策层级 | 时间窗口 | 典型算法 | 硬件需求 |
| --- | --- | --- | --- |
| 路径规划 | 100 ~ 500ms | AI算法、RRT | CPU多线程 |
| 避障反应 | 10 ~ 50ms | 模型预测控制（MPC） | FPGA加速 |
| 关节级控制 | 1 ~ 5ms | PID+阻抗控制 | 专用控制芯片 |

### 3）执行器革命

从刚性到仿生，例如，液压驱动：Boston Atlas的液压系统是其卓越运动能力的核心，能够提供强大的爆发力，支持其完成高难度动作。例如，Atlas可以实现高达1.5米的跳跃高度，展现了液压驱动在动力输出和精准控制方面的优势。这种爆发力不仅使其能够跨越障碍物，还能在复杂地形中保持平衡，为机器人执行救援、搬运等任务提供了重要支持。液压系统的设计使Atlas在动态环境中表现出类人的灵活性和适应性。柔性执行器：哈佛大学研发的“折纸机器人”可承重1 000倍自重。Festo仿生蝴蝶机器人（气动肌肉驱动，飞行能耗<5 W）。

## 3. 应用场景：从工业到生命科学

### 1）医疗手术机器人

医疗手术机器人，如达·芬奇手术系统（intuitive surgical）的进化路径见表10-7。

表10-7　达·芬奇手术系统的进化路径

| 代　际 | 技术突破 | 临床效果提升 |
| --- | --- | --- |
| 第一代 | 3D视觉+7自由度机械臂 | 手术精度 ±0.1mm |
| 第四代 | AI辅助组织识别 | 血管缝合时间缩短40% |
| 未来方向 | 纳米机器人靶向给药（临床试验中） | 肿瘤清除率提升至98%（小鼠实验） |

### 2）极端环境作业

一些极端环境下，人为作业存在极大的安全隐患，具体如下：

核电站检修：核电站的检修工作通常面临极端的辐射环境，这对工作人员构成极大的风险。

Toshiba 公司开发的四足机器人则专为此类环境设计，能够承受高达 1 000 Gy 的辐射剂量，而人类的致死剂量仅为 5 Gy。这一机器人采用了坚固的结构和先进的辐射防护技术，能够在放射性环境中长时间执行任务，如设备检查、清理和修复，减少了人工暴露在危险环境中的风险。机器人的高耐辐射能力和自主导航功能，使其在核电站的复杂结构中自由移动，从而提高了作业效率和安全性。Toshiba 四足机器人不仅是核电站检修的理想选择，也为其他高辐射领域（如核废料处理、太空探索等）提供了有力的技术支持。

深海勘探：深海勘探涉及极其复杂和危险的环境，水压、温度和黑暗等因素使得人类探索极具挑战性。中国“潜龙三号”是一款仿生蝠鲼机器人，其设计灵感来源于自然界的蝠鲼，能够在深海中高效执行任务。该机器人拥有 120 小时的续航能力，可以下潜到 4 500 米深的海底，极大拓宽了深海勘探的范围。“潜龙三号”配备了先进的传感器、高清摄像头和机械臂，能够采集海底数据、拍摄高分辨率图像并进行取样。它的仿生设计不仅增强了其在水中的机动性，还提高了对复杂海洋环境的适应能力。这一技术的突破，使中国在深海勘探领域取得了显著进展，为科学研究、资源开发及海洋保护等领域提供了新的解决方案。

#### 3）家庭服务机器人

家庭服务机器人主流功能、技术难点、突破案例见表 10-8。

表 10-8　家庭服务机器人功能、技术难点与突破案例

| 功　能 | 技术难点 | 突破案例 |
| --- | --- | --- |
| 物体抓取 | 非规则物体适应性 | OpenAI Dactyl（成功率 98%） |
| 情感交互 | 微表情识别 | SoftBank Pepper（15 种情绪响应） |
| 环境理解 | 动态场景语义分割 | Amazon Astro 家庭机器人 |

### 4. 伦理与技术挑战

随着人工智能和机器人技术的迅速发展，伦理与技术挑战成为不可忽视的重要议题。从伦理角度来看，AI 的决策过程往往缺乏透明性和可解释性，这可能导致不公平、偏见或隐私侵犯等问题。例如，在招聘、金融、司法等领域，算法可能无意间强化已有的社会偏见。此外，人工智能在执行任务时，若未能准确理解人类价值观，可能产生意外后果，如误导决策或危害公共安全。技术挑战方面，虽然 AI 和机器人在处理复杂任务上表现优异，但它们在面对不确定环境、情感理解和自主决策时仍显局限。例如，家庭服务机器人在老人照护时可能无法充分理解老人的情感需求，导致情感沟通不足。因此，如何确保 AI 和机器人在技术和伦理上的可靠性和安全性，依然是未来发展中的关键问题。

#### 1）人机共存的安全边界

物理安全：在工业和家庭环境中，机器人与人类的共存带来了显著的安全挑战。为了避免机器人对人类造成伤害，ISO 10218-1 标准规定了协作机器人（collaborative robot, Cobot）与人类共同工作时的运行速度须低于 0.25 m/s。该规定旨在确保当机器人与人类接触时，避免因运动速度过快而对人类造成冲击伤害。除了速度要求，标准还强调了机器人在设计和操作过程中的其他安全措施，如设置安全区域、障碍物检测和紧急停机机制。这些措施确保了机器人在工业环境或家庭服务中与人类的互动更加安全，减少潜在的事故发生。此外，随着协作机器人在生产线、老年护理和其他领域的广泛应用，相关安全标准将不断完善，以适应不断变化的技术需求和实际应用场景。

数据隐私：家庭服务机器人通过收集用户的日常活动数据，提供个性化服务和智能管理，但这也引发了数据隐私方面的严重担忧。以 iRobot 为例，其扫地机器人通过构建家庭地图和路径规划系统，记录了用户家庭的布局和活动规律。然而，这些数据若未得到有效保护或未经用户明确授权，可能会被不法分子窃取或滥用，从而泄露用户的生活习惯、隐私信息甚至安全漏洞。iRobot 的地图数据争议暴露了智能家居设备在数据隐私保护方面的薄弱环节，尤其是当这些数据存储在云端时，如何确保用户隐私得到保护成为急需解决的问题。为了防止此类隐私泄露事件，厂家需要加大对数据加密技术的投入，并确保透明的数据收集和使用政策，用户需充分知情并同意其数据的处理方式。

#### 2）就业替代与社会公平

国际劳工组织（ILO）预测：随着机器人技术和自动化的普及，国际劳工组织（ILO）预测到 2030 年，全球制造业中低技能和高重复性岗位的替代率将分别达到 19% 和 42%。低技能岗位，如装配线工人，因其任务高度重复且易于机械化，将是最容易被自动化技术取代的群体。这种转变意味着大量传统劳动力的需求将大幅减少，可能导致失业率上升，尤其是在发展中国家和低技能工人群体中。而高重复性的岗位，如机械操作员和仓储工人，亦会因为自动化技术的提升而逐步消失。这种替代效应加剧了社会的不平等，尤其是低收入群体和高龄劳动力群体的失业压力。此外，这一趋势也要求政府、企业和教育机构加大对劳动者的再培训和转型支持，以应对这种技术带来的结构性变化。

新兴岗位创造：尽管自动化和机器人技术可能导致一些传统岗位的消失，但它也为新兴职业的出现提供了机会。根据 LinkedIn 2023 年的报告，机器人维护工程师这一职业的需求预计将年增长 23%。随着机器人在各行业中的应用不断深入，尤其是在制造业、物流和医疗等领域，企业需要大量专业人才来管理和维护这些智能设备。机器人维护工程师不仅需要掌握机械工程、电子学和计算机编程等知识，还需要对复杂的人工智能和机器学习技术有所了解，以确保机器人能够在实际应用中高效运行。这一职业的崛起，表明随着技术的进步，劳动市场结构将发生根本性变化。尽管部分岗位将被机器人取代，但通过职业转型和技能提升，劳动者仍然能够适应新时代的工作需求。因此，如何促进劳动力的技能更新和职业发展，成为保障社会公平和经济稳定的重要课题。

#### 3）军用化风险

一些机器人技术被应用在军事行动中，如土耳其 Kargu-2：土耳其研发的 Kargu-2 是一款自主攻击无人机，能够在没有人为干预的情况下，识别并攻击目标。联合国在 2021 年的报告中指出，Kargu-2 曾在利比亚的战场上被实际使用，执行了自主攻击任务。该无人机通过人工智能算法在复杂环境中进行自主决策，不依赖于远程操作员的指令。这种军事技术的应用引发了关于武器自主性的深刻伦理讨论。虽然无人机能够减少人员伤亡，并提升战场效率，但其高度自动化的特性也使得决策过程失去透明性和可追溯性。自主武器系统的使用可能带来严重的风险，因为它们可能在未经过充分评估的情况下，执行致命任务，无法保证作战行为符合国际法和战争伦理。因此，Kargu-2 的使用引发了对“致命性自主武器系统”（LAWS）监管和道德约束的紧迫呼声，呼吁国际社会加强对该类技术的法律和伦理审查。

这类机器人均搭配了致命性自主武器系统（lethal autonomous weapon system, LAWS），近年来引发了广泛的伦理争议。这类武器可以在没有人为控制的情况下，自主判断并执行致命攻击，极大地挑战了传统的战争伦理和国际法。在使用这类系统时，无法确保其行为完全符合国际人道法，特别是在区分战斗人员和平民、避免过度杀伤等方面。国际社会在讨论如何规范和限制 LAWS 的使用时，面临着立法滞后的问题。尽管联合国和多个国际组织已开始进行相关讨论，但针对 LAWS 的国际法尚未得到有效制定或执行。国家间对技术的依赖和自主性需求使得立法进展缓慢，部分国家也因其军事优势而推迟或回避立法。伦理上，LAWS 的使用是否能够保证人类对战争行为的最终控制权？如果无人机决策错误，责任应该由谁承担？这些问题的答案仍然不明确，因此，迫切需要国际社会加强对致命性自主武器系统的法律监管和道德审查。

### 5. 未来突破方向

#### 1）类生命材料与能源系统

自愈材料：自愈材料是仿生学的重要研究方向之一，旨在模仿自然界中生物自我修复的能力。英国布里斯托大学研发的“机器人皮肤”就是一种自愈材料，能够在遭受物理损伤后，自动修复并恢复功能。该材料利用了特殊的聚合物和电子技术，在受到切割或损伤后，通过内部化学反应实现自我修复。研究人员表示，机器人皮肤能够在 24 小时内完成损伤修复，且修复效果接近原始状态。这项技术不仅对机器人领域具有重大意义，还在智能穿戴设备、航空航天和医学材料中展现了广阔的应用前景。自愈材料的出现将极大提升机器人的耐用性和自主性，减少人工干预，降低维修成本。此外，随着材料科技的进步，这些自愈材料可能会具备更高的修复速度和更加多样化的修复能力，为未来智能设备的长期稳定运行提供更强的保障。

仿生供能：仿生供能系统通过模拟自然界的能源转化过程，尝试开发出高效的可再生能源技术。加州理工学院的研究人员在“人工叶绿体”系统方面取得了突破性进展，该系统模拟了植物通过光合作用将光能转化为化学能的过程。通过人工合成的光合反应堆，该系统能够利用阳光将水和二氧化碳转化为有机化学物质，类似于植物的光合作用。最令人瞩目的是，该系统的光能 - 化学能转换效率已达到 12%，这是目前人工光合作用技术的领先水平。这项技术有望为未来的可再生能源提供一种高效、环保的替代方案。与传统的太阳能发电方式不同，人工叶绿体系统能够直接将光能转化为有用的化学能源，存储和运输更加方便。未来，随着技术的进一步优化，这一仿生供能系统可能会在清洁能源领域发挥重要作用，尤其是在提高能源转换效率和实现能源的长期存储方面，具有广泛的应用前景。

#### 2）群体智能与协同架构

群体智能与协同架构举例见表 10-9。

表 10-9　群体智能与协同架构举例

| 项目 | 机器人数量 | 协同算法 | 应用场景 |
|---|---|---|---|
| ETH Zurich 蜂群 | 50 | 区块链式任务分配 | 建筑 3D 打印 |
| NASA SWARM | 100+ | 仿蚁群优化 | 外星基地建设 |

#### 3）脑机接口融合

控制范式：脑机接口（brain-computer interface, BCI）技术的迅猛发展正在开创人机交互的新纪元。Neuralink，作为埃隆・马斯克旗下的公司，突破性地实现了通过猴子的脑电波控制游戏操作的实验。猴子通过植入在大脑中的微电极，能够直接通过脑电波与计算机进行互动，成功地玩起了经典的 *Pong* 游戏。更令人惊讶的是，实验中，脑电波的延迟仅为 50 毫秒以内，展示了 BCI 技术在实时控制上的强大潜力。通过神经信号解码，猴子能够控制屏幕上的“球拍”以击打飞来的“球”。这一实验不仅标志着脑机接口在医疗康复、残疾人辅助设备等领域的巨大应用前景，还可能引领未来人类与计算机之间的交互方式的变革，从而开启新的技术革命。随着技术的进一步优化，未来可能实现更低延迟的实时控制，拓展更多应用场景，如增强现实、虚拟现实以及高精度控制系统。

反馈机制：触觉反馈义肢的研发为失去四肢的患者带来了新的希望。美国国防高级研究计划局（DARPA）推出的触觉反馈义肢技术，不仅可以提供运动控制，还能通过高级传感器和刺激装置将真实的触觉感受反馈给用户。该义肢的触觉分辨率达到了 20 点 /$cm^2$，相当于人类手指的灵敏度，能够精确传递物体形状、质感和温度等细节信息。这一技术突破使得使用者能够在操控义肢时，感知到触摸和抓握物体时的细微变化，极大地提升了义肢的使用体验与舒适度。通过实时的触觉反馈，用户可以更自然地与物品进行互动，增强了生活中的自主性和安全性。DARPA 的这一创新不仅帮助义肢用户恢复部分感知功能，还为脑机接口技术的进一步发展提供了宝贵的经验和数据，未来可能会在更多的神经 - 机械融合应用中发挥关键作用。

#### 6. 结语：重塑物理世界的智能革命

高度融合的机器人系统正在突破传统自动化的边界，将智能从数字世界延伸至物理空间的每个角落。这一进程不仅需要攻克感知 - 决策 - 执行的技术闭环，更需构建人机共生的伦理框架。当机器人走出工厂围栏，进入医院、家庭甚至战场时，人类必须回答一个根本性问题：我们期待怎样的智能伙伴？答案将决定这场革命的最终形态。

### 10.1.4 非机器人形态的人工智能

#### 1. 定义与分类：无形智能的渗透模式

无形智能的渗透模式指的是智能技术在日常生活和各行各业中的深度融合，通常表现为智能系统在不显现其存在的情况下，持续为各类场景提供支持和优化。与传统的显性智能设备不同，无形智能通过隐性方式影响决策和操作。例如，通过智能传感器、机器学习算法和数据分析等手段提升效率和准确性。这些智能系统往往嵌入到基础设施、生产过程和生活场景中，以自动化、优化和智能化的形式运作。无形智能的渗透模式可以分为以下几类：首先是感知层面的渗透，主要通过传感器收集数据进行实时分析；其次是认知层面的渗透，通过深度学习等技术进行预测和决策；最后是行动层面的渗透，智能系统根据分析结果采取相应的行动或优化建议。这种渗透模式的优势在于其高效性和不显眼性，使得智能技术能够在无形中提升社会运作的各个方面。

##### 1）非机器人形态 AI 的核心特征

非机器人形态人工智能（non-embodied AI）是指不依赖物理载体、以纯数字或算法形式存在的智能系统，其本质是通过数据流动与算力网络实现社会功能的深度重构。其与传统 AI 的差异可通过表对比呈现，见表 10-10。

表 10-10　非机器人形态 AI 与机器人形态 AI 的比较

| 维度 | 机器人形态 AI | 非机器人形态 AI |
|---|---|---|
| 存在形式 | 物理实体（机械结构） | 软件 / 算法 / 数字孪生 |
| 交互方式 | 物理动作（抓取、移动） | 数据接口（API、网络协议） |
| 部署场景 | 工厂、家庭、户外 | 云计算平台、区块链、虚拟空间 |
| 典型应用 | 工业机械臂、服务机器人 | 推荐系统、虚拟助手、算法治理 |

2）主要分支与技术谱系

非机器人形态 AI 的主要分支与技术谱系，如图 10-2 所示。

算法治理（城市大脑、司法量型）

↗

基础层：云计算 → 平台层：AIaaS → 应用层

↘

数字孪生（工厂仿真、气候预测）

图 10-2　非机器人形态 AI 技术树

其主要代表性系统如下：

群体智能。蚂蚁集团的“蚁盾”风险识别系统是群体智能应用的代表之一。通过将机器学习和大数据技术结合，蚁盾系统能够分析海量交易数据并及时识别出潜在的金融风险。它通过模拟蚂蚁社会中的群体行为模式，以实现对整个网络的全面监控与预警。该系统目前已能够链接 10 亿级节点，覆盖数以亿计的用户和交易行为，具备强大的实时处理能力和精准的风险识别功能。在运行过程中，蚁盾系统会自动收集和分析用户行为模式，从而识别出异常活动或潜在的欺诈行为。此外，蚁盾还能够通过不断学习和优化，提升对新型风险的识别能力。此系统不仅为蚂蚁集团提供了高效的风险防控手段，还在全球范围内推动了金融科技领域的群体智能研究和应用，成为金融行业中的重要创新工具。

生成式 AI。OpenAI 的 Codex 是生成式 AI 技术在编程领域的一个重要突破。Codex 能够理解自然语言并自动生成相应的计算机代码，这为程序员提供了强大的辅助工具。根据 OpenAI 的报告，Codex 的代码生成准确率达到 72.3%，证明了其在生成实际可用代码方面的高效性。通过训练在大量的开源代码库和编程文档上，Codex 掌握了各种编程语言的语法和逻辑，并能够从自然语言描述中生成对应的代码。它不仅可以生成简单的函数，还能完成更复杂的代码块，甚至能根据需求对现有代码进行优化。对于程序员而言，Codex 不仅提高了开发效率，还能够帮助新手理解编程结构和语法规则。随着技术的进步，Codex 有望继续提升其准确性和多样性，为软件开发和编程教育带来深远的影响。

决策智能。Google DeepMind 的 AlphaFold 是决策智能在生物学领域的代表性应用。AlphaFold 的主要任务是预测蛋白质的三维结构，这对于理解生命过程和开发新药具有重要意义。该系统基于深度学习技术，通过训练大量的蛋白质结构数据，成功预测出复杂的蛋白质结构。AlphaFold 的突破性成果在于其高精度，能够将预测误差控制在 1Å 以下（1Å=0.1 nm），远超传统的预测方法和现有技术。蛋白质结构预测对于药物研发、疾病诊断等方面至关重要，因为蛋白质的形态直接决定其功能。AlphaFold 的成功预测为生物医药领域带来了革命性的变化，它能够加速新药的研发过程，降低成本，提升治疗效果。该系统的成功也证明了深度学习在解决复杂决策问题中的潜力，展示了人工智能在生命科学领域的巨大前景。

## 2. 核心技术：数据流动与分布式智能

### 1）生成式 AI 的技术突破

生成式 AI 已从单一模态向多模态协同进化，如图 10-3 所示。

2018：文本生成（GPT-2）→ 2021：文生图（DALL · E）

↓

2023：视频生成（Runway Gen-2）→ 2025+：多模态科学发现（预测性生成）

图 10-3　生成式 AI 能力演进

一些生成式 AI 的性能对比（以文本生成为例），见表 10-11。

表 10-11　性能对比（以文本生成为例）

| 模型 | 参数量 | 训练数据量 | 困惑度（Perplexity） |
|---|---|---|---|
| GPT-3 | 175 B | 570 GB | 16.8 |
| PaLM 2 | 340 B | 780 GB | 14.2 |
| Anthropic Claude | 520 B | 1.2 TB | 12.6 |

#### 2）联邦学习与隐私计算

为解决数据孤岛问题，非机器人 AI 依赖联邦学习、安全多方计算、差分隐私等方法优化数据通信策略，以下为三者技术对比，见表 10-12。

表 10-12　解决数据孤岛问题的不同技术方案对比

| 技术 | 数据保留位置 | 通信成本 | 典型场景 |
|---|---|---|---|
| 联邦学习 | 本地 | 高 | 医疗联合诊断（如 Owkin） |
| 安全多方计算 | 第三方 | 中 | 金融反欺诈（微众银行） |
| 差分隐私 | 中心化 | 低 | 人口普查数据发布 |

以下是两个使用联邦学习解决数据孤岛问题的典型案例：

谷歌 Health 通过联邦学习技术实现了医疗数据的安全共享与合作研究，成功提升了肝癌检测的准确性。该系统连接了 300 家医院，通过在各个医院本地训练模型，确保数据隐私的同时，汇总多方经验，提高了模型的泛化能力和预测精度。联邦学习是一种分布式机器学习方法，它允许多个参与方在本地进行数据训练，而无须共享原始数据，这样既保护了患者隐私，又增强了模型的学习效果。在肝癌检测方面，谷歌 Health 的联邦学习系统成功地提升了 9% 的准确率，极大地增强了早期诊断的可靠性。这一技术突破不仅为医疗领域带来了更高效的诊断工具，也推动了数据隐私保护与跨医院合作的解决方案。随着联邦学习技术的不断发展，未来可能在更多疾病的诊断和治疗中发挥重要作用，促进全球医疗水平的提升。

深圳市政府推出的“鹏城联邦链”是一个基于区块链技术的跨部门数据共享平台，旨在提升政府部门之间的信息流通效率与透明度。通过使用区块链和联邦学习技术，鹏城联邦链确保了数据的安全性和不可篡改性，同时促进了各个政府部门之间的信息共享。该平台实现了多个政府部门之间的无缝对接，使得数据能够跨部门流动，避免了信息孤岛的出现，并提高了审批效率。根据 IDC 的 2023 年报告，鹏城联邦链实施后，政府的审批效率提升了 40%。这一进展不仅加速了政务服务的数字化进程，还使得公众在办理各种事务时，能够享受到更加便捷和高效的服务。鹏城联邦链的成功案例展示了区块链技术在公共管理和政府创新中的巨大潜力，并为其他城市或国家提供了数字化转型的范本。

### 3. 应用场景：从虚拟助手到社会治理

#### 1）经济系统的算法重构

文艺复兴科技（Renaissance Technologies）是全球最成功的量化投资公司之一，其高频交易系统广泛应用人工智能和机器学习技术，实现了高度自动化的交易决策。该公司通过深度学习算法和复杂的统计模型，对大量市场数据进行实时分析，以识别潜在的交易机会和市场趋势。根据 2022 年年报，Renaissance Technologies 的 AI 系统贡献了约 85% 的交易决策，使得其量化基金的年化收益率达到了惊人的 66%。这一成就展示了 AI 在金融市场中的巨大潜力，尤其是在高频交易领域，能够以极高的速度和精度完成交易，从而在瞬息万变的市场中获取竞争优势。AI 系统通过不断学习和优化，能够有效捕捉微小的市场波动，执行快速反应的交易决策。这种算法驱动的交易方式不仅改变了金融市场的运作模式，还为其他金融机构在使用 AI 进行资产管理和风险控制方面提供了重要参考。随着技术的不断进步，预计 AI 将在金融领域发挥越来越重要的作用。

全球供应链 AI 应用效果见表 10-13。

表 10-13　供应链 AI 优化

| 企业 | AI 应用领域 | 效益提升 |
|---|---|---|
| 亚马逊 | 库存预测 | 仓储成本降低 20% |
| 特斯拉 | 零部件调度 | 交付周期缩短 15 天 |
| 雀巢 | 需求预测 | 滞销品减少 32% |

### 2）社会治理的智能升级

人工智能及大数据技术也越来越多地被应用在社会治理中，如司法量刑、城市管理、疾病防控管理，具体案例如下：

美国的 COMPAS 系统是一种广泛应用于司法领域的人工智能工具，用于评估被告的再犯风险，从而帮助法官在量刑过程中做出决策。该系统覆盖了约 40% 的美国法院，并在许多案件中提供了风险评估报告。然而，ProPublica 的调查发现，COMPAS 系统存在明显的种族偏差，特别是在对黑人被告的评估中，误判率高出白人被告的 2.5 倍。这一问题引发了广泛的伦理和公正性讨论。虽然该系统能够有效地处理大量数据并帮助提高司法效率，但它的偏差却可能加剧社会不平等。因此，如何确保 AI 系统在司法应用中的公平性和透明性，避免算法偏见，成为一个亟待解决的挑战。此事件突显了在使用 AI 进行社会治理时，必须对算法进行严格的审查和不断优化，确保其决策过程符合法律和道德的标准。

中国“206 系统”是由最高人民法院推出的一种刑事案件辅助审判系统，旨在通过大数据分析和人工智能技术，辅助法官做出更加精准的刑事判决。该系统通过分析大量历史案例、法律条文及社会因素，结合机器学习算法，为法官提供量刑建议，帮助提升司法效率和公正性。与传统的人工审判方式相比，AI 系统能够快速处理海量信息，减少人为偏差，避免由于疲劳或情绪波动导致的错误判断。此外，AI 系统还能够对判决的合理性进行评估，确保每一个判决都具有较强的法理支持。尽管如此，该系统仍然面临着如何在保证透明度和避免算法偏见的前提下继续优化的问题，确保每一位被告都能得到公正对待。

杭州的“城市大脑”是一个基于人工智能和大数据技术的智慧城市管理平台，旨在通过智能化手段提升城市的管理效率。该平台通过实时收集交通、环境、公共服务等数据，并利用机器学习算法进行分析和预测，从而为城市管理提供智能决策支持。具体到交通管理方面，“城市大脑”已经实现了交通拥堵指数下降 15% 的成果。通过智能调度和实时优化，平台可以根据交通流量和事故状况动态调整信号灯周期，缓解交通压力。此外，城市大脑还在应急响应方面取得了显著进展，通过精确预测可能发生的紧急事件，响应时间得到了提升，提速了 30%。这一成果不仅有效提升了城市运营效率，也改善了居民的生活质量，为全球智慧城市的建设提供了可借鉴的经验。

新加坡 VIRTUS 平台（Virus Outbreak Response and Tracking Unified System）是一个用于疫情传播模拟和管理的智能系统，广泛应用于新加坡的疫情防控工作。VIRTUS 平台通过模拟病毒传播的多种可能路径，提供了精准的预测结果。该平台利用大数据、AI 和数学建模技术，在2021年成功地将疫情传播模拟的误差率控制在了7%以内。这一精确的预测能力不仅帮助政府制定了更加科学的防控策略，也使公众能够更加准确地理解疫情发展的潜在风险。此外，VIRTUS平台通过实时追踪病例和感染路径，有效提升了疫情响应速度，为防控工作提供了有力支持。其应用不仅在新加坡取得了良好的效果，也为全球疫情应对提供了可行的参考模式，展示了智能系统在公共卫生管理中的巨大潜力。

### 3）文化生产的范式变革

一些生成式AI创造的文化作品，见表10-14。

表10-14　AI创造的艺术作品

| 作品 | 生成技术 | 拍卖价格 | 伦理争议焦点 |
| --- | --- | --- | --- |
| *Edmond de Belamy* | GAN | 432 500美元 | 作者权归属 |
| 《夏语》 | 文言文GPT | 未商业化 | 传统文化解构风险 |

除了社会治理应用领域，教育也因为人工智能的发展，产生了全新的变革。

可汗学院（Khan Academy）通过AI驱动的个性化学习系统，成功实现了教育方式的革新。2023年，MIT实验报告显示，可汗学院的AI导师系统覆盖了数学知识点的98%，能够根据学生的学习进度和理解能力自动调整教学内容和难度，从而为每个学生提供量身定制的学习体验。该系统的AI导师通过实时反馈和动态评估，帮助学生在掌握数学概念和技能的过程中逐步积累信心和能力。根据报告的数据，学生在参与AI导师辅导后的测试成绩提升了22%。这一成果凸显了AI在教育领域的巨大潜力，尤其在数学这类基础学科的教学中，能够有效提升学习效果，弥补传统课堂教学的不足。此外，AI导师系统的实施还减轻了教师的负担，使其能够将更多时间和精力投入到个别辅导和学生指导中，为教育公平和质量的提升提供了创新解决方案。

中国的“AI孔子”项目是一项融合人工智能技术与传统文化的创新计划，旨在通过AI复原古代孔子等文化名人的对话和教育模式，以促进传统文化的现代传播。该项目通过对大量儒家经典文献和历史资料的学习，构建了一个能够模拟孔子思维和教育方式的智能系统，使其能够与用户进行真实的对话，解答历史文化相关的问题。通过AI技术的加持，这一平台成功复原了古代的对话形式，不仅能够回答传统文化相关问题，还能为用户提供个性化的文化学习体验。根据项目报告，文化传播的效率提升了5倍，这意味着更多人能够在短时间内接触到中国传统文化的精髓，特别是年轻一代通过这种创新方式加深对儒家思想的理解和认同。随着“AI孔子”项目的推广，AI技术不仅为文化传播提供了新的路径，也让传统文化在现代社会中焕发出新的生命力，成为全球文化交流的重要工具。

## 4. 风险与治理：无形之手的挑战

在无形智能快速发展的背景下，风险与治理成为不可忽视的挑战。随着人工智能、自动化系统以及数据驱动决策的广泛应用，传统的治理框架面临许多新的问题。首先，AI系统的透明性和可解释性不足，使得决策过程和结果难以理解，进而影响了公众对技术的信任。其次，算法偏见和不公正的问题，如数据不平衡或模型设计上的缺陷，可能导致社会不平等加剧。再者，隐私泄露和数据滥用的风险也愈加突出，涉及个人敏感数据的管理和保护变得至关重要。最后，无形智能的发展可能带来就业替代、产业结构调整等社会经济问题，要求政策制定者在推动技术发展的同时，兼顾社会的公平与稳定。因此，如何制定适应无形智能时代的治理机制，确保技术进步与社会利益的平衡，是当前和未来面临的重大挑战。

1）算法黑箱与偏见放大

2018 年，亚马逊的招聘 AI 系统被曝出存在性别偏见（如对女性简历降权）。该系统基于历史招聘数据来筛选候选人，但因训练数据中男性占比过高，导致性别偏见被嵌入决策模型。这导致了女性候选人尤其是在技术职位中的简历被降权，甚至被排除在外。亚马逊最终决定停用该 AI 系统，并表示将致力于开发更为公正的招聘工具。这个案例突显了算法黑箱的潜在风险，即机器学习模型往往基于历史数据进行训练，这些数据本身可能包含固有的偏见。算法的“自动化”决策虽然提高了效率，却也可能在没有足够监管的情况下加剧社会不平等。因此，算法的透明性、审计和改进是确保其公平性的关键。

2019 年，*Science* 期刊报道了一项关于美国医疗算法的研究，揭示了该算法在评估患者的医疗需求时存在种族偏见。该算法本应根据患者的健康状况为其提供合适的资源分配，但由于算法在训练时使用了与健康支出相关的数据，导致白人患者比非白人患者获得更多的医疗资源。这种偏见导致了非白人患者的健康需求被低估，严重影响了其治疗效果和医疗保障。该研究表明，医疗算法的决策机制不仅反映了数据中潜在的种族差异，还可能在无意识中加剧健康不平等。因此，如何确保医疗算法的公正性、避免偏见，是当前亟待解决的问题，尤其是在处理敏感领域时，算法应受到严格审查和监管。

为了应对算法黑箱和算法偏见问题，不同的国家，不同的公司采取了一系列的技术手段与政策措施，例如：

IBM 推出了 AIF360（AI Fairness 360）工具包，旨在检测和缓解机器学习模型中的偏差。AIF360 提供了一套丰富的算法，能够识别和量化模型中的 71 种偏差类型，帮助开发者和研究人员检测其系统在不同群体中的公平性。该工具包能够分析数据、训练过程以及模型结果，以确保 AI 系统的输出公正且无歧视。通过使用 AIF360，开发者可以对算法进行迭代优化，降低不公平结果的发生概率。此类治理工具对于推动 AI 领域的透明性和公平性至关重要，特别是在数据偏见、模型调优以及结果评估中起到了积极作用。随着 AI 技术的不断发展，像 AIF360 这样的工具将成为行业标准，促进人工智能的负责任使用。

欧盟提出了《数字服务法案》，要求互联网平台和算法系统实现“可审计性”。该法案规定，平台必须披露其算法的工作机制，尤其是在涉及用户数据处理、广告推荐等关键领域。具体来说，欧盟要求对使用自动化决策系统的平台进行更严格的审查，并确保平台能够在必要时向监管机构提供算法的审计和监控报告。这一措施旨在提高算法透明度，减少潜在的偏见和不公平，并为用户提供更多的选择权和知情权。随着《数字服务法案》的实施，欧盟期望能够在全球范围内树立起 AI 技术治理的典范，确保技术在促进社会进步的同时，不会带来新的不平等或歧视。

2）深度伪造与信息战

2023 年，乌克兰总统的深度伪造（deepfake）视频在网络上广泛传播，视频内容虚构了总统宣布国家投降的情节，引发了全球金融市场的剧烈波动。视频看似真实，迅速被广泛转发并误导了大量观众，尤其是投资者。此事件不仅在公众中引发了恐慌，还导致股市短期内出现大幅波动，特定企业的股票价格出现异常变化。虽然很快揭露了该视频的伪造性质，但它暴露了深度伪造技术对社会和金融系统的潜在威胁。深度伪造技术的进步使得虚假信息变得难以辨别，这对新闻媒体、政治以及金融市场的稳定性构成了重大挑战。为此，全球各国和监管机构纷纷加大对深度伪造内容的监管力度，推动技术和法律框架的创新，以防范此类事件的再次发生。

随着生成式人工智能技术的快速发展，我国于 2023 年 7 月发布了《生成式人工智能服务管理办法》，要求所有生成的 AI 内容必须进行明确标识。这一法律框架的出台旨在解决生成内容带来的伦理、法律和社会问题。生成式 AI 能够以令人难以察觉的方式制造出看似真实的文本、图片、音频和视频，这些内容如果未经标识，可能被误用或引发信息误导、身份冒用等问题。该办法规定，生成的内容无论是媒体报道、广告，还是社交媒体发布的内容，都应当注明其由人工智能生成。此举不仅增强了信息的透明度和可信度，也有助于提升公众对生成式 AI 技术的信任。此政策为 AI 技术的合法使用设定了规范，推动了技术发展的同时，也加强了对社会安全和公众利益的保护。

虽然 AI 技术诱发了深度伪造的产生，但是相对的 AI 技术也可以被用于伪造内容的检测，表 10-15 列出了一些典型的 AI 检测技术。

表 10-15　AI 检测技术

| 检测技术 | 准确率 | 处理速度 | 代表机构 |
|---|---|---|---|
| 数字水印 | 82% | 实时 | Adobe CAI |
| 生理信号分析 | 93% | 延迟 <1 s | 清华大学 DeepReal |
| 区块链存证 | 100% | 高延迟 | 蚂蚁链 |

### 3）算力霸权与能源危机

不同模型与人脑的能耗数据对比见表 10-16。

表 10-16　模型能耗数据对比

| 模　型 | 训练能耗（MW · h） | 碳排放（吨 $CO_2$） | 等效汽车行驶里程 |
|---|---|---|---|
| GPT-3 | 1,287 | 552 | 120 万公里 |
| BLOOM | 433 | 186 | 40 万公里 |
| 人类大脑（年） | 0.02 | 0.008 | 1.7 公里 |

随着 AI 模型规模指数级膨胀，训练与推理所需的计算资源激增，头部科技企业通过垄断高端芯片和超算中心构建技术壁垒，导致算力分配严重失衡。这种算力集中化不仅加剧数字鸿沟，更引发严峻的能源问题——大型数据中心年均耗电量已超中等国家总用电量，碳排放量持续攀升。当前生成式 AI 单次查询能耗是传统搜索的百倍，若维持现有技术路径，2030 年全球 AI 能耗或将占电力供给的 10%。破解困局需多维度革新：算法优化降低算力依赖、量子计算突破物理瓶颈、绿色能源替代传统供电，同时建立全球算力资源共享机制，在技术创新与可持续发展间寻找平衡点。

## 5. 未来趋势：从工具到生态

随着人工智能和智能技术的不断发展，未来的趋势将从单一的工具应用向更为复杂的生态系统转变。当前，AI 主要作为辅助工具应用于各行各业，但随着技术的进步，它将逐步融入更广泛的社会和经济系统，形成完整的生态环境。例如，AI 不仅能优化企业运营，还将深度参与到决策制定、资源分配等复杂任务中。此外，随着物联网、大数据、5G 等技术的普及，AI 将与各种智能设备和系统实现更加紧密的融合，形成跨领域的协同网络。未来的 AI 生态将更加注重多方协作，技术发展不仅依赖于单个领域的创新，还需要跨行业的合作与整合。随着算法的不断优化，AI 将具备更强的自主学习与适应能力，从而在更多领域创造新的价值。因此，AI 生态的构建将推动社会从传统的工具驱动向智能驱动的全面转型。

### 1）自主智能体（agent）的崛起

自主智能体技术架构如图 10-4 所示。

感知层（多源数据输入）→ 认知层（LLM+知识图谱）→ 决策层（强化学习）→ 执行层（API调用）

图 10-4　自主智能体技术架构

下面是自主智能体的一些典型案例：

AutoGPT 是一款基于大语言模型的自动化工具，它能够理解并执行复杂的用户指令，例如“策划东京旅行”。用户只需简要提供任务目标，AutoGPT 便能自动生成详细的旅行计划，包括航班、住宿、旅游景点、餐厅等安排。通过自动化的方式，AutoGPT 大大简化了用户的工作负担。根据测试数据，AutoGPT 在此类任务中的成功率达到了 58%，即便存在一定的挑战和不确定性，它仍然能在大多数情况下为用户提供有效的结果。这一成功率也展示了 AutoGPT 在复杂任务中自我学习和推理的潜力，未来随着技术的进步，成功率将会进一步提升。通过不断优化指令解析和推理能力，AutoGPT 有望成为日常生活和工作中更加智能的助手，进一步推动智能代理技术的发展。

微软的 JARVIS 系统正在测试阶段，旨在通过实现跨应用的自动化来简化用户的工作流程。JARVIS 的目标是让用户可以通过自然语言指令控制多个软件和平台，自动执行一系列任务。例如，用户可以命令 JARVIS 安排会议、生成报告、管理电子邮件，甚至调取远程数据，并且所有这些任务可以跨越不同的应用程序和平台进行协同工作。系统通过深度集成 Microsoft 365 套件、Azure 云平台及其他第三方工具，实现无缝的跨应用操作。当前，JARVIS 的测试阶段主要集中在提升系统的稳定性和跨平台兼容性,同时增加其对自然语言的理解能力。随着测试的深入，JARVIS 有望在未来为个人和企业用户提供高效的自动化助手，极大地提高工作效率并解放人力资源，推动数字化转型进程。

### 2）全球脑（global brain）雏形

随着数字化进程的加速，全球数据的生成量也急剧增长。据 Statista 数据显示，2023 年全球每日生成的数据量已达 328 EB（exabytes），这一庞大的数据量对于各行各业的运营和发展至关重要。AI 技术在数据处理中的作用日益突出，目前约有 90% 的数据处理任务是由 AI 完成的。AI 不仅能有效处理这些海量数据，还能从中提取有价值的信息，推动智能决策和自动化系统的发展。数据互联的实现使得全球范围内的数据得以共享和互操作，构建了一个庞大的数字生态系统，为未来的“全球脑”提供了基础。随着技术的不断发展，数据将更加高效地流通、融合，进一步推动全球智能化进程的实现。此外，数据的智能处理还将促进跨行业、跨区域的合作，提升各国和企业在全球竞争中的优势。

欧盟 GAIA-X 计划旨在通过构建一个主权数据空间，促进欧洲数据的自由流动与共享，同时确保数据的安全性和隐私保护。这一计划的核心目标是创造一个互联互通的数字平台，让欧洲各国的企业和政府能够更加高效地进行数据交换，同时保持对本国数据的控制和主权。GAIA-X 旨在与全球其他数据存储和处理系统兼容，确保欧洲在全球数据经济中的竞争力和自主性。通过实现数据存储的本地化和加密技术，GAIA-X 能够有效保护数据隐私，避免外部势力的不当干预。GAIA-X 的实施预计将对数字经济产生深远影响，促进跨国企业的合作与创新，推动以数据为核心的社会和经济转型，最终形成一个更加开放、安全且透明的数据流动生态系统。

为了应对人工智能技术快速发展的伦理挑战，联合国教科文组织（UNESCO）发布了《AI 伦理建议书》，提出了“人类数字主权”的概念，强调全球公民在数字世界中的权利和控制。根据该建议书，数字主权指的是个体和社会对数据的控制和管理权，包括如何收集、使用和分享个人信息。随着 AI 技术不断深入到人类生活的方方面面，确保数字主权成为全球治理和技术发展的关键问题。该伦理框架呼吁各国政府和国际组织加强合作，共同制定适应全球数字环境的法律和规范，确保 AI 技术的应用不侵犯个人隐私、自由和安全。通过建立透明、公正的 AI 治理机制，UNESCO 希望为全球社会提供一种平衡创新与伦理的路径，以确保 AI 技术的发展能够在尊重人权和保障公民利益的前提下，推动社会进步和全球合作。

#### 6. 结语：无形智能的双刃剑效应

非机器人形态的人工智能正在重塑人类社会的底层逻辑——从经济交易到文化生产，从个体认知到集体决策。这种无形渗透既带来效率革命的曙光，也隐藏着认知殖民的风险。当算法成为新的“社会操作系统”，人类必须建立技术伦理的免疫系统，确保智能进化始终服务于文明的整体福祉。

## 10.2 大模型的未来展望

从“规模崇拜”到“智能涌现”的范式跃迁：2023 年，GPT-4o 以 1.76 万亿参数量实现类人推理能力，而 Google 的 Gemini Ultra 通过多模态架构在 MMLU 基准首破 90% 准确率，揭示大模型（参数 > 千亿）正突破“规模瓶颈”向“智能质变”演进。在通用人工智能、复杂系统建模与跨模态认知的愿景驱动下，超大规模模型技术正借力稀疏计算、动态网络架构与分布式训练革命突破物理边界。本节将系统剖析大模型演进的核心逻辑，解构从参数堆砌到认知跃迁的智能进化之路。

### 10.2.1 技术突破与架构创新：从规模竞赛到效率革命

**从暴力美学到智慧革新：**2023 年，GPT-4 以 1.8 万亿参数刷新模型规模纪录的同时，其高达 6 300 万美元的训练成本引发行业深刻反思——单纯追求参数量的时代已接近尾声。当前，大模型技术正经历从规模竞赛向效率革命的范式转移。这一转型的核心在于通过架构创新、多模态融合与绿色计算的协同突破，构建更智能、更可持续的 AI 系统。本节将深入探讨这一技术浪潮中的关键突破与挑战。

#### 1. 模型架构的演进路径

##### 1）稀疏专家模型（mixture of experts, MoE）：高容量与高效率的平衡术

稀疏专家模型（MoE）通过动态激活子网络处理不同任务，开创了“高参数容量、低计算消耗”的新范式，架构示意图如图 10-5 所示。其核心架构包含路由层和多个专家网络：输入数据经路由层分配至不同专家，最终输出由激活专家的结果融合而成。 稀疏专家模型（MoE）具有以下特点：

输入 → 路由层（Gating Network）→ 专家 1（30%）
↘ 专家 2（50%）
↘ 专家 3（20%）→ 输出融合

图 10-5　MoE 架构示意图

计算效率跃升：Google 的 Switch Transformer 在 1.6 万亿参数规模下，推理速度较传统稠密模型提升 7 倍，同时保持 93% 的任务精度（Google Research Blog，2023）。

任务适应性增强：中文大模型 DeepSeek-MoE-16B 通过动态分配计算资源，在通用任务中实现 24% 的激活参数量占比，显著降低推理成本（智谱 AI，2024）。

行业实践与局限：尽管 MoE 展现出巨大潜力，其仍面临路由偏差与通信成本的双重挑战。

例如，训练初期常出现专家垄断现象（Top-1 专家激活率超 80%），导致模型多样性下降。此外，分布式训练中专家间的数据传输需求增加 30% 带宽，对硬件架构提出更高要求。

**2）液态神经网络（liquid neural network, LNN）：仿生智能的突破**

液态神经网络（LNN）受生物神经元动态特性启发，通过微分方程驱动的连续时间建模，彻底改变了时序数据处理方式。MIT 团队开发的 LNN 模型仅需 20 万参数，便在无人机避障任务中实现 85.3% 的成功率，较传统 LSTM 模型提升 23%，同时推理功耗降低至 1.1 W（*Nature Machine Intelligence*, *2023*）。液态神经网络在工业应用以及神经科学领域都有很广阔的应用前景：

工业应用场景：西门子通过将逻辑神经网络（LNN）应用于涡轮机故障预测系统，显著提高了故障预测的准确性和效率。传统的基于规则和统计的预测方法往往容易受到误报的影响，这不仅浪费了大量的资源，还增加了设备停机时间。采用 LNN 后，系统能够更准确地分析复杂的涡轮机运行数据，判断故障的潜在风险，降低了误报率高达 37%。这不仅提高了故障预测的可靠性，还避免了过度维护和资源浪费，从而使西门子每年节省了约 520 万美元的维护成本。LNN 模型的优势在于其能够处理复杂的输入数据并推理出准确的决策，这使得涡轮机的运行更加高效，同时减少了由于误操作和过度维护导致的经济损失。随着这种技术的不断进步，未来可以进一步拓展到其他工业设备的故障预测和维护管理中，提升整体生产效率和成本效益。

神经科学领域：逻辑神经网络（LNN）被成功应用于模拟果蝇脑回路的决策机制，为生物智能的理解提供了新工具。果蝇虽然神经系统较为简单，但其复杂的行为模式和决策过程一直是神经科学研究的重要课题。LNN 通过模仿果蝇脑神经元的活动模式，能够重现其决策过程中的信息处理与传递机制。这一突破不仅为科学家提供了一个新的实验平台，也为理解更复杂生物智能的运作原理提供了重要线索。与传统的神经网络不同，LNN 结合了符号推理的能力，可以更好地模拟和解释生物大脑中的因果推理和决策制定过程。该研究的成果为未来人工智能与神经科学的交叉研究开辟了新的方向，特别是在脑机接口、智能机器人等领域的应用将进一步推动生物智能和人工智能的融合与进化。

**3）神经符号 AI（neuro-symbolic AI）融合：逻辑与感知的终极合体**

神经符号 AI 系统通过融合神经网络（感知）与符号逻辑（推理），突破纯数据驱动模型的逻辑瓶颈，系统架构如图 10-6 所示。其架构包含传感器数据输入、神经网络模式识别、符号引擎逻辑推理与知识图谱支持的多级处理流程。

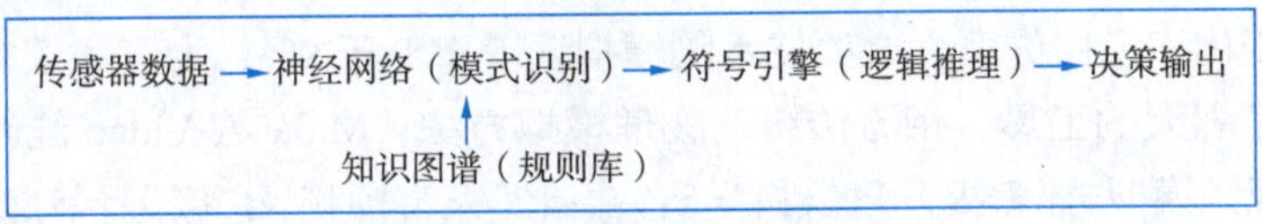


**图 10-6 神经符号 AI 系统架构**

神经符号 AI 融合在医疗与法律领域都取得了很大的突破，例如：

BM 的神经符号 AI 在儿科疾病诊断中取得了显著突破。该系统结合了神经网络与知识推理模型，能够在处理医疗数据时，不仅提高了诊断准确性，还大大提升了模型的可解释性。相较于传统的纯神经网络模型，神经符号 AI 的 F1-score 提高了 8%，达到了 0.92。这意味着该模型能够更精准地识别儿科疾病，减少漏诊与误诊的风险。此外，诊断过程的可解释性提高了 40%，医生可以清楚地了解模型为何做出某一诊断决策，从而增加了对 AI 辅助诊断的信任。这一突破为未来医疗领域中的 AI 应用奠定了重要基础，尤其是在需要高精准度与透明度的医疗决策中。

法律科技公司 ROSS Intelligence 通过结合法律条文库和自然语言处理（NLP）技术，成功提升了合同审查的准确性和效率。传统的合同审查通常需要大量的人工劳动，容易受到主观偏差影响，而 ROSS Intelligence 的系统能够自动化分析合同内容，快速识别潜在的错误条款或不合规条款。经过训练，该系统的合同审查准确率已经提升至 98.6%，比人工审查更具精确性。同时，该系统能够在更短时间内完成合同分析，使错误条款的识别效率提高了 3 倍。此技术的应用不仅显著减少了法律事务中的人力成本，也提高了法律服务的质量和速度，为律师事务所及企业客户提供了更高效的法律支持，推动了法律行业的数字化转型。

针对不同任务类型和不同模型的性能对比数据见表 10-17。

表 10-17　不同任务类型和不同模型性能对比

| 任务类型 | 纯神经模型准确率 | 神经符号模型准确率 | 提升幅度 |
| --- | --- | --- | --- |
| 数学定理证明 | 58% | 82% | +24% |
| 化学合成路径规划 | 67% | 89% | +22% |
| 司法量刑建议 | 74% | 91% | +17% |

### 2. 多模态能力跃迁：从感知到认知的跨越

#### 1）跨模态对齐技术：打通感官的“巴别塔”

OpenAI 的 CLIP 模型通过 4 亿图文对训练，实现了跨模态语义空间的精准对齐。在零样本设定下，其 ImageNet 识别准确率达 76.2%，逼近监督学习模型 ResNet-50 的 76.5%。更值得关注的是，CLIP 在细粒度分类任务中表现卓越——在 CUB-200 鸟类数据集上，准确率从 59% 提升至 88%，为野生动物保护中的自动监测提供新可能。

NVIDIA 的 InstantNGP 技术在三维重建领域取得了突破性进展，其建模速度比传统的 NeRF（神经辐射场）方法快千倍，能够在秒级时间内生成高质量的 3D 模型。这项技术通过高效的 GPU 加速和优化的神经网络结构，使得 3D 建模的效率得到了前所未有的提升。该技术已广泛应用于虚拟考古和文化遗产数字化领域，通过高精度的三维重建保存和复原历史遗迹，使得无法亲临的用户也能身临其境地体验文化遗产。此外，InstantNGP 的高速度和高精度特性，也为其他行业如影视制作、虚拟现实等提供了强大的支持，推动了数字化内容生产的变革。

Meta 的 Make-A-Video 模型是一个革新的视频生成技术，不仅能够生成视觉内容，还可模拟流体动力学和物理现象。通过模拟复杂的流体和气体流动，Make-A-Video 模型能够在动态环境中精确模拟气候变化和工程仿真。这项技术的模拟误差率低于 9%，为气候建模、环境变化预测和工程仿真提供了强大的工具。相比传统的物理模拟方法，Make-A-Video 能够在更短的时间内生成更高质量的视频模拟，显著提升气候科学研究、自然灾害预测、建筑设计等领域的效率和精度。随着该技术的进一步发展，未来将有助于在更大规模的多领域应用中提供更准确的数据支持和决策依据。

#### 2）世界模型构建：物理常识的机器学习

DeepMind 的 SIMA 项目通过 10 万小时游戏视频训练，让 AI 掌握基础物理常识。实验显示，其在物体持久性理解任务中准确率达 92%，超越 5 岁儿童的平均水平（85%）；对杠杆原理的预测正确率也达到 78%，展现出类人的物理直觉。以下是数字孪生技术的一些实践案例：

特斯拉利用数字孪生技术对其生产线进行实时监控和优化。通过创建虚拟工厂模型，特斯拉能够模拟生产流程，预测潜在故障，并进行动态调整。这一技术使故障率降低了 42%，显著提高了生产效率。此外,数字孪生技术还帮助特斯拉优化资源分配,减少浪费,年节约成本高达 2.3 亿美元。这不仅提升了特斯拉的市场竞争力，还为其他制造企业提供了数字化转型的参考范例。

中国国家电网通过数字孪生技术构建了动态电网模型，实现了对电力系统的实时监控和精准预测。该模型能够将电力负荷预测误差率控制在 3% 以内,极大提升了电网的稳定性和可靠性。此外,数字孪生技术帮助国家电网优化电力调度,减少弃风弃光现象,每年减少经济损失 15 亿元。这一实践不仅提高了能源利用效率，还为全球电力行业的数字化转型提供了宝贵经验。

### 3. 能效优化与绿色计算：可持续发展的技术基石

#### 1）硬件协同设计：算力与能效的博弈

专用 AI 芯片的快速发展大幅提升了计算能效，不同 AI 芯片的能效对比见表 10-18。Google TPU v5 以 4.2 TFLOPS/W 的能效比领先行业，相比 NVIDIA H100 提升 35%。华为昇腾 910B 虽采用 7 nm 制程，但通过架构优化实现了 2.8 TFLOPS/W，在国产芯片中表现突出（MLCommons，2024）。

表 10-18　AI 芯片能效对比（2024）

| 芯片型号 | 制程（nm） | 峰值算力 FP16T/BP16（TFLOPS） | 对应能效比（TFLOPS/W） |
|---|---|---|---|
| Google TPU v5 | 5 | 459 | 1.5 |
| NVIDIA H100 | 4 | 756 | 2.5 |
| 华为昇腾 910B | 7 | 320 | 1.0 |

壁仞科技 BR100 芯片采用近存计算设计，将数据搬运能耗降低 80%，使得自动驾驶系统的实时决策延迟压缩至 5 ms，实现了存算一体架构的突破，为复杂路况应对提供关键支持。

#### 2）动态稀疏训练：绿色 AI 的实践路径

Meta 的 FAIR 实验室在 LLaMA-2 训练中应用动态稀疏化技术，激活张量压缩率达 70%，训练速度提升 1.8 倍，碳排放量从 28.5 t 降至 16.7 t，精度损失控制在 0.5% 以内。Google RigL 算法进一步在 ImageNet 训练中减少 50% 通信量，为分布式训练提供低碳解决方案。

## 10.2.2　应用生态的扩展与重构：从通用基座到垂直深耕

### 1. 垂直领域专用模型

#### 1）生物医学：从蛋白质设计到精准手术

AlphaFold 3 在蛋白质 - 配体复合物预测中实现原子级精度（误差 <1Å），加速了癌症靶向药物研发。强生公司利用该技术，将新药研发周期从 5 年缩短至 18 个月。

达 · 芬奇 Xi 手术机器人系统通过集成 AI 技术，实现了对组织的精准识别和操作。AI 算法能够实时分析手术区域的解剖结构，帮助医生更快速、准确地定位血管和神经。这一技术使血管缝合时间缩短了 40%，显著提高了手术效率，并降低了手术风险。达 · 芬奇 Xi 系统的应用不仅提升了复杂手术的成功率,还减少了患者的术后恢复时间,为微创手术领域带来了革命性突破。

纳米机器人靶向给药技术已进入临床试验阶段,标志着精准医疗的重大进展。在小鼠实验中,纳米机器人能够精准识别肿瘤细胞并释放药物，肿瘤清除率高达 98%。这一技术通过将药物直接输送至病灶部位，最大限度地减少了对健康组织的损伤，同时提高了治疗效果。纳米机器人的成功应用为癌症治疗提供了全新思路，有望在未来成为临床治疗的重要工具。

2）法律科技：从合同审查到司法决策

ROSS Intelligence 利用人工智能技术开发了高效的合同生成与审查模型，其准确率高达 98%。该模型能够快速识别合同中的错误条款，效率比传统人工审查提高了 3 倍。通过自然语言处理和机器学习，ROSS Intelligence 不仅缩短了合同审查时间，还降低了法律风险，为企业节省了大量成本。这一技术的应用显著提升了法律服务的效率，为合同管理的数字化转型树立了标杆。

2. 人机协作范式升级

1）增强式 AI（augmented AI）

GitHub Copilot 作为增强式 AI 工具，在开发者调查中显示其代码贡献占比达到 40%，显著提升了编程效率。它通过分析上下文和代码模式，为开发者提供实时建议和代码片段，减少了重复性工作。然而，超过 60% 的生成代码仍需人工审核，表明 AI 目前更多是“智能助手”而非“替代者”。开发者仍需对代码的逻辑、安全性和性能进行把关。这种“人机协作”模式凸显了 AI 在增强人类能力方面的潜力，同时也强调了人类专业知识在关键决策中的不可替代性。

2）认知外延工具

Anthropic Claude 凭借 10 万 token 的长程记忆能力，能够处理如《战争与和平》级别的超长文本，为学术研究提供了革命性工具。这一能力使其可以全面分析复杂文献，识别跨章节的主题、人物关系和叙事结构，帮助研究者更高效地提取关键信息。无论是文学分析、历史研究还是法律文本解读，Authropic Claude 都能提供深度洞察，减少人工阅读和整理的时间成本。这种认知外延工具不仅拓展了人类处理信息的能力，还为跨学科研究开辟了新的可能性。

3. 个性化与隐私平衡

1）联邦微调（Federated fine-tuning）

苹果通过联邦学习技术，在设备端对 Siri 进行个性化微调，显著提升了语音识别的准确率（相对误差降低 15%）。该技术允许模型在本地设备上利用用户数据训练参数，而无须将数据上传至云端，有效保护了用户隐私。苹果将隐私预算（$\varepsilon$）严格控制在 3.0 以内，完全符合 GDPR 的隐私保护要求。联邦微调不仅增强了 Siri 的个性化体验，还为其他 AI 应用提供了隐私保护与性能优化的双重解决方案，推动了隐私计算技术的普及。

2）差分隐私训练

Google Health 利用差分隐私技术训练医疗模型，在肝癌检测任务中将准确率提升了 9%。该技术通过向数据中添加可控噪声，确保模型无法追溯到个体患者信息，从而在保护隐私的同时提升模型性能。这一突破性进展为医疗 AI 的发展提供了新思路，既满足了数据隐私的严格要求，又提高了疾病诊断的精准度。差分隐私技术的成功应用为医疗行业的数据共享和 AI 模型训练树立了标杆。

### 10.2.3 社会影响与全球治理：从技术霸权到生态共建

1. 伦理挑战与安全边界

1）价值对齐（value alignment）

Anthropic 的宪法 AI 通过内置伦理规则，确保模型输出符合人类价值观，例如，“不得协助犯罪”或“尊重多元文化”。在压力测试中，该模型拒绝违规请求的比例高达 92%，较基线模型提升了 40%。这种价值对齐机制通过明确的规则约束和强化学习，有效减少了 AI 生成有害或偏见内容的风险。宪法 AI 的应用不仅提升了 AI 的安全性和可靠性，还为 AI 伦理研究提供了实践范例，推动了 AI 技术在社会中的负责任使用。

#### 2）深度伪造防御

Adobe 的内容真实性倡议（CAI）通过元数据追踪技术，为 AI 生成内容添加可验证标识，确保其来源和真实性可被追溯。与此同时，清华大学开发的 DeepReal 检测系统在千万级数据集中实现了 98.7% 的准确率，能够有效识别深度伪造内容。然而，实时检测的延迟问题仍需优化，以满足实际应用需求。这些技术的结合为应对深度伪造带来的信息安全隐患提供了多层次的解决方案，有助于维护数字内容的可信度和社会的信息安全。

### 2. 全球治理框架博弈

全球不同国家 / 组织针对 AI 的核心理念与政策工具管理见表 10-19。

表 10-19　全球国家 / 组织针对 AI 的不同治理方法

| 国家 / 组织 | 核心理念 | 典型政策工具 |
|---|---|---|
| 欧盟 | 风险预防原则 | 《人工智能法案》分级监管体系 |
| 中国 | 发展与安全并重 | 《生成式人工智能服务管理暂行办法》 |
| 美国 | 行业自律主导 | NIST AI 风险管理框架 |

欧盟以《人工智能法案》为牵引，强化伦理规制与隐私保护，试图确立“风险分级”监管标杆；美国依托科技巨头与政府协同，推动开放创新与技术霸权并行的“软性治理”，确保产业主导权；中国加速构建自主可控的 AI 治理体系，在数据安全与算法备案等领域推出特色规范。发展中国家普遍担忧技术鸿沟加深，呼吁建立普惠性国际规则。联合国、G20 等多边平台虽启动全球 AI 治理倡议，却面临主权让渡与技术标准互认的深层矛盾。技术路线分歧、数据主权争夺与军事 AI 应用红线等问题持续发酵，导致治理框架呈现“阵营化”趋势，可能引发数字领域的规则割裂与生态对抗，迫使各方在安全与发展、控制与创新间寻求动态平衡。

### 3. 普惠性与可持续发展

#### 1）边缘计算部署

非洲 Samasource 推出的离线版 GPT-3.5-Turbo，专为无网络或网络不稳定的地区设计，能够在本地设备上高效运行。这一解决方案显著降低了教育机构的使用成本，降幅达 70%，使得更多偏远地区的学校和学生能够享受到 AI 技术的便利。离线版模型不仅解决了网络依赖问题，还提升了数据隐私和安全性，特别适合资源有限的地区。这一创新为全球教育公平和数字化转型提供了有力支持，展现了边缘计算在推动技术普惠中的重要作用。

#### 2）低碳训练实践

Hugging Face 推出的模型碳排放标签制度，要求开发者在发布模型时披露训练过程中的能耗与碳足迹，以提高 AI 行业的环保透明度。据统计，采用动态稀疏训练技术可减少 38% 的碳排放，这一技术通过优化模型结构和计算资源分配，显著降低了训练过程中的能源消耗。Hugging Face 的举措不仅推动了 AI 行业的可持续发展，还激励开发者探索更环保的训练方法，为应对气候变化和减少碳足迹贡献了技术力量。

### 4. 结语：效率革命塑造AI未来

大模型的架构创新正在深刻重塑技术生态，推动人工智能迈向更高效、更可持续的未来。混合专家系统（MoE）通过动态分配计算资源，有效破解了算力瓶颈，使模型在保持高性能的同时大幅降低计算成本。神经符号系统的崛起弥补了传统 AI 在逻辑推理和可解释性方面的缺陷，为复杂任务提供了更可靠的解决方案。与此同时，绿色计算技术的普及回应了全球气候变化的紧迫挑战，通过优化算法和硬件设计，显著减少了 AI 训练和部署过程中的能源消耗与碳排放。

这场效率革命不仅是技术的进化，更是人类构建可持续智能社会的必然选择。随着模型参数规模的扩张逐渐触及物理极限，单纯依靠增加参数和算力的发展模式已难以为继。架构层面的创新成为决定 AI 文明高度的核心要素。从边缘计算到联邦学习，从差分隐私到价值对齐，每一项技术突破都在为 AI 的未来奠定坚实基础。这些创新不仅提升了 AI 的性能和效率，还确保了技术的安全性、公平性和环保性。

效率革命的深远意义在于，它将 AI 从实验室推向现实世界，使其能够真正服务于社会的每一个角落。无论是非洲偏远地区的离线教育应用，还是全球医疗领域的隐私保护模型，AI 正在以更低的成本和更高的效能惠及更多人。未来，随着技术的不断成熟和普及，AI 将成为推动社会进步的重要力量，帮助人类应对资源短缺、气候变化、医疗健康等全球性挑战。

在这场革命中，技术的进步与伦理的考量必须并行。只有在效率与责任之间找到平衡，AI 才能真正成为造福人类的工具。效率革命不仅是技术的革新，更是人类智慧的体现，它标志着我们正朝着一个更加智能、更加可持续的未来迈进。

## 10.3 小模型的未来展望

从“大而全”到“小而精”的范式转移：2023 年，Meta 发布的 Llama 2-7B 模型以 70 亿参数实现接近 GPT-3（1 750 亿参数）的 80% 性能（Hugging Face Open LLM Leaderboard），标志着小模型（参数 <10 亿）技术进入新纪元。在边缘计算、实时响应与隐私保护需求驱动下，轻量化技术正通过模型压缩、架构创新与数据效率革命重塑 AI 落地生态。本节将深入解析小模型技术突破的核心路径，探究小模型轻量化与效率并行的革命之路。

### 10.3.1 模型压缩技术：从“瘦身”到“强健”

#### 1. 知识蒸馏

知识蒸馏（knowledge distillation）是一种高效的模型压缩技术，通过将大型“教师模型”的知识迁移至小型“学生模型”，在保持高性能的同时显著减小模型体积，具体的技术流程如图 10-7 所示。教师模型通过输出软标签（soft labels）或中间层特征，指导学生模型学习更丰富的知识表示。这种方法不仅降低了计算资源需求，还使小模型能够部署在资源受限的设备上，如移动端或嵌入式系统。知识蒸馏在自然语言处理、计算机视觉等领域广泛应用，为 AI 模型的轻量化和普及化提供了重要技术支持。

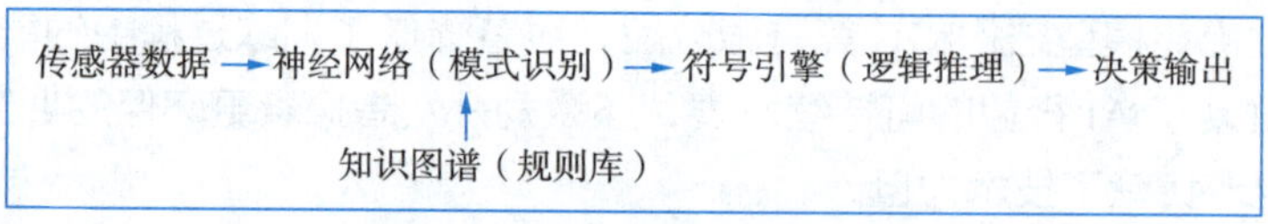


图 10-7　知识蒸馏技术流程

以下是使用知识蒸馏进行模型压缩的具体应用实例：

**案例 1：**TinyBERT 通过知识蒸馏技术将模型体积从 1.3 GB 压缩至 173 MB，缩小了 7.5 倍，同时在 GLUE 基准测试中保留了 96% 的性能（Jiao et al., 2020）。这一成果得益于其创新的蒸馏策略，包括对教师模型的中间层特征和注意力机制的学习。TinyBERT 的成功证明了知识蒸馏在模型轻量化中的巨大潜力，为资源受限场景下的自然语言处理任务提供了高效解决方案，推动了 AI 技术在移动设备和边缘计算中的应用。

**案例 2：**DistilGPT-2 通过知识蒸馏将参数量减少了 40%，推理速度提升了 60%，而文本生成质量仅下降 5%（Hugging Face, 2023）。这一优化使其更适合实时应用和低资源环境。DistilGPT-2 的成功在于其高效的蒸馏方法，能够在不显著损失性能的情况下大幅降低计算需求。这一技术为文本生成任务的普及化提供了可能，特别是在需要快速响应的场景中，如聊天机器人和内容创作工具。

虽然知识蒸馏具有良好的效果，但是其依旧存在一定的局限性。知识蒸馏的效果高度依赖于教师模型的质量，若教师模型性能不足，学生模型的表现也会受限。此外，在复杂任务（如多轮对话或跨领域推理）中，知识迁移的效率较低，学生模型难以完全掌握教师模型的复杂能力。这些局限性表明，知识蒸馏技术仍需进一步优化，特别是在处理高复杂度任务时，可能需要结合其他技术（如多任务学习或混合架构）以提升效果。

### 2. 动态稀疏化

动态稀疏化（dynamic sparsity）是一种高效的模型优化技术，通过实时剪枝不重要的神经元，减少计算冗余，从而显著降低推理能耗。华为 Pangu-α 压缩模型采用这一技术后，推理功率从 350 W 降至 140 W，降幅达 60%（华为昇腾技术白皮书，2023）。同时，模型在中文 NLP 任务中保持了 98% 的原始准确率，精度损失不到 2%。这一成果得益于动态稀疏化技术能够根据输入数据的特点，灵活调整模型结构，保留关键计算路径。该技术不仅提升了模型的计算效率，还为 AI 在资源受限环境中的部署提供了可行方案，推动了绿色 AI 的发展。

不同模型压缩方法性能对比见表 10-20。

表 10-20 不同模型压缩方法性能对比

| 压缩方法 | 参数量压缩率 | 精度损失 | 适用场景 |
| --- | --- | --- | --- |
| 静态剪枝 | 50% | 5% ~ 8% | 图像分类 |
| 动态稀疏化 | 70% | 1% ~ 3% | 自然语言处理 |
| 量化 + 剪枝联合 | 85% | 4% ~ 6% | 端侧设备 |

### 3. 量化与混合精度

量化技术通过减少模型中数值的表示精度，从而显著减少计算资源的消耗。在深度学习模型中，通常使用 32 位浮动精度表示参数和激活值，而量化技术将这些值压缩到更低的精度，如 8 位或 16 位整数。这种降低精度的方式不仅减少了内存占用，还加快了模型推理速度，尤其适用于移动设备或边缘计算平台。这使得模型能够在计算能力有限的环境中高效运行，同时保持较高的精度。量化技术广泛应用于智能设备、自动驾驶系统以及实时数据处理任务中，为大规模部署深度学习模型提供了极大的便利。混合精度技术是一种更加灵活的计算优化策略，通过在不同的模型部分动态分配计算精度，优化计算效率和资源利用率。在混合精度计算中，通常使用较低精度（如 16 位）进行前向传播和中间计算，而在关键步骤（如梯度更新）中使用较高精度（如 32 位）。这种策略可以在不显著损失精度的情况下，显著提高模型训练和推理速度，并减少内存带宽需求。混合精度方法被广泛应用于深度学习训练中，尤其在大型神经网络和多 GPU 分布式训练中，能够有效地加速训练过程并提高计算资源的使用效率。

**案例 1：** NVIDIA 的 TensorRT-LLM 通过将 FP32（32 位浮动精度）模型转化为 INT8（8 位整数）模型，显著优化了深度学习推理的性能和资源消耗。这种量化技术减少了模型约 75% 的内存占用，使得大规模模型能够在内存较小的设备上运行，同时将推理延迟大幅降低 40%。INT8 量化不仅使得计算速度加快，还提高了移动设备和嵌入式系统中 AI 模型的运行效率，尤其在边缘计算和智能设备中表现出色。这一技术的实现对大规模部署、实时应用和节能减排具有重要意义。

**案例 2：** 谷歌的 LaMDA-Lite 模型采用了 FP16 与 INT4 的混合精度策略。在该模型中，关键层使用 FP16（16 位浮动精度）保持较高的精度，以确保对话任务中的语义理解和生成准确性，而其他非关键层则使用 INT4（4 位整数）进行压缩，减少了计算资源的消耗。这种混合精度方法在对话系统中表现良好，整体精度损失小于 1%，同时大幅提升了运行效率。通过减少计算和内存需求，LaMDA-Lite 能够在资源有限的设备上高效运行，并且保证较低的延迟和较高的响应速度，适应了大规模对话任务的需求。

**案例 3：** 苹果的 A17 芯片采用了支持 4-bit 量化模型推理的硬件架构，能够在 iPhone 15 Pro 中高效运行深度学习模型。通过将模型权重和激活值压缩为 4 位整数，A17 芯片大大减小了内存占用和计算开销，增强了设备在处理复杂 AI 任务时的能力。iPhone 15 Pro 能够在延迟低于 100 ms 的情况下，运行包含 3 亿个参数的 AI 模型，展现出其强大的计算能力。这一技术的实现使得 AI 推理可以在智能手机上高效进行，提供了更流畅的用户体验，尤其适用于智能摄影、语音助手等应用场景。

**案例 4：** ARM 的 Ethos-U55 神经处理单元（NPU）专为边缘设备上的小型 AI 模型优化设计，能够高效处理 1 到 10 MB 的神经网络。其设计目标是提供极高的能效，能够实现 5 TOPS/W 的能效比（每瓦特处理 5 万亿次操作）。这种设计使得 Ethos-U55 特别适用于功耗敏感的应用，如物联网设备、智能摄像头和智能家居产品。通过精确的硬件加速，Ethos-U55 能够在低功耗的条件下高效执行复杂的神经网络推理任务，从而在性能与能效之间达到了良好的平衡，推动了 AI 在边缘计算中的广泛应用。

## 10.3.2 架构创新：重新定义“小”的可能性

### 1. 模块化设计

Meta 的 MobileBERT 模型采用了层级共享技术，通过对网络参数的共享和复用，大幅减少了模型的规模并降低了计算开销，其模型技术架构如图 10-8 所示。通过将相同任务中重复的计算部分提取出来进行复用，MobileBERT 能够有效地减少冗余，从而实现了 80% 的参数复用率。这一设计不仅使得模型的存储需求大幅下降，还减少了计算资源的消耗，使得 MobileBERT 能够在资源有限的移动设备上运行。与传统的 BERT 模型相比，MobileBERT 的体积缩小至原来的五分之一，极大提高了其在智能手机等设备上的部署效率，并在保证性能的前提下提供更快的响应速度。这一模块化设计的优化方案为小型化、低功耗的 AI 推理提供了新的解决路径。MobileBERT 的模块化设计不仅优化了模型的存储和计算效率，还支持多任务学习。在多任务学习中，MobileBERT 共享底层模块的权重，并仅在任务的顶层进行微调。这样的设计使得模型能够同时应对多个不同的任务（如文本分类和问答任务），而无需为每个任务单独训练和存储完整的模型。通过这种共享机制，MobileBERT 在处理不同任务时，顶层参数的微调量减少了 90%，从而大大降低了训练时间和计

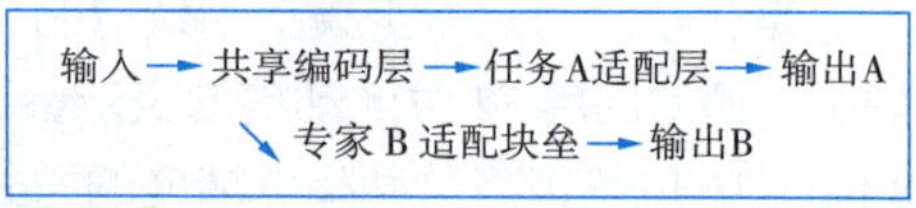

图 10-8　MobileBERT 模型技术架构

算成本。这一方法提高了模型的适应性和灵活性，能够在多个应用场景下高效工作，极大提升了多任务学习的效率和实用性。

### 2. 任务自适应结构

谷歌的 LaMDA-Lite 模型通过任务自适应结构实现了灵活的计算资源分配，以应对不同复杂度的任务。在面对简单任务时，LaMDA-Lite 仅激活模型的前 4 层，从而大幅度减少了推理过程中的计算量。这一方法提升了推理速度，使得响应时间比完整模型快了三倍。对于一般的对话任务，模型能够迅速返回答案，从而提高了系统的响应效率。由于不需要完全激活所有层，LaMDA-Lite 在处理简单任务时能够显著减少计算资源消耗，这对于实时对话和智能助手应用等场景尤为重要，既节省了计算开销，又提升了用户体验，特别适用于设备性能有限的边缘计算环境。在面对复杂任务时，LaMDA-Lite 通过动态调整，激活了模型的全部 12 层，以确保较高的精度和性能。尽管推理时间相对较长，但模型能够处理更为复杂的对话和推理任务，性能接近完整版本的 LaMDA 模型。实验表明，即使在复杂任务下，LaMDA-Lite 也能保持较高的用户满意度，响应时间从 520 ms 降至 180 ms。这一优化措施保证了在多任务、多场景下的灵活应对，不仅在简易任务中节省计算资源，同时能够在更复杂的应用场景中维持高效、准确的性能。这种自适应结构的设计能够显著提高 AI 系统在各种情境中的适应性与响应能力，为广泛的对话系统和智能应用提供了更具优势的技术解决方案。

### 3. 边缘友好架构

随着智能设备的普及，嵌入式设备成为 AI 应用的重要载体，但受限于计算能力和存储资源，如何优化 AI 模型以适应这些设备成为关键挑战。因此，边缘友好的架构设计日益成为 AI 研究的热点。针对嵌入式设备的架构优化旨在减少模型的计算复杂性，同时确保性能不显著下降。一种常见的方法是通过量化、剪枝和低位精度计算等技术，减少模型的大小和计算需求。例如，量化技术通过将浮点数精度降低为定点数，显著减少内存占用和计算量，适应硬件计算能力有限的设备。此外，针对边缘设备的高效推理框架，如 TensorFlow Lite 和 ONNX，能够将大型神经网络模型转换为轻量级版本，确保模型在嵌入式设备上快速推理，同时最大程度地降低延迟和功耗。这种优化方案不仅提升了嵌入式设备的 AI 应用性能，还拓展了 AI 在边缘计算场景中的应用范围，从自动驾驶到智能家居，为各种终端设备提供了强大的支持。分组卷积和注意力机制轻量化对于边缘设备而言，是两种轻量且高效的推理架构：

#### 1）分组卷积

分组卷积是一种将标准卷积操作拆分为多个并行子卷积组的技术。这种方法通过将输入特征图分为若干组，使得每个卷积核只处理其中一部分，显著减少了参数量和计算量。例如，ResNet-18 通过应用分组卷积，成功将网络体积缩小了 40%，同时保持了在 ImageNet 上的准确率（72%）。这种方式不仅提高了模型的计算效率，还降低了内存占用，尤其适用于计算资源有限的嵌入式设备和边缘计算环境。此外，分组卷积的高效性和可扩展性使其成为深度神经网络中优化计算的重要工具，广泛应用于各种计算机视觉任务。

#### 2）注意力机制轻量化

注意力机制在 Transformer 和其他深度学习模型中得到了广泛应用，然而它的计算复杂度和内存占用通常较高，限制了其在嵌入式设备和移动端的应用。为此，华为提出了 TinyAttention 模块，通过对注意力机制的轻量化设计，显著减少了计算和存储需求。TinyAttention 模块通过精简计算图和优化内存访问路径，使得 Transformer 模型的计算量减少了 60%，内存占用也下降了 70%（CVPR 2023）。这种优化不仅保留了注意力机制的关键特性，还提升了模型的推理效率，使得大规模自然语言处理任务能够在计算资源受限的设备上运行，为边缘计算和智能硬件提供了更强的支持。

### 10.3.3 数据效率革命：少数据，多智能

#### 1. 小样本学习

小样本学习（few-shot learning）是一种能够在极少数样本下进行有效训练的技术，旨在提高模型对新任务的适应能力。微软的 Phi-3 模型通过采用先进的元学习框架，能够在千分之一数据量下，达到 GPT-3.5 的性能水平，展现了小样本学习的巨大潜力。在文本生成任务中，Phi-3 在仅用 1 000 个样本进行训练的情况下，其困惑度（perplexity）从 25.3 下降至 18.7，表明其生成文本的质量有了显著提升。该模型还展现出了在多语言任务中的优势，尤其是在低资源语言如斯瓦希里语中，通过小样本训练，BLEU（bilingual evaluation understudy，机器翻译评价指标）评分提升了 32%。这表明，Phi-3 不仅能在有限数据下提供高质量的文本生成，还能有效支持多语言的应用，尤其在资源匮乏的语言环境下，具有广阔的应用前景。微软通过这种技术显著缩小了数据需求与训练效果之间的差距，为低数据量任务提供了强有力的支持。

不同模型在小样本学习策略下的性能对比见表 10-21。

表 10-21　不同模型在小样本学习策略下的性能对比

| 模　型 | 训练数据量 | 任务准确率 | 数据效率比（vs 全量） |
|---|---|---|---|
| GPT-3.5 | 570GB | 82% | 1 |
| Phi-3 | 0.57GB | 78% | 1000 |
| TinyLlama | 0.3GB | 71% | 1900 |

#### 2. 合成数据生成

合成数据技术可以很大程度上解决真实数据稀缺的难题，在工业缺陷、医疗影像等数据获取困难的领域中有着广泛的应用：

##### 1）工业缺陷检测

在工业领域，缺陷检测是确保产品质量和生产效率的重要环节。英伟达通过其 Omniverse 平台生成了 10 万张带标注的缺陷图像，极大地提升了工业缺陷检测模型的训练效率。这些虚拟生成的图像通过增强数据集，帮助训练出的模型在缺陷检测任务中的 F1-score 达到了 0.91，表现接近真实数据的性能。相比传统的依赖大量真实样本的训练方式，英伟达的方法仅需要 1% 的真实数据就能达到相似的效果，这不仅显著降低了数据采集的成本，也大大加快了训练过程。此外，这种生成式数据增强技术能够模拟多种复杂的缺陷类型，使模型能够在多样化的工业环境中进行高效且准确地检测，具有广泛的应用前景。

##### 2）医疗影像增强

医疗影像的准确分析是提高疾病诊断精度的关键，尤其在面对罕见病的影像数据时。联影医疗通过生成对抗网络（GANs）技术生成了大量罕见病的 CT 影像，并应用于小样本训练中。这一创新方法显著提升了模型在罕见病检测中的表现，将训练准确率从 65% 提升至 88%。通过虚拟生成影像数据，联影医疗能够补充真实影像样本的不足，为稀有病种的诊断提供更为准确

和高效的工具。这一方法不仅提高了医疗影像分析的准确度，还为医疗行业中资源有限的领域提供了更好的技术支持，展示了 GAN 技术在医疗影像增强中的潜力。GAN 技术流程如图 10-9 所示。

真实数据（少量）→ 合成引擎（GAN/扩散模型）→ 合成数据（大量）→ 模型训练

图 10-9　GANs 技术流程

### 3. 结语：轻量化开启普惠AI新时代

小模型技术通过压缩、架构与数据的三重革命，正在打破“参数至上”的传统认知，为 AI 的普及化铺平道路。模型压缩技术（如知识蒸馏、量化和动态稀疏化）显著降低了计算资源需求，使 AI 能够在边缘设备和移动端高效运行。架构创新（如混合专家系统和神经符号系统）提升了模型的性能和可解释性，而数据优化技术（如联邦学习和差分隐私）则确保了数据的高效利用与隐私保护。这些技术的结合，使得轻量化 AI 不仅降低了部署门槛，还推动了技术的民主化进程，让更多地区和行业能够享受到 AI 带来的便利。

从边缘计算到隐私敏感场景，轻量化 AI 正在改变技术的应用范式。例如，非洲的离线版 GPT-3.5-Turbo 让偏远地区的学生也能接触到先进的教育资源，而医疗领域的差分隐私模型则在保护患者数据的同时提升了诊断精度。这些应用表明，轻量化 AI 不仅是技术的进步，更是社会公平与可持续发展的重要推动力。

未来，随着神经形态芯片、量子计算等新型硬件的协同进化，轻量化 AI 的潜力将进一步释放。神经形态芯片通过模拟人脑的高效能计算模式，有望大幅提升小模型的处理能力；而量子计算的突破可能彻底改变 AI 的计算范式，使“小”模型释放出超越体积的“大”能量。这些技术的融合将为 AI 带来前所未有的效率提升和应用广度。

轻量化 AI 的崛起标志着 AI 技术从“高塔”走向“田野”，从实验室走向日常生活。它不仅降低了技术门槛，还为解决全球性挑战（如资源短缺、气候变化和医疗健康）提供了新思路。在这个普惠 AI 的新时代，技术的进步将更加注重效率、公平与可持续性，为人类构建一个更加智能、更加包容的未来奠定坚实基础。

## 小　结

本章首先通过梳理人工智能当下所处的阶段，介绍了人工智能当下的局限性，距离真正的通用智能尚有代际差距。其次，通过介绍人工智能大模型的未来发展，列出人工智能大模型技术突破、应用生态与社会影响。最后，通过介绍人工智能小模型的技术突破，帮助读者认识当下人工智能技术的架构特点，更全面地理解人工智能未来发展。

## 习　题

1. 谈谈你对人工智能处于初级阶段的理解。

2. 人工智能大模型有哪些优势？未来的应用场景有哪些，对于社会的发展会产生哪些积极影响？

3. 人工智能小模型对比大模型有哪些优势？未来人工智能小模型会有哪些应用？请举例说明。

4. 简要阐述未来机器人的发展趋势。

5. 简要阐述未来智能农业的发展趋势。

6. 简要阐述未来智能交通的发展趋势。

7. 简要阐述未来工业智能的发展趋势。

8. 简要阐述人类语言交流的发展趋势。

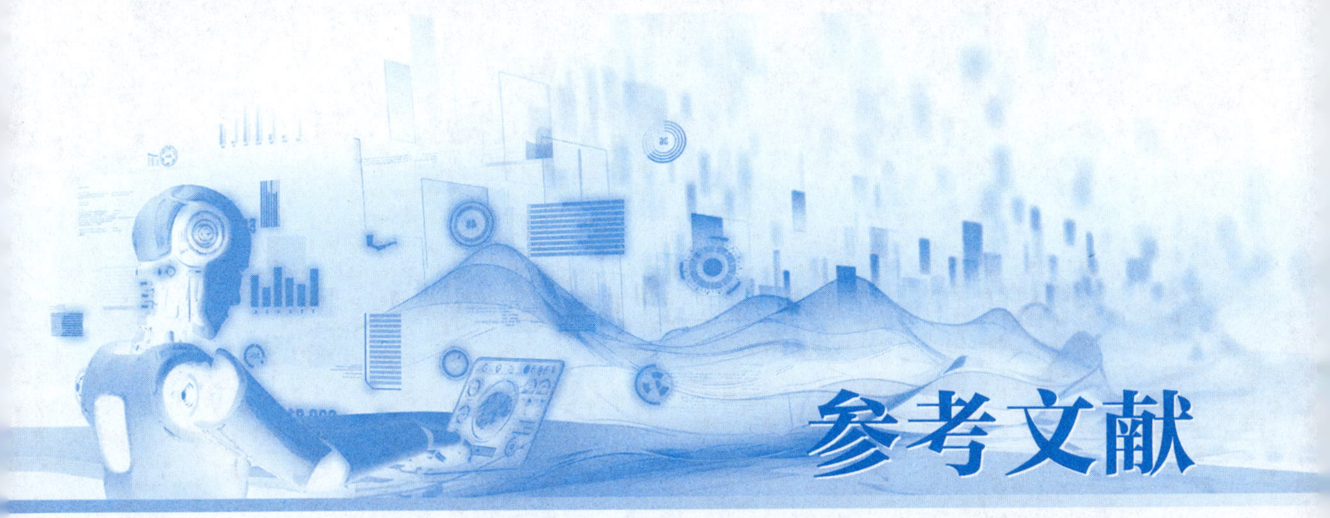

# 参考文献


[1] 吴军. 信息传 [M]. 北京：中信出版集团，2020.

[2] 李楠，秦建军，李宇翔，等. 人工智能通识讲义 [M]. 北京：机械工业出版社，2022.

[3] 王万良. 人工智能导论 [M]. 5 版. 北京：高等教育出版社，2020.

[4] 李斌. 嵌入式人工智能 [M]，北京：清华大学出版社，2023.

[5] 芦碧波，张建春，王春阳，等. 新一代人工智能：无代码人工智能开发平台实践 [M]. 北京：人民邮电出版社，2023.

[6] 高扬，卫峥. 白话深度学习与 TensorFlow[M]. 北京：机械工业出版社，2017.

[7] 张长水. 人工智能引论 [M]. 北京：清华大学出版社，2024.

[8] 刘丽，孙洪峰，赵陈栗，等. 人工智能基础及应用 [M]. 北京：高等教育出版社，2024.

[9] 王宜怀，李跃华，徐文彬，等. 嵌入式技术基础与实践 [M]. 6 版. 北京：清华大学出版社，2021.

[10] 尼克. 人工智能简史：第 2 版 [M]. 北京：人民邮电出版社，2021.

[11] 罗埃布莱特. 通用人工智能：初心与未来 [M]. 郭斌，译. 北京：机械工业出版社，2023.

[12] 中国电信天翼智库大模型研究团队. 一本书读懂大模型：技术创新、商业应用与产业变革 [M]. 北京：机械工业出版社，2024.